动力及储能锂离子电池关键技术
基础理论及产业化应用

谷亦杰　孙　杰　白　莹　曾垂松等　著

科　学　出　版　社
北　京

内 容 简 介

近几年,锂离子动力电池由于新能源汽车的需求得到了巨大的发展,可以预计随着新能源汽车逐步占领汽车市场,锂离子动力电池的市场规模会越来越大。随着锂离子的电池大规模应用,其在储能领域的应用由于价格的下降越来越有竞争力,逐步会取代原有的传统储能领域市场。

本书主要围绕锂离子电池的基础理论和产业化两个方面阐述了锂离子电池取得的成绩和未来的发展,比较了不同主流锂离子电池材料的优缺点,对钠离子电池、锂硫电池和超级电容器的未来发展做了预测。

本书适合作为新能源材料和储能技术相关的专业技术人员、研究人员和教学人员专业的参考书,更希望对有兴趣致力于新能源产业的大众有一定的启发作用。

图书在版编目(CIP)数据

动力及储能锂离子电池关键技术基础理论及产业化应用/谷亦杰,孙杰等著. —北京:科学出版社,2020.6

ISBN 978-7-03-065213-3

Ⅰ.①动… Ⅱ.①谷… ②孙… Ⅲ.①储能-锂离子电池 Ⅳ.①TM912

中国版本图书馆 CIP 数据核字(2020)第 090039 号

责任编辑:霍志国 付林林 / 责任校对:杜子昂
责任印制:吴兆东 / 封面设计:东方人华

科 学 出 版 社 出版

北京东黄城根北街 16 号
邮政编码:100717
http://www.sciencep.com

北京九州迅驰传媒文化有限公司 印刷

科学出版社发行 各地新华书店经销

*

2020 年 6 月第 一 版 开本:720×1000 1/16
2022 年 6 月第三次印刷 印张:26
字数:520 000

定价:150.00 元
(如有印装质量问题,我社负责调换)

锂离子电池编年史

锂离子电池的发明是一个重大的历史事件,对人类的生产生活产生了巨大的影响,促进了手机和新能源汽车的发展,有理由相信它的发展和用途会越来越广泛,让我们一起铭记为锂离子电池的发展做出重要贡献的伟大发明家及其事迹。

1912 年,Gilbert N Lewis 提出锂金属电池。

1949 年,法国人 Hajar 获得锂电池专利。

1958 年,Harris 提出有机电解质作为锂金属电池的电解质。

1970 年,日本松下(Panasonic)公司在美国获得 $Li/(CF)_n$ 电池的专利。

1976 年,Exxon 公司 Whittingham 提出了"嵌入式化合物化学"的观点。

1980 年,Armand 提出了"摇椅式电池"的概念。

1980 年,Mizushima 和 Goodenough 报道了 $LiCoO_2$。

1980 年,加拿大 Moli Energy 公司通过化学法将 MoS_2 插入锂形成 $LiMoS_2$ 用以改善 MoS_2 的电化学循环性能,并且将其产业化。

1982 年,伊利诺伊理工大学的 Agarwal R R 和 Selman J R 报道了锂离子具有嵌入石墨的可逆特性。

1983 年,Thackeray M 和 Goodenough J 等报道锰尖晶石结构锂离子电池正极材料。

1987 年,在旭化成公司工作的吉野彰报道了焦炭/$LiCoO_2$ 体系锂离子电池。

1989 年,Manthiram A 和 Goodenough J 发现聚合阴离子的正极材料。

1990 年,日本索尼公司和加拿大莫利公司制备出两种锂离子电池。

1993 年,美国 Bellcore 报道了 PVDF 工艺制造成聚合物锂离子电池。

1994 年,Tarascon 和 Guyomard 制成了碳酸乙稀酯和碳酸二甲酯的电解液体系。

1996 年,Padhi 和 Goodenough 发现具有橄榄石结构的磷酸盐,磷酸铁锂成为新能源汽车用动力锂电池的正极材料。

序

能源与信息一直以来都是人体生命之外的物质与精神意识的表现形式与载体,能源与信息的发展程度可在某种意义反映出人类文明的发展程度。

随着人类文明的发展,在能源问题上,对可再生能源综合利用一直是科学家们研究的课题,如何利用太阳能也成了近年及未来长时期的研究内容。在太阳能发电应用过程中储存电能自然成了关键技术之一,其中包括将太阳能电力储存在电动汽车动力电池中,在诸多储存电能方式中电化学储能成为人们研究的焦点,其中锂离子电池技术成了电化学储能中的关键角色;在信息通信领域,由于手机及平板电脑等移动通信器材的出现,也大大加快了人类社会现代化文明的步伐,而锂离子电池技术发展给这种便携式通信提供了无限的可能及想象空间,所以在能源与信息通信领域,锂离子电池技术都扮演着非常重要的角色,在推动人类文明发展的作用不可低估。

该书由在此领域研究和产业化的专家团队将近 20 年以来锂离子动力及储能电池关键技术进行了较全面总结,我相信该书会对锂离子电池技术未来发展有良好的推动作用。

白十源
2020 年 5 月

前　　言

动力及储能用锂离子电池的市场需求增加很快。2011 年我国新能源汽车产量仅 0.8 万辆,2016 年我国新能源汽车产量已达到 51.7 万辆。《节能与新能源汽车产业发展规划(2012—2020 年)》要求到 2015 年,纯电动汽车和插电式混合动力汽车累计产销量力争达到 50 万辆目标,此目标已经完成;2020 年我国新能源汽车累计产销量达到 500 万辆,年生产能力达到 200 万辆的目标完全可以实现。

荷兰和挪威提出 2025 年开始禁止销售汽油和柴油车,印度 2030 年禁止销售汽油和柴油车,英国和法国则计划到 2040 年不再出售柴油和汽油车型。中国在 2030 年新能源汽车销量估计为 1500 万辆左右,占整个汽车销量的 50% 左右,因此,中国完全禁止销售燃油车时间应该在 2040 年左右。

从 2010 年开始,新能源汽车已经经历了较快的发展,下一轮快速发展应该建立在无人驾驶汽车大发展的基础上,一种全新的出行方式将改变人类的生活方式,未来随着人工智能技术的突破与发展,新能源汽车会迎来更大的发展空间,时间在 2030 年左右。

动力及储能电源技术的种类比较多,能大规模进入市场的是锂离子电池技术、钠离子电池技术、超级电容技术、燃料电池技术、双离子电池技术和太阳能光电技术,未来的新能源汽车是建立在上述电源技术基础之上的智能移动空间,未来不同的使用场合是不同电源技术的组合,由于锂离子电池技术具有方便性、智能性、能源转换率高的特点,不难想象锂离子电池技术在有限的未来时间内还是新能源汽车的主要依靠,能够完全替代锂离子电池技术的新一代电池技术还没有露出一丝微弱的曙光,这也许是电源技术爆发前的黎明阶段。

锂离子电池的技术基础主要包括正极材料、负极材料、隔膜、电解液和电池装配技术五方面,由于锂硫电池、钠离子电池和超级电容器的快速发展,本书也安排了一定篇幅对其进行了讨论,由于智能技术的快速发展,计算机技术与新能源技术结合是未来发展的方向,在本书的编写过程中也做了探讨。

本书可作为电源技术行业专家及高校科研人员的参考书,本书由北京化工大学、北京理工大学、东莞维科电池有限公司、机械科学研究总院集团有限公司、龙驰科技集团、青岛瀚博电子科技有限公司、青岛森之蓝新能源科技有限公司、日照华轩新能源有限公司、山东科技大学、天津理工大学、潍坊学院、中北润良新能源汽车股份有限公司和中国石油大学从事锂离子电池相关的专家和技术人员编写,由谷亦杰、孙杰、白莹和曾垂松组织著作,各章分别为:第1章由王萌、陈林和刘瑞著,第2章由谷亦杰、刘洪权和神祥博著,第3章由刘成全、姜训勇和王金枝著,第4章由孙海翔、陶丽虹和丁军著,第5章由高学友、刘强和杜洪彦著,第6章由胡策军、杨积瑾、王航超、刘文、孙晓明著,第7章由白莹、吴川、朱娜、陈光海、倪乔、王兆华和郭帅楠著,第8章由韩永芹著,第9章由任露露、徐瑞和孙杰著,在此向为此著作做出贡献的专家们和对著作提出宝贵建议的各位编委及负责编审的专家表示特别感谢。

著　者

2020 年 5 月

目　　录

第1章　锂离子电池电化学基本原理

电化学是研究通过电流导致的化学变化及通过化学反应来产生电能的科学。此科学可以研究电子导电相(金属、半导体)和离子导电相(溶液、熔盐、固体电解质)之间的界面上所发生的各种界面效应。电化学应用范围极广,涉及电解、电镀、腐蚀与防护、化工、冶金、材料等领域。本章主要介绍锂离子电池电化学基本原理。

锂离子电池的充放电过程是通过锂离子在正负极之间的嵌入和脱出实现的。充电时,锂离子从正极材料中脱出,通过电解液中的离子扩散嵌入负极中;放电时,锂离子从负极材料中脱出,嵌入正极。整个充放电过程中的相关动力学参数,如电荷转移阻抗、活性材料中的电子阻抗、锂离子扩散速率等,对研究锂离子电池的放电容量、循环寿命和倍率性能有着重要的意义。

1.1　锂离子电池基本原理

如图 1-1 所示,锂离子电池由负极、正极、电解液、隔膜、其他材料(集流体、外壳、安全阀等)组成。其中正负极又由活性材料与黏接剂、导电剂混合而成;而电解液则由有机溶剂溶解锂盐而制成。

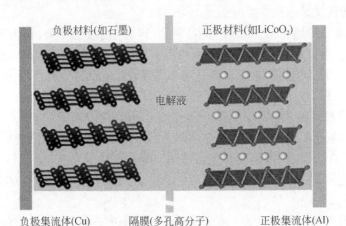

负极材料(如石墨)　　　　　　正极材料(如LiCoO₂)

电解液

负极集流体(Cu)　　　隔膜(多孔高分子)　　　正极集流体(Al)

图 1-1　锂离子电池结构示意图

以钴酸锂‖石墨电池为例介绍锂离子电池的工作原理。电池刚组装时正极以钴酸锂($LiCoO_2$)的形态存在,其中含 1 个锂;而负极以石墨(C_6)的形态存在,不含锂。因此该电池需要先进行充电:

$$正极：LiCoO_2 - xe^- - xLi^+ \longrightarrow Li_{1-x}CoO_2$$
$$负极：C_6 + xe^- + xLi^+ \longrightarrow Li_xC_6$$

在充电时正极材料中的锂脱出,过渡金属(如钴)提供电子而被氧化;负极材料中嵌入锂,得到从外电路来的电子而发生还原反应。在放电时则发生以上过程的逆过程:正极材料中嵌入锂,发生还原反应;负极材料中脱出锂,发生氧化反应。在充放电时锂在正负极中来回穿梭,因此锂离子电池也被形象地称为摇椅式电池(rock-chair cell)。

在锂离子电池材料的研究中常采用半电池体系,即以锂的嵌入化合物为工作电池,锂金属为对电极和参比电池。锂离子的脱嵌行为可引起正负极材料的结构的变化,根据电化学特性和结构演变特征可将其分为相变脱嵌锂机理和固溶脱嵌锂机理。相变脱嵌锂机理表现为富锂相与贫锂相此消彼长,对应的电化学曲线上只有一个平台。固溶脱嵌锂机理表现为基质(host)中的锂含量连续变化,即只有一个相,对应的电化学曲线为平滑倾斜的曲线。

1.2 锂离子电池电极过程

锂离子电池的电极过程主要包括阳极过程、阴极过程、反应物/产物的扩散过程、电解液中离子的电迁移过程和电极界面双电层的充放电过程等[1]。当通过电流时,在电极/电解质界面上就会发生某些组分的化学反应——氧化或还原反应。一方面,电极是电子的传递介质,氧化反应和还原反应分别在阳极和阴极上进行;另一方面,电极表面又是电化学反应的地点[2]。

影响电极反应速度的因素有很多,例如,电化学势、化学势、浓度梯度、电场梯度、温度梯度、电极材料特性、参与电化学反应的面积和密度等。但在一般情况下,起决定性作用的影响因素往往只有一两种。为了有效控制电极过程,需要分析电极反应的基本历程。一般来讲,电极反应由下列几个单元步骤串联组成[1]。

(1)反应粒子向电极表面传递,其被称为电解液相中的传质步骤。

(2)反应粒子在电极表面上或表面附近的液层中进行"反应前的转化过程",例如,反应粒子在表面上吸附或发生化学变化,其被称为"前置的"表面转化步骤。

(3)反应粒子在电极表面上得到或失去电子,生成反应产物,称其为电化学反应步骤。

(4)反应产物在电极表面上或表面附近的液层中进行"反应后的转化过程",例如,从表面脱附、反应产物的复合、分解、歧化或其他化学变化等。

(5)反应产物生成新相,如生成气体、固相沉积层等,称其为新相生成步骤;或反应产物是可溶性的,产物粒子从电极表面向溶液中或向液态电极内部传递,称其为反应后的液相传质步骤。

对于一个具体的电极过程来说,并不一定包含所有的上述步骤,但是必定包含步骤(1)、(3)、(5)。

如果电极反应的速度达到稳态值,即串联组成连续反应的各部分反应均以相同的速度进行,则在所有的分步骤中有个"控制步骤"。此时整个电极反应的进行速度主要由这个"控制步骤"的进行速度决定。例如,如果反应过程中扩散步骤为"控制步骤",则整个电极反应的速度取决于扩散动力学速度;如果电化学步骤为"控制步骤",则整个电极反应的动力学特征与电化学步骤相同。显然,只有提高"控制步骤"的速度,才有可能提高整个电极过程的速度。

针对锂离子电池体系,电极动力学过程可简化为锂离子电池中离子和电子的传输与储存过程。所涉及的电化学过程有电子、离子在材料的体相、两相界面和固态电解质相界面膜的形成等过程[3]。常见的电极过程和动力学参数有:①锂离子在电解质中的迁移电阻;②锂离子在电极表面的吸附电阻和电容;③电化学双电层电容;④空间电荷层电容;⑤锂离子在电极电解质界面的传输电阻;⑥锂离子在表面膜中的传输电阻和电容;⑦电荷转移电阻;⑧电解质中锂离子的扩散电阻;⑨电极中离子的体相扩散和晶粒晶界中的扩散;⑩宿主晶格中外来原子/离子的储存电容、相转变反应电容和电子的输运。

当锂离子电池有电流通过时,电极偏离了平衡电极电位的现象即极化现象[2]。根据电极极化产生的内在原因可知,整个电极反应速度与电子运动速度的矛盾实际上取决于控制步骤速度与电子运动速度的矛盾,电极极化的特征因此也取决于控制步骤的动力学特征。因此,习惯上常按照控制步骤的不同将电极的极化分为不同类型。常见的极化类型是浓差极化和电化学极化。浓差极化是指上述单元步骤(1),即电解液相中的传质步骤成为控制步骤时所引起的电极极化,其与传质粒子的扩散系数有关。电化学极化则是指上述单元步骤(3),即反应物质在电极表面得失电子的电化学反应步骤最慢所引起的电极极化现象,其由电化学反应速率决定。在锂离子电池中,锂离子在电极内部的扩散过程是电池充放电过程的速度控制步骤。这是由于锂离子在固相中的扩散系数一般在 $10^{-9} \sim 10^{-14} \, \mathrm{cm^2/s}$,与在电解液中的扩散系数相比很小。

1.3　电化学测量方法

电化学测量一般采用"两电极体系"或"三电极体系"。"两电极体系"包含"研究电极"和"辅助电极",其中"研究电极"上发生的电极过程是作者研究的对象,也被称为"工作电极";"辅助电极"则是用来通过电流,使研究电极上发生电化学反应并出现电极电势的变化,也被称为"对电极"[4]。在锂离子电池研究中多数采用两电极电池,所测量的电池电压是正极电势与负极电势之差。此体系的缺点是无法单独获得其中正极或负极的电势及其电极过程动力学信息。"三电极体系"除了包含上述的"工作电极"和"对电极"外,还有一个"参比电极"用来测量工作电极的电势。

通过"三电极体系"可以研究工作电极的电极过程动力学[5]。

为了分析复杂的电极过程,一般电化学测量要结合稳态和暂态方法进行极化条件控制,通过测量实验参数,如开路电压、工作电压、电极阻抗等参数,分析测量结果。

1.3.1　稳态测量方法

当一个电化学体系在某一段时间内的电化学参数,如电极电势、电流密度、粒子浓度及界面状态等不发生变化或变化很小时,则称这种状态为电化学稳态。例如,当锂离子电池处于稳态过程时,电极表面电解液层中指向电极表面的锂离子的数量完全可以补偿由于电极反应而引起的锂离子的消耗。此时电极表面电解液层中浓度极化现象仍然存在,但是却不会再发展。

稳态极化曲线的测量方法可分为恒电流法和恒电位法。恒电流法指施加恒定电流测量相应的电势;恒电位法指控制研究电极的电势测量相应的电流。稳态极化曲线可用来判断反应机理和控制步骤、测量体系发生的电极反应的反应速率、测量电化学过程中的动力学参数等。

1.3.2　暂态测量方法

在电化学反应的初始阶段,由于反应粒子浓度变化的幅度比较小,且主要局限在距电极很近的静止液层中,由于指向电极表面的液相传质过程不足以弥补由于电极反应所引起的粒子消耗,导致电极表面电解液层中浓度变化幅度越来越大,这种情况称为暂态过程。利用短暂的恒电流脉冲或恒电势脉冲作为测量信号,同时观察极化电势或极化电流随时间的变化即暂态测量方法。用暂态测量方法可以得到比稳态测量方法更多的电化学参数信息。暂态测量法可以同时测量双电层电容和溶液电阻;也可以测出电荷转移电阻;有利于研究电极表面的吸脱附结构和电极的界面结构;可用于研究表面快速变化的电化学体系等。常见的阶跃法、线性扫描法和交流阻抗法都属于暂态测量方法。

1.4　电化学阻抗法

电化学阻抗法(electrochemical impedance spectroscopy,EIS)是研究锂离子在活性物质材料中嵌入和脱出过程的重要方法。对电池体系施加一个小振幅、低频正弦波交流信号,获得极化电极的交流阻抗,从而确定测定电极电化学性能。通过这种方法可以得到锂离子在正负极活性物质中嵌入和脱出过程中的动力学参数,如电荷转移阻抗和锂离子扩散系数等[6]。

对于锂离子电池体系而言,锂离子在电极中的脱嵌过程主要包括:锂离子在电解液中的扩散、锂离子通过固体电解质膜(SEI 膜)、电荷传递、锂离子在活性材料中的固态扩散。锂离子脱嵌过程的电化学阻抗谱图主要包括 3 个部分[2]:高频区半圆,代表锂离子迁移通过 SEI 膜的阻抗(R_{sf});中频区半圆,代表电解液和电极界面的电荷转移阻抗(R_{ct});低频区斜线,代表锂离子在电极内的固态扩散引起的 Warburg 阻抗(W_o)。其典型等效电路如图 1-2 所示,其中 R_s 代表电解液阻抗,CEP1 和 CEP2 分别代表双电层电容和表面 SEI 膜电容。

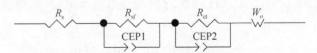

图 1-2　锂离子脱嵌过程的等效电路图

研究锂离子电池电极性能时,常测试不同电位下电极的 EIS 图,通过 Zview 或 ZSimp 等软件拟合得到电极在不同脱嵌锂状态下的各个阻抗,进而分析电极在各个电位下的反应机理。图 1-3 是 $Li_{1.2}Mn_{0.54}Ni_{0.13}Co_{0.13}O_2$ 电极首次充电到 3.0 ~ 4.8V 的电化学阻抗谱图,点代表实验测量数据,实线代表软件拟合数据,两者重合度较好。可以看出不同充电状态下得到的电化学阻抗曲线不同。当电压为 3.0 ~ 3.8V 时,在高频区只有一个宽且扁的半圆和低频区的一条斜线。这个扁宽的半圆可以认为是由高频区半圆和中频区半圆组合而成的。随着充电过程继续进行到 4.0 ~ 4.8V,谱图中明显出现高频区和中频区的两个半圆。

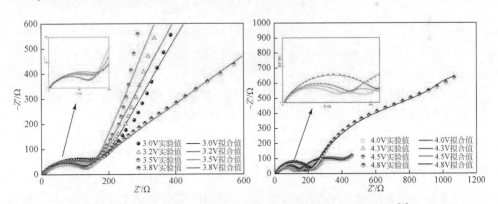

图 1-3　$Li_{1.2}Mn_{0.54}Ni_{0.13}Co_{0.13}O_2$ 电极在不同电位下的 EIS 谱图[7]

采用软件计算出不同电位下的 R_s、R_{sf} 和 R_{ct},结果如图 1-4 所示。发现 R_s 为 5.0 ~ 6.0Ω 且基本不变,对整个电池阻抗的影响力相对较小,可以解释为电解液浓度和导电特性在充电过程中是相对稳定的。R_{sf} 在低电位下变化不大,这意味着电极的表面膜在此电位区间比较稳定。但是在 3.8V 之后,R_{sf} 从 16.32Ω 猛增到 115.5Ω,并且随着充电的进行继续增大,在 4.8V 处 R_{sf} 达到 213.9Ω。其原因是 Ni^{2+}/Ni^{4+} 和 Co^{3+}/Co^{4+} 电对在 4.0V 附近开始反应,导致电极表面膜层厚度和性质发生明显变化。当电池继续充电,$Li_{1.2}Mn_{0.54}Ni_{0.13}Co_{0.13}O_2$ 材料开始从晶格中释氧,导致材料表面结构变化并增加 SEI 膜厚度,与 R_s 在此电压区间增大的事实相符。与 R_s 和 R_{sf} 不同,R_{ct} 总是随着电位的变化而变化。R_{ct} 在 3.0V 处为 144.0Ω,随着充电至 4.0V 其降低到 68.5Ω。这可能是由于 Ni^{2+}/Ni^{4+} 和 Co^{3+}/Co^{4+} 电对反应形成了一些促进电荷转移的通道。但是充电到 4.3V 以上后,R_{ct} 开始急剧增大并在 4.8V 处增大到 977.5Ω。这应该是与富锂材料中 Li_2MnO_3 组分的活化并产生新的组分有关。通过上述分析可知,对于 $Li_{1.2}Mn_{0.54}Ni_{0.13}Co_{0.13}O_2$ 富锂材料的充电过程来讲,电荷转移阻抗决定其反应的快慢。

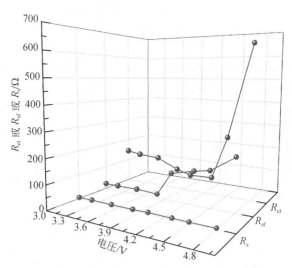

图 1-4 R_s、R_{sf} 和 R_{ct} 在不同电位下的变化[7]

由于电化学阻抗谱图中低频区的斜线对应锂离子在固态电极中扩散的 Warburg 阻抗,在无限扩散和有限扩散条件下,Warburg 阻抗可由下式确定:

$$W = \sigma\omega^{-1/2} - j\sigma\omega^{-1/2} \tag{1-1}$$

其中,σ 为 Warburg 阻抗因子;ω 为角频率;$j = \dfrac{(-1)1}{2}$。

若电极为平板电极,在电极上施加低交流电压,电极中锂离子的扩散是电极厚度范围内的一维扩散,满足 Fick 第二定律。当 $\omega \gg \dfrac{2D_{Li^+}}{L^2}$ 时,公式(1-1)可推导为

$$\sigma = \left[\frac{V_m(dE/dx)}{\sqrt{2}nFSD_{Li^+}^{1/2}} \right] \tag{1-2}$$

其中,V_m 为摩尔体积;dE/dx 为电压曲线上某点的斜率;n 为氧化还原过程中每个分子单元提供的电子数;F 为法拉第常数;S 为浸入电解液中参与电化学反应的真实电极面积;D_{Li^+} 为锂离子扩散系数;L 为电极厚度。公式(1-2)经变换处理后可估算锂离子扩散系数(D_{Li^+}):

$$D_{\text{Li}} = \frac{R^2 T^2}{2n^4 F^4 S^2 C_{\text{Li}^+}^2 \sigma^2} \tag{1-3}$$

其中,C_{Li^+}为活性材料中锂离子浓度;R为气体常数;T为热力学温度;σ可以由公式(1-4)获得:

$$Z' = R_s + R_{ct} + \sigma \omega^{1/2} \tag{1-4}$$

其中,Z'为阻抗谱的实部;R_s为电解液阻抗;R_{ct}为电荷转移阻抗;ω为角速度。通过对Z'和$\omega^{-1/2}$作图得到线性关系,根据其斜率可以得到σ因子。

图 1-5 是根据电化学阻抗图得到的Z'和$\omega^{-1/2}$的线性关系图。根据公式(1-3)和公式(1-4)可以计算得到D_{Li^+}。当电压<3.8V 时,D_{Li^+}约为10^{-16} cm²/s,当充电至 4.0V 时D_{Li^+}得到最大值10^{-12} cm²/s。这意味着此时锂离子迁移最容易。随着继续充电,D_{Li^+}开始逐渐下降,在 4.8V 处降为10^{-13} cm²/s。这是由于当电压超过 4.0V 后,活性物质内除了电对反应外还发生析氧、Li_2O 和 MnO_2 等不纯相的产生,导致锂离子脱嵌通道的堵塞。

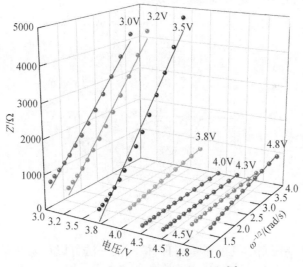

图 1-5　Z'和$\omega^{-1/2}$的线性关系图[7]

通过电化学阻抗分析锂离子扩散系数的测试方法虽然简单,但是电极的真实反应面积和测量时活性材料中锂离子的浓度很难精确获得。这是由于活性材料一般是一次颗粒团聚,并不是每个颗粒都可以与电解液有效接触,难以精确估算电化学活性反应面积和锂离子浓度,导致电化学阻抗测出的扩散系数精确度较低、可靠性较差[7,8]。

1.5　循环伏安法

极化电极的电位随时间而进行的线性变化有如下的关系:

$$0 < t < \lambda \ \text{时}, E = E_0 - \upsilon t; \tag{1-5}$$

$$t > \lambda \ \text{时}, E = E_0 - 2\upsilon\lambda + \upsilon t \tag{1-6}$$

即电位扫描到头后,再返回继续扫描到起始电位。这种方法被称为循环伏安法(cyclic voltammetry,CV)。循环伏安法是一种非常重要的电化学分析方法,可以用于分析电极反应的平衡电位、可逆程度、极化程度和电极过程动力学参数等。

循环伏安法中电压的扫描过程包括阴极和阳极两个过程的循环:电势向阴极方向扫描时,电极活性物质被还原,产生还原峰;电势向阳极方向扫描时,还原产物重新在电极上氧化,产生氧化峰。可以从所得的循环伏安法图的氧化峰和还原峰的峰高与对称性中判断电活性物质在电极表面反应的可逆程度。若反应是可逆的,则曲线上下对称,若反应不可逆,则曲线上下不对称。

图 1-6 是关于 $LiNi_{1/3}Mn_{1/3}Co_{1/3}O_2$ 的 CV 图[9]。研究者以 0.1mV/s 速度在 2.0 ~ 5.0V 扫描。在 3.9V 和 4.6V 处的峰分别对应 Ni^{3+}/Ni^{4+} 和 Co^{3+}/Co^{4+}。很明显,其氧化峰的峰高和出峰位置与还原峰相比都发生了变化,可见电极中锂离子的脱嵌并不是完全可逆反应,存在一定程度的极化现象。

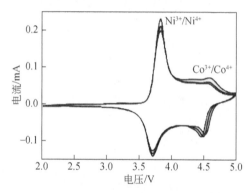

图 1-6　$LiNi_{1/3}Mn_{1/3}Co_{1/3}O_2$ 的 CV 图[9]

对于扩散步骤控制的电极体系而言,循环伏安法可以用来测量化学扩散系数,公式如下:

$$I_p = 2.69 \times 10^5 A n^{3/2} C_{Li^+} D_{Li^+}^{1/2} \upsilon^{1/2} \tag{1-7}$$

其中,I_p 为电位扫描峰电流的大小(A);n 为参与反应的电子数;A 为浸入溶液中的电极面积(cm^2);D_{Li^+} 为锂离子扩散系数(cm^2/s);υ 为扫描速率(V/s);C_{Li^+} 为电极中锂离子的浓度(mol/cm^3)。

采用循环伏安法测量化学扩散系数的基本过程如下:测量电极材料在不同扫描速率下的循环伏安曲线,将不同扫描速率下的循环伏安曲线峰值电流(I_p)对扫描速率的平方根($\upsilon^{1/2}$)作图,对峰值电流进行积分,测量样品中锂离子的浓度变化。根据公式(1-7)得到 $I_p \sim \upsilon^{1/2}$ 关系图,利用斜率可以近似求得不同峰位置下电极反应的扩散系数。

图 1-7 是 $LiNi_{0.5}Mn_{0.5}O_2$ 电极在不同扫描速率下的循环伏安曲线对比图[10]。可明显看出,随着扫描速率的增大,峰电流增大。氧化峰和还原峰分别向正、负方向偏移,其两峰间的偏移程度增大。这是因为锂离子扩散速率较小,快速扫描增大了电极极化。根据公式(1-7)可以算出电极在氧化过程或还原过程中的锂离子扩散系数。

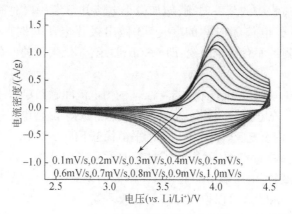

图 1-7　$LiNi_{0.5}Mn_{0.5}O_2$ 电极在不同扫描速率下的 CV 对比图[10]

采用循环伏安法计算锂离子扩散系数的优点是测试简单,数据易处理。但是电极的真实电化学反应面积难以被精确测量,且不易求得电极中锂离子浓度的精确值,因此这里测量的锂离子扩散系数是表观化学扩散系数,不是材料的本征化学扩散系数。并且采用这种方法得到的扩散系数是通过峰电流和扫描速率作图的,得到的扩散系数只是脱嵌锂在峰值电流附近的平均锂离子扩散系数,并不能精确求得电极处于不同嵌锂量状态下的锂离子扩散系数。

1.6　恒电流间歇滴定法

恒电流间歇滴定技术(galvanostatic intermittent titration technique, GITT)是在一定的时间 t 内对体系施加一恒定电流 I,切断电流后观察电位随时间的变化及弛豫后达到平衡的电压,通过分析电位随时间的变化可以得到电极过程过电位的弛豫信息。电流脉冲期间,有恒定量的锂离子通过电极表面,其扩散过程符合 Fick 第二定律。恒电流间歇滴定技术是稳态技术和暂态技术的综合。

当电极体系满足:①电极体系为等温绝热体系;②电极体系在施加电流时无体积变化和相变;③电极响应完全由离子在电极内部扩散控制;④$\tau \ll L^2/D$,L 为离子扩散长度;⑤电极材料的电子电导远远大于离子电导等条件时,采用恒电流间歇滴定技术测量锂离子扩散系数的公式可表达为

$$D_{Li^+} = 4\ (V_m/nAF)^2\ [\ I_0(dE/dx)/(dE/dt^{1/2})\ ]^2/\pi \tag{1-8}$$

其中,V_m 为活性物质体积;A 为浸入溶液中的真实电极面积;F 为法拉第常数

(96487C/mol)；n 为参与反应的电子数目；I_0 为滴定电流值；dE/dx 为开路电位对电极中锂离子浓度曲线上某浓度处的斜率；$dE/dt^{1/2}$ 为极化电压对时间平方根曲线的斜率。

利用恒电流间歇滴定方法测量电极材料中的锂离子扩散系数的基本过程如下：①在电池充放电过程中的某一时刻，施加微小电流并恒定一段时间后切断；②记录电流切断后的电极电位随时间的变化；③做出极化电压对时间平方根曲线，即 $dE/dt^{1/2}$ 曲线；④测量库仑滴定曲线，即 dE/dx 曲线；⑤代入相关参数，利用公式求解扩散系数。

图 1-8 是 $LiNi_{0.5}Mn_{0.3}Co_{0.2}O_2$ 在 2.5～4.6V 的恒电流间歇滴定曲线[9]。首先以恒定微小电流 $I_0 =20\mu A$ 充电 1h，切断电流后在开路状态下保持 4h 使电压达到稳态值。这步骤在整个电压区间内重复。取每次滴定后准平衡状态下的 E_s 对 $Li_{1-x}Ni_{0.5}Mn_{0.3}Co_{0.2}O_2$ 在相应的电压下的脱锂量作图，就得到了材料的库仑滴定曲线。如图 1-9 所示，当对电极施加脉冲电流后，电压响应的变化在短时间内相对于 $t^{1/2}$ 作图是一条直线，这条直线的斜率（即 $dE/dt^{1/2}$）可以得到锂离子扩散系数。

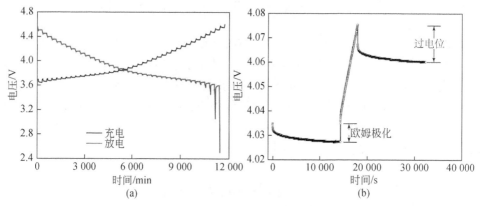

图 1-8　$LiNi_{0.5}Mn_{0.3}Co_{0.2}O_2$ 的 GITT 充放电曲线（a）和单次滴定曲线（b）

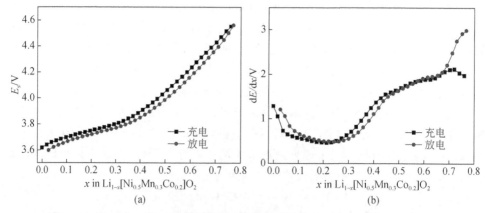

图 1-9　平衡状态下电压随脱锂量变化的库仑滴定曲线（a）和微分关系曲线（b）

采用恒电流间歇滴定法计算得出的锂离子扩散系数并非锂离子在活性材料中的真实扩散值。这是因为在公式(1-8)中,假设 V_m 在充放电过程中未发生变化。并且电极的表面积 A 采取的是电极的几何面积而不是电极的真实浸入电解液中的面积。

1.7　恒电位间歇滴定法

恒电位间歇滴定法(potentiostatic intermittent titration technique, PITT)是另一种测量锂离子扩散系数的有效工具。恒电位间歇滴定法是基于一维有限扩散模型演变而来的,其优点在于材料相变作用于锂离子扩散速率的影响可以通过采用很小的电压步骤来克服。锂离子扩散系数可以通过 Fick 第二定律的偏微分方程,经数学变换算出:

$$\frac{\partial C_{Li^+}}{\partial x} = D_{Li^+} \frac{\partial^2 C_{Li^+}}{\partial x} \tag{1-9}$$

其中,x 为距离电极/电解液表面的距离;C_{Li^+} 为在 x 和时间 t 处的锂离子浓度。在恒电位间歇滴定法中,电位暂态电流(potentiostatic transient current, $I_{(t)}$)是在很小的电压步骤内测定的。时间 t 和 $I_{(t)}$ 的关系为

$$I_{(t)} = \frac{2QD_{Li^+}}{L^2} \sum_{n=0}^{\infty} \exp\left[-\frac{(2n+1)^2 \pi^2 D_{Li^+} t}{2L^2} \right] \tag{1-10}$$

其中,Q 为此电压步骤中的电荷迁移总量;L 为锂离子迁移距离,可以粗略近似于材料一次颗粒粒径。当 $t \gg L^2 D_{Li^+}$,$I_{(t)}$ 和 t 的关系可以近似于:

$$I_{(t)} = \frac{2QD_{Li^+}}{L^2} \sum_{n=0}^{\infty} \exp\left(-\frac{\pi^2 D_{Li^+} t}{4L^2} \right) \tag{1-11}$$

锂离子扩散系数可以根据 $\ln[I_{(t)}]$ 与 t 线段的斜率得到:

$$D_{Li^+} = -\frac{4L^2}{\pi^2} \frac{d\ln[I_{(t)}]}{dt} \tag{1-12}$$

图 1-10 是在充电 3.0V 处施加 10mV 的电压所得到的 $I_{(t)}$-t 和 $\ln[I_{(t)}]$-t 图[7]。从 $\ln[I_{(t)}]$-t 图中得到直线的斜率,D_{Li^+} 可以由公式(1-12)求得。采用相同的步骤,可以得到在不同电位下的锂离子扩散系数。可以看到锂离子扩散系数在 3.0 ~ 3.8V 处于 10^{-14} cm²/s,然后在 4.0V 处迅速增大到最高值 10^{-13} cm²/s。随着充电继续进行到 4.8V,D_{Li^+} 逐渐衰减至 10^{-14} cm²/s。

采用恒电位间歇滴定法测得的锂离子扩散系数与采用 EIS 测得的变化规律基本相似。但是,采用恒电位间歇滴定法得到的锂离子扩散系数的数量级低于采用电化学阻抗法得到的锂离子扩散系数。正如前面所提到的,采用电化学阻抗法中电化学活性面积和锂离子浓度难以精确计算,并且测试过程中可能会发生晶体结构变化而导致其测量精度并不如恒电位间歇滴定法。此外,恒电位间歇滴定法并不需要像

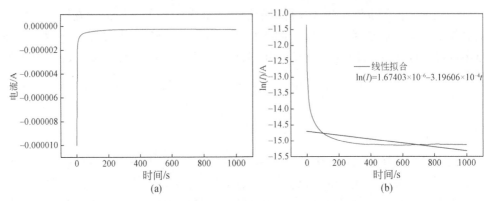

图 1-10　在 3.00V 处施加 10mV 所得到的(a)$I_{(t)}$-t 和(b)$\ln[I_{(t)}]$-t 图[7]

恒电流间歇滴定技术中所使用的不能精确的 dE/dx 数值,因此,恒电位间歇滴定法对于计算正极材料中锂离子扩散系数的精确度而言是相对优于恒电流间歇滴定法和电化学阻抗法的。

1.8　容量间歇滴定技术

容量间歇滴定技术(capacity intermittent titration technique,CITT)是在一定的电压范围内对电极施加一恒定电流,使电压达到一定值,然后施加恒定电压,由此得到恒压充电容量与恒流充电容量的比值。根据颗粒半径,可得到不同电压下锂离子的固相扩散系数[11]。

假设活性物质颗粒为球形,锂离子扩散过程遵循 Fick 第二定律,恒压–恒流充电容量比(q)可表示为

$$q = \frac{R^2}{15D_{Li^+}t_G} - \frac{2R^2}{3D_{Li^+}t_G} \sum \frac{1}{\alpha_j^2} \exp\left(-\frac{\alpha_j^2 D_{Li^+} t_G}{R^2}\right) \tag{1-13}$$

其中,q 为恒压充电容量与恒流充电容量的比值;D_{Li^+} 为电极材料的固相扩散系数(cm^2/s);R 为材料颗粒半径(cm);t_G 为恒流充电时间(s);α_j 为方程 $\tan\alpha = \alpha$ 的正根。设定 $\xi = R^2/D_{Li^+}t_G$,公式(1-13)可写为

$$q = \frac{\xi}{15} - \frac{2\xi}{3} \sum_{j=1}^{\infty} \frac{1}{\alpha_j^2} \exp\left(-\frac{\alpha_j^2}{\xi}\right) \tag{1-14}$$

将公式(1-14)在不同 q 值范围内通过最小二乘法对 ξ 进行线性拟合,可以得到 $D_{Li^+} = f(q)$ 系列方程,再结合容量间歇滴定曲线可得到锂离子扩散系数。图 1-11 是 $LiMn_2O_4$ 在恒定电流 0.3mA 下的容量间歇滴定图。

采用该技术的优点是只需要知道材料颗粒半径 R、恒流充电时间 t_G 和恒压充电容量与恒流充电容量的比值 q 就可以得到锂离子扩散系数。另外,其可以很方便地测量不同电压、不同循环次数下的锂离子扩散系数。

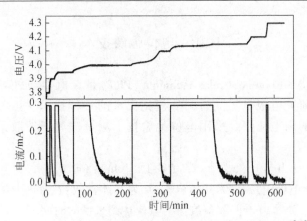

图 1-11 LiMn$_2$O$_4$ 在恒定电流 0.3mA 下的容量间歇滴定图[12]

1.9 电流脉冲弛豫法

电流脉冲弛豫技术(CPR)是在电极上施加连续的恒电流扰动,记录和分析每个电流脉冲后电位的响应。根据 Fick 第二定律,对于半无限扩散条件下的平面电极($t \ll l^2/D_{Li^+}$),其扩散系数可由公式(1-15)求导:

$$D_{Li^+} = \frac{I\tau V_m}{AF\pi^{1/2}} \frac{dE}{dx} \frac{dE}{dt^{-1/2}}$$ (1-15)

其中,I 为脉冲电流;τ 为脉冲时间;V_m 为摩尔体积;A 为电极表面积;F 为法拉第常数;t 为时间;$\frac{dE}{dx}$ 为放电电压曲线上每点的斜率;$\frac{dE}{dt^{-1/2}}$ 为弛豫电位-$t^{-1/2}$直线的斜率。图 1-12 是用 CPR 技术测定的 dE 与 $t^{-1/2}$ 的线性关系图,求出该直线的斜率,可根据上述公式得到扩散系数。

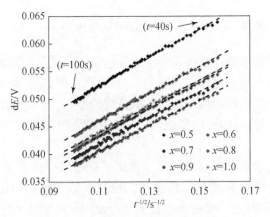

图 1-12 dE 与 $t^{-1/2}$ 的线性关系图[13]

1.10　电位弛豫技术

电位弛豫技术(potential relax technique, PRT)是在电池与外界无物质和能量交换的条件下研究电极电势随时间的变化关系的一种技术。该方法属于电流阶跃测量方法中的断电流法。采用电位弛豫技术测量锂离子扩散系数的基本原理如公式(1-16)所示:

$$\ln\left[\exp(\varphi_m-\varphi)\times F/RT-1\right]=-\ln N-(\pi^2 D_{Li}/d^2)t \tag{1-16}$$

其中,φ_m 为平衡电极电位;φ 为初始电位;R 为气体常数;T 为热力学温度;d 为活性物质的厚度;D_{Li^+}为锂离子扩散系数;t 为电位达到平衡的时间。

具体测量步骤如下:首先对电池预充放电,使电池的库仑效率降至97%左右,然后在电池充放电到一定程度时,切断电流,记录电压随时间的变化,采用公式(1-16)对$\ln\left[\exp(\varphi_m-\varphi)\times F/RT-1\right]$-$t$作图,并对后半部分作线性拟合,求得曲线斜率,根据公式(1-16)可求得锂离子扩散系数。图 1-13 是 LiFePO$_4$薄膜样品电位随时间的弛豫曲线。根据曲线可以求出 $\ln\left[\exp(\varphi_m-\varphi)\times F/RT-1\right]$-$t$ 曲线,进而求得锂离子扩散系数。

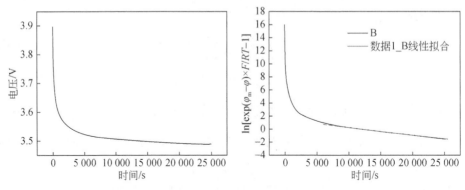

图 1-13　LiFePO$_4$薄膜样品电位随时间的弛豫曲线及 $\ln\left[\exp(\varphi_m-\varphi)\times F/RT-1\right]$-$t$ 曲线[5]

运用电位弛豫技术测量电极过程动力学信息需要满足一定的前提条件。通常,锂离子电池在首次充放电过程中会发生一些副反应,例如,电极表面 SEI 膜的形成。为了避免副反应的发生对锂离子化学扩散系数的影响,通常电池需要进行几个充放电循环后再开始测量。此外,电位弛豫是一个非常缓慢的过程,一般在 8h 左右才能达到平衡状态。

上述几种电化学测试方法均可用于锂离子在电极中扩散系数的测量。电化学阻抗技术可以通过频率来区分电极过程的控制步骤,但是其只适用于阻抗图上有Warburg 阻抗出现的情况。电流弛豫技术和容量间歇滴定技术只适用于扩散步骤是电极控制步骤的过程。采用循环伏安法测量的锂离子扩散系数只是脱嵌锂在峰值电流附近的平均锂离子扩散系数,并不能精确求得电极处于不同嵌锂量状态下的锂离子扩散系数。采用恒电流间歇滴定技术和电化学阻抗技术会涉及 dE/dx、活性物质摩尔体积和与电解液的接触面积的取值,有时候会导致较大的误差。因此,相同条件下采用不同测量技术得到的锂离子扩散系数可能存在一到两个数量级的变化。

参 考 文 献

[1] 阿伦.J.巴德,拉里.R.福克纳.电化学方法——原理和应用.邵元华,等译.北京:化学工业出版社,2005:267-270.

[2] 查全性.电极过程动力学导论.第 3 版.北京:科学出版社,2002:147-151.

[3] 吴锋.绿色二次电池:新体系与研究方法.北京:科学出版社,2009:89-91.

[4] 凌仕刚.锂离子电池基础科学问题(Ⅷ)——电化学测量方法.储能科学与技术,2015,4:83-103.

[5] 唐堃.磷酸盐正极薄膜材料的制备和电化学性能研究.北京:中国科学院大学,2009.

[6] 庄全超,徐守冬,邱祥云,等.锂离子电池的电化学阻抗谱分析.化学进展,2010,22:1044-1057.

[7] Wang M,Luo M,Chen Y B,et al. Electrochemical deintercalation kinetics of $0.5Li_2MnO_3 \cdot 0.5LiNi_{1/3}Mn_{1/3}Co_{1/3}O_2$ studied by EIS and PITT. Journal of Alloys and Compounds,2017,696:907-913.

[8] Lu C,Yang S Q,Wu H,et al. Enhanced electrochemical performance of Li-rich $Li_{1.2}Mn_{0.52}Co_{0.08}Ni_{0.2}O_2$ cathode materials for Li-ion batteries by vanadium doping. Electrochimica Acta,2016,209:448-455.

[9] Yang S,Wang X,Yang X,et al. Determination of the chemical diffusion coefficient of lithium ions in spherical $Li[Ni_{0.5}Mn_{0.3}Co_{0.2}]O_2$. Electrochimica Acta,2012,66:88-93.

[10] Li J,Wan L,Cao C B. A high-rate and long cycling life cathode for rechargeable lithium-ion batteries:hollow $LiNi_{0.5}Mn_{0.5}O_2$ nano/micro hierarchical microspheres. Electrochimica Acta,2016,191:974-979.

[11] Tang X C,Li L X,Lai Q L,et al. Investigation on diffusion behavior of Li^+ in $LiFePO_4$ by capacity intermittent titration technique(CITT). Electrochimica Acta,2009,54:2329-2334.

[12] Xiao L,Guo Y,Zu D,et al. Influence of particle sizes and morphologies on the electrochemical performances of spinel $LiMn_2O_4$ cathode materials. Journal of Power Sources,2013,225:286-292.

[13] Spinner N,Mustain W E. Nanostructural effects on the cycle life and Li^+ diffusion coefficient of nickel oxide anodes. Journal of Electroanalytical Chemistry,2013,711:8-16.

第 2 章   锂离子电池正极材料

锂离子电池的正极在充电过程中失去电子,在放电过程中得到电子,同时锂离子在充电过程中脱出电池正极材料,在放电过程中锂离子嵌入电池正极材料中,根据锂离子进出正极材料晶体结构分析,正极材料可以分为一维锂离子脱嵌通道材料,典型的是具有橄榄石结构的磷酸铁锂,锂离子在磷酸铁锂充放电过程中,沿着磷酸铁锂的[010]方向运动;锂离子在二维锂离子脱嵌通道材料中沿着水平面进行运动,可以沿着晶体[100]和[010]方向进行脱嵌,典型材料是具有层状结构的三元材料;在尖晶石结构中,锂离子是沿着晶体三个方向运动的,典型材料是尖晶石锰酸锂,尖晶石锰酸锂是三维锂离子脱嵌通道材料,因此,从材料结构分析,三维锂离子脱嵌通道材料正极材料的电池性能表现最好,一维锂离子脱嵌通道材料正极材料的电池性能表现最差。

2.1   锂离子电池正极材料分类

锂离子电池正极材料有很多分类方法,按照成分可以对正极材料进行分类,由于正极材料必须含有过渡族金属元素,根据过渡族元素在正极材料当中的最大含量把正极材料分为铁基正极材料、锰基正极材料、镍基正极材料和钴基正极材料等,2018 年 4 月 17 日,伦敦金属交易所(LME)钴现货价格已从 2016 年 9 月 1 日的 2.55 万美元/t 上涨至 9.2 万美元/t,涨幅超过 260%,因此,市场规模巨大的锂离子电池钴基正极材料因为钴价过高而转向镍基正极材料。按照电池放电平均电压的表现可以把正极材料分为低压正极材料、中压正极材料和高压正极材料,锂离子电池的能量密度与电池平均放电电压成正比,因此,锂离子电池正极材料的开发有由低压材料向高压材料发展的趋势。按照锂离子脱嵌正极材料可以把正极材料分为一维锂离子脱嵌通道材料、二维锂离子脱嵌通道材料和三维锂离子脱嵌通道材料。

2.1.1   一维锂离子脱嵌通道材料

一维锂离子脱嵌通道材料是主要以橄榄石结构的磷酸铁锂为代表的正极材料,图 2-1 是具有橄榄石结构的磷酸铁锂。当锂离子脱嵌磷酸铁锂时,只能沿着磷酸铁锂晶体[010]方向运动,其他两个方向上锂离子不能进行运动,这种限制决定了磷酸铁锂具有较差的电池性能表现形式。

针对 $LiFePO_4$ 低电导率的本征缺陷,缺陷化学研究成为一个改善其电导率的自然选择。$LiFePO_4$ 的缺陷化学研究主要集中于点缺陷研究,包括阳离子的缺位、金属

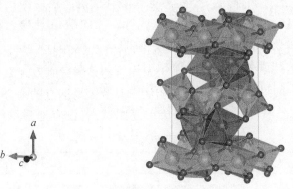

图 2-1　磷酸铁锂的结构图

浅色八面体代表锂氧八面体,深色八面体代表磷氧八面体,四面体代表铁氧四面体

离子位替代、氧位替代等。阳离子缺位可以导致很好的 p 型传导,这已经被以往的过渡金属氧化物的阳离子缺位实验所证实[1]。Amin 和 Maier 通过惰性气氛下热处理制备锂缺位的 $LiFePO_4$ 试样,经测试发现缺位试样的电导率提高了 1000 倍[2]。Herle 等通过在还原气氛下热处理也得到高电导率的富磷试样[3]。然而 Ravet 等认为相对于尖晶石结构而言,橄榄石结构不适于掺杂,并进一步阐述,在 M1 或 M2 位掺杂 M+到 M+5 的金属离子是不可能的[4]。Islam 等通过缺陷模拟得出与 Ravet 等相同的结论[5]。Nb 掺杂的实验研究表明,在 Nb 掺杂试样中,晶格内没有发现 Nb 元素[6]。其实早在 2002 年,$LiFePO_4$ 掺杂的争论开始于 Chung 等的报道[7]。期间有很多课题组进行掺杂的实验研究,结果表明在 $LiFePO_4$ 体系中掺杂是可能的。其中 ZnO 掺杂可降低材料阻抗,并且 2.5% ZnO 掺杂试样在放电电流密度 $20mA/cm^2$ 下 150 次循环后,放电比容量仍保持在 170mA·h/g 左右[8]。Ti 作为掺杂元素,可有效提高电极性能,并显示占据 Fe 位[9];Mg 掺杂被广泛地应用于磷酸盐电极材料中,有效地提高了电池性能;Mg 掺杂的有益影响在于 Mg 引入增加了晶格常数,有利于充放电时锂离子的输运[10]。

在共价离子化合物中,通过适当点缺陷的电荷补偿,引入掺杂固溶体是完全可行的;这种缺陷补偿措施对物质的结构和输运性质产生重大影响。一些研究指出 $LiFePO_4$ 置换固溶体不存在,可能是由于在计算过程中忽略点缺陷电荷补偿过程中的能量[11]。已有实验证实,$Li_{1-x}M_{z+x}FePO_4$ 的电导率是未掺杂试样的 108 倍。$Li_{1-3x}Fe_{3+x}MgPO_4$ 和 $Li_{1-3x}Fe_{3+x}NiPO_4$ 的 XRD 结果表明通过点缺陷的电荷补偿,掺杂在结构上是允许的[12,13]。$Li_{1-x}M_{z+x}FePO_4$ 试样的 XRD 精修结果表明掺杂元素优先占据 M1 位,但估算掺杂量少于目标物设计量[14]。

现在已有一些缺陷研究支持 $LiFePO_4$ 的掺杂[15,16]。一般来说,在橄榄石结构的过渡金属氧化物中,掺杂还不能成为晶体化学可接受的一种机制。但 $LiFePO_4$ 的缺陷化学研究提供了一些可接受掺杂的缺陷补偿机制(表 2-1)[11]。在每种情况下,所有阳离子计量比都被调整到一个固溶点缺陷补偿机制需要的比例,掺杂剂可以在 M1 或 M2 位替代,补偿可以通过 M1 或 M2 位的缺位补偿。相对于未掺杂的 $LiFePO_4$ 而言,掺杂试样共晶区显示更强的尺寸敏感性(在一定颗粒尺寸范围内)[17]。$LiFePO_4$ 和掺杂试样的平衡相图也证实了这一观点[11,18]。相同的颗粒尺寸,5% Mg 掺杂试样的共晶区被进一步压缩。掺杂试样有减少共晶区的特征,这可能要归结于掺杂及电荷补偿缺陷引起原子无序排布[11]。

表 2-1　$LiFePO_4$ 缺陷补偿机制[1]

序号	理想晶体	缺陷补偿机制	缺陷机制(克罗各-明克符号)
1	$Li_{1-ny}M_y^{n+}FePO_4$	Li-substitution & Li-vacancy compensations	$[V_{Li}'] = (n-1)[M_{Li}^{(n-1)}][V_{Li}'] = 3[Zr_{Li}^{\cdots}]$
2	$Li_{1-(n-2)y}M_y^{n+}Fe_{1-y}PO_4$	Fe-substitution & Li-vacancy compensations	$[V_{Li}'] = (n-2)[M_{Fe}^{(n-2)}][V_{Li}'] = 2[Zr_{Fe}^{\cdots}]$
3	$Li_{1-y}M_y^{n+}Fe_{1-(n-1)y/2}PO_4$	Li-substitution & Fe-vacancy compensations	$2[V_{Fe}''] = (n-1)[M_{Li}^{(n-1)}]2[V_{Fe}''] = 3[Zr_{Li}^{\cdots}]$
4	$LiM_y^{n+}Fe_{1-ny/2}PO_4$	Fe-substitution & Fe-vacancy compensations	$2[V_{Fe}''] = (n-2)[M_{Fe}^{(n-2)}][V_{Fe}''] = [Zr_{Fe}^{\cdots}]$
5	$LiFePO_4+M_xO_y$	混合物	不能确定

2.1.2　二维锂离子脱嵌通道材料

与一维锂离子脱嵌通道材料不同,锂离子在二维锂离子脱嵌通道材料中沿平面进行脱嵌,不能沿着垂直于平面的方向进行移动。1980 年 Goodenough 发现钴酸锂可以作为锂离子电池的正极材料,图 2-2 为钴酸锂的结构图,绿色八面体代表锂氧八面体,蓝色八面体代表钴氧八面体。

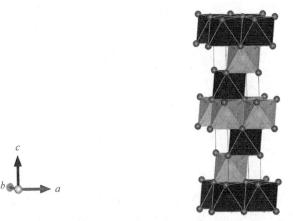

图 2-2　钴酸锂的结构图

浅色八面体代表锂氧八面体,深色八面体代表钴氧八面体

二维锂离子脱嵌通道材料根据成分可以分为钴酸锂、镍酸锂和三元材料,其中含有镍的层状结构比较特殊,层状镍酸锂经过合成以后,容易形成非化学计量

比$Li_{1-x}Ni_{1+x}O_2$,有二价镍离子存在于 Li 层,镍酸锂的结构式可以表达为$\left[Li_{1-x}Ni_x^{2+}\right]_{interslab}\left[Ni_x^{2+}Ni_{1-x}^{3+}\right]_{slab}O_2^{[19]}$。

2.1.3　三维锂离子脱嵌通道材料

在锰酸锂当中,锂离子可以沿着晶体的三个方向移动,如图 2-3 所示。当在锰酸锂中增加 25% 的镍时,会形成高压镍锰酸锂。

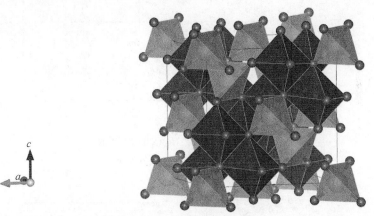

图 2-3　尖晶石锰酸锂的结构图

浅色四面体代表锂氧四面体,深色八面体代表锰氧八面体

2.2　层状结构的正极材料

2.2.1　钴酸锂及镍钴酸锂

钴酸锂的价格比较高,镍酸锂结构不稳定,因此,未来的高容量正极材料发展的方向是综合钴酸锂和镍酸锂共同优点的镍钴酸锂。

图 2-4 为钴酸锂与镍钴酸锂的 X 射线衍射图谱,所有的 X 射线衍射图中的峰都可以用六方 α-$NaFeO_2$结构来表征,α-$NaFeO_2$ 为 $R\bar{3}m$ 空间群。从图中可以看到钴酸锂和镍钴酸锂中没有第二相的存在。对 X 射线衍射图谱主要的峰进行指标化。随着钴含量的增加,主要衍射峰位向高角度方向移动。

仔细分析(006)和(102)及(108)和(110)产生衍射峰位,如图 2-5 所示。随着 Co 含量的增加,(006)和(102)产生衍射的角度差增加,同时,(108)和(110)产生衍射峰位的角度差也增加。

由图 2-6 可以分析,随着 Co 含量的增加,(006)和(102)产生衍射峰位的角度差基本呈线性增加,同样,(108)和(110)产生衍射峰位的角度差也基本呈线性增加。

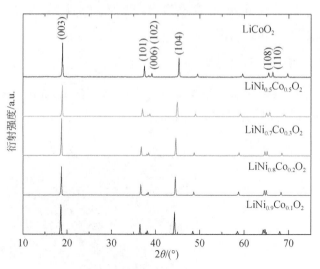

图 2-4　$LiNi_{1-x}Co_xO_2$ 的 XRD 谱

其中 $x = 0.1$、0.2、0.3、0.5 和 1

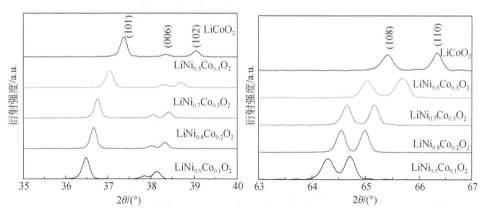

图 2-5　$LiNi_{1-x}Co_xO_2$ 的详细 XRD 谱

其中 $x = 0.1$、0.2、0.3、0.5 和 1

图 2-7 为 $LiNi_{1-x}Co_xO_2$ 晶胞参数 a、c 和 c/a 随着 Co 含量增加的变化趋势。晶胞参数 a 随着 Co 含量的增加线性减少,同样晶胞参数 c 也随着 Co 含量的增加线性减少,而 c/a 随着 Co 含量的增加而线性增加。实验结果与 Wang 等[20] 和 Cho 等[21] 的实验报道有一定的相似性。在 Wang 等的实验报道中,$LiNi_{1-x}Co_xO_2$ 采用 $LiOH \cdot H_2O$、NiO 和 CoO 合成。在 Cho 等的实验报道中可以看到随着 Co 含量的增加,c/a 增加。

有关 Co 在 $LiNiO_2$ 中的作用已经有比较多的报道,Co 在 $LiNiO_2$ 中可以稳定 $LiNiO_2$ 的层状结构,增加 $LiNiO_2$ 有序度,减少 Li 层中的 Ni 离子[22]。随着 Co^{3+} 在 Ni 层替代 Ni^{3+} 的增加,$LiNiO_2$ 晶胞参数会减少($r_{Co^{3+}} = 0.0545nm$,$r_{Ni^{3+}} = 0.056nm$)。当 Li

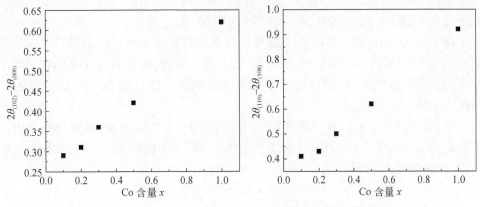

图 2-6 $2\theta_{(102)}-2\theta_{(006)}$ 和 $2\theta_{(110)}-2\theta_{(108)}$ 随 Co 含量变化趋势

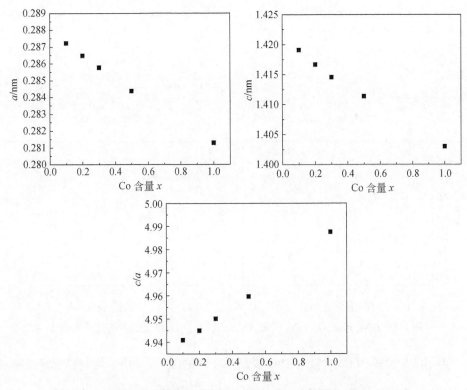

图 2-7 晶胞参数 a、c 和 c/a 随 Co 含量的变化趋势

层中 Ni^{2+} 数量减少导致增加 O-Li-O 间距,可能由于 Ni^{2+} 的半径小于 Li^+ 所致[23]($r_{Ni^{2+}}=0.069nm$,$r_{Li^+}=0.076nm$)。在 Ni 层中 Ni^{2+} 数量降低减少了晶胞参数($r_{Ni^{3+}}=0.056nm$,$r_{Ni^{2+}}=0.069nm$[1]),综合效应,晶胞参数 a 和 c 就减少了。一般文献中把

晶胞参数的减少归因于 Co^{3+} 在 Ni 层中替代 Ni^{3+} ,而从上面的分析得出晶胞参数的减少是由于 Co^{3+} 在 Ni 层替代 Ni^{3+} 和在 Ni 层中 Ni^{2+} 数量减少。

在 $LiNi_{1-x}Co_xO_2$ 中增加 Co 的含量可以减少晶胞参数 a 和 c ,晶胞参数的减少是由 Co^{3+} 在 Ni 层替代 Ni^{3+} 和在 Ni 层中 Ni^{2+} 数量减少所致,由于 Ni 层中 Ni^{2+} 数量减少对晶胞参数的影响非常有限,线形变化的晶胞参数不能反映 Ni^{2+} 在 Li 层的占位情况[24]。

图 2-8 为 $LiNi_{0.9}Co_{0.1}O_2$ 、$LiNi_{0.8}Co_{0.2}O_2$ 、$LiNi_{0.7}Co_{0.3}O_2$ 和 $LiCoO_2$ 在循环过程中的充放电曲线。在每个图中已经注明了每条曲线所代表的循环次数,随着循环次数的增加,充放电容量逐渐降低。

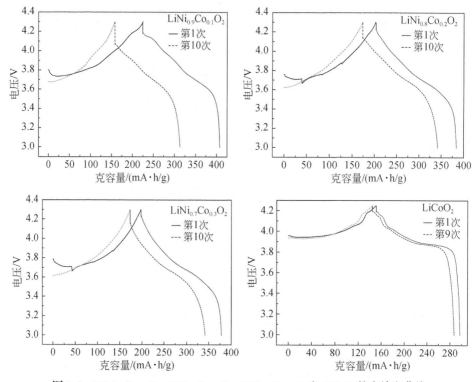

图 2-8　$LiNi_{0.9}Co_{0.1}O_2$ 、$LiNi_{0.8}Co_{0.2}O_2$ 、$LiNi_{0.7}Co_{0.3}O_2$ 和 $LiCoO_2$ 的充放电曲线

为了清楚地说明 Co 含量对镍钴酸锂循环性的影响,采用平均每次循环容量下降 ΔC 表示不同样品的循环特性,定义 $\Delta C = \dfrac{C_{First} - C_{Finally}}{n}$,其中, C_{First} 为首次循环放电容量; $C_{Finally}$ 为最终循环放电容量;n 为循环次数。采用 ΔC 表示 Co 含量对镍钴酸锂循环性的影响如图 2-9 所示。随着 Co 含量的增加,ΔC 逐渐减小,说明随着 Co 含量的增加,层状 $Li(Ni_{1-x}Co_x)O_2$ 的循环性能逐渐提高。

当锂离子脱出镍酸锂晶体结构时,要发生结构的转变,电子衍射显示锂离子脱

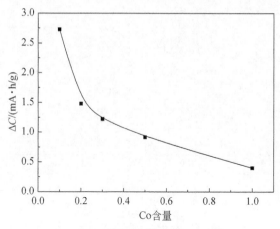

图 2-9　循环性随 Co 含量变化趋势

离镍酸锂晶体结构时存在超结构,这些超结构来自于在锂平面 Li 离子与空位的有序化,由于发生了有序化,因此,镍酸锂晶体结构存在从 H_1 向 M 的转变,由 M 向 H_2 的转变[25]。在镍酸锂中增加 Co 含量,会破坏锂平面 Li 离子与空位的有序化,因此,当 Co 含量达到 0.1 时,在镍钴酸锂中脱去 Li,基本不存在从 H_1 向 M 的转变[25]。在循环过程中容量下降是由于镍酸锂晶体结构的转变。当镍酸锂中加入 Co 时,阻止了镍酸锂在脱锂过程中的结构转变,层状 $Li(Ni_{1-x}Co_x)O_2$ 循环性得以提高[26,27]。

　　容量微分曲线可以明确说明 $Li(Ni_{1-x}Co_x)O_2$ 在放电过程中的结构变化,如图 2-10 所示。从图 2-10 中可以看出,锂离子进入 $LiNi_{0.7}Co_{0.3}O_2$ 和 $LiNi_{0.8}Co_{0.2}O_2$ 晶体结构时,其晶体结构并不发生变化,而 $LiNi_{0.7}Co_{0.3}O_2$ 循环性能要好于 $LiNi_{0.8}Co_{0.2}O_2$。另外锂离子在离开钴酸锂晶体结构时,其晶体结构也要发生转变[28]。

　　图 2-10 表明钴酸锂晶体的循环性能要优于锂离子离开而不发生结构转变的 $LiNi_{0.7}Co_{0.3}O_2$。具有层状结构的 $LiNi_xCo_{1-x}O_2$ 在脱 Li 过程中,其中的 Ni^{3+} 和 Co^{3+} 会转变为 Ni^{4+} 和 Co^{4+},由于 Ni^{3+} 的外层电子具有低自旋的 $t_2^6e^1$ 结构,而 Ni^{4+} 的外层电子具有低自旋的 $t_2^6e^0$ 结构,导致 Ni-O 八面体长轴收缩[29],Co^{3+} 的外层电子具有低自旋的 $t_2^6e^0$ 结构,而 Co^{4+} 的外层电子具有低自旋的 $t_2^5e^0$ 结构,不会造成 Co-O 八面体的不均匀收缩。在镍钴酸锂中,随着 Co 含量的增加,锂离子离开镍钴酸锂晶体造成 Ni-O 八面体收缩不均匀减少。由于在充放电过程中,层状结构的 $LiNi_xCo_{1-x}O_2$ 中的镍离子和钴离子会发生氧化还原反应,其中 Co—O 的键长发生微小的变化,而 Ni—O 的键长发生比较大的变化[30]。因此,随着 Co 含量的增加,具有层状结构的 $LiNi_xCo_{1-x}O_2$ 的循环性能得以提高。图 2-9 显示,在 Co 含量为 0~0.3 时,其循环性能提高最快,当 Co 含量为 0.3~1 时,其循环性能提高缓慢。随着 Co 含量的增加,镍酸锂晶体的 2D 结构特征增加,当 Co 含量大于 0.3 时,镍酸锂结构完全成为了层状结构[31]。$LiNi_xCo_{1-x}O_2$ 晶体在 Co 含量小于 0.3 时,在 Li 离子离开 $LiNi_xCo_{1-x}O_2$ 晶体结构时,存在于 Li 层的 Ni^{2+}

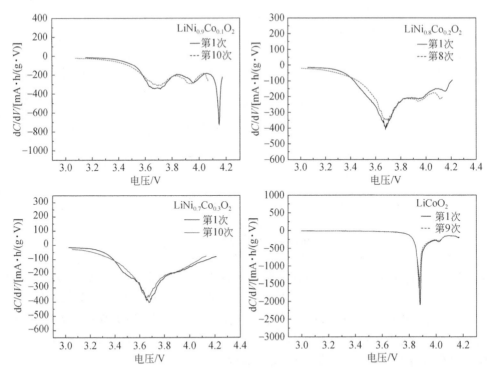

图 2-10　$LiNi_{0.9}Co_{0.1}O_2$、$LiNi_{0.8}Co_{0.2}O_2$、$LiNi_{0.7}Co_{0.3}O_2$ 和 $LiCoO_2$ 的放电容量微分曲线

首先转变为 Ni^{3+}[32]。随 Co 含量的增加,存在于 Li 层的 Ni^{3+} 数量减少,降低的 Ni^{3+} 数量,减少了 Li 层的畸变($r_{Ni^{3+}}=0.56Å$　$r_{Li^+}=0.76Å$),增加了 Li 离子在 Li 层的扩散速度,提高了 $LiNi_xCo_{1-x}O_2$ 的循环性能。$LiNi_xCo_{1-x}O_2$ 晶体在 Co 含量为 $0.3 \sim 1$ 时,由于不存在于 Li 层的 Ni^{2+},因此,随 Co 含量的增加,循环性能提高缓慢。

对比图 2-10 中 $Li(Ni_{1-x}Co_x)O_2$ 首次循环放电容量微分曲线与最终循环放电容量微分曲线可以得到以下结果:①随着循环次数的增加,放电容量起始电压降低;②与首次循环放电容量微分曲线相比,最终循环放电容量微分曲线左移;③随着循环次数的增加,放电容量微分曲线光滑度提高,负峰高度降低。采用平均每次循环放电容量起始电压电降 ΔV 表示 Co 含量对放电容量起始电压的影响,如图 2-11 所示,定义 $\Delta V = \dfrac{V_{First}-V_{Finally}}{n}$,其中,$V_{First}$ 为首次循环放电起始电压;$V_{Finally}$ 为最终循环放电起始电压;n 为循环次数。随着 Co 含量的增加,ΔV 逐渐减小。随着 Co 含量的增加,在 Li 离子离开 $Li(Ni_{1-x}Co_x)O_2$ 晶体结构时,J-T 效应造成的畸变减少,减少的畸变非常有利于 Li 离子在晶体中的扩散,因此,随着 Co 含量的增加,ΔV 逐渐减小。随着循环次数的增加,Li 离子进入 $Li(Ni_{1-x}Co_x)O_2$ 晶体结构的阻力增加,造成与首次循环放电容量微分曲线相比,最终循环放电容量微分曲线左移。随着循环次数的增加,锂离子进入和离开 $Li(Ni_{1-x}Co_x)O_2$ 晶体提供位置数量减小,负峰高度降低[33]。

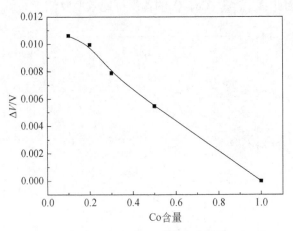

图 2-11　ΔV 随 Co 含量变化趋势

如果增加 Li 含量则会对镍钴酸锂的电池性能产生影响。与 $LiNi_{0.8}Co_{0.2}O_2$ 结构的晶胞参数相比,$Li_{1.05}Ni_{0.8}Co_{0.2}O_2$ 结构晶胞参数 a、c 和 c/a 都减小了(表 2-2)。层状镍酸锂经过合成以后,容易形成非化学计量比 $Li_{1-x}Ni_{1+x}O_2$,二价镍离子存在于 Li 层,镍酸锂的结构式可以表达为 $[Li_{1-x}Ni_x^{2+}]_{interslab}[Ni_x^{2+}Ni_{1-x}^{3+}]_{slab}O_2$,在 Li 层增加 Li 离子数目的同时减少 Li 层中 Ni^{2+} 的数量,Ni 层中的 Ni^{3+} 增加的数目等于在 Li 层减少的 Ni^{2+} 的数目,由于 $r_{Ni^{3+}}=0.56$Å,$r_{Ni^{2+}}=0.69$Å[5],因此,增加的 Ni^{3+} 将会减少 $Li_{1.05}Ni_{0.8}Co_{0.2}O_2$ 的晶胞参数。晶胞参数 c/a 减小说明了 0.05Li 的增加造成晶胞参数 c 的下降速度大于晶胞参数 a 的下降速度。

表 2-2　$LiNi_{0.8}Co_{0.2}O_2$ 和 $Li_{1.05}Ni_{0.8}Co_{0.2}O_2$ 的晶胞参数 a、c 和 c/a

Li 含量	a	c	c/a
1.00	2.86485	14.16673	4.94502
1.05	2.86413	14.16254	4.94479

图 2-12 为 $Li_{1.05}Ni_{0.8}Co_{0.2}O_2$ 在循环过程中的充放电曲线。$Li_{1.05}Ni_{0.8}Co_{0.2}O_2$ 的首次充电容量为 225.85mA·h/g,首次放电容量为 200.91mA·h/g,不可逆容量为 24.94mA·h/g,首次可逆效率为 88.95%。当在 $LiNi_{0.8}Co_{0.2}O_2$ 中增加 0.05 的 Li 时,首次放电容量增加约 10%,因此,Li 的增加不仅增加了 Li 层中 Li 离子的数目,同时减少了 Li 层中 Ni^{2+} 的数量,Ni^{2+} 的数量的减少非常有利于 Li 离子的扩散,其增加了可脱出 Li 离子的数量。当 Li 离子脱出 $Li_xNi_{0.8}Co_{0.2}O_2$ 晶体结构时,其中 Ni^{3+} 要转变为 Ni^{4+},由于 Ni^{3+} 的外层电子的排布为 $t_2^6e^1$,Ni^{4+} 的外层电子的排布为 $t_2^6e^0$,因此 Ni—O 八面体长轴和短轴发生不均匀的收缩。与 $LiNi_{0.8}Co_{0.2}O_2$ 相比,当 Li 离子脱出

$Li_{1.05}Ni_{0.8}Co_{0.2}O_2$晶体结构时更多的 Ni^{3+} 转变为 Ni^{4+}，$Li_{1.05}Ni_{0.8}Co_{0.2}O_2$ 晶体结构将产生更大的畸变，因此，$Li_{1.05}Ni_{0.8}Co_{0.2}O_2$的首次可逆效率要低于 $LiNi_{0.8}Co_{0.2}O_2$ 晶体。

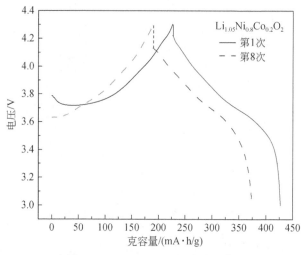

图 2-12　$Li_{1.05}Ni_{0.8}Co_{0.2}O_2$ 充放电曲线

$Li_{1.05}Ni_{0.8}Co_{0.2}O_2$ 和 $LiNi_{0.8}Co_{0.2}O_2$ 具体的电化学性能如表 2-3 所示，电极材料循环性能采用 $\dfrac{C_{first}-C_{end}}{C_{first}\cdot n}\times100\%$ 表示，其中，C_{first} 为首次循环放电容量；C_{end} 为最终循环放电容量；n 为循环次数。$LiNi_{0.8}Co_{0.2}O_2$的循环性能要优于 $Li_{1.05}Ni_{0.8}Co_{0.2}O_2$。

表 2-3　$LiNi_{0.8}Co_{0.2}O_2$ 和 $Li_{1.05}Ni_{0.8}Co_{0.2}O_2$ 的电化学性能

Li 含量	首次循环放电容量 /(mA·h/g)	第八次循环放电容量 /(mA·h/g)	不可逆容量/(mA·h/g) / 循环性/%
1.00	181.18	169.34	11.84/0.82
1.05	200.91	185.25	15.66/0.97

$LiNi_{0.8}Co_{0.2}O_2$ 和 $Li_{1.05}Ni_{0.8}Co_{0.2}O_2$ 的放电容量微分曲线如图 2-13 所示，容量微分曲线可以明确说明 $Li_{1+x}Ni_{0.8}Co_{0.2}O_2$ 在放电过程中的结构变化。从图中可以看出，在 4.15V 处存在负峰，从峰的形状可以分析出锂离子进入 $LiNi_{0.8}Co_{0.2}O_2$ 晶体结构时，并不发生结构转变，$LiNi_{0.8}Co_{0.2}O_2$ 晶体结构在放电过程中一直以六方结构存在。随着循环次数的增加，4.15V 负峰峰位明显向左移，说明层状 $LiNi_{0.8}Co_{0.2}O_2$ 在 4.15V 处存在比较大的极化现象。虽然 4.15V 负峰峰位明显向左移，但是峰的强度变化不大。层状结构 $Li_{1.05}Ni_{0.8}Co_{0.2}O_2$ 容量微分曲线与 $LiNi_{0.8}Co_{0.2}O_2$ 容量微分曲线相似，在 4.15V 处存在负峰，随着循环次数的增加，4.15V 负峰峰位明显向左移。与 $LiNi_{0.8}Co_{0.2}O_2$ 容量微分曲线不同，层状 $Li_{1.05}Ni_{0.8}Co_{0.2}O_2$ 结构的 4.15V 负峰

峰高随循环次数的增加而增高,当电化学循环次数增加到八次时,锂离子进入
$Li_{1.05}Ni_{0.8}Co_{0.2}O_2$晶体在 4.15V 处结构转变非常明显。锂离子电池正极材料在电
化学循环过程中,锂离子脱嵌正极材料结构过程中,正极材料的结构会发生一定
的破坏,容量会发生衰减,放电容量微分曲线负峰高度增加。当 $Li_{1+x}Ni_{0.8}Co_{0.2}O_2$
中 x 由 0 变化为 0.05 时,在循环过程中,诱发了由六方结构 H_1 向 H_2 的结构转变。
六方结构 H_1 向 H_2 的结构转变说明在循环过程中,$Li_{1.05}Ni_{0.8}Co_{0.2}O_2$产生的畸变比
较大,这也是造成 $Li_{1.05}Ni_{0.8}Co_{0.2}O_2$循环性能比较差的原因。在 $LiNi_{0.8}Co_{0.2}O_2$基础
上增加 Li 含量为 1.05,其在循环过程中会促进结构转变,根本原因是 Li 含量的增
加造成在 Li 离子脱嵌 $Li_{1.05}Ni_{0.8}Co_{0.2}O_2$结构过程中产生了比较大畸变。

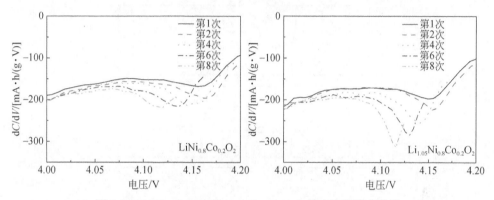

图 2-13　$LiNi_{0.8}Co_{0.2}O_2$ 和 $Li_{1.05}Ni_{0.8}Co_{0.2}O_2$放电容量微分曲线

当锂离子电池正极材料在锂离子脱嵌过程中发生结构改变时,如果结构改变比
较大,容易造成结构的整体破坏,从而影响材料的循环性能,因此,进一步了解电化
学循环过程诱发层状 $Li_{1.05}Ni_{0.8}Co_{0.2}O_2$结构转变的机理是非常有必要的[34]。

2.2.2　镍钴锰酸锂

1. 镍钴锰酸锂的结构

在镍钴酸锂中增加 Mn 可以稳定镍钴酸锂的结构,增加正极材料的循环稳定性。
图 2-14 为正极材料 $LiNi_{0.85-x}Co_{0.15}Mn_xO_2$($x=0.1$、0.2 和 0.4)的 X 射线衍射图。样品
的米勒指数描述为六角 α-$NaFeO_2$结构(空间群为 $R3m$,编号 166)。随着 Mn 离子含
量的增加,主衍射峰的位置变化不大,但其强度发生了变化。$LiNi_{0.85-x}Co_{0.15}Mn_xO_2$的
(003)和(104)晶面衍射峰的强度高于任何锰掺杂的化合物。随着 Mn 含量的增加,
(006)/(012)和(018)/(110)双峰逐渐分离。$LiNi_{0.85}Co_{0.15}O_2$衍射曲线中衍射角
$20°\sim40°$的小峰表明存在少量的杂质。从 XRD 图中可以看出,没有任何锰掺杂材
料含有杂质。Mn 掺杂材料 $LiNi_{0.85-x}Co_{0.15}Mn_xO_2$($x=0.1$、0.2 和 0.4)比未掺杂材料

$LiNi_{0.85}Co_{0.15}O_2$ 更容易通过空气中的制备方法形成单相结构。

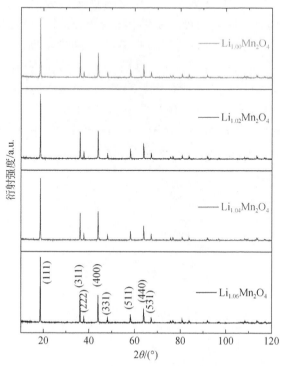

图 2-14　　$LiNi_{0.85-x}Co_{0.15}Mn_xO_2$ 的衍射谱

$x = 0、0.1、0.2$ 和 0.4

对 $LiNi_{0.85-x}Co_{0.15}Mn_xO_2(x = 0、0.1、0.2、0.4)$ 化合物的 XRD 图谱进行了精修。图 2-15 显示了 $LiNi_{0.65}Co_{0.15}Mn_{0.2}O_2$ 的 X 射线衍射图及其精修。表 2-4 给出了 $LiNi_{0.85-x}Co_{0.15}Mn_xO_2$ 材料($x = 0、0.1、0.2、0.4$)由其 XRD 数据精修确定的结构参数。

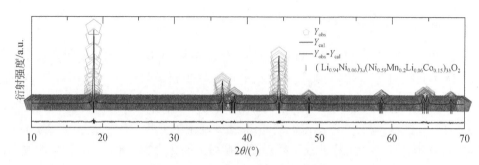

图 2-15　　$LiNi_{0.65}Co_{0.15}Mn_{0.2}O_2$ 的精修谱

表 2-4　$LiNi_{0.85-x}Co_{0.15}Mn_xO_2$ 材料 ($x=0$、0.1、0.2、0.4) 由其 XRD 数据精修结构参数

		$LiNi_{0.85}Co_{0.15}O_2$	$LiNi_{0.75}Co_{0.15}Mn_{0.1}O_2$	$LiNi_{0.65}Co_{0.15}Mn_{0.2}O_2$	$LiNi_{0.45}Co_{0.15}Mn_{0.4}O_2$
空间群			$R\bar{3}m$		
晶体常数					
$a/\text{Å}$		2.882(27)	2.878(00)	2.875(53)	2.874(19)
$b/\text{Å}$		2.882(27)	2.878(00)	2.875(53)	2.874(19)
$c/\text{Å}$		14.219(86)	14.226(14)	14.245(16)	14.267(41)
α		90	90	90	90
β		90	90	90	90
γ		120	120	120	120
晶胞体积($\text{A}3$)		102.30(5)	102.04(7)	102.00(8)	102.07(2)
结构参数					
R_p		8.67	10.9	10.5	11.6
R_{wp}		8.23	10.2	14.5	11.1
Li_{3b}	x	0	0	0	0
	y	0	0	0	0
	z	0.5	0.5	0.5	0.5
	Occ	0.850(3)	0.926(3)	0.943(5)	0.935(5)
	B	1.872(27)	1.611(40)	2.763(64)	3.175(62)
Ni_{3b}	x	0	0	0	0
	y	0	0	0	0
	z	0.5	0.5	0.5	0.5
	Occ	0.150(3)	0.074(3)	0.057(5)	0.065(5)
	B	1.872(27)	1.611(40)	2.763(64)	3.175(62)
Ni_{3a}	x	0	0	0	0
	y	0	0	0	0
	z	0	0	0	0
	Occ	0.818(4)	0.676(0)	0.593(0)	0.385(0)
	B	0.747(61)	0.422(7)	0.406(86)	0.422(88)
Mn_{3a}	x	×	0	0	0
	y	×	0	0	0
	z	×	0	0	0
	Occ	×	0.100(0)	0.200(0)	0.400(0)
	B	×	0.422(7)	0.406(86)	0.422(88)

		$LiNi_{0.85}Co_{0.15}O_2$	$LiNi_{0.75}Co_{0.15}Mn_{0.1}O_2$	$LiNi_{0.65}Co_{0.15}Mn_{0.2}O_2$	$LiNi_{0.45}Co_{0.15}Mn_{0.4}O_2$
Co_{3a}	x	0	0	0	0
	y	0	0	0	0
	z	0	0	0	0
	Occ	0.150(0)	0.150(0)	0.150(0)	0.150(0)
	B	0.747(61)	0.422(7)	0.406(86)	0.422(88)
Li_{3a}	x	0	0	0	0
	y	0	0	0	0
	z	0	0	0	0
	Occ	0.032(0)	0.074(0)	0.057(0)	0.065(5)
	B	0.747(61)	0.422(7)	0.406(86)	0.422(88)
O	x	0	0	0	0
	y	0	0	0	0
	z	0.25862(17)	0.25811(17)	0.25851(20)	0.25739(20)
	Occ	1.000(0)	1.000(0)	1.000(0)	1.000(0)
	B	0.500(0)	1.212(79)	0.459(91)	0.500(0)

注:×指空白。

在空气中将 Ni^{2+} 氧化成 Ni^{3+} 是非常困难的,精修 $LiNi_{0.85}Co_{0.15}O_2$ 的 XRD 显示其结构为 $(Li_{0.850}Ni_{0.150})_{3b}(Ni_{0.818}Li_{0.032}Co_{0.150})_{3a}O_2$,当 $LiNi_{0.85}Co_{0.15}O_2$ 在空气中合成时,镍离子倾向占位于锂位中,导致锂位缺锂,非化学计量的化合物[35]。研究表明,在氧气中形成的 $LiNi_{0.9}Co_{0.1}O_2$ 可以在锂离子位置形成一个 Ni^{2+} 离子比例较低的单相[36]。当锰离子含量为 0.1 时,精修 $LiNi_{0.75}Mn_{0.1}Co_{0.15}O_2$ 的结构描述为 $(Li_{0.926}Ni_{0.074})_{3b}(Ni_{0.676}Mn_{0.100}Li_{0.074}Co_{0.150})_{3a}O_2$,与不含有 Mn 的样品相比,Ni 占据 Li 位的数量降低了 50%。$Li(Ni_{1/3}Mn_{1/3}Co_{1/3})O_2$ 的中子粉末衍射(PDF)分析显示 TM 层中 Ni 和 Mn 阳离子的非随机分布,其中 Ni 在第一配位壳中接近 Mn,Co 随机分布[37]。当 Mn 含量增加到 0.2 时,锂层中 Ni^{2+} 离子的占有率为 0.057。当 Mn 含量增加到 0.4 时,二价镍占据 Li 位的数量增加到 0.065,$LiNi_{0.45}Mn_{0.4}Co_{0.15}O_2$ 可以表示为 $(Li_{0.935}Ni_{0.065})_{3b}(Ni_{0.385}Mn_{0.400}Li_{0.065}Co_{0.15})_{3a}O_2$。图 2-16 显示随着 Mn 含量的增加,锂层中 Ni^{2+} 比例的变化。随着 Mn 含量从 0.1 增加到 0.4 并且 Ni 含量从 0.75 降低到 0.45,锂层中 Ni^{2+} 的占用几乎没有变化。这与先前的发现不同,当镍含量降低时,镍和锂层间混合程度增加[38]。

如图 2-16 所示,随着 Mn 含量的增加,I_{003}/I_{004} 的比例显示出复杂的变化。这一发现与先前报道的研究结果不一致[39],强度比 I_{003}/I_{004} 用作阳离子混合的指示,其表示晶格中 Ni 和 Li 离子占位程度,较大的 I_{003}/I_{004} 值意味着样本更高度有序[40]。图 2-16 显

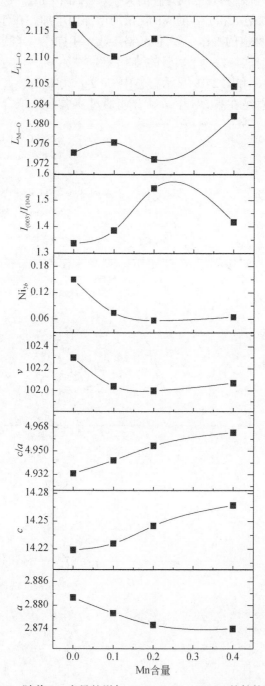

图 2-16　随着 Mn 含量的增加 LiNi$_{0.85-x}$Co$_{0.15}$Mn$_x$O$_2$ 的结构变化

示了 Mn 含量与 Ni 和 Li 占位之间存在的关系及样品中与 I_{003}/I_{004} 的强度比。晶格参数 a 减小,而晶格参数 c 和 c/a 随 Mn 含量的增加而增加。在作者的研究中得到的晶格参数 c 与先前报道的工作一致,但晶格参数 a 不同[41]。随着样品中 Mn 含量的增加,c/a 比率增加,这与另一个实验的结果一致[40]。

图 2-17、图 2-18 和图 2-19 显示材料中 Co $2p_{3/2}$、Ni $2p_{3/2}$ 和 Mn $2p_{3/2}$ 的 XPS 结果,它们的结合能总结在表 2-5 中。结合能通过实验曲线拟合获得。考虑到过渡

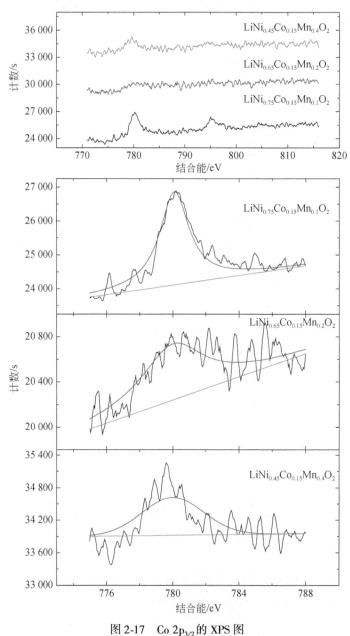

图 2-17　Co $2p_{3/2}$ 的 XPS 图

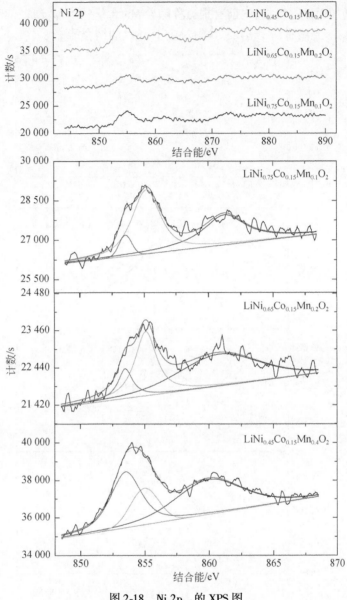

图 2-18 Ni 2p$_{3/2}$ 的 XPS 图

金属 2p 线通常观察到的不对称形状,将计算的曲线轮廓定义为具有各向异性贡献的高斯分布和洛伦兹分布的组合。LiNi$_{0.85-x}$Co$_{0.15}$Mn$_x$O$_2$($x=0.1$、0.2、0.4)的 Co 2p$_{3/2}$ 峰出现在 780eV。这个值接近于 LiNi$_{1/3}$Mn$_{1/3}$Co$_{1/3}$O$_2$ 和 Li$_{1+x}$(Ni$_z$Mn$_z$Co$_{1-2z}$)O$_2$ 中的 Co^{3+}[42,43]。这表明 LiNi$_{0.85-x}$Co$_{0.15}$Mn$_x$O$_2$ 样品中 Co 的氧化态为+3。对于 LiNi$_{0.85-x}$Co$_{0.15}$Mn$_x$O$_2$ 样品的 Ni 2p$_{3/2}$ 光谱,有两个贡献,一个是 Ni^{2+} 离子为 853.5eV,另一个为观察到 Ni^{3+} 离子为 855eV。根据 XPS 研究结果计算的 Ni^{2+}:(Ni^{2+}+Ni^{3+})比例随着

Mn 含量的增加而显著增加,之前有报道称随着 Mn 含量的增加,Ni^{2+} : Ni^{3+} 的比例增加[41]。Mn $2p_{3/2}$ 光谱有一个 642eV 峰,对应于 Mn^{4+} 的结合能。

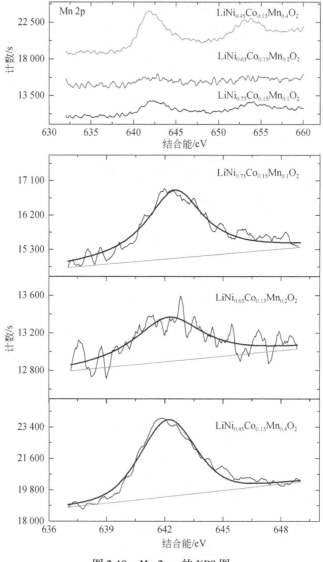

图 2-19　Mn $2p_{3/2}$ 的 XPS 图

表 2-5　$LiNi_{0.85-x}Co_{0.15}Mn_xO_2$ 材料($x=0.1$、0.2、0.4)的 XPS 结构参数

Mn	Co^{3+}/eV	Ni^{2+}/eV	Ni^{3+}/eV	Mn^{4+}/eV	$Ni^{2+}/(Ni^{2+}+Ni^{3+})$
0.1	780.1	853.5	855.1	642.2	0.10
0.2	780.0	853.5	855.1	642.2	0.24
0.4	780.0	853.5	854.9	642.1	0.69

$LiMn_xNi_yCo_zO_2$ 中 Co 的氧化态通常为+3，$Li_{1+x}(Mn_{0.425}Ni_{0.425}Co_{0.15})_{1-x}O_2$ 的 Co $2p_{3/2}$ 光谱表明 Co 的化合价为 3+[43]。图 2-17Co 的 XPS 结果表明，$LiNi_{0.85-x}Co_{0.15}Mn_xO_2$ 化合物（$x=0.1$、0.2 和 0.4）中 Co 的氧化态也是+3。

$LiMn_xNi_yCo_zO_2$ 化合物中 Ni 的氧化态有两种可能性。在层状 $LiNi_{0.5}Mn_{0.5}O_2$ 中，充电和放电过程中的电荷补偿主要是通过在 K-边缘处原位 Ni 对 Ni^{2+} 和 Ni^{4+} 离子的氧化/还原来实现的[44]。最近 X 射线吸收近边光谱实验证实了 $LiNi_xMn_xCo_{1-2x}O_2$ 系列中几种化合物中 Ni^{2+} 的存在（$0.01<x<1/3$）[37]。但根据 Ni $2p_{3/2}$ XPS，观察到两种贡献，一种是 Ni^{2+}，另一种是 Ni^{3+}，随着过度锂化，XPS 拟合结果中 $Ni^{3+}/(Ni^{2+}+Ni^{3+})$ 的比率显著增加[43]。在 Ni $2p_{3/2}$ 谱中对应于 Ni^{3+} 的峰的贡献为 $LiNi_{0.65}Co_{0.25}Mn_{0.1}O_2$ 的总 Ni 含量的 93% 左右，这个峰值降低到 $LiNi_{0.5}Co_{0.25}Mn_{0.25}O_2$ 总 Ni 含量的 61%，所以随着样品中 Mn 含量的增加，Ni^{2+}/Ni^{3+} 的比例增加[41]。编者 XPS 的实验结果支持在 $LiNi_{0.85-x}Co_{0.15}Mn_xO_2$ 化合物（$x=0$、0.1、0.2 和 0.4）中 Ni 离子以+2 和+3 氧化态的混合物观点。一般来说，研究表明 $LiMn_xNi_yCo_zO_2$ 化合物中 Mn 的氧化态大多为+4。第一性原理计算表明，Ni^{2+} 和 Mn^{4+} 离子之间的强烈相互作用是有利的。这得益于 $LiMn_xNi_yCo_zO_2$ 化合物中 Mn^{4+} 离子数量的增加伴随着 Ni^{2+} 离子数量的增加[45]。因此，随着 Mn 含量的增加，$Ni^{2+}:(Ni^{2+}+Ni^{3+})$ 的比例增加，这与 $LiNi_{0.85-x}Co_{0.15}Mn_xO_2$ 化合物的 XPS 数据结果一致。

随着 Mn 含量的增加，根据不同的研究，晶格参数 a 和 c 受到不同的影响。改变 Mn 浓度不是简单的取代反应。随着 Mn 含量的增加，较小的 Ni^{3+} 离子转化为较大的 Ni^{2+} 离子。Ni^{2+} 的百分比增加以平衡 Mn 掺杂物的较小半径。结果，晶格参数 c 和晶胞体积随 Mn 含量的增加而增加[40]。晶格参数 a 值的降低归因于 Mn^{4+} 离子含量的增加，因为与高自旋 Mn^{3+}（0.65Å）、低自旋 Ni^{3+}（0.56Å）相比，Mn^{4+} 在八面体配位中具有更小的离子半径（0.54Å），Ni^{2+}（0.70Å），高自旋 Co^{3+}（0.61Å）和低自旋 Co^{2+}（0.65Å），所有这些都可能在这些高度复杂的整合结构中以不同的水平存在[46,47]。

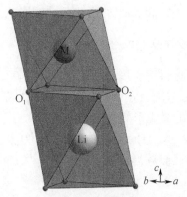

图 2-20　过渡族氧八面体和 Li 氧八面体

晶格参数 a 和 c 随 Mn 掺杂量的变化如图 2-16 所示。由于 Mn 掺杂引起的复杂取代效应,晶格参数 a 和 c 的变化与 $LiNi_{0.85-x}Co_{0.15}Mn_xO_2$ 中的离子半径变化并不直接相关。如图 2-20 所示,过渡元素氧八面体和 Li 氧八面体共享一个 O_1O_2 边。$L_{M—O}$(金属–氧键的长度)的变化反映了 Mn 含量变化的替代效应。图 2-16 和表 2-6 显示了随着 Mn 含量的增加,$L_{M—O}$ 和 $L_{Li—O}$ 的变化。当 Mn 含量为 0.2 时,$L_{M—O}$ 最小。随着 Mn 含量的变化,$L_{Li—O}$ 会发生变化;化合物 $LiNi_{0.45}Co_{0.15}Mn_{0.4}O_2$ 的 $L_{M—O}$ 最大。如图 2-16 所示,随着 Mn 含量的增加,$L_{M—O}$ 和 $L_{Li—O}$ 之间的变化程度几乎相反。

表 2-6　$LiNi_{0.85-x}Co_{0.15}Mn_xO_2$ 材料($x=0.1$、0.2、0.4)键长变化

键	$LiNi_{0.85}Co_{0.15}O_2$	$LiNi_{0.75}Co_{0.15}Mn_{0.1}O_2$	$LiNi_{0.65}Co_{0.15}Mn_{0.2}O_2$	$LiNi_{0.45}Co_{0.15}Mn_{0.4}O_2$
$Li_{3b}—O$	2.1163(16)	2.1103(16)	2.1137(18)	2.1046(18)
$Ni_{3a}—O$	1.9743(14)	1.9764(14)	1.9730(15)	1.9818(16)
$Ni_{3b}—O$	2.1163(16)	2.1103(16)	2.1137(18)	2.1046(18)
$Co_{3a}—O$	1.9743(14)	1.9764(14)	1.9730(15)	1.9818(16)
$Mn_{3a}—O$	—	1.9764(14)	1.9730(15)	1.9818(16)
$O_1—O_2$	2.882(27)	2.8779(99)	2.8755(25)	2.8741(85)

即使在低的掺杂水平下,$Li(Ni_{0.02}Mn_{0.02}Co_{0.96})O_2$ 的 ^6Li MAS NMR 谱也显示形成了过渡金属层中 Ni^{2+} 和 Mn^{4+} 团簇[37]。当 Mn 含量从 0 增加到 0.1 时,Li 层中的 Ni^{2+} 从 15% 下降到 7%;在短程范围内,如 NMR 研究所揭示的,过渡金属层中的 Li 离子优先被 Mn 离子包围[35]。X 射线衍射、固态核磁共振和扩展的 X 射线吸收精细结构研究已经证明了 $Li[Li_{1/9}Ni_{1/3}Mn_{5/9}]O_2$ 和 Li_2MnO_3 中锂和过渡金属离子的有序化[48-50]。当 $LiNi_{0.85-x}Co_{0.15}Mn_xO_2$ 化合物中 Mn 含量从 0.1 增加到 0.4 时,由于 Li^+ 和 Mn^{4+} 的排序,Li^+ 层中 Ni^{2+} 的比例几乎不变。显然,在锂层当中的 Ni 离子的含量受到 Li^+ 和 Mn^{4+} 的有序化和 Ni^{2+} 和 Mn^{4+} 有序化的共同影响[51]。

2. 锂含量对镍钴锰酸锂结构及性能的影响

目前大规模生产三元材料锂含量一般不会超过 1.08。图 2-21 是共沉淀法合成 $Ni_{0.5}Co_{0.2}Mn_{0.3}(OH)_2$ 和 $Li_{1+x}Ni_{0.5}Co_{0.2}Mn_{0.3}O_2$ 的微观形貌,图 2-21(a)是球形前体 $Ni_{0.5}Co_{0.2}Mn_{0.3}(OH)_2$ 颗粒的微观形貌,图 2-21(b)~(f)是在 900℃ 的相同合成温度下通过共沉淀法制备的 $Li_{1+x}Ni_{0.5}Co_{0.2}Mn_{0.3}O_2$($x=0.00$、$0.02$、$0.04$、$0.06$ 和 0.08)材料的微观形貌。二次颗粒近似球形,并且尺寸大约为 $15\mu m$,当 Li 含量从 1 增加到 1.08 时,一次粒径有增加趋势。

图 2-22 是合成晶体 $Li_{1+x}Ni_{0.5}Co_{0.2}Mn_{0.3}O_2$($x=0$、$0.02$、$0.04$、$0.06$、$0.08$)的 X 射线衍射曲线。图 2-23 是 $Li_{1.08}Ni_{0.5}Co_{0.2}Mn_{0.3}O_2$ 精修曲线,表 2-7 和图 2-24 是晶体

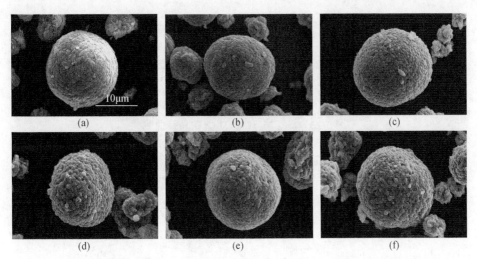

图 2-21　共沉淀法合成 $Ni_{0.5}Co_{0.2}Mn_{0.3}(OH)_2$ 和 $Li_{1+x}Ni_{0.5}Co_{0.2}Mn_{0.3}O_2$ 的微观形貌[53]

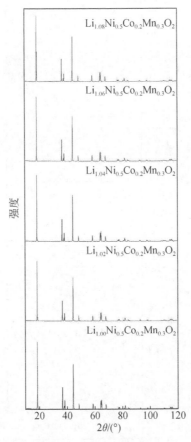

图 2-22　合成晶体 $Li_{1+x}Ni_{0.5}Co_{0.2}Mn_{0.3}O_2$($x=0$、$0.02$、$0.04$、$0.06$、$0.08$)的 X 射线衍射曲线[53]

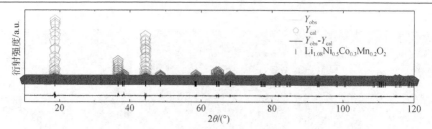

图 2-23　$Li_{1.08}Ni_{0.5}Co_{0.2}Mn_{0.3}O_2$ 精修曲线[53]

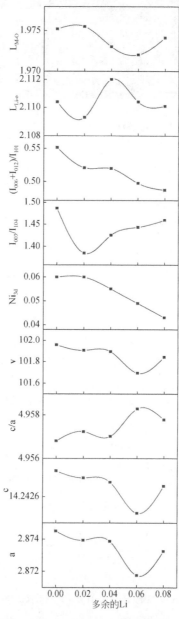

图 2-24　晶体 $Li_{1+x}Ni_{0.5}Co_{0.2}Mn_{0.3}O_2$($x=0$、0.02、0.04、0.06、0.08)的 XRD 拟合以后获得的精修数据曲线[53]

$Li_{1+x}Ni_{0.5}Co_{0.2}Mn_{0.3}O_2$ ($x=0$、0.02、0.04、0.06、0.08) 的 XRD 拟合以后获得的精修数据及其曲线。值得注意是 $I_{(003)}/I_{(104)}$ 在锂含量为 1.02 时最小，而此时镍占锂位数达到 0.06，这与以前报道的不一致[52]，而采用 $(I_{(006)}/I_{(012)})/I_{(101)}$ 指示镍占锂位数更有指示性[53]。

表 2-7　晶体 $Li_{1+x}Ni_{0.5}Co_{0.2}Mn_{0.3}O_2$ ($x=0$、0.02、0.04、0.06、0.08) 的 XRD 拟合以后获得的精修数据[53]

	$LiNi_{0.5}Co_{0.2}Mn_{0.3}O_2$	$Li_{1.02}Ni_{0.5}Co_{0.2}Mn_{0.3}O_2$	$Li_{1.04}Ni_{0.5}Co_{0.2}Mn_{0.3}O_2$	$Li_{1.06}Ni_{0.5}Co_{0.2}Mn_{0.3}O_2$	$Li_{1.08}Ni_{0.5}Co_{0.2}Mn_{0.3}O_2$
空间群	$R\bar{3}m$	$R\bar{3}m$	$R\bar{3}m$	$R\bar{3}m$	$R\bar{3}m$
晶格常数					
$a/Å$	2.8745(6)	2.87394(6)	2.87387(5)	2.87175(6)	2.87325(5)
$b/Å$	2.8745(6)	2.87394(6)	2.87387(5)	2.87175(6)	2.87325(5)
$c/Å$	14.2483(40)	14.24676(_38)	14.24577(34)	14.23896(35)	14.24492(32)
晶胞体积/$Å^3$	101.957	101.907	101.895	101.696	101.844
结构参数					
R_p	9.30	9.50	9.59	9.39	9.70
R_{wp}	13.1	13.2	13.4	13.2	13.8
Li_{3b}					
x	0	0	0	0	0
y	0	0	0	0	0
z	0.5	0.5	0.5	0.5	0.5
Occ	0.94(2)	0.94(2)	0.945(2)	0.951(2)	0.957(2)
B	0.673(132)	0.943(140)	0.764(141)	0.967(151)	0.877(160)
Ni_{3b}					
x	0	0	0	0	0
y	0	0	0	0	0
z	0.5	0.5	0.5	0.5	0.5
Occ	0.06(2)	0.06(2)	0.055	0.049(2)	0.043(2)
B	0.673(132)	0.943(140)	0.764(141)	0.967(151)	0.877(160)
Ni_{3a}					
x	0	0	0	0	0
y	0	0	0	0	0
z	0	0	0	0	0
Occ	0.440(0)	0.436(0)	0.435(0)	0.436(0)	0.438(0)
B	0.200(22)	0.165(23)	0.206(23)	0.163(23)	0.248(24)
Mn_{3a}					
x	0	0	0	0	0

		$LiNi_{0.5}Co_{0.2}Mn_{0.3}O_2$	$Li_{1.02}Ni_{0.5}Co_{0.2}Mn_{0.3}O_2$	$Li_{1.04}Ni_{0.5}Co_{0.2}Mn_{0.3}O_2$	$Li_{1.06}Ni_{0.5}Co_{0.2}Mn_{0.3}O_2$	$Li_{1.08}Ni_{0.5}Co_{0.2}Mn_{0.3}O_2$
	y	0	0	0	0	0
	z	0	0	0	0	0
	Occ	0.300(0)	0.297(0)	0.294(0)	0.291(0)	0.289(0)
	B	0.200(22)	0.165(23)	0.206(23)	0.163(23)	0.248(24)
Co_{3a}						
	x	0	0	0	0	0
	y	0	0	0	0	0
	z	0	0	0	0	0
	Occ	0.200(2)	0.198(0)	0.196(0)	0.194(0)	0.192(0)
	B	0.200(22)	0.165(23)	0.206(23)	0.163(23)	0.248(24)
Li_{3a}						
	x	0	0	0	0	0
	y	0	0	0	0	0
	z	0	0	0	0	0
	Occ	0.060(0)	0.079(0)	0.075(0)	0.078(0)	0.081(0)
	B	0.200(22)	0.165(23)	0.206(23)	0.163(23)	0.248(24)
0						
	x	0	0	0	0	0
	y	0	0	0	0	0
	z	0.25814(13)	0.25808(13)	0.25839(13)	0.25836(13)	0.25821(14)
	Occ	1.000(0)	1.000(0)	1.000(0)	1.000(0)	1.000(0)
	B	1.055(45)	1.127(45)	1.201(47)	1.147(46)	1.278(49)

图 2-25(a) 是在电压范围为 2.5 ~ 4.3V、0.1C 下 $Li_{1+x}Ni_{0.5}Co_{0.2}Mn_{0.3}O_2$($x = 0$、

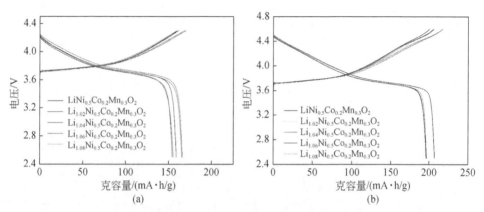

图 2-25 电压范围为 2.5 ~ 4.3V、0.1C 下 $Li_{1+x}Ni_{0.5}Co_{0.2}Mn_{0.3}O_2$

($x = 0$、0.02、0.04、0.06、0.08) 的首次充电和放电曲线[53]

0.02、0.04、0.06、0.08)的首次充电和放电曲线,表2-8 显示了初始充放电容量和库
仑效率,图2-25(b)是在电压范围为 2.5 ~ 4.6V 、0.1C 下 $Li_{1+x}Ni_{0.5}Co_{0.2}Mn_{0.3}O_2(x=$
0、0.02、0.04、0.06、0.08)的首次充电和放电曲线,随着锂含量的增加,电池容量和
首次库仑效率都增加。图 2-26 是 $Li_{1+x}Ni_{0.5}Co_{0.2}Mn_{0.3}O_2(x=0、0.02、0.04、0.06、$
0.08)的循环曲线,电压升高,电池的循环性要低一些。

表 2-8　$Li_{1+x}Ni_{0.5}Co_{0.2}Mn_{0.3}O_2(x=0、0.02、0.04、0.06、0.08)$ 的首次充电和放电容量[53]

过量 Li	0	0.02	0.04	0.06	0.08
充电容量/(mA·h/g)	192	195.3	191.4	195.5	197.8
放电容量/(mA·h/g)	157.8	161.8	160	166.6	168.8
库仑效率/%	82.19	82.85	83.60	85.21	85.34

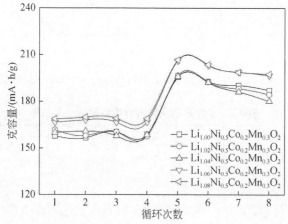

图 2-26　$Li_{1+x}Ni_{0.5}Co_{0.2}Mn_{0.3}O_2(x=0、0.02、0.04、0.06、0.08)$ 的循环曲线[53]

图 2-27 是在 2.5 ~ 4.6V 下 4 个循环后 $Li_{1+x}Ni_{0.5}Co_{0.2}Mn_{0.3}O_2(x=0、0.02、0.04、$

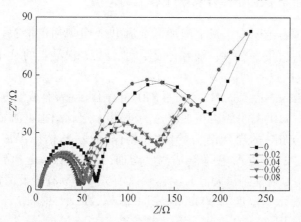

图 2-27　2.5 ~ 4.6V 下 $Li_{1+x}Ni_{0.5}Co_{0.2}Mn_{0.3}O_2(x=0、0.02、0.04、0.06、0.08)$ 的 EIS 曲线[53]

0.06、0.08)的 EIS 曲线,图 2-28 是阻抗的实部 Z_{re} 与较低角频率的倒数平方的关系曲线,表 2-9 是对交流阻抗曲线进行拟合获得的电解质电阻 R_e、表面电阻 R_{sf}、电荷转移电阻和锂离子扩散系数数据[54],随着锂含量的增加,R_{sf}、R_{ct} 和锂离子扩散系数都有增加的趋势,这与随着锂含量增加、镍占锂位数减少一致。

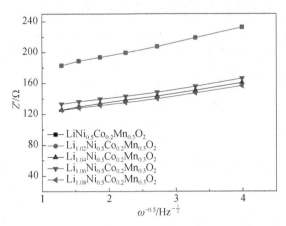

图 2-28　阻抗的实部 Z 与较低角频率的倒数平方的关系曲线[53]

表 2-9　交流阻抗曲线进行拟合获得的阻抗值

过量 Li	$D_{Li}/(cm^2/s)$	R_e/Ω	R_{sf}/Ω	R_{ct}/Ω
0	4.80×10^{-14}	5.55	59	125
0.02	3.32×10^{-14}	4.99	46	118.5
0.04	1.01×10^{-13}	4.68	41.8	83.5
0.06	1.06×10^{-13}	5.46	51.8	76
0.08	1.13×10^{-13}	4.62	46.4	74

3. 合成温度对镍钴锰酸锂结构及性能的影响

图 2-29 是 $Li_{1.06}Ni_{0.5}Co_{0.2}Mn_{0.3}O_2$ 在不同温度下合成后的形貌。图 2-30 是一次晶粒尺寸随着温度的变化曲线,随着合成温度增加,一次晶粒的尺寸增加,尤其到了 980℃,一次粒径达到 1.77μm。

图 2-31 是 $Li_{1.06}Ni_{0.5}Co_{0.2}Mn_{0.3}O_2$ 的 XRD 衍射图,随着合成温度的增加,(006)/(102)和(108)/(110)峰分裂得更加明显,一般指示层状结构更加显著。

图 2-32 为 900℃ 的层状结构的 XRD 精修曲线,精修结果展示在表 2-10 和图 2-33中。由图 2-32 发现,随着合成温度增加,晶胞参数 a、c 和晶胞体积 V 增加。$I_{(103)}/I_{(104)}$ 在 850℃时达到最大值 1.647,从以前文献容易得出此时的镍占锂位数最小。但是,精修显示当温度为 900℃时,镍占锂位数最小,这与 $I_{(103)}/I_{(104)}$ 指示不一致,因此建议不要用 $I_{(103)}/I_{(104)}$ 指示镍占锂位数。

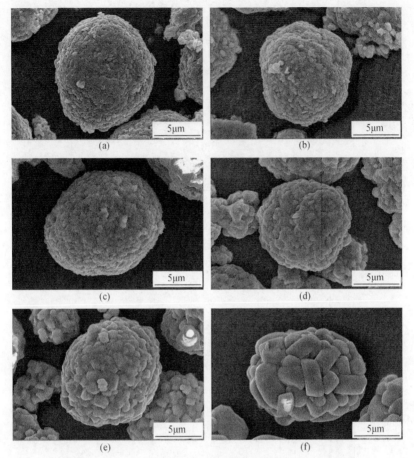

图 2-29　$Li_{1.06}Ni_{0.5}Co_{0.2}Mn_{0.3}O_2$ 在不同温度下合成后的形貌[56]

(a)800℃;(b)850℃;(c)900℃;(d)920℃;(e)940℃;(f)980℃

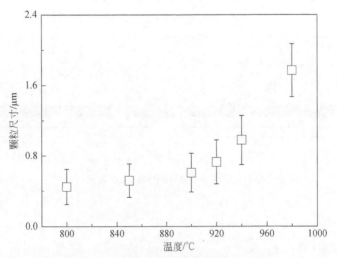

图 2-30　一次晶粒尺寸随温度的变化曲线[56]

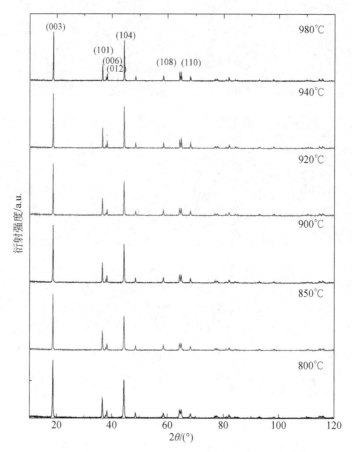

图 2-31　$Li_{1.06}Ni_{0.5}Co_{0.2}Mn_{0.3}O_2$ 的 XRD 衍射曲线[56]

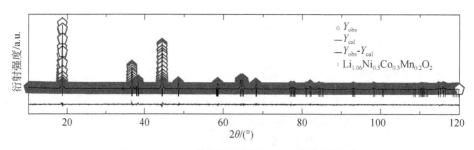

图 2-32　900℃的层状结构的 XRD 精修曲线[56]

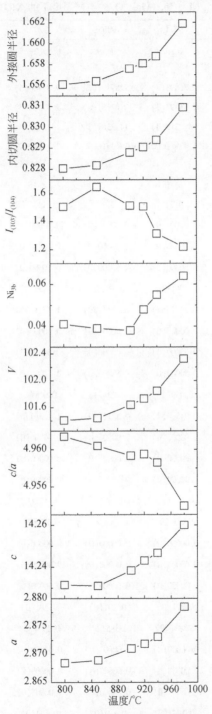

图 2-33　$Li_{1.06}Ni_{0.5}Co_{0.2}Mn_{0.3}O_2$ 在不同温度下的晶胞参数 a、c、c/a 比值，

晶胞体积 V，Ni_{3b}，$I_{(103)}/I_{(104)}$ 比值，四面体的内切圆、外接圆半径[56]

表 2-10　$Li_{1.06}Ni_{0.5}Co_{0.2}Mn_{0.3}O_2$ 的不同温度下的 XRD 精修数据[56]

		800℃	850℃	900℃	920℃	940℃	980℃
空间群		$R\bar{3}m$	$R\bar{3}m$	$R\bar{3}m$	$R\bar{3}m$	$R\bar{3}m$	$R\bar{3}m$
晶格常数/Å							
a		2.86845(9)	2.86893(7)	2.87101(6)	2.87186(5)	2.87313(4)	2.87851(3)
b		2.86845(9)	2.86893(7)	2.87101(6)	2.87186(5)	2.87313(4)	2.87851(3)
c		14.2315(5)	14.2310(4)	14.2383(3)	14.2430(3)	14.2467(2)	14.2600(2)
晶胞体积/Å³		101.407(0.006)	101.439(0.004)	101.639(0.004)	101.732(0.004)	101.849(0.003)	102.326(0.002)
结构参数							
R_p		6.27	6.70	7.24	8.15	8.01	9.25
R_{wp}		9.18	9.24	9.87	11.1	11.3	13.2
Li₃b	X	0.00000(0)	0.00000(0)	0.00000(0)	0.00000(0)	0.00000(0)	0.00000(0)
	Y	0.00000(0)	0.00000(0)	0.00000(0)	0.00000(0)	0.00000(0)	0.00000(0)
	Z	0.50000(0)	0.50000(0)	0.50000(0)	0.50000(0)	0.50000(0)	0.50000(0)
	SOF	0.959(1)	0.961(1)	0.962(1)	0.952(2)	0.945(2)	0.936(2)
	B	0.247(154)	0.945(154)	0.521(150)	1.473(176)	1.448(164)	0.531(141)
Ni₃b	X	0.00000(0)	0.00000(0)	0.00000(0)	0.00000(0)	0.00000(0)	0.00000(0)
	Y	0.00000(0)	0.00000(0)	0.00000(0)	0.00000(0)	0.00000(0)	0.00000(0)
	Z	0.50000(0)	0.50000(0)	0.50000(0)	0.50000(0)	0.50000(0)	0.50000(0)
	SOF	0.041(1)	0.039(1)	0.038(1)	0.048(2)	0.055(2)	0.064(2)
	B	0.247(154)	0.945(154)	0.521(150)	1.473(176)	1.448(164)	0.531(141)
Ni₃a	X	0.00000(0)	0.00000(0)	0.00000(0)	0.00000(0)	0.00000(0)	0.00000(0)
	Y	0.00000(0)	0.00000(0)	0.00000(0)	0.00000(0)	0.00000(0)	0.00000(0)
	Z	0.00000(0)	0.00000(0)	0.00000(0)	0.00000(0)	0.00000(0)	0.00000(0)
	SOF	0.444(0)	0.446(0)	0.447(0)	0.437(0)	0.43(0)	0.421(0)
	B	0.439(37)	0.389(29)	0.385(27)	0.194(30)	0.344(27)	0.515(27)
Mn₃a	X	0.00000(0)	0.00000(0)	0.00000(0)	0.00000(0)	0.00000(0)	0.00000(0)
	Y	0.00000(0)	0.00000(0)	0.00000(0)	0.00000(0)	0.00000(0)	0.00000(0)
	Z	0.00000(0)	0.00000(0)	0.00000(0)	0.00000(0)	0.00000(0)	0.00000(0)
	SOF	0.291(0)	0.291(0)	0.291(0)	0.291(0)	0.291(0)	0.291(0)
	B	0.439(37)	0.389(29)	0.385(27)	0.194(30)	0.344(27)	0.515(27)
Co₃a	X	0.00000(0)	0.00000(0)	0.00000(0)	0.00000(0)	0.00000(0)	0.00000(0)
	Y	0.00000(0)	0.00000(0)	0.00000(0)	0.00000(0)	0.00000(0)	0.00000(0)
	Z	0.00000(0)	0.00000(0)	0.00000(0)	0.00000(0)	0.00000(0)	0.00000(0)
	SOF	0.194(0)	0.194(0)	0.194(0)	0.194(0)	0.194(0)	0.194(0)
	B	0.439(37)	0.389(29)	0.385(27)	0.194(30)	0.344(27)	0.515(27)

续表

		800℃	850℃	900℃	920℃	940℃	980℃
Li$_{3a}$	X	0.00000(0)	0.00000(0)	0.00000(0)	0.00000(0)	0.00000(0)	0.00000(0)
	Y	0.00000(0)	0.00000(0)	0.00000(0)	0.00000(0)	0.00000(0)	0.00000(0)
	Z	0.00000(0)	0.00000(0)	0.00000(0)	0.00000(0)	0.00000(0)	0.00000(0)
	SOF	0.071(0)	0.068(0)	0.067(0)	0.077(0)	0.084(0)	0.091(0)
	B	0.439(37)	0.389(29)	0.385(27)	0.194(30)	0.344(27)	0.515(27)

图 2-34 是 Li$_{1.06}$Ni$_{0.5}$Co$_{0.2}$Mn$_{0.3}$O$_2$ 在 800℃、850℃、900℃、920℃、940℃ 和 980℃下首次充放电比容量。图 2-34(a)、(b)、(c)表示在 0.1C 倍率下，测试电压分别为 2.5~4.2V、2.5~4.3V 和 2.5~4.5V，从图看出，无论在那个电压范围，随着合成温度增加，放电比容量和库仑效率先增加后减少，920℃合成样品放电比容量和库仑效率最高[56]。

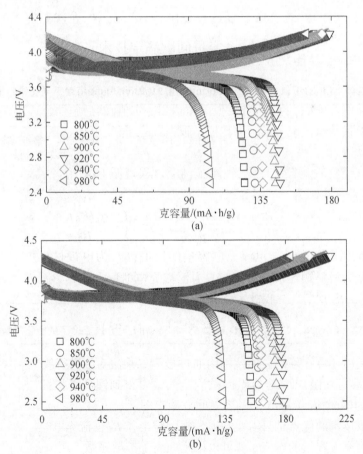

(a)

(b)

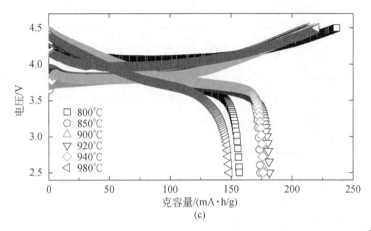

图 2-34 $Li_{1.06}Ni_{0.5}Co_{0.2}Mn_{0.3}O_2$ 在不同温度、0.1C 倍率下首次充放电比容量[56]

(a) 2.5~4.2V；(b) 2.5~4.3V；(c) 2.5~4.5V

表 2-11、表 2-12、表 2-13 分别是 $Li_{1.06}Ni_{0.5}Co_{0.2}Mn_{0.3}O_2$ 在 800℃、850℃、900℃、920℃、940℃和 980 ℃在 2.5~4.2V、2.5~4.3V、2.5~4.5V 的倍率性能及循环性能数据,其中倍率性能及循环性能在 920℃显示最佳。

表 2-11 $Li_{1.06}Ni_{0.5}Co_{0.2}Mn_{0.3}O_2$ 在 2.5~4.2V 时不同合成温度下电化学数据[56]

$T/℃$	开始循环(0.1C)				0.5C		1C	
	充电 /(mA·h/g)	放电 /(mA·h/g)	效率 /%	循环 10 周 放电 /(mA·h/g)	循环 1 周 放电 /(mA·h/g)	循环 10 周 放电 /(mA·h/g)	循环 1 周 放电 /(mA·h/g)	循环 10 周 放电 /(mA·h/g)
800	170.2	125.0	73.4	131.2	111.9	111.3	91.2	93.4
850	177.2	131.5	74.2	136.9	114.2	112.0	96.2	92.3
900	178.1	144.8	81.3	144.6	119.2	118.6	101.3	100.6
920	179.5	147.7	82.3	155.1	122.8	122.2	107.3	105.8
940	174.1	136.6	78.4	137.8	106.9	106.2	75.4	74.2
980	164.3	103.5	63.0	99.5	72.3	75.1	49.6	47.4

表 2-12 $Li_{1.06}Ni_{0.5}Co_{0.2}Mn_{0.3}O_2$ 在 2.5~4.3V 时不同合成温度下的电化学数据[56]

$T/℃$	开始循环(0.1C)				0.5C		1C	
	充电 /(mA·h/g)	放电 /(mA·h/g)	效率 /%	循环 10 周 放电 /(mA·h/g)	循环 1 周 放电 /(mA·h/g)	循环 10 周 放电 /(mA·h/g)	循环 1 周 放电 /(mA·h/g)	循环 10 周 放电 /(mA·h/g)
800	198.2	154.2	77.8	150.2	115.9	121.2	97.7	103.9
850	199.9	160.4	80.2	160.8	137.0	139.3	118.7	121.2
900	209.8	173.5	82.7	170.0	142.6	146.8	126.2	131.2

续表

T/℃	开始循环(0.1C)				0.5C		1C	
	充电 /(mA·h/g)	放电 /(mA·h/g)	效率 /%	循环10周放电 /(mA·h/g)	循环1周放电 /(mA·h/g)	循环10周放电 /(mA·h/g)	循环1周放电 /(mA·h/g)	循环10周放电 /(mA·h/g)
920	213.1	178.6	83.8	176.4	148.8	151.7	130.2	134.3
940	197.6	163.1	82.5	156.4	121.3	123.0	100.8	104.8
980	183.3	133.8	72.8	120.2	85.5	84.5	62.2	59.4

表 2-13　$Li_{1.06}Ni_{0.5}Co_{0.2}Mn_{0.3}O_2$ 在 2.5~4.5V 时不同合成温度下的电化学数据[56]

T/℃	开始循环(0.1C)				0.5C		1C	
	充电 /(mA·h/g)	放电 /(mA·h/g)	效率 /%	循环10周放电 /(mA·h/g)	循环1周放电 /(mA·h/g)	循环10周放电 /(mA·h/g)	循环1周放电 /(mA·h/g)	循环10周放电 /(mA·h/g)
800	236.5	156.8	66.3	163.6	135.3	128.8	113.1	108.6
850	210.9	174.1	82.5	180.5	152.2	145.0	127.4	124.7
900	213.9	177.5	83.0	183.9	157.3	150.0	137.4	134.1
920	215.6	181.6	84.2	194.9	167.8	157.5	141.3	137.3
940	218.9	176.4	80.6	177.1	144.3	134.2	116.9	112.0
980	220.0	148.7	67.6	126.8	83.2	82.9	55.3	47.8

图 2-35 为 $Li_{1.06}Ni_{0.5}Co_{0.2}Mn_{0.3}O_2$ 在 800℃、850℃、900℃、920℃、940℃和 980 ℃ 在 2.5~4.5V、1C 倍率下循环 10 周后的阻抗图,采用图 2-36 拟合电路对图 2-35 的 数据进行拟合,得出的数据列在表 2-14。可知随着合成温度的增加,$Li_{1.06}Ni_{0.5}Co_{0.2}$ $Mn_{0.3}O_2$ 的 R_{ct} 逐渐增加,而 R_{sf} 变化规律不明显。

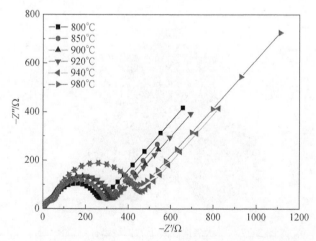

图 2-35　$Li_{1.06}Ni_{0.5}Co_{0.2}Mn_{0.3}O_2$ 在 800℃、850℃、900℃、920℃、940℃和 980℃在 2.5~4.5V、
1C 倍率下循环 10 周后 EIS 曲线[56]

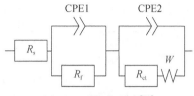

图 2-36　拟合电路[56]

表 2-14　$Li_{1.06}Ni_{0.5}Co_{0.2}Mn_{0.3}O_2$ 在不同合成温度下拟合后的阻抗数据[56]

$T/℃$	R_e/Ω	R_{sf}/Ω	R_{ct}/Ω
800	7.333	43.87	189.2
850	6.48	42.86	222.1
900	4.085	38.22	254.4
920	6.902	48.59	275.8
940	6.255	49.62	326.5
980	5.931	46.96	332.6

　　在层状结构 $Li_{1.06}Ni_{0.5}Co_{0.2}Mn_{0.3}O_2$ 中,存在过渡金属和锂离子氧八面体[57]。图 2-37 是层状结构锂离子的扩散路径示意图,锂离子从一个锂氧八面体位通过一个空的四面体迁移另一个相邻的锂氧八面体位[58],锂离子扩散路径的四面体在锂离子脱嵌过程中起到一个至关重要的作用,扩散路径上四面体越大,锂离子扩散得越快,随着温度的增加,四面体的体积逐渐增大,说明随着温度增加,$Li_{1.06}Ni_{0.5}Co_{0.2}Mn_{0.3}O_2$ 的电化学性能会由于扩散路径上四面体增加而提高。

　　在温度为 900℃时的镍占锂位数最小,但是与 920℃扩散路径上四面体体积相比要小,因此,综合来看,电化学性能在 920℃为最佳。

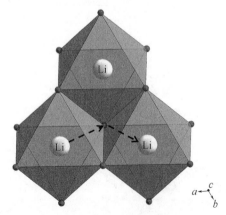

图 2-37　层状结构锂离子的扩散路径示意图[56]

2.2.3　富锂锰基层状结构

富锂正极材料一般用通式 $x\mathrm{Li_2MnO_3} \cdot (1-x)\mathrm{LiMO_2}$（M = Ni、Co、Mn 或 $\mathrm{Ni_{1/2}Mn_{1/2}}$ 或 $\mathrm{Ni_{1/3}Mn_{1/3}Co_{1/3}}$）来表示，简称 LR-NMC。$\mathrm{Li_2MnO_3}$ 属于单斜晶体，$C2/m$ 空间群，在过渡金属层中形成有序的 $\mathrm{LiMn_6}$ 结构；$\mathrm{LiMnO_2}$ 属于六方晶体，$R3m$ 空间群。

$\mathrm{Li_2MnO_3}$ 结构图如图 2-38 所示，合成 $0.5\mathrm{Li_2MnO_3} \cdot 0.5\mathrm{LiNi_{1/3}Co_{1/3}Mn_{1/3}O_2}$ 的编号如表 2-15 所示。

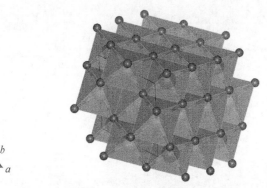

图 2-38　$\mathrm{Li_2MnO_3}$ 结构图

表 2-15　合成条件[74]

编号	目标产物	熔盐/浓度	反应条件
S_K	$0.5\mathrm{Li_2MnO_3} \cdot 0.5\mathrm{LiNi_{1/3}Co_{1/3}Mn_{1/3}O_2}$	KCl/(0.01mol/10g)	800℃/10h
S_N	$0.5\mathrm{Li_2MnO_3} \cdot 0.5\mathrm{LiNi_{1/3}Co_{1/3}Mn_{1/3}O}$	NaCl/(0.01mol/10g)	825℃/10h
S_{N+K}	$0.5\mathrm{Li_2MnO_3} \cdot 0.5\mathrm{LiNi_{1/3}Co_{1/3}Mn_{1/3}O}$	KCl+NaCl/(0.01mol/10g)	700℃/10h
S_0	$\mathrm{LiNi_{1/3}Co_{1/3}Mn_{1/3}O_2}$	KCl+NaCl/(0.01mol/10g)	700℃/10h
$S_{0.3}$	$0.3\mathrm{Li_2MnO_3} \cdot 0.7\mathrm{LiNi_{1/3}Co_{1/3}Mn_{1/3}O_2}$	KCl+NaCl/(0.01mol/10g)	700℃/10h
$S_{0.4}$	$0.4\mathrm{Li_2MnO_3} \cdot 0.6\mathrm{LiNi_{1/3}Co_{1/3}Mn_{1/3}O_2}$	KCl+NaCl/(0.01mol/10g)	700℃/10h
$S_{0.5}$	$0.5\mathrm{Li_2MnO_3} \cdot 0.5\mathrm{LiNi_{1/3}Co_{1/3}Mn_{1/3}O_2}$	KCl+NaCl/(0.01mol/10g)	700℃/10h

$0.5\mathrm{Li_2MnO_3} \cdot 0.5\mathrm{LiNi_{1/3}Co_{1/3}Mn_{1/3}O_2}$ 的 XRD 如图 2-39（a）（b）（c）所示，样品中存在两相，都是层状结构[59]。与 S_{Na+K} 的样品不同，样品 S_K 和 S_{Na} 存在其他相，尖晶石结构。图 2-39（d）为 $0.5\mathrm{Li_2MnO_3} \cdot 0.5\mathrm{LiNi_{1/3}Co_{1/3}Mn_{1/3}O_2}$ 的放电比容量–循环对比图，相比较样品 S_K 和 S_{Na}，S_{Na+K} 的样品电化学性能较好。当存在尖晶石结构时，电池的性能不好[60]。

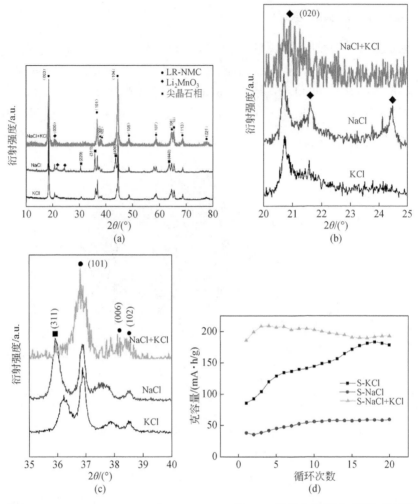

图 2-39　0.5Li$_2$MnO$_3$·0.5LiNi$_{1/3}$Co$_{1/3}$Mn$_{1/3}$O$_2$ 的 XRD 及放电比容量–循环对比[74]

图 2-40 为 0.5Li$_2$MnO$_3$·0.5LiNi$_{1/3}$Co$_{1/3}$Mn$_{1/3}$O$_2$ 的形貌，S$_{Na+K}$ 样品为片的形状[61]，与其他两个样品形貌不太相同。

图 2-41 为 xLi$_2$MnO$_3$·(1-x)LiNi$_{1/3}$Co$_{1/3}$Mn$_{1/3}$O$_2$ 样品的 XRD 图，其中 x=0、0.3、0.4 和 0.5，与 S$_0$ 和 S$_{0.5}$ 不同，S$_{0.3}$ 和 S$_{0.4}$ 存在尖晶石结构相。

为了研究不同离子占位情况[62]，表 2-16 为 xLi$_2$MnO$_3$·(1-x)LiNi$_{1/3}$Co$_{1/3}$Mn$_{1/3}$O$_2$ 的(003)与(104)峰的积分强度及强度比，看起来这几个样品的占位没有规律，但是 S$_{0.4}$ 的比值最大，说明该样品结构最有序。

图 2-40　$0.5Li_2MnO_3 \cdot 0.5LiNi_{1/3}Co_{1/3}Mn_{1/3}O_2$ 的形貌[74]

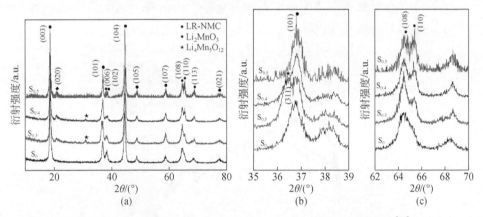

图 2-41　$xLi_2MnO_3 \cdot (1-x)LiNi_{1/3}Co_{1/3}Mn_{1/3}O_2$ 样品的 XRD 曲线[74]

表 2-16　(003) 与 (104) XRD 峰强度对比[74]

	$I_{(003)}$	$I_{(104)}$	$I_{(003)}/I_{(104)}$
S_0	11091	11371	0.9754
$S_{0.3}$	11059	12177	0.9082
$S_{0.4}$	11821	10896	1.0849
$S_{0.5}$	5406	5562	0.9720

　　图 2-42(a)为不同电流密度下 $x\mathrm{Li_2MnO_3 \cdot (1-x)LiNi_{1/3}Co_{1/3}Mn_{1/3}O_2}$ 的放电比容量和循环曲线,在小电流情况下,$S_{0.3}$ 和 $S_{0.4}$ 与 S_0 和 $S_{0.5}$ 相比要高一些,容量的提高与结构有序化有关,大电流情况下,$S_{0.5}$ 的稳定性好一些,$S_{0.5}$ 结构中不存在尖晶石结构相,图 2-42(b)是电流密度为 20mA/g 样品 $x\mathrm{Li_2MnO_3 \cdot (1-x)LiNi_{1/3}Co_{1/3}Mn_{1/3}O_2}$ 时的首次充放电曲线,曲线存在两个电化学反应[63,64],相对 $S_{0.3}$ 和 $S_{0.4}$、$S_{0.5}$ 的容量较低。

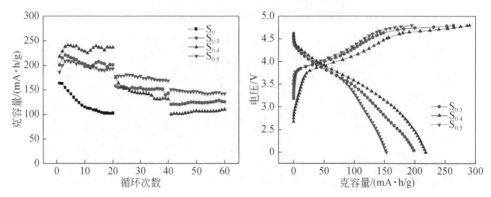

图 2-42　不同电流密度下 $x\mathrm{Li_2MnO_3 \cdot (1-x)LiNi_{1/3}Co_{1/3}Mn_{1/3}O_2}$ 的放电比容量和循环曲线[74]

　　图 2-43 是在电流密度 20mA/g 下 $0.4\mathrm{Li_2MnO_3 \cdot 0.6LiNi_{1/3}Co_{1/3}Mn_{1/3}O_2}$ 循环的充放电曲线,该材料循环性较好[65]。

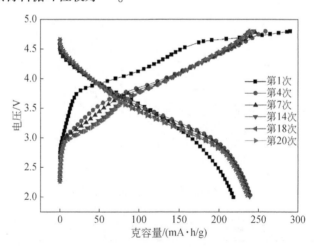

图 2-43　电流密度 20mA/g 下 $0.4\mathrm{Li_2MnO_3 \cdot 0.6LiNi_{1/3}Co_{1/3}Mn_{1/3}O_2}$ 循环的充放电曲线[74]

　　图 2-44(a)是在电流密度 20mA/g 下 $0.4\mathrm{Li_2MnO_3 \cdot 0.6LiNi_{1/3}Co_{1/3}Mn_{1/3}O_2}$ 在第 1 次、第 4 次、第 20 次循环的充电 $\mathrm{d}Q/\mathrm{d}V$ 曲线,$\mathrm{d}Q/\mathrm{d}V$ 曲线存在峰值,对应不同的电化学反应[66,67];图 2-44(b)是在电流密度 20mA/g 下 $0.4\mathrm{Li_2MnO_3 \cdot 0.6LiNi_{1/3}Co_{1/3}}$

$Mn_{1/3}O_2$在第 1 次、第 4 次、第 20 次循环的放电 dQ/dV 曲线,随着循环,结构发生了变化[68-71]。

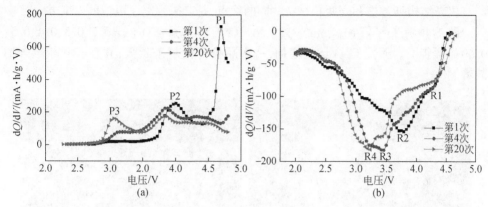

图 2-44 在电流密度 20mA/g 下 $0.4Li_2MnO_3 \cdot 0.6LiNi_{1/3}Co_{1/3}Mn_{1/3}O_2$ 的 dQ/dV 曲线[74]

图 2-45 为 40 次循环 $S_{0.3}$、$S_{0.4}$、$S_{0.5}$ 的交流阻抗及等效拟合电路图[72],由 EIS 曲线可以算出锂离子扩散系数[73]。表 2-17 为拟合及计算结果,由于 $S_{0.3}$ 和 $S_{0.4}$ 存在尖晶石结构,相比 $S_{0.5}$,具有较低的交流阻抗和较高的锂离子扩散系数[74]。

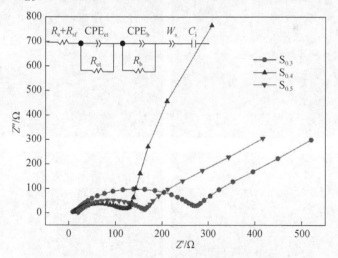

图 2-45 循环后 $S_{0.3}$、$S_{0.4}$、$S_{0.5}$ 的交流阻抗及等效拟合电路[74]

表 2-17 $S_{0.3}$、$S_{0.4}$、$S_{0.5}$ 的拟合阻抗数据[74]

样品	R_{e+sf}/Ω	R_{ct}/Ω	R_b/Ω	$D_{Li}{}^+/(cm^2/s)$
$S_{0.3}$	8.308	14.38	209.1	2.415×10^{-15}
$S_{0.4}$	10.81	9.527	85.06	2.657×10^{-15}
$S_{0.5}$	20.21	14.6	105.5	1.302×10^{-15}

2. 2. 4　核壳结构的层状结构

核壳结构具备核和壳两相材料共同的优点,是未来锂离子电池的发展方向[75]。

图 2-46 是 $Li_{1+x}[(Ni_{0.25}Mn_{0.75})_{0.8}(Ni_{0.5}Co_{0.3}Mn_{0.3})_{0.2}]O_2$ ($x=0.2$、0.3、0.4、0.5、0.6) 的形貌图。随着 Li 含量的增加,一次晶粒变得越来越大,并且有互相融合的趋势。

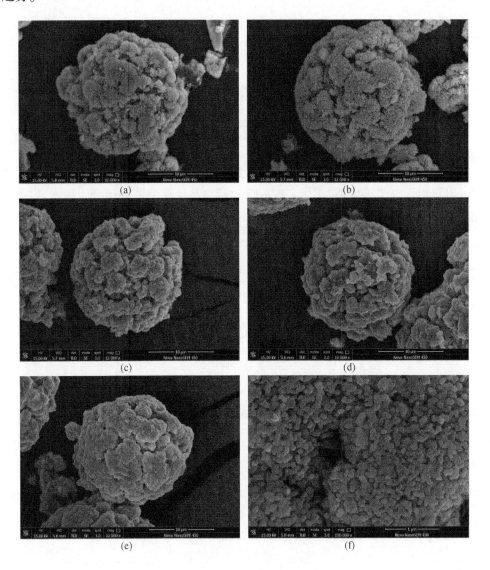

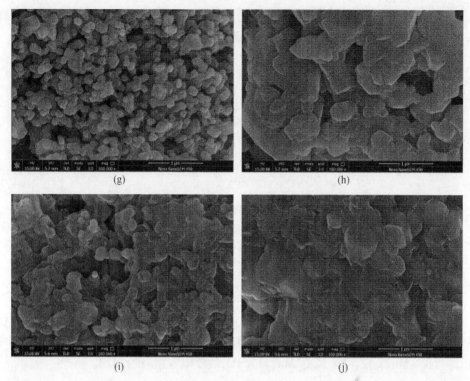

图 2-46　$Li_{1+x}[(Ni_{0.25}Mn_{0.75})_{0.8}(Ni_{0.5}Co_{0.3}Mn_{0.3})_{0.2}]O_2(x=0.2、0.3、0.4、0.5、0.6)$ 的形貌
　　　　(a)、(f)0.2;(b)、(g)0.3;(c)、(h)0.4;(d)、(i)0.5;(e)、(j)0.6[76]

　　图 2-47 为在电流密度 20mA/g、电压区间为 2 ~ 5V 时 $Li_{1+x}[(Ni_{0.25}Mn_{0.75})_{0.8}$ $(Ni_{0.5}Co_{0.3}Mn_{0.3})_{0.2}]O_2(x=0.2、0.3、0.4、0.5、0.6)$ 首次充放电曲线。随着 Li 含量的增加,晶体首次充放电容量有一定规律,先减少,后增大。

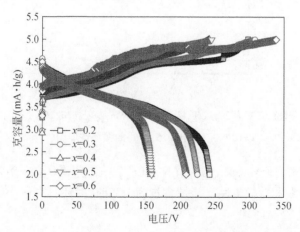

图 2-47　电流密度为 20 mA/g,电压区间为 2 ~ 5V 时 $Li_{1+x}[(Ni_{0.25}Mn_{0.75})_{0.8}(Ni_{0.5}Co_{0.3}Mn_{0.3})_{0.2}]O_2$
　　　　$(x=0.2、0.3、0.4、0.5、0.6)$ 首次充放电曲线[76]

图 2-48 不同倍率充放电情况下，$Li_{1+x}[(Ni_{0.25}Mn_{0.75})_{0.8}(Ni_{0.5}Co_{0.3}Mn_{0.3})_{0.2}]O_2$ $(x=0.2、0.3、0.4、0.5、0.6)$倍率性能，随锂含量的增加，倍率性能有增加的趋势。

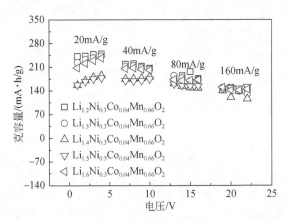

图 2-48　不同锂含量 $Li_{1+x}[(Ni_{0.25}Mn_{0.75})_{0.8}(Ni_{0.5}Co_{0.3}Mn_{0.3})_{0.2}]O_2$ 的倍率曲线[76]

图 2-49 是在电流密度 20mA/g 下 $Li_{1+x}[(Ni_{0.25}Mn_{0.75})_{0.8}(Ni_{0.5}Co_{0.3}Mn_{0.3})_{0.2}]O_2$ $(x=0.2、0.3、0.4、0.5、0.6)$的循环性能图，每个样品的循环性能表现都不错，其中 $Li_{1.5}[(Ni_{0.25}Mn_{0.75})_{0.8}(Ni_{0.5}Co_{0.3}Mn_{0.3})_{0.2}]O_2$ 的放电容量有所增加。

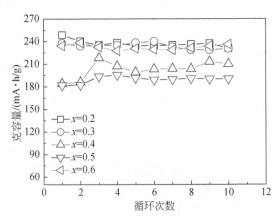

图 2-49　电流密度为 20mA/g，$Li_{1+x}[(Ni_{0.25}Mn_{0.75})_{0.8}(Ni_{0.5}Co_{0.3}Mn_{0.3})_{0.2}]O_2$

$(x=0.2、0.3、0.4、0.5、0.6)$的循环性能图[76]

图 2-50 是 $Li_{1+x}[(Ni_{0.25}Mn_{0.75})_{0.8}(Ni_{0.5}Co_{0.3}Mn_{0.3})_{0.2}]O_2(x=0.2、0.3、0.4、0.5、0.6)$交流阻抗曲线和等效电路。当锂含量为 1.2 时，晶体具有最小的阻抗和较高的锂离子扩散系数[76]。

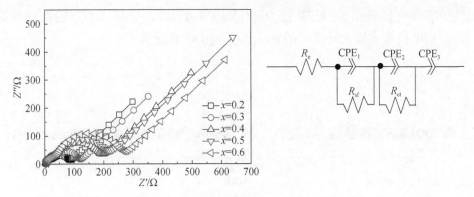

图 2-50　$Li_{1+x}[(Ni_{0.25}Mn_{0.75})_{0.8}(Ni_{0.5}Co_{0.3}Mn_{0.3})_{0.2}]O_2(x=0.2、0.3、0.4、0.5、0.6)$
交流阻抗曲线和等效电路[76]

2.3　尖晶石结构的正极材料

2.3.1　锰酸锂

三维锂离子通道典型材料是锰酸锂,锰酸锂有两电压平台,能用的平台是 3.7V
平台,3V 平台由于在充放电过程中结构发生变化,实际电池没有使用。

图 2-51 是 $Li_xMn_2O_4(x=1.0、1.02、1.04、1.06)$ 晶体的 X 射线衍射曲线,图 2-52
是当锂含量为 1.0 时 $LiMn_2O_4$ 的 X 射线衍射曲线精修图。表 2-18 是 $Li_xMn_2O_4$ 的 X

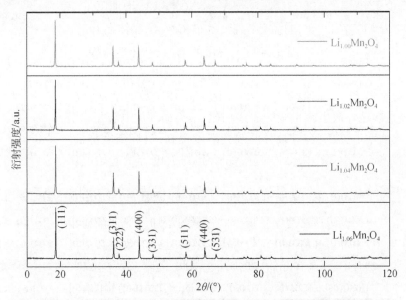

图 2-51　$Li_xMn_2O_4(x=1.0、1.02、1.04、1.06)$ 晶体的 X 射线衍射曲线[79]

射线衍射曲线精修结果,计算 $Li_xMn_2O_4$($x = 1.0$、1.02、1.04、1.06)的衍射数据 $(311)/(400)$,发现锂含量在 1.02 时,$(311)/(400)$ 值最大[77]。

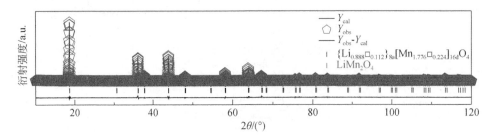

图 2-52　$LiMn_2O_4$ 的 X 射线衍射曲线精修图[79]

表 2-18　$Li_xMn_2O_4$ 的 X 射线衍射曲线精修参数

	$LiMn_2O_4$		$Li_{1.02}Mn_2O_4$		$Li_{1.04}Mn_2O_4$		$Li_{1.06}Mn_2O_4$	
	$LiMn_2O_4$	$Li_2Mn_4O_9$	$LiMn_2O_4$	$Li_2Mn_3O_7$	$LiMn_2O_4$	$Li_2Mn_3O_7$	$LiMn_2O_4$	$Li_2Mn_3O_7$
晶格常数								
a/Å	8.24474(8)	8.2382(6)	8.24489(7)	8.2384(5)	8.23704(7)	8.2298(6)	8.22986(9)	8.2216(6)
晶胞体积 /Å³	560.442 (0.009)	559.103 (0.071)	560.472 (0.008)	559.158 (0.065)	558.874 (0.008)	557.392 (0.069)	557.413 (0.010)	555.742 (0.075)
结构参数								
R_p	6.69		7.10		7.37		7.31	
R_{wp}	10.0		10.2		10.7		10.9	
Li_{8a}								
X	0.12500(0)	0.12500(0)	0.12500(0)	0.12500(0)	0.12500(0)	0.12500(0)	0.12500(0)	0.12500(0)
Y	0.12500(0)	0.12500(0)	0.12500(0)	0.12500(0)	0.12500(0)	0.12500(0)	0.12500(0)	0.12500(0)
Z	0.12500(0)	0.12500(0)	0.12500(0)	0.12500(0)	0.12500(0)	0.12500(0)	0.12500(0)	0.12500(0)
B	0.353(187)	0.500(0)	0.361(194)	0.500(0)	0.350(216)	0.500(0)	0.096(219)	0.500(0)
SOF	1.00000(0)	0.88814(0)	1.00000(0)	0.86414(0)	1.00000(0)	0.86414(0)	1.00000(0)	0.86414(0)
Mn_{16d}								
X	0.50000(0)	0.50000(0)	0.50000(0)	0.50000(0)	0.50000(0)	0.50000(0)	0.50000(0)	0.50000(0)
Y	0.50000(0)	0.50000(0)	0.50000(0)	0.50000(0)	0.50000(0)	0.50000(0)	0.50000(0)	0.50000(0)
Z	0.50000(0)	0.50000(0)	0.50000(0)	0.50000(0)	0.50000(0)	0.50000(0)	0.50000(0)	0.50000(0)
B	0.384(15)	0.500(0)	0.387(15)	0.500(0)	0.445(19)	0.500(0)	0.344(24)	0.500(0)
SOF	1.0000(0)	0.88815(0)	1.0000(0)	0.85214(0)	1.0000(0)	0.85214(0)	1.0000(0)	0.85214(0)

续表

	LiMn$_2$O$_4$		Li$_{1.02}$Mn$_2$O$_4$		Li$_{1.04}$Mn$_2$O$_4$		Li$_{1.06}$Mn$_2$O$_4$	
	LiMn$_2$O$_4$	Li$_2$Mn$_4$O$_9$	LiMn$_2$O$_4$	Li$_2$Mn$_3$O$_7$	LiMn$_2$O$_4$	Li$_2$Mn$_3$O$_7$	LiMn$_2$O$_4$	Li$_2$Mn$_3$O$_7$
结构常数								
Li$_{16d}$								
X				0.50000(0)		0.50000(0)		0.50000(0)
Y				0.50000(0)		0.50000(0)		0.50000(0)
Z				0.50000(0)		0.50000(0)		0.50000(0)
B				0.500(0)		0.500(0)		0.500(0)
SOF				0.14402(0)		0.14402(0)		0.14402(0)
O$_{32e}$								
X	0.26184(14)	0.2661(216)	0.26159(15)	0.2783(270)	0.26189(15)	0.2745(223)	0.26149(16)	0.2677(244)
Y	0.26184(14)	0.2661(216)	0.26159(15)	0.2783(270)	0.26189(15)	0.2745(223)	0.26149(16)	0.2677(244)
Z	0.26184(14)	0.2661(216)	0.26159(15)	0.2783(270)	0.26189(15)	0.2745(223)	0.26149(16)	0.2677(244)
B	1.152(43)	0.500(0)	1.131(45)	0.500(0)	0.906(48)	0.500(0)	0.759(50)	0.500(0)
SOF	1.00000(0)	1.00000(0)	1.00000(0)	1.00000(0)	1.00000(0)	1.00000(0)	1.00000(0)	1.00000(0)

注: Li$_2$Mn$_4$O$_9$ 代表 {Li$_{0.888}$□$_{0.112}$}$_{8a}$[Mn$_{1.776}$□$_{0.224}$]$_{16d}$O$_4$; Li$_2$Mn$_3$O$_7$ 代表 {Li$_{0.864}$□$_{0.136}$}$_{8a}$[Mn$_{1.704}$Li$_{0.288}$]$_{16d}$O$_4$。

图 2-53 是 Li$_x$Mn$_2$O$_4$($x=1.0$、1.02、1.04、1.06)晶体的 SEM 图,不同锂含量对晶体形貌影响不大。

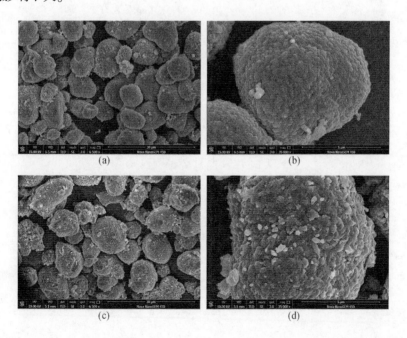

(a)　　　　　　　　　　　　(b)

(c)　　　　　　　　　　　　(d)

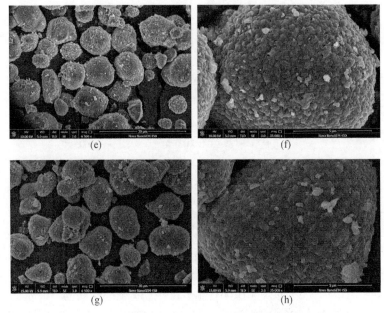

图 2-53 $Li_xMn_2O_4(x=1.0、1.02、1.04、1.06)$ 晶体的形貌[79]

图 2-54 是 $Li_xMn_2O_4(x=1.0、1.02、1.04、1.06)$ 晶体的 XPS 光电子能谱,对此光

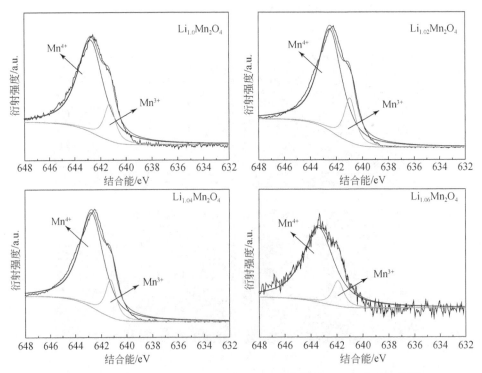

图 2-54 $Li_xMn_2O_4(x=1.0、1.02、1.04、1.06)$ 晶体的 XPS 光电子能谱[79]

电子谱进行分析如表2-19、如图2-55所示。随着 Li 含量的增加，Mn^{4+} 先减少后增加，在锂含量为 1.02 时，达到最大值，同时 Mn 的价态在锂含量为 1.02 时，达到最小，为 3.8262。

表 2-19　XPS 拟合后 $LiMn_2O_4$ 样品的不同价态结合能、不同价态比例和 Mn 的平均价态

样品	结合能/eV		分布		平均价态
	Mn^{4+}	Mn^{3+}	Mn^{4+}/%	Mn^{3+}/%	Mn
$Li_{1.0}$	642.758	641.273	84.80	15.20	3.8480
$Li_{1.02}$	642.457	640.953	82.62	17.38	3.8262
$Li_{1.04}$	642.732	641.251	84.25	15.75	3.8425
$Li_{1.06}$	643.396	641.900	88.98	11.02	3.8898

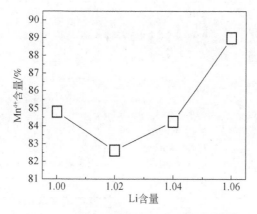

图 2-55　$Li_xMn_2O_4$ 样品的 Mn^{4+} 变化曲线[79]

图 2-56 是 $Li_xMn_2O_4$（x=1.0、1.02、1.04、1.06）晶体在 0.5C 倍率的充放电曲线，在充电曲线上可以明显看到两个充电平台[78]，$LiMn_2O_4$ 两个平台形成原因如下：

$$LiMn_2O_4 \longleftrightarrow Li_{1-x}Mn_2O_4 + xLi^+ + xe^- \quad (x<0.5) \tag{2-1}$$

$$Li_{1-x}Mn_2O_4 \longleftrightarrow Mn_2O_4 + (1-x)Li^+ + (1-x)e^- \quad (x\geqslant 0.5) \tag{2-2}$$

图 2-57 是 $Li_xMn_2O_4$（x=1.0、1.02、1.04、1.06）晶体倍率性能曲线，当锂含量为 1.06 时，电池的倍率性能最佳[79]。

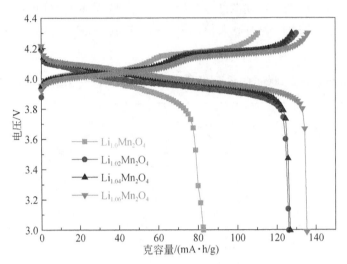

图 2-56　$Li_xMn_2O_4(x=1.0、1.02、1.04、1.06)$晶体在 0.5C 倍率的充放电曲线[79]

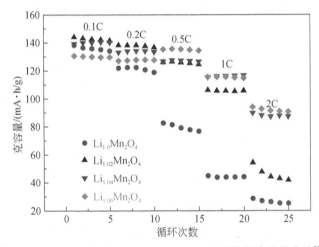

图 2-57　$Li_xMn_2O_4(x=1.0、1.02、1.04、1.06)$晶体倍率性能曲线[79]

　　图 2-58 是 $Li_xMn_2O_4(x=1.0、1.02、1.04、1.06)$晶体交流阻抗曲线,图 2-59 是 $Li_xMn_2O_4(x=1.0、1.02、1.04、1.06)$晶体在低频区域斜线的斜率图,表 2-20 是 $Li_xMn_2O_4(x=1.0、1.02、1.04、1.06)$晶体交流阻抗曲线拟合后得到的数据,图 2-60 是 $Li_xMn_2O_4(x=1.0、1.02、1.04、1.06)$晶体 R_{sf} 和 R_{ct} 的变化曲线。可以发现,随着锂含量的增加,R_{sf} 和 R_{ct} 先增加后减少,锂离子扩散速率先减少后增加,这两组指标趋势相反,锂含量为 1.02 时是拐点。

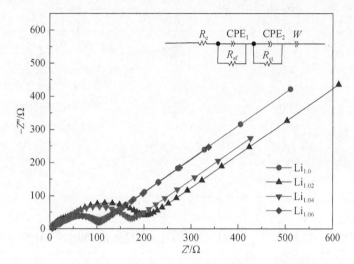

图 2-58　$Li_xMn_2O_4(x=1.0、1.02、1.04、1.06)$晶体交流阻抗曲线[79]

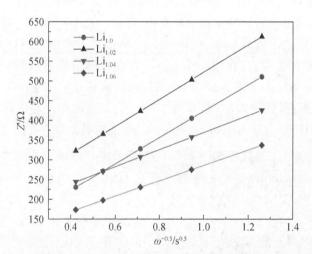

图 2-59　$Li_xMn_2O_4(x=1.0、1.02、1.04、1.06)$晶体在低频区域斜线的斜率曲线[79]

表 2-20　$Li_xMn_2O_4(x=1.0、1.02、1.04、1.06)$晶体交流阻抗曲线拟合后得到的数据[79]

样品	R_e/Ω	R_{sf}/Ω	R_{ct}/Ω	$D_{Li^+}/(cm^2/s)$
$Li_{1.0}$	5.258	25.67	58.33	5.94×10^{-16}
$Li_{1.02}$	5.912	37.84	133.1	5.56×10^{-16}
$Li_{1.04}$	5.006	30.39	117.4	1.415×10^{-15}
$Li_{1.06}$	5.454	16.69	68.79	1.739×10^{-15}

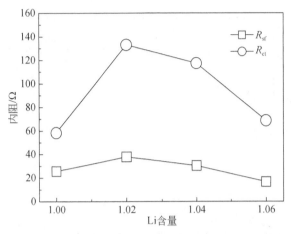

图 2-60　$Li_xMn_2O_4(x=1.0、1.02、1.04、1.06)$ 晶体 R_{sf} 和 R_{ct} 的变化曲线[79]

图 2-61 是 $Li_{1.06}Mn_2O_4$ 晶体的透射电镜分析。图 2-61(a) 是样品的高分辨；图 2-61(b) 是对 $Li_{1.06}Mn_2O_4$ 晶体高分辨的傅里叶快速转换(FFT)；图 2-61(c) 是 $Li_{1.06}Mn_2O_4$ 晶体傅里叶转换的反傅里叶变换，理论计算 $Li_{1.06}Mn_2O_4$ 晶体 XRD(311)/(400) 峰的峰强理论比值为 84%，实际的 $Li_{1.06}Mn_2O_4$ 晶体 XRD(311)/(400) 峰峰强比值比理论值大 10% 左右；在图 2-61(b) 中存在的峰分裂可以得到峰强比增加证据，仔细分析图 2-61(d) 和图 2-61(e) 中的远斑图像和近斑图像在垂直于(400)方向上 10 层晶面间距，得到图 2-61(f) 和图 2-61(g)，远斑图像的晶面间距为 0.196nm，近斑图像的晶面间距为 0.204nm，说明在 $Li_{1.06}Mn_2O_4$ 晶体中存在第二相。

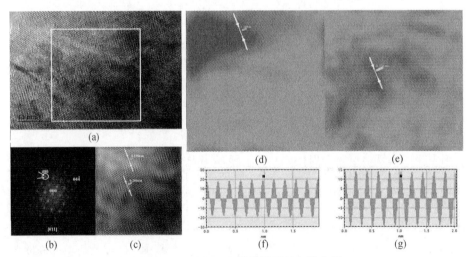

图 2-61　$Li_{1.06}Mn_2O_4$ 样品的透射电镜分析

(a)高分辨微观形貌；(b)框图的傅里叶快速转换(FFT)；(c)反傅里叶变换；(d)傅里叶图中的远斑图；
(e)傅里叶图中的近斑图；(f)在(d)图中的晶面间距测量图；(g)在(e)图中的晶面间距测量图[79]

有文献指出 $LiMn_2O_4$ 可能存在 3 种主要第二相：①第二相为四方相（$I4_1/amd$ 空间群）[80]；②第二相为斜方晶系（$Fddd$ 空间群）[81]；③第二相为 $\{Li_{0.85}\square_{0.15}\}_{8a}$ $[Mn_{1.74}Li_{0.26}]_{16d}O_4$ 或 $\{Li_{0.89}\square_{0.11}\}_{8a}[Mn_{1.78}\square_{0.22}]_{16d}O_4$ [82]。通过 XRD 精修发现，最有可能的第二相是 $\{Li_{0.864}\square_{0.136}\}_{8a}[Mn_{1.704}Li_{0.288}]_{16d}O_4$（$Fd\bar{3}m$ 空间群）。结合 XRD、TEM、XPS 和 EIS 分析可知，随着锂含量的增加，出现第二相依次为 $\{Li_{0.888}\square_{0.112}\}_{8a}[Mn_{1.776}\square_{0.224}]_{16d}O_4$ 和 $\{Li_{0.864}\square_{0.136}\}_{8a}[Mn_{1.704}Li_{0.288}]_{16d}O_4$。

2.3.2　高压锰酸锂

高压镍锰酸锂的放电电压较高。目前，由于没有合适的电解液体系，故高压镍锰酸锂在实际应用中还不普遍。

图 2-62 是不同温度下合成的 $P4_332$ 空间群和 $Fd\bar{3}m$ 空间群的 $LiNi_{0.5}Mn_{1.5}O_4$ 原始 XRD 以及精修曲线，表 2-21 和表 2-22 分别是精修结果。在两种不同空间群结构中，都存在 Ni 占 Li 位，与 $P4_332$ 空间群不同，$Fd\bar{3}m$ 空间群 $LiNi_{0.5}Mn_{1.5}O_4$ 具有更高的 Ni 占 Li 位数量，达到 2%[83]。

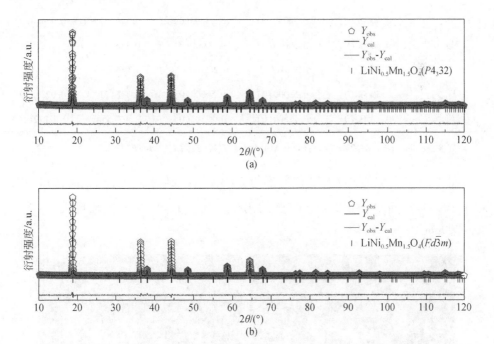

图 2-62　（a）$P4_332$ 空间群的精修结果；（b）$Fd\bar{3}m$ 空间群的精修结果[83]

表 2-21　$P4_332$ 空间群的精修结构参数[83]

原子位置	x	y	z	B	SOF
Li$_{8c}$	0.00454(359)	0.00454(359)	0.00454(359)	0.768(350)	0.9888(11)
Ni$_{4a}$	0.62500(0)	0.62500(0)	0.62500(0)	0.371(185)	0.9776(0)
Mn$_{12d}$	0.12500(0)	0.37768(35)	−0.12768(35)	0.174(60)	1.0(0)
O$_{8c}$	0.38456(87)	0.38456(87)	0.38456(87)	0.588(0)	1.0(0)
O$_{24c}$	0.14709(73)	−0.14058(81)	0.12935(77)	0.876(0)	1.0(0)
Li$_{4a}$	0.62500(0)	0.62500(0)	0.62500(0)	0.371(185)	0.0112(0)
Ni$_{8c}$	0.00454(359)	0.00454(359)	0.00454(359)	0.768(350)	0.0112(11)

空间群,$P4_332$;$a(Å)$,8.16693(19);体积($Å^3$),544.725(0.021);R_p,8.40;R_{wp},12.4。

表 2-22　$Fd\bar{3}m$ 空间群的精修结构参数[83]

原子位置	x	y	z	B	SOF
Li$_{8a}$	0.12500(0)	0.12500(0)	0.12500(0)	1.597(350)	0.97728(16)
Ni$_{16d}$	0.50000(0)	0.50000(0)	0.50000(0)	0.115(21)	0.95456(0)
Mn$_{16d}$	0.50000(0)	0.50000(0)	0.50000(0)	0.115(21)	1.0(0)
O$_{32e}$	0.26241(17)	0.26241(17)	0.26241(17)	1.036(53)	1.0(0)
Li$_{16d}$	0.50000(0)	0.50000(0)	0.50000(0)	0.115(21)	0.02272(0)
Ni$_{8a}$	0.12500(0)	0.12500(0)	0.12500(0)	1.597(350)	0.02272(16)

空间群,$Fd\bar{3}m$;$a(Å)$,8.17386(23);体积($Å^3$),546.112(0.027);R_p,9.14;R_{wp},13.7。

图 2-63 是前驱体及 $P4_332$ 空间群与 $Fd\bar{3}m$ 空间群的 LiNi$_{0.5}$Mn$_{1.5}$O$_4$ 的形貌图。相比 $P4_332$ 空间群,$Fd\bar{3}m$ 空间群的 LiNi$_{0.5}$Mn$_{1.5}$O$_4$ 的一次颗粒更大一些,为 40~200nm。

a(1)　　　　　　　　　　　a(2)

图 2-63　前驱体低放大倍数下形貌[a(1)];高放大倍数下的形貌[a(2)];$P4_332$ 空间群单个颗粒
的形貌[b(1)];$P4_332$ 空间群的颗粒表面的微观结构[b(2)];$Fd\bar{3}m$ 空间群的正极材料
$LiNi_{0.5}Mn_{1.5}O_4$ 单个颗粒的形貌[c(1)];$Fd\bar{3}m$ 空间群的颗粒表面的微观结构[c(2)][83]

　　图 2-64 是 $P4_332$ 和 $Fd\bar{3}m$ 空间群的 $LiNi_{0.5}Mn_{1.5}O_4$ 的充放电曲线。在层状结构
中,如果缺陷数量少,电化学性能好。但是在图 2-64 中可以看出,具有较少 Ni 占 Li
位的 $P4_332$ 的电化学不如具有较大 Ni 占 Li 位 $Fd\bar{3}m$ 空间群的 $LiNi_{0.5}Mn_{1.5}O_4$,这充
分说明这两种晶体具有不同的空间群[84,85]。在这两种空间群中都存在的 4.7V 区
域出现了两个电压平台,这与充放电过程中三个立方相的形成有关[86]。
　　图 2-65 是两种空间群结构的微分容量-电压曲线。可以看出,两种结构在
4.7V 都存在两相结构转变,这与以前研究结果不一致[84,87,88],并且这两种结构的
转变需要的 Li 不同。与 $P4_332$ 不同,$Fd\bar{3}m$ 结构需要更多的锂才能发生 4.7V 结构
转变。
　　图 2-66 通过微分容量-电压曲线获得的循环曲线研究了 4.7V 两种空间群的结
构转变,相比较 $P4_332$ 结构,$Fd\bar{3}m$ 结构在前 3 周循环就达到结构稳定。
　　图 2-67 是不同空间群的正极材料 $LiNi_{0.5}Mn_{1.5}O_4$ 循环性能曲线。两种结构相
比,$Fd\bar{3}m$ 结构具有更好的倍率性能。

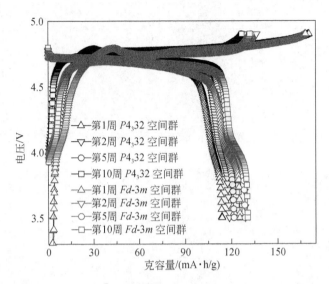

图 2-64　$P4_332$ 和 $Fd\bar{3}m$ 空间群的 $LiNi_{0.5}Mn_{1.5}O_4$ 在 3.5 ~ 4.9V、0.1C
放电倍率下的充放电曲线[83]

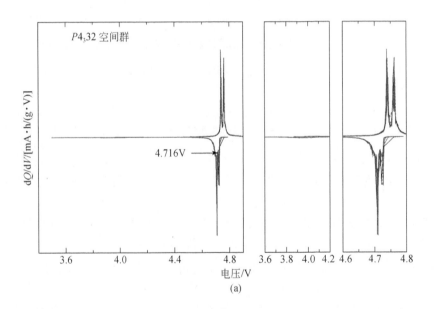

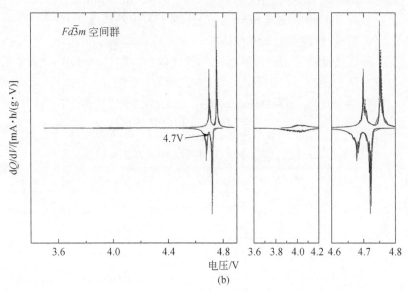

图 2-65　(a)在 3.5~4.9V、0.1C 放电倍率下,$P4_3$32 空间群 $LiNi_{0.5}Mn_{1.5}O_4$第 10 周充放电曲线

的微分容量–电压曲线;(b)在 3.5~4.9V、0.1C 放电倍率下,$Fd\bar{3}m$ 空间群 $LiNi_{0.5}Mn_{1.5}O_4$

第 10 周充放电曲线的微分容量–电压曲线[83]

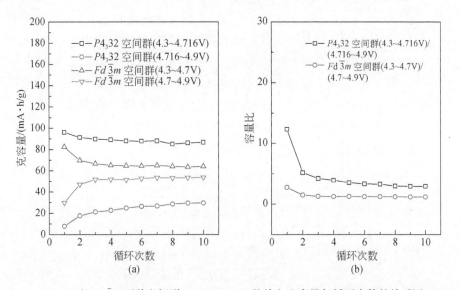

图 2-66　(a)$P4_3$32 和 $Fd\bar{3}m$ 两种空间群 $LiNi_{0.5}Mn_{1.5}O_4$的放电比容量与循环次数的关系图;(b)$P4_3$32

和 $Fd\bar{3}m$ 两种空间群的正极材料 $LiNi_{0.5}Mn_{1.5}O_4$两个电压区间的放电比容量的比值随着循环次数的

变化。对于 $P4_3$32 和 $Fd\bar{3}m$ 空间群的正极材料 $LiNi_{0.5}Mn_{1.5}O_4$,两个电压区间的放电比容量分

别按照 4.3~4.716V 和 4.716~4.9V、4.3~4.7V 和 4.7~4.9V 区间计算[83]

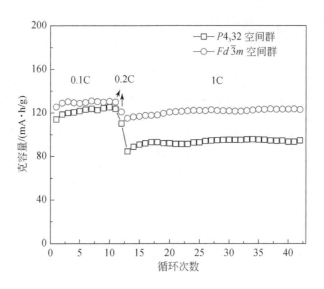

图 2-67　$P4_332$ 和 $Fd\bar{3}m$ 空间群 $LiNi_{0.5}Mn_{1.5}O_4$ 的循环性能[83]

图 2-68 是不同空间群的正极材料 $LiNi_{0.5}Mn_{1.5}O_4$ 电化学阻抗谱,与 $P4_332$ 结构相比,$Fd\bar{3}m$ 结构具有更小的 R_{ct},为 432.7Ω。

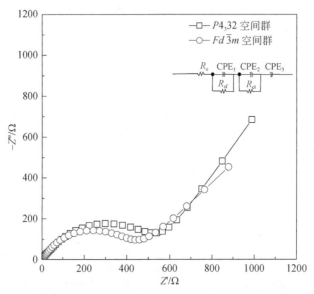

图 2-68　不同空间群的正极材料 $LiNi_{0.5}Mn_{1.5}O_4$ 电化学阻抗谱[83]

2.4　橄榄石结构的正极材料

2.4.1　磷酸铁锂

与三元材料相比,磷酸铁锂具有更高的性价比,更好的安全性,未来具有更广阔的市场空间。

1. 锂含量对磷酸铁锂的影响

图 2-69 是碳含量为 3.7% 不同锂含量的 $Li_x FePO_4$($x=1.00$、1.02、1.04、1.05)的 XRD 曲线。由于合成原料中存在铁空位,随着 Li 的增加,在磷酸铁锂中没有发现存在 Fe 空位,多余的 Li 以磷酸锂的形式存在。

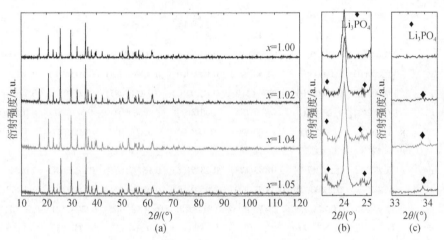

图 2-69　(a)碳含量为 3.7% 的 $Li_x FePO_4$($x=1.00$、1.02、1.04、1.05)的 XRD 曲线;

(b)和(c)分别是 XRD 衍射图谱[90]

图 2-70 是 $Li_{1.02} FePO_4$ 的精修曲线,表 2-23 是不同锂含量的 $Li_x FePO_4$($x=1.00$、1.02、1.04、1.05)的精修结果,其中 Fe 占位量由重铬酸钾滴定法测定。

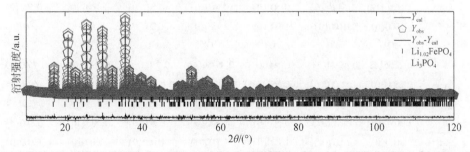

图 2-70　$Li_{1.02} FePO_4$ 精修曲线[90]

表 2-23　Li_xFePO_4 ($x=1.00$、1.02、1.04、1.05) 的精修结构参数[90]

样品	Li_xFePO_4 ($x=1.00$)	Li_xFePO_4 ($x=1.02$)		Li_xFePO_4 ($x=1.04$)		Li_xFePO_4 ($x=1.05$)	
	$LiFePO_4$	$LiFePO_4$	Li_3PO_4	$LiFePO_4$	Li_3PO_4	$LiFePO_4$	Li_3PO_4
晶格常数							
$a/Å$	10.3238(2)	10.32332(18)	6.112(3)	10.3228	6.1189(17)	10.3259(2)	6.1193(18)
$b/Å$	6.00446(13)	6.00404(11)	10.493(5)	6.00428	10.484(3)	6.00522(12)	10.490(3)
$c/Å$	4.69022(10)	4.68989(9)	4.929(3)	4.69148	4.9268(14)	4.69134(10)	4.9263(15)
晶胞体积 /$Å^3$	290.741 (0.011)	290.687 (0.009)	316.127 (0.251)	290.784 (0.000)	316.072 (0.160)	290.906 (0.011)	316.212 (0.168)
结构参数							
R_p	6.72	6.80		6.70		7.04	
R_{wp}	9.24	9.34		9.54		10.0	
R_{exp}	8.81	8.96		9.05		9.04	
	Li	Li	P1	Li	P1	Li	P1
x	0.00000(0)	0.00000(0)	0.25000(0)	0.00000(0)	0.25000(0)	0.00000(0)	0.25000(0)
y	0.00000(0)	0.00000(0)	0.41745(411)	0.00000(0)	0.41819(285)	0.00000(0)	0.41340(277)
z	0.00000(0)	0.00000(0)	0.33583(1110)	0.00000(0)	0.31078(785)	0.00000(0)	0.30554(826)
B	1.056(242)	1.222(206)	0.500(0)	1.578(0)	0.500(0)	1.577(237)	0.500(0)
SOF	1.000(0)	1.000(0)	1.000(0)	1.000(0)	1.000(0)	1.000(0)	1.000(0)
	Fe	Fe	O1	Fe	O1	Fe	O1
x	0.28227	0.28236(8)	0.01043(872)	0.28259(8)	0.03777(662)	0.28259(8)	0.02845(685)
y	0.25000	0.25000(0)	0.35657(420)	0.25000(0)	0.35502(289)	0.25000(0)	0.35678(302)
z	0.97435	0.97428(23)	0.22474(1515)	0.97420(21)	0.19758(1025)	0.97342(24)	0.20701(1088)
B	0.375(41)	0.293(17)	0.500(0)	0.348(0)	0.500(0)	0.347(18)	0.500(0)
SOF	0.972(0)	0.972(0)	1.000(0)	0.972(0)	1.000(0)	0.972(0)	1.000(0)
	O1	O1	O2	O1	O2	O1	O2
x	0.09845(43)	0.09791(41)	0.25000(0)	0.09852(38)	0.25000(0)	0.09874(43)	0.25000(0)
y	0.25000(0)	0.25000(0)	0.05448(835)	0.25000(0)	0.05328(495)	0.25000(0)	0.05203(499)
z	0.74564(81)	0.74681(72)	0.26687(2290)	0.74693(68)	0.24091(1400)	0.74637(78)	0.23751(1737)
B	1.668(117)	1.546(102)	0.500(0)	1.409(0)	0.500(0)	1.408(108)	0.500(0)
SOF	1.000(0)	1.000(0)	1.000(0)	1.000(0)	1.000(0)	1.000(0)	1.000(0)
	O2	O2	O3	O2	O3	O2	O3
x	0.45356(48)	0.45384(43)	0.75000(0)	0.45256(44)	0.75000(0)	0.45285(48)	0.75000(0)
y	0.25000(0)	0.25000(0)	0.06567(805)	0.25000(0)	0.07018(609)	0.25000(0)	0.06926(652)
z	0.20866(76)	0.21047(66)	0.20639(1954)	0.21057(67)	0.15865(1373)	0.21062(73)	0.14620(1380)
B	1.305(107)	1.220(92)	0.500(0)	1.813(0)	0.500(0)	1.813(105)	0.500(0)
SOF	1.000(0)	1.000(0)	1.000(0)	1.000(0)	1.000(0)	1.000(0)	1.000(0)

续表

样品	Li_xFePO_4 (x=1.00)	$Li_xFePO_4(x=1.02)$		$Li_xFePO_4(x=1.04)$		$Li_xFePO_4(x=1.05)$	
	$LiFePO_4$	$LiFePO_4$	Li_3PO_4	$LiFePO_4$	Li_3PO_4	$LiFePO_4$	Li_3PO_4
	O3	O3	Li1	O3	Li1	O3	Li1
x	0.16518(32)	0.16642(30)	0.50425(3013)	0.16577(29)	0.53443(1646)	0.16631(32)	0.53812(1676)
y	0.03999(45)	0.04031(41)	0.08788(1317)	0.04105(42)	0.08809(951)	0.04133(46)	0.08028(1005)
z	0.28210(49)	0.28059(43)	0.33769(4426)	0.28069(44)	0.32112(3130)	0.28031(47)	0.32327(3169)
B	1.291(89)	1.154(66)	0.500(0)	1.468(0)	0.500(0)	1.468(75)	0.500(0)
SOF	1.000(0)	1.000(0)	1.000(0)	1.000(0)	1.000(0)	1.000(0)	1.000(0)
	P	P	Li2	P	Li2	P	Li2
x	0.09482(17)	0.09464(15)	0.75000(0)	0.09493(15)	0.75000(0)	0.09497(16)	0.75000(0)
y	0.25000(0)	0.25000(0)	0.42498(0)	0.25000(0)	0.43454(2021)	0.25000(0)	0.42955(1957)
z	0.41446(38)	0.41533(32)	0.30618(6206)	0.41570(32)	0.35715(3423)	0.41517(36)	0.32338(4741)
B	0.591(52)	0.451(34)	0.500(0)	0.566(0)	0.500(0)	0.566(39)	0.500(0)
SOF	1.000(0)	1.000(0)	1.000(0)	1.000(0)	1.000(0)	1.000(0)	1.000(0)

图 2-71 是不同锂含量的 Li_xFePO_4（$x=1.00$、1.02、1.04、1.05）的微观形貌图。随着 Li 含量增加，一次颗粒尺寸有增加的趋势。

图 2-71　Li_xFePO_4（$x=1.00$、1.02、1.04、1.05）的微观形貌[90]

图 2-72 不同锂含量的 Li_xFePO_4(x=1.00、1.02、1.04、1.05)首次充放电曲线,随着锂含量的增加,容量增加。

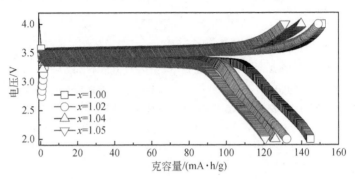

图 2-72　Li_xFePO_4(x=1.00、1.02、1.04、1.05)首次充放电曲线,电压为 2~4V[90]

图 2-73 是不同锂含量的 Li_xFePO_4(x=1.00、1.02、1.04、1.05)倍率性能和循环性能曲线。随着 Li 含量的增加,材料的倍率性能在锂含量为 1.02 时达到最大,与单相磷酸铁锂相比,双相具有更高的倍率性能[89]。

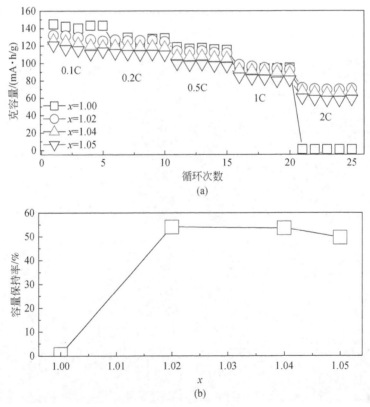

图 2-73　不同锂含量的 Li_xFePO_4(x=1.00、1.02、1.04、1.05)倍率性能和循环性能曲线[90]

图 2-74 为不同锂含量的 $Li_xFePO_4(x=1.00、1.02、1.04、1.05)$ 的交流阻抗曲线，表 2-24 是对交流阻抗曲线拟合后获得的数据。随着锂含量的增加，电荷转移电阻 R_{ct} 增加，锂离子扩散系数先增加后减小，在锂含量为 1.02 时达到最大值，这个数据支持了锂含量为 1.02 时，磷酸铁锂具有最佳的倍率性能的结论[90]。

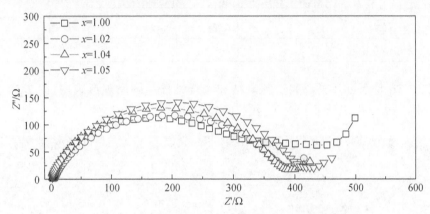

图 2-74　$Li_xFePO_4(x=1.00、1.02、1.04、1.05)$ 的交流阻抗曲线[90]

表 2-24　$Li_xFePO_4(x=1.00、1.02、1.04、1.05)$ 拟合后的阻抗参数[90]

Li_xFePO_4	R_e/Ω	R_{ct}/Ω	$D/(cm^2/s)$
$x=1.00$	4.098	262.6	1.44×10^{-14}
$x=1.02$	9.999	288.3	7.73×10^{-14}
$x=1.04$	4.471	316	5.99×10^{-14}
$x=1.05$	3.916	334.9	4.25×10^{-14}

2. 烧结和碳包覆对 $LiFePO_4$ 材料 XRD 的影响

图 2-75(a) 是水热合成磷酸铁锂烧结和未烧结样品的 XRD 曲线，表 2-25 是水

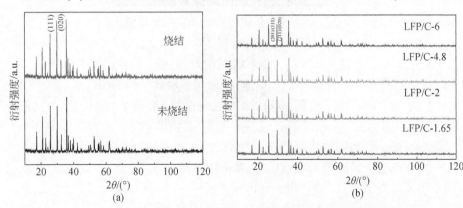

图 2-75　水热合成磷酸铁锂烧结和未烧结样品的 XRD 曲线[91,92]

热合成磷酸铁锂烧结和未烧结样品 $I_{(020)}/I_{(111)}$ 衍射峰强度比。水热合成磷酸铁锂烧结后，$I_{(020)}/I_{(111)}$ 增加[91]。图 2-75(b) 是不同碳含量水热合成磷酸铁锂烧结后的 XRD 曲线，碳含量改变了磷酸铁锂的 $I_{(020)}/I_{(111)}$[91]。

表 2-25　LiFePO₄ 样品 (020) 和 (111) 晶面衍射峰强度之比[91,92]

样品	未烧结	烧结
$I_{(020)}/I_{(111)}$	0.9986	1.2852

图 2-76 是水热合成磷酸铁锂烧结和未烧结样品的微观形貌图，图 2-77 通过 Nano Measure 软件统计了 LiFePO₄ 颗粒的粒径分布。

图 2-76　水热合成磷酸铁锂烧结和未烧结样品的微观形貌[91,92]

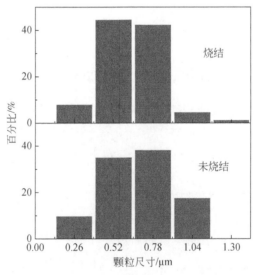

图 2-77　LiFePO₄ 颗粒的粒径分布[91,92]

　　图 2-78 是不同碳含量水热合成磷酸铁锂烧结后微观形貌图,图 2-79 是水热合成磷酸铁锂未烧结和烧结样品的充放电曲线,表 2-26 为水热合成磷酸铁锂未烧结和烧结 LiFePO$_4$ 样品的首次充放电容量和库仑效率,图 2-80 是在 0.1C 下不同碳含量水热合成磷酸铁首次充放电曲线,表 2-27 为水热合成磷酸铁锂时不同碳含量样品首次充放电容量和库仑效率。烧结和碳含量对磷酸铁锂的性能都会产生影响,烧结后,性能提高;在一定范围内,碳含量增加,性能降低。

图 2-78　不同碳含量水热合成磷酸铁锂烧结后微观形貌[91,92]

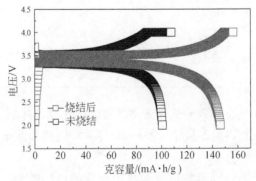

图 2-79　LiFePO$_4$样品的充放电曲线对比图[91,92]

表 2-26 LiFePO₄样品首次充放电容量和库仑效率[91,92]

样品	充电比容量/(mA·h/g)	放电比容量/(mA·h/g)	首次库仑效率
未烧结	107.8	100.7	93.3%
烧结	156.4	146.2	93.4%

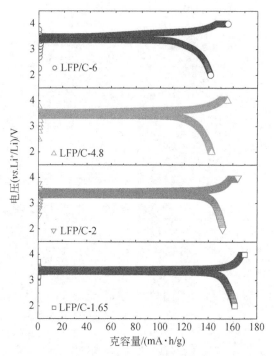

图 2-80 在 0.1C 不同碳含量水热合成磷酸铁首次充放电曲线[91,92]

表 2-27 LiFePO₄样品首次充放电容量和库仑效率[91,92]

样品	充电比容量/(mA·h/g)	放电比容量/(mA·h/g)	首次库仑效率
LFP/C-1.65	169.9	162.0	95.4%
LFP/C-2	164.2	151.8	92.4%
LFP/C-4.8	155.6	142.4	91.5%
LFP/C-6	155.9	141.4	90.7%

图 2-81(a)是水热合成磷酸铁锂未烧结和烧结样品循环倍率曲线,图 2-81(b)是水热合成磷酸铁锂不同碳含量样品循环倍率曲线,烧结和低碳对磷酸铁锂倍率和循环有正面影响。

图 2-82(a)是水热合成磷酸铁锂未烧结和烧结样品的交流阻抗曲线,图 2-82(b)是水热合成磷酸铁锂不同碳含量样品的交流阻抗曲线,表 2-28 和表 2-29 是分

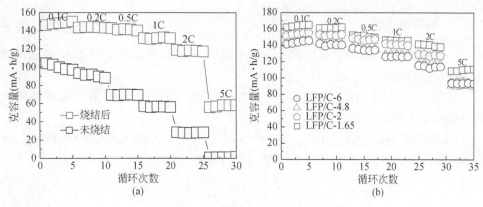

图 2-81　LiFePO₄样品的循环倍率性能[91,92]

别对应的磷酸铁锂交流阻抗曲线拟合后的数据。需要注意的是在低碳情况下,膜电阻最小,磷酸铁锂的电化学性能最好[92]。

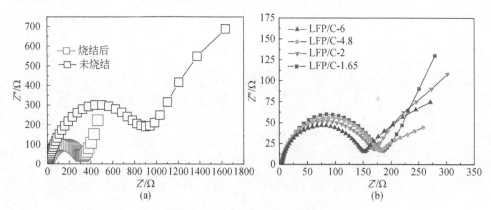

图 2-82　LiFePO₄样品的 EIS 图[91,92]

表 2-28　LiFePO₄样品电极动力学参数[91,92]

样品	R_{sf}/Ω	R_{ct}/Ω	$D_{Li^+}/(cm^2/s)$
未烧结	44.35	578.9	1.6082×10^{-16}
烧结	25.22	223.4	5.8585×10^{-15}

表 2-29　不同碳含量时 LiFePO₄阻抗参数[91,92]

样品	R_{sf}/Ω	R_{sf}/Ω
LFP/C-1.65	18.29	136.5
LFP/C-2	31.1	112.6
LFP/C-4.8	30.1	84.93
LFP/C-6	33.78	98.53

2.4.2　磷酸锰铁锂

在磷酸铁锂中添加锰,电池的放电电压增加,电池的能力密度提高,磷酸锰铁锂未来在实际使用中一定会占有一席之地。

在磷酸铁锂中添加锰,电池的电压增加,但是电池的内阻增加,磷酸锰铁锂的内在性能决定了其市场定位。

图 2-83 是不同锰含量 $LiFe_{1-x}Mn_xPO_4$($x=0.7$、0.8、0.85、0.9)的 XRD 曲线,随着 Mn 含量的增加,磷酸铁锂 XRD 衍射峰强度和峰位发生了变化。

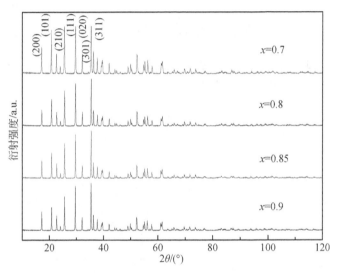

图 2-83　$LiFe_{1-x}Mn_xPO_4$($x=0.7$、0.8、0.85、0.9)的 XRD 曲线[95]

图 2-84 是不同锰含量 $LiFe_{1-x}Mn_xPO_4$($x=0.7$、0.8、0.85、0.9)的微观形貌图。随着锰含量的增加,晶粒在厚度方向有减小的趋势。

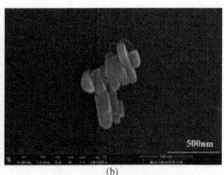

(a)　　　　　　　　　　　　　(b)

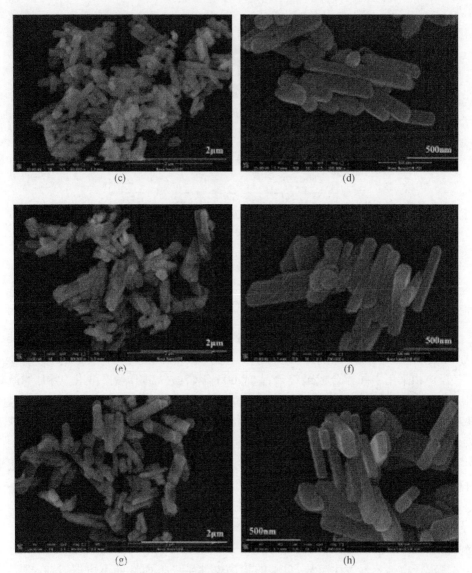

图 2-84 (a)、(c)、(e)、(g)分别为 $LiFe_{1-x}Mn_xPO_4(x=0.7、0.8、0.85、0.9)$的低倍图；
(b)、(d)、(f)、(h)分别为 $LiFe_{1-x}Mn_xPO_4(x=0.7、0.8、0.85、0.9)$高倍图[95]

图 2-85 是不同锰含量 $LiFe_{1-x}Mn_xPO_4(x=0.7、0.8、0.85、0.9)$首次充放电曲线。随着 Mn 含量的增加,电池容量降低,放电电压增加[93-95]。

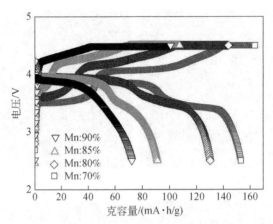

图 2-85　LiFe$_{1-x}$Mn$_x$PO$_4$/C($x=0.7$、0.8、0.85、0.9)首次充放电曲线[95]

2.5　锂离子电池正极材料的产业化

正极材料经过 20 年左右的发展,产业化有了很大的变化,2017 年锂离子电池材料产业化规模约为 20 万吨。

反应物采用中间体合成最终产品。2006 年磷酸铁锂开始产业化,当时的原材料一般为草酸亚铁、碳酸锂和磷酸二氢铵。从 2009 年开始,有的公司逐步采用磷酸铁和碳酸锂为原料合成磷酸铁锂。到 2018 年,几乎所有的公司都采用了磷酸铁工艺合成磷酸铁锂。

电池材料逐渐成熟,从材料本身发掘,提高电池性能的余地越来越少,新型正极材料的登场越来越迫切。磷酸铁锂、三元材料和锰酸锂性能再上一个台阶已经不可能了,但是硅碳负极、钛酸锂和富锂锰基正极材料逐渐有占领市场的驱势。

锂离子电池企业规模越来越大,锂离子电池产业发展有向全产业链发展的趋势。

锂离子电池容易发生事故,单独的提高电池某一方面性能不可取,这在锂离子电池的发展史上已经有所表现,因此,国家产业政策应符合市场发展规律和技术发展规律。

参 考 文 献

[1] 刘洪权,郑田田,郭倩颖,等. 锂离子电池正极材料磷酸铁锂研究进展. 稀有金属材料与工程,2012,41:748-752.

[2] Amin R,Maier J. Effect of annealing on transport properties of LiFePO$_4$:towards a defect chemical model. Solid State Ionics,2008,178(35):1831-1836.

[3] Herle P S, Ellis B, Coombs N, et al. Nano-network electronic conduction in iron and nickel olivine phosphates. Nature Materials, 2004, 3(3):147-152.

[4] Ravet N, Abouimrane A, Armand M, et al. On the electronic conductivity of phospho-olivines as lithium storage electrodes (multiple letters). Nature Materials, 2003, 2(11):702-703.

[5] Islam M S, Driscoll D J, Fisher C A J, et al. Atomic-scale investigation of defects, dopants, and lithium transport in the $LiFePO_4$ olivine-type battery material. Chemistry of Materials, 2005, 17(20):5085-5092.

[6] Fisher C A J, Prieto V M H, Islam M S. Lithium battery materials $LiMPO_4$ (M = Mn, Fe, Co, and Ni): insights into defect association, transport mechanisms, and doping behavior. Chemistry of Materials, 2008, 20(18):5907-5915.

[7] Chung S Y, Bloking J T, Chiang Y M. Electronically conductive phospho-olivines as lithium storage electrodes. Nature Materials, 2002, 1(2):123.

[8] Shenouda A Y, Liu H K. Studies on electrochemical behaviour of zinc-doped $LiFePO_4$ for lithium battery positive electrode. Journal of Alloys and Compounds, 2009, 477(1):498-503.

[9] Wu L, Li X, Wang Z, et al. Synthesis and electrochemical properties of metals-doped $LiFePO_4$ prepared from the $FeSC_{4.7}H_2O$ waste slag. Journal of Power Sources, 2009, 189:681-684.

[10] Arumugam D, Kalaignan G P, Manisankar P. Synthesis and elect-rochemical characterizations of nano-crystalline $LiFePO_4$ and Mg-doped $LiFePO_4$ cathode materials for rechargeable lithium-ion batteries. Journal of Solid State Electrochemistry, 2009, 13:301-307.

[11] Meethong N, Kao Y H, Speakman S A, et al. Aliovalent doping for improved battery performance: aliovalent substitutions in olivine lithium iron phosphate and impact on structure and proper-ties. Advanced Functional Materials, 2009, 19:1060-1065.

[12] Goñi A, Lezama L, Pujana A, et al. Clustering of Fe^{3+} in the $Li_{1-3x}Fe_x MgPO_4$ (0<x<0.1) solid solu-tion. International Journal of Inorganic Materials, 2001, 3(7):937-942.

[13] Goñi A, Lezama L, Arriortua M I, et al. Unexpected substitution in the $Li_{1-3x}Fe_x NiPO_4$ (0<x<0.15) solid solution. veak ferromagnetic behaviour. Journal of Materials Chemistry, 2000, 10(2): 423-428.

[14] Wagemaker M, Ellis B L, Luetzenkirchen-Hecht D, et al. Cheminform abstract: proof of supervalent doping in olivine $liFePO_4$. Chemistry of Materials, 2008, 20(20):6313-6315.

[15] Amin R, Lin C, Maier J. Aluminium-doped $LiFePO_4$ single crystals. Physical Chemistry Chemical Physics, 2008:10.

[16] Zaghib K, Mauger A, Goodenough J B, et al. Electronic, optical, and magnetic properties of $LiFePO_4$: small magnetic polaron effects. Chemistry of Materials, 2007, 19(15):3740-3747.

[17] Meethong N, Huang H S, Carter W C, et al. Size-dependent lithium miscibility gap in nanoscale $Li_{1-x}FePO_4$. Electrochemical and Solid-State Letters, 2007, 10:134-138.

[18] Dodd J L, Yazami R, Fultz B. Phase diagram of Li_xFePO_4. Electrochemical and Solid-State Letters, 2006, 9:151-155.

[19] Delmas C, Menetrier M, Croguennec L, et al. An overview of the $Li(Ni, M)O_2$ systems: syntheses, structures and properties. Electrochimica Acta, 1999, 45(1-2):243-253.

[20] Wang G X, Horvat J, Bradhurst D H, et al. Structural, physical and electrochemical characterisation of LiNi$_x$Co$_{1-x}$O$_2$ solid solutions. Journal of Power Sources, 2000, 85(2):279-283.

[21] Jaephil C, Geunbae K, Sup L H. Effect of preparation methods of LiNi$_{1-x}$Co$_x$O$_2$ cathode materials on their chemical structure and electrode performance. Journal of the Electrochemical Society, 1999, 146(10):3571-3576.

[22] Kojima Y, Muto S, Tatsumi K, et al. Degradation analysis of a Ni-based layered positive-electrode active material cycled at elevated temperatures studied by scanning transmission electron microscopy and electron energy-loss spectroscopy. Journal of Power Sources, 2011, 196(18):7721-7727.

[23] Yoon W, Lee K, Kim K. Structural and electrochemical properties of LiAl$_y$Co$_{1-y}$O$_2$ cathode for Li rechargeable batteries. Journal of the Electrochemical Society, 2000, 147(6):2023.

[24] 谷亦杰, 吴惠康, 麻向阳, 等. 层状 Li(Ni$_{1-x}$Co$_x$)O$_2$ 结构研究. 无机化学学报, 2006, 22(3):494-497.

[25] Peres J P, Weill F, Delmas C. Lithium/vacancy ordering in the monoclinic Li$_x$NiO$_2$(0.50 ≤ x ≤ 0.75) solid solution. Solid State Ionics, 1999, 116(1-2):19-27.

[26] Cho J, Jung H S, Park Y C, et al. Electrochemical properties and thermal stability of Li$_a$Ni$_{1-x}$Co$_x$O$_2$ cathode materials. Journal of the Electrochemical Society, 2000, 147(5):15-20.

[27] Li W, Reimers J N, Dahn J R. In situ X-ray diffraction and electrochemical studies of Li$_{1-x}$NiO$_2$. Solid State Ionics, 1993, 67(1-2):123-130.

[28] Shao-Horn Y, Levaseer S, Wiell F, et al. Probing lithium and vacancy ordering in O$_3$ layered Li$_x$CoO$_2$ (x approximately equals 0.5): An electron diffraction study. Journal of the Electrochemical Society, 2003, 150(3):366-373.

[29] Peres J P, Demourgues A, Delmas C. Structural investigations on Li$_{0.65-z}$Ni$_{1+z}$O$_2$ cathode material: XRD and EXAFS studies. Solid State Ionics, 1998, 111(111):135-144.

[30] Kim J M, Chung H T. Role of transition metals in layered Li[Ni, Co, Mn]O$_2$ under electrochemical operation. Electrochimica Acta, 2004, 49(21):3573-3580.

[31] Rougier A, Saadoune I, Gravereau P, et al. Effect of cobalt substitution on cationic distribution in LiNi$_{1-y}$Co$_y$O$_2$ electrode materials. Solid State Ionics, 1996, 90(1-3):83-90.

[32] Mansour A N, McBreen J, Melendres C A. In situ X-ray absorption spectroscopic study of charged Li$_{(1-z)}$Ni$_{(1+z)}$O$_2$ cathode material. Journal of the Electrochemical Society, 1999, 146(8):2799-2809.

[33] 谷亦杰, 崔洪芝, 黄小文, 等. 层状 LiNi$_{(1-x)}$Co$_x$O$_2$ 的循环性能. 电池, 2007, 37(3):24-26.

[34] 谷亦杰, 孔环, 黄小文, 等. 非化学计量比 Li$_{1+x}$Ni$_{0.8}$Co$_{0.2}$O$_2$ 结构和性能研究. 矿冶工程, 2007, 27(2):75-77.

[35] Arai H, Okada S, Sakurai Y, et al. Electrochemical and thermal behavior of LiNi$_{1-z}$M$_z$O$_2$(M = Co, Mn, Ti). Electrochem. Soc, 144(1997):3117.

[36] Rougier A, Saadoune I, Gravereau P, et al. Effect of cobalt substitution on cationic distribution in LiNi$_{1-y}$Co$_y$O$_2$ electrode materials. Solid State Ionics Diffusion and Reactions, 1996, 90(1-4):83-90.

[37] Zeng D, Cabana J, Bréger J, et al. Cation ordering in $Li[Ni_x Mn_x Co_{(1-2x)}]O_2$-layered cathode materials: a nuclear magnetic resonance(NMR), pair distribution function, X-ray absorption spectroscopy, and electrochemical study. Chemistry of Materials, 2007, 19(25): 6277-6289.

[38] Kobayashi H, Sakaebe H, Kageyama H, et al. Changes in the structure and physical properties of the solid solution $LiNi_{1-x}Mn_x O_2$ with variation in its composition. Journal of Materials Chemistry, 2003, 13(3): 590-595.

[39] Liu Z L, Yu A S, Lee J Y. Modifications of synthetic graphite for secondary lithium-ion battery applications. Journal of Power Sources, 1999, s 81-82(9): 187-191.

[40] Jouanneau S, Eberman K W, Krause L J, et al. Synthesis, characterization, and electrochemical behavior of improved $Li[Ni_x Co_{1-2x}Mn_x]O_2(0.1 \leqslant x \leqslant 0.5)$. Cheminform, 2004, 35(9): 1637-1642.

[41] Liao P Y, Duh J G, Sheen S R. Microstructure and electrochemical performance of $LiNi_{0.6}Co_{0.4-x}Mn_x O_2$ cathode materials. Journal of Power Sources, 2005, 143(1-2): 212-218.

[42] Shaju K M, Rao G V S, Chowdari B V R. Performance of layered Li(NiCoMn)O as cathode for Li-ion batteries. Electrochimica Acta, 2003, 48(2): 145-151.

[43] Kim J M, Kumagaia N, Chob T H. Synthesis, structure, and electrochemical characteristics of overlithiated $Li_{1+x}(Ni_z Co_{1-2z}Mn_z)_{1-x}O_2(z = 0.1 \sim 0.4$ and $x = 0.0 \sim 0.1)$ positive electrodes prepared by spray-drying method. Journal of the Electrochemical Society, 2008, 155(1): 82-89.

[44] Yoon W S, Grey P C, Balasubramanian M, et al. In situ X-ray absorption spectroscopic study on $LiNi_{0.5}Mn_{0.5}O_2$ cathode material during electrochemical cycling. Chemistry of Materials, 2003, 15(16): 3161-3169.

[45] Meng Y S, Ceder G, Grey C P, et al. Understanding the crystal structure of layered $LiNi_{0.5}Mn_{0.5}O_2$ by electron diffraction and powder diffraction simulation electrochem. Electrochemical and Solid-State Letters. 2004, 7(6), 155-158.

[46] Thackeray M M, Kang S H, Johnson C S, et al. Comments on the structural complexity of lithium-rich $Li_x M_x O$ electrodes(M = Mn, Ni, Co) for lithium batteries. Electrochemistry Communications, 2006, 8(9): 1531-1538.

[47] Johnson C S, Li N, Lefief C, et al. Synthesis, characterization and electrochemistry of lithium battery electrodes: $xLi_2 MnO_3 \cdot (1-x)LiMn_{0.333}Ni_{0.333}Co_{0.333}O_2(0 \leqslant x \leqslant 0.7)$. Cheminform, 2008, 40(1): 6095-6106.

[48] Yoon W S, Iannopollo S, Grey C P, et al. Local structure and cation ordering in O_3 lithium nickel manganese oxides with stoichiometry $Li[Ni_x Mn_{(2-x)/3}Li_{(1-2x)/3}]O_2$. Electrochemical and Solid-State Letters. 2004, 7(7), 167-171.

[49] Lu Z H, Chen Z H, Dahn J R. Lack of cation clustering in $Li[Ni_x Li_{1/3-2x/3}Mn_{2/3-x/3}]O_2(0 < x \leqslant 1/2)$ and $Li[Cr_x Li_{(1-x)/3}Mn_{(2-2x)/3}]O_2(0 < x < 1)$. Chemistry of Materials, 2003, 15: 3214-3220.

[50] Yoon W S, Kim N, Yang X Q, et al. 6Li MAS NMR and in situ X-ray studies of lithium nickel manganese oxides. Journal of Power Sources, 2003, 119(119): 649-653.

[51] Gu Y J, Chen Y B, Liu H Q, et al. Structural characterization of layered $LiNi_{0.85-x}Mn_x Co_{0.15}O_2$ with $x = 0, 0.1, 0.2$ and 0.4 oxide electrodes for Li batteries. Journal of Alloys and Compounds, 2011, 509(30): 7915-7921.

[52] Thackeray M M, Kang S H, Johnson C S, et al. Li_2MnO_3-stabilized $LiMO_2$ (M = Mn, Ni, Co) electrodes for lithium-ion batteries. Journal of Materials Chemistry, 2007, 17: 3112-3125.

[53] Gu Y J, Zhang Q G, Chen Y B, et al. Reduction of the lithium and nickel site substitution in $Li_{1+x}Ni_{0.5}Co_{0.2}Mn_{0.3}O_2$ with Li excess as a cathode electrode material for Li-ion batteries. Journal of Alloys and Compounds, 2015, 630: 316-322.

[54] Kong J Z, Yang X Y, Zhai H F, et al. Synthesis and electrochemical properties of Li-excess $Li_{1+x}[Ni_{0.5}Co_{0.2}Mn_{0.3}]O_2$ cathode materials using ammonia-free chelating agent. Journal of Alloys and Compounds, 2013, 580: 491-496.

[55] Prosini P P, Lisi M, Zane D, et al. Determination of the chemical diffusion coefficient of lithium in $LiFePO_4$. Solid State Ionics Diffusion and Reactions, 2012, 148(1-2): 45-51.

[56] Zi-Zhen Xu, Yi-Jie Gu, Hong-Quan Liu, et al. Lithium-ion migration in layered $Li_{1.06}Ni_{0.5}Co_{0.2}Mn_{0.3}O_2$ cathode materials synthesized at different temperatures. Int J Electrochem Sci, 2018, 13: 936-950.

[57] Nakamura T, Sakumoto K, Okamoto M, et al. Electrochemical study on Mn^{2+}-substitution in $LiFePO_4$ olivine compound. Journal of Power Sources, 2007, 174(2): 435-441.

[58] Bao Q, Zhang M, Wu L, et al. Gas-solid interfacial modification of oxygen activity in layered oxide cathodes for lithium-ion batteries. Nature Communications, 2016, 7: 12108.

[59] Han S, Xia Y, Zhen W, et al. A comparative study on the oxidation state of lattice oxygen among $Li_{1.14}Ni_{0.136}Co_{0.136}Mn_{0.544}O_2$, Li_2MnO_3, $LiNi_{0.5}Co_{0.2}Mn_{0.3}O_2$ and $LiCoO_2$ for the initial charge-discharge. Journal of Materials Chemistry A, 2015, 3(22): 11930-11939.

[60] Tian J, Su Y F, Wu F, et al. High-rate and cycling-stable nickel-rich cathode materials with enhanced Li^+ diffusion pathway. ACS Applied Materials and Interfaces, 2016, 8: 582-587.

[61] Zhao Y J, Ren W F, Wu R, et al. Silica-coated Gd (DOTA)-loaded protein nanoparticles enable magnetic resonance imaging of macrophages. Chemistry-A European Journal, 2015, 21: 7503-7510.

[62] Xiang X D, James C K, Weishan L, et al. Sensitivity and intricacy of cationic substitutions on the first charge/discharge cycle of lithium-rich layered oxide cathodes. Journal of the Electrochemical Society, 2015, 162(8): 1662-1666.

[63] Kang S H, Thackeray M M. Enhancing the rate capability of high capacity $x\,Li_2MnO_3 \cdot (1-x)$ $LiMO_2$ (M = Mn, Ni, Co) electrodes by Li-Ni-PO_4 treatment. Electrochemistry Communications, 2009, 11(4): 748-751.

[64] Gu M, Belharouak I, Zheng J, et al. Formation of the spinel phase in the layered composite cathode used in Li-ion batteries. ACS Nano, 2013, 7(1): 760-767.

[65] Nayak P K, Grinblat J, Levi M, et al. Erratum: structural and electrochemical evidence of layered to spinel phase transformation of Li and Mn rich layered cathode materials of the formulae $xLi[Li_{1/3}Mn_{2/3}]O_2 \cdot (1-x)LiMn_{1/3}Ni_{1/3}Co_{1/3}O_2$ (x = 0.2, 0.4, 0.6) upon cycling. Journal of the Electrochemical Society, 2014, 161(14): 23.

[66] Buchholz D, Li J, Passerini S, et al. X-ray absorption spectroscopy investigation of lithium-rich, cobalt-poor layered-oxide cathode material with high capacity. Chemelectrochem, 2015, 2 (1): 85-97.

[67] Shunmugasundaram R, Senthil A R, Dahn J R. High capacity Li-rich positive electrode materials with reduced first-cycle irreversible capacity loss. Chemistry of Materials, 2015, 27(3): 757-767.

[68] Croy J R, Kim D, Balasubramanian M. Countering the voltage decay in high capacity xLi$_2$MnO$_3$ · $(1-x)$ LiMO$_2$ Electrodes (M = Mn, Ni, Co) for Li$^+$-ion batteries. Journal of the Electrochemical Society, 2012, 159(6): 781-790.

[69] Wu Y, Ma C, Yang J H, et al. Device structure-dependent field-effect and photoresponse performances of p-type ZnTe: Sb nanoribbon. Journal of Materials Chemistry, 2012, 22: 6206-6212.

[70] Zheng J, Gu M, Xiao J, et al. Corrosion/fragmentation of layered composite cathode and related capacity/voltage fading during cycling process. Nano Letters, 2013, 13(8): 3824.

[71] Song B, Liu H, Liu Z, et al. High rate capability caused by surface cubic spinels in Li-rich layer-structured cathodes for Li-ion batteries. Scientific Reports, 2013, 3(10): 3094.

[72] Reddy M V, Rao G V S, Chowdari B V R. Nano-(V$_{1/2}$Sb$_{1/2}$Sn)O$_4$: a high capacity, high rate anode material for Li-ion batteries. Journal of Materials Chemistry, 2011, 21(27): 10003-10011.

[73] Cai R, Jiang S, Yu X, et al. A novel method to enhance rate performance of an Al-doped Li$_4$Ti$_5$O$_{12}$ electrode by post-synthesis treatment in liquid formaldehyde at room temperature. Journal of Materials Chemistry, 2012, 22(16): 8013-8021.

[74] 袁婷. 富锂正极材料 xLi$_2$MnO$_3$ · $(1-x)$LiNi$_{1/3}$Co$_{1/3}$Mn$_{1/3}$O$_2$ 的合成及电化学性能研究. 青岛: 山东科技大学硕士学位论文, 2017.

[75] Sun Y K, Myung S T, Kim M H, et al. Synthesis and characterization of Li(Ni$_{0.8}$Co$_{0.1}$Mn$_{0.1}$)$_{0.8}$(Ni$_{0.5}$Mn$_{0.5}$)$_{0.2}$O$_2$ with the microscale core-shell structure as the positive electrode material for lithium batteries. J Am Chem Soc, 2005, 127(38): 13411-13418.

[76] 王娟. 共沉淀法制备富锂层状锂离子电池正极材料及其电化学性能研究. 青岛: 山东科技大学硕士学位论文, 2019.

[77] 王天雕, 康雪雅, 郭红兵, 等. 锂离子蓄电池材料 LiMn$_2$O$_4$ 的循环性能和结构关系. 电源技术, 2005, 29(6): 343-345.

[78] David R. Lide. Electrochemical series. 88th ed. Boca Raton: Chemical Rubber Company, 2007.

[79] Yang Fu, Yi-Jie Gu, Yun-Bo Chen, et al. Changes in Mn^{3+}/Mn^{4+} ratio, resistance values in electrochemical impedance spectra, and rate capability with increased lithium content in spinel Li$_x$Mn$_2$O$_4$. Solid State Ionics, 2018, 320: 16-23.

[80] Xu Z, Wang J, Quan X, et al. Formation and distribution of tetragonal phases in the Li$_{1+\alpha}$Mn$_{2-\alpha}$O$_{4-\delta}$ at room temperature: direct evidence from a transmission electron microscopy study. Journal of Power Sources, 2014, 248: 1201-1210.

[81] Oikawa K, Kamiyama T, Izumi F, et al. Structural phase transition of the spinel-type oxide LiMn$_2$O$_4$. Solid State Ionics Diffusion and Reactions, 1998, 109(1-2): 35-41.

[82] Thackeray M M, Kock A D, David W I F. Synthesis and structural characterization of defect spinels in the lithium-manganese-oxide system. Materials Research Bulletin, 1993, 28(10): 1041-1049.

[83] Yi-Jie Gu, Yu Li, Yun-Bo Chen et al. Comparison of Li/Ni antisite defects in $Fd\bar{3}m$ and $P4_332$ nanostructured LiNi$_{0.5}$Mn$_{1.5}$O$_4$ electrode for Li-ion batteries. Electrochimica Acta, 2016, 213: 368-374.

[84] Kim J H, Myung S T, Yoon C S, et al. Comparative study of LiNi$_{0.5}$Mn$_{1.5}$O$_{4-\delta}$ and LiNi$_{0.5}$Mn$_{1.5}$O$_4$ cathodes having two crystallographic structures: $Fd\bar{3}m$ and $P4_332$. Chemistry of Materials, 2004, 16(21): 906-914.

[85] Mohamedi M, Makino M, Dokko K, et al. Electrochemical investigation of $LiNi_{0.5}Mn_{1.5}O_4$ thin film intercalation electrodes. Electrochimica Acta, 2002, 48:79-84.

[86] Liu J, Manthiram A. Understanding the improvement in the electrochemical properties of surface modified 5V $LiMn_{1.42}Ni_{0.42}Co_{0.16}O_4$ spinel cathodes in lithium-ion cells. Chemistry of Materials, 2009, 21(8):1695-1707.

[87] Wang L, Li H, Huang X, et al. A comparative study of $F\bar{d}3m$ and $P4_332$ "$LiNi_{0.5}Mn_{1.5}O_4$". Solid State Ionics, 2011, 193(1):32-38.

[88] Idemoto Y, Narai H, Koura N. Crystal structure and cathode performance dependence on oxygen content of $LiMn_{1.5}Ni_{0.5}O_4$ as a cathode material for secondary lithium batteries. Journal of Power Sources, 2003, 119(6):125-129.

[89] Kang B, Ceder G. Battery materials for ultrafast charging and discharging. Nature, 2009, 458(7235):190-193.

[90] Yan-Jie Wu, Yi-Jie Gu, Yun-Bo Chen, et al., Effect of lithium phosphate on the structural and electrochemical performance of nanocrystalline $LiFePO_4$ cathode material with iron defects. Int J Hydrogen Energy, 2018, 43:2050-2056.

[91] Wen-Li Kong, Yi-Jie Gu, Hong-Quan Liu, et al., Effect of annealing on crystal orientation and electrochemical performance of nanocrystalline $LiFePO_4$. Int J Electrochem Sci, 2018, 13:2596-2605.

[92] Juan Wang, Yi-Jie Gu, Wen-Li Kong, et al., Effect of carbon coating on the crystal orientation and electrochemical performance of nanocrystalline $LiFePO_4$. Solid State Ionics, 2018, 327:11-17.

[93] Zhang B, Wang X J, Li H, et al. Electrochemical performances of $LiFe_{1-x}Mn_xPO_4$ with high Mn content. Journal of Power Sources, 2011, 196:6992-6996.

[94] Prosini P P, Lisi M, Zane D, et al. Determination of the chemical diffusion coefficient of lithium in $LiFePO_4$. Solid State Ionics, Diffusion and Reactions, 2002, 148(1-2):45-51.

[95] Gong S, Bai X, Liu R, et al. Study on discharge voltage and discharge capacity of $LiFe_{1-x}Mn_xPO_4$ with high Mn content. J Mater Sci: Mater Electron, 2020, https://doi.org/10.1007/s10854-020-03311-z.

第3章　锂离子电池负极材料

3.1　锂离子电池负极综述

3.1.1　应用

　　锂离子二次电池自 20 世纪 90 年代开发以来,已经在移动电话、笔记本计算机、数码产品等电子产品中得到了广泛的应用。近年来,通过专业技术人员的不断努力,促使锂离子电池所用材料的工艺技术得到了极大的提高,并促进了锂离子电池性能的大幅提升,有效地降低了电池的成本,进一步扩大了锂离子二次电池的应用范围,特别是高性价比电池材料的推广使电池的低成本化存在可能,其用途可能在自行车以外的电动车、无人机和人工智能等产业得以迅速扩大。随着应用市场的增加,也会带动电池用材料成本的进一步降低。

3.1.2　锂离子电池构成

　　目前,锂离子电池的四部分主要材料,即正极、负极、隔膜及电解液,相对来说负极材料的技术最成熟。这四种主要材料之间是相互依存和相互影响的关系,在正、负极材料的选择上,正极材料必须选择高电位的嵌锂化合物,负极材料必须选择低电位的嵌锂化合物。

　　可用于负极材料的元素有很多,由于金属锂的电位最低,比容量最高,相对于以石墨为负极的传统锂离子电池而言,以金属锂为负极的电池有望释放更高的能量密度,研究人员早在 20 世纪 70 年代就已经开始研究用金属锂作为负极。但是,因为锂作为负极,还存在着因枝晶生长和体积膨胀带来的循环寿命短和利用效率低,以至于迟迟无法实现应用的问题[1,2]。随着纳米材料技术及其他科学技术的快速发展,以金属锂作为负极商业化应用的研究会有一定的机遇和发展。

　　从锂电池到锂离子电池最根本的变化是用碳素材料代替金属作为负极材料,电池中不存在金属锂,它完全依靠锂离子在阳极和阴极之间的嵌入和脱出完成充放电过程。

3.1.3　锂离子电池负极材料分类

　　碳素材料的种类繁多,其结晶形式有金刚石、石墨及富勒烯等,非晶态的过渡形式更不胜枚举。早在 1973 年就有人提出以炭材料作为嵌锂材料,并在许多电解质体系中进行了研究。但是,由于其嵌锂过程伴随着溶剂共嵌入或引起溶剂分解,锂的嵌入量有限,且极不稳定,而没有引起重视。直到 1990 年索尼公司以石油焦炭作为负极,才使锂离子电池的研究进入实用化阶段,进而引发了世界范围的研究热潮。各种炭材料被广泛研究用作锂离子电池的负极材料[3]。

通常人们比较认同将锂电池负极材料分为两大类:炭材料、非炭材料。其中炭材料又分为石墨和无定形炭,如天然石墨、合成石墨、中间相碳微球(MCMB)、软炭(如焦炭)和一些硬炭等;其他非炭负极材料有氮化物、硅基材料、锡基材料、钛基材料、合金材料等。

对于炭材料而言,人们通常依据材料结构易石墨化的程度将其分为石墨、易石墨化炭和难石墨化炭,如图 3-1 所示[4]。对于一种炭材料,当提高一定的热处理温度时,其乱层结构炭完全转化为石墨晶体结构的材料称为石墨;对于一种炭材料,提高热处理温度时,其乱层结构可以向有序化转变,如果继续提高温度,也能完全转化为石墨晶体结构的材料称为易石墨化炭;对于一种炭材料,随着温度的提高,其乱层结构很难形成有序的晶体结构的材料称为难石墨化炭,又分别称软质炭和硬质炭[5],简称软炭(soft carbon)和硬炭(hard carbon)。

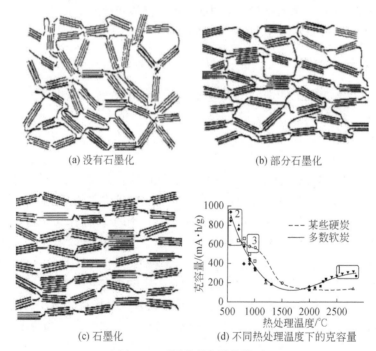

(a) 没有石墨化　　　　　　　　　　　(b) 部分石墨化

(c) 石墨化　　　　　　　　(d) 不同热处理温度下的克容量

图 3-1　不同阶段炭结构模型

多年来,对于用于锂离子电池负极的炭材料而言,人们做了大量的研究,放电容量和效率的高低主要受内部结构变化和氢含量的多少的影响,随着热处理温度的增加,炭材料中氢的含量不断减少,如图 3-1(d)所示,在锂离子电池的嵌锂和脱锂的电化学反应过程中,石墨、软炭和硬炭性能有很大差异,不同温度形成的一些硬炭材料和多数软炭材料及石墨在锂电池中的可逆放电容量的变化趋势不同[3]。

在锂离子电池的充放电过程中,电极反应如式(3-1)所示:

充放电可以表示为: $LiC_6 \longrightarrow Li_xC_6 + (1-x)e^- + (1+x)Li^+$ (3-1)

其中, $x>1$ 为硬炭; $x=1$ 为石墨; $x<1$ 为软炭。

随着对石墨材料的各种性能的研究和生产工艺技术水平的不断提高,相比其他负极,以石墨为主要材料,以硬炭、软炭为辅助材料开发的石墨负极已经是一个主流,尤其是以石油焦为原料的合成石墨和以天然石墨为主要材料的改性石墨已占据市场上的主导位置,商品化的锂离子电池负极种类如图 3-2 所示。

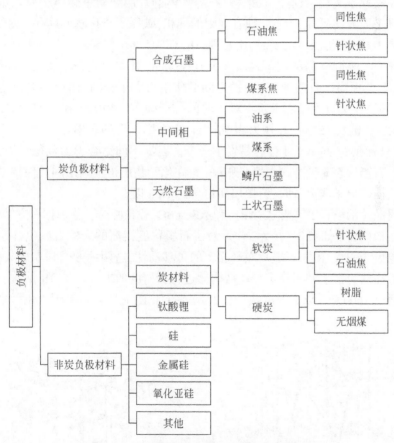

图 3-2　商品化锂离子电池用负极材料种类

炭负极材料种类众多,目前商品化的主要是石墨类负极材料,近年来,石墨类负极材料的首次放电效率达到了 95%,放电容量基本接近理论容量,1C 充放电循环次数达千次以上。与其他材料相比,具有高比容量、低电化学电势、良好的循环性能、廉价、无毒、在空气中稳定等优点,是目前最理想的锂离子电池负极材料。

3.2　石墨结构及石墨化度

众所周知,可通过将各种有机物或易石墨化炭在 2000℃ 以上的高温中热处理制得合成石墨,对于同一种可石墨化的原材料来说,石墨化温度越高,材料石墨化度越高,材料的容量也越高。

3.2.1　石墨的结构

石墨是一种混合型晶体,Bernal[6]在 1925 年的论著中详细地介绍了其结构,石墨由杂化碳原子组成,具有层状结构,石墨晶体的片层结构中碳原子呈六角形排列并向二维平面方向延伸,沿着 c 轴有规则的堆积,碳原子杂化轨道具有平面结构。

石墨中 C—C 键长 141.5pm,比金刚石的 C—C 键长(154pm)短,C—C 双键构成六方型平面,理想单晶的层间距 d_{002} 为 0.335nm,对于无定形炭而言其可以高达 0.37nm,甚至更高。石墨中 C—C 键之间的作用力大于金刚石的 C—C 键之间的作用力;石墨的片层与片层之间靠相对较弱的分子间力互相结合在一起,相邻两个片层之间 C—C 键长 325pm,作用力相对较弱,高石墨化度的石墨在 L_a 方向上不会发生形变,只有在 L_c 方向上才会容易发生形变。石墨层间结合力为范德华力,具有各向异性。石墨层在 c 轴方向上容易膨胀,允许化学物质扩散到层间并保持基本结构不变。当插入原子或离子时,石墨层间也可达 1nm 以上。

石墨晶片的堆积方式有 ABAB… 和 ABCABC… 两种方式,分别称六方结构(2H)和菱形结构(3R),如图 3-3 所示[7,8]。对于石墨化度极高的天然石墨包含这两种结构的现象更为明显,由于石墨片在平面上的可移动性,这两种方式基本上共存,由于菱形堆叠在热力学上并不稳定,2H 结构通过机械研磨的方式产生 3R 结构,3R 结构的石墨通过 1600℃ 及以上温度热处理方式进行加工,它可以恢复到六角形堆叠[9]。

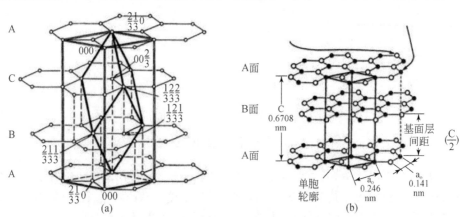

图 3-3　石墨结构模型

石墨包括人工石墨和天然石墨两大类。人工石墨是将易石墨化的碳氢化合物,如石油焦、沥青焦、煤、树脂、木炭,在惰性气氛中于 1900～3200℃经高温石墨化处理制得。如图 3-4[10] 所示,炭材料在从低温到高温的过程中,炭结构从无序到长程有序的结晶变化过程。

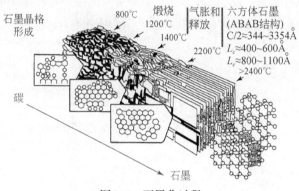

图 3-4　石墨化过程

常见的人工石墨有以石油为原材料的石油系针状焦、普通石油焦、中间相碳微球和以煤沥青为原料的针状焦、沥青焦、中间相碳微球、石墨纤维等,天然石墨有无定形石墨和鳞片石墨两种。

3.2.2　表征石墨晶体的主要参数

研究炭、石墨结构的方法有很多,主要有扫描电子显微镜法、光学显微镜、电子物性测定、红(紫)外光谱分析、X 射线衍射法、拉曼光谱法、比重法、比表面积测定法等,表征石墨化程度的最常用的方法为 X 射线衍射法、拉曼光谱法。

标准 QJ2507-93《碳素材料微观结构参数测试方法》规范了 XRD 测定炭素材料结构参数的方法,将由其测得的碳(002)、(004)面间距 d_{002} 和 d_{004} 值分别代入式(3-2)、式(3-3)、式(3-4)中,可计算试样的石墨晶体的 L_a、L_c 和石墨化度 G。

$$L_a = \frac{1.77\lambda}{\beta_{100} \times \cos\theta_{100}} \tag{3-2}$$

$$L_c = \frac{k \times \lambda}{\beta_{002} \times \cos\theta_{002}} \tag{3-3}$$

$$G = \frac{0.3440 - d_{002}}{0.3440 - 0.3354} \times 100\% \tag{3-4}$$

其中,λ、β 分别为入射 X 射线的波长、半峰宽和衍射角;G 为石墨化度(%)[11];L_a 为石墨晶体沿 a 轴方向的平均大小,小到 1nm,大到 10μm,可更大;L_c 为石墨层面沿垂直其 c 轴方向的堆积的厚度,随着炭种类的不同,小到 1nm 以下(无定形炭),大到 10μm(天然石墨)。

一般而言,对于纯碳元素的晶体而言,其原子对 Raman 活性会比较强,因此在光谱上可以很容易检测到它们的 Raman 峰,图 3-5 分别是石墨单晶、热解石墨和普通石墨的拉曼光谱[12]。1575cm⁻¹ 左右的拉曼峰是石墨单晶的典型拉曼峰,称 G 带。此峰是石墨晶体的基本振动模式,其强度与晶体的尺寸有关。1360cm⁻¹ 处的拉曼峰源自石墨碳晶态边缘的振动,称为 D 带。D 峰是无序化(disorder)峰,D 峰与 G 带峰都是由 sp^2 引起的[13]。这两处拉曼峰为类石墨碳(如石墨、炭黑、活性炭等)的典型拉曼峰。

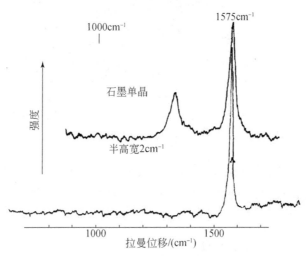

图 3-5　石墨单晶、热解石墨和普通石墨的拉曼光谱

通过 Raman 光谱可以对炭材料的结构做初步的分析,也可用拉曼光谱对材料进行石墨化度测定。当 L_a 为 2.5 ~ 10nm 时,对拉曼光谱影响大,通常,1355cm⁻¹ 处散射峰越强,材料的端面越多,而 I_{1355}/I_{1575} 峰强度之比与端面的多少有关系,如图 3-6 所示,L_a 越大,端面越少;1575cm⁻¹ 处散射峰会随着 L_a 和 L_c 的减小而变宽,当有杂原子或分子插入石墨片层之间时,也会导致峰的变化;如图 3-7 所示,随着对炭材料的热处理温度的增加,材料结晶度越来越高,D 峰值越来越小[13]。

石墨晶体的真密度、导电性能均能反映材料石墨化的程度,单独用一个指标来判断材料石墨化程度的高低,并以此评估材料用于锂电池负极材料时的性能有一定的局限性,应结合 L_a、L_c、I_D/I_G、电阻率、真密度等指标进行评判。

3.2.3　石墨结构对负极性能的影响

石墨晶片的 ABAB…和 ABCABC…两种堆积方式,对于石墨化度极高的天然鳞片石墨包含这两种结构的现象更为明显,由于石墨片在平面上的可移动性,这两种方式基本上共存,由于菱形堆叠在热力学上并不稳定,2H 结构通过机械研磨的方式产生 3R 菱形结构,3R 结构的石墨通过 1600℃ 及以上温度热处理方式进行加工,它

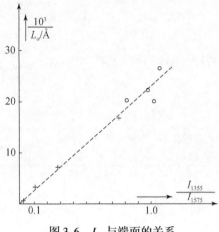

图 3-6　L_a 与端面的关系

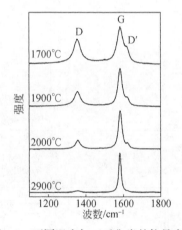

图 3-7　不同温度加工后焦炭的拉曼光谱

可以恢复到六角形堆叠[7]。这两种结构对于石墨用于电池负极时电性能的影响,国内外有文献报道[14],有的观点认为 3R 菱形结构的存在有利于材料提高循环性能,如 Kosh 等通过对天然石墨进行研磨的方法,经过 X 射线衍射(XRD)分析,得到了 3R 结构含量达到 26% 的"SO-26β"样品,经过 2000℃ 的高温处理后得到了 100% "SO-100α"样品,如图 3-8 所示。

　　经扣式电池检测得到了 SO-26β 样品的首次效率(80%)高于 2H 结构 SO-100α 样品(30%)且寿命长等实验结果,认为 3R 型石墨非常无序的表面邻近层及颗粒内部石墨烯平面的弯曲和错位等缺陷使其在电解液中充电时阻止了溶剂分子的共嵌,而 2H 结构石墨颗粒的表面和内部未能阻止溶剂分子的共嵌,从而使溶剂化锂离子可以长驱直入,如图 3-9 所示。

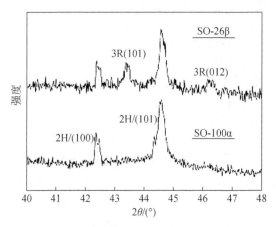

图 3-8　Kosh 等 SO-26β 样品 XRD 分析

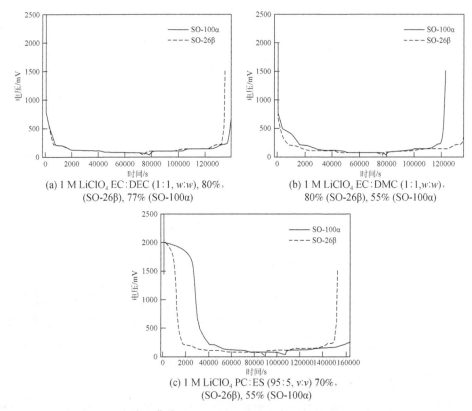

(a) 1 M LiClO₄ EC : DEC (1 : 1, w:w), 80%,
(SO-26β), 77% (SO-100α)

(b) 1 M LiClO₄ EC : DMC (1 : 1,w:w),
80% (SO-26β), 55% (SO-100α)

(c) 1 M LiClO₄ PC : ES (95 : 5, v:v) 70%,
(SO-26β), 55% (SO-100α)

图 3-9　充放电曲线 $i = \pm 20\mathrm{mA/g}$, cut-off:24/1500mV($vs.$ Li/Li$_{(1)}$)

　　此外,还认为石墨颗粒的表面对于 SEI 膜的沉积过程影响很大,SEI 膜与两种石墨的相互作用和在它们表面上的固定完全不同。与 2H 结构石墨颗粒具有极为有序的表面相比,3R 结构石墨颗粒的无序表面对于 SEI 膜的形成更为有利。Spahr M E

也认为3R结构石墨的存在与首次循环中的不可逆容量并无直接关系[15]，图3-10为其验证的不同3R比例样品的XRD图谱。

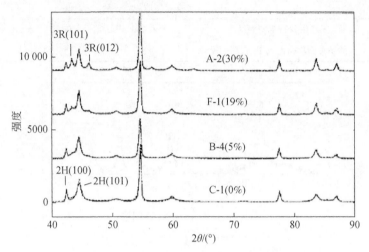

图 3-10　四种不同3R比例样品的XRD图谱

上述两个观点虽然有一定的道理，但是，其样品的可对比性值得商榷。结论应与其实验条件有关，研究中描述的天然石墨的研磨过程比较简单，并且未说明加工前后两种材料的外观形状、粒度大小及分布状况，尤其是该报告中提供的样品测试数据有些异常，ABCABC结构的SO-26β样品的比表面积为4.6m²/g，而ABAB结构SO-100α样品的比表面积却为5.0m²/g。首先一般情况下ABCABC晶体结构的比表面积应大于ABAB结构材料的比表面积才是正常的；其次是材料研磨后的比表面积也应要比研磨前大；最后依据比表面积的大小情况分析，其ABCABC结构的SO-26β样品的粒度应远远大于ABAB结构SO-100α的样品，粒度大小不同的两种材料进行对比，这个实验数据的合理性并不能完全确定其实验结果。

针对此问题，编者从四种批量生产的负极材料中进行抽样，分别选用了以针状生焦粉体研磨后石墨化的产品，石墨化石油焦粉研磨后的产品，天然磷片石墨研磨加工后的产品，天然磷片石墨研磨加工后的产品再进行包覆石墨化的产品，见表3-1。样品编号分别为a、b、c、d，通过XRD对2H和3R结构进行观察分析，见图3-11～图3-14，样品分别进行研磨、二次石墨化热处理两个实验方案进行验证。

表 3-1　不同条件下的性能对比

编号	样品说明	比表面积/(m²/g)		粒度 d_{50}/μm		首次效率/%	循环/%
		前	后	前	后		
a	针状生焦粉体研磨、石墨化	1.5	1.0	10	9	94	98
b	石墨化石油焦粉研磨	1.0	7.5	20	15	89	92

续表

编号	样品说明	比表面积/(m²/g)		粒度 d_{50}/μm		首次 效率/%	循环 /%
		前	后	前	后		
c	天然磷片石墨研磨加工	1.0	4.8	100	15	89	80
d	天然磷片石墨研磨加工、包覆石墨化	4.8	2.2	15	16	92	95

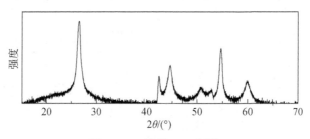

图 3-11　a 样品 XRD 图谱

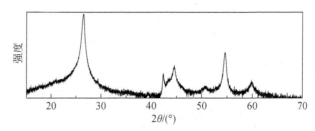

图 3-12　b 样品 XRD 图谱

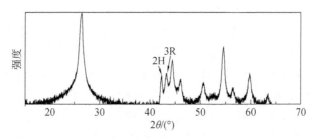

图 3-13　c 样品 XRD 图谱

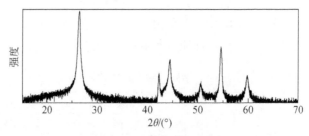

图 3-14　d 样品 XRD 图谱

图 3-11 石油焦直接研磨到一定粒度要求进行石墨化负极材料,经 XRD 衍射峰分析,没有 3R 峰。产品首次效率比较高,为 94%;图 3-12 为将大颗粒石油焦先进行石墨化,再将其研磨到所要求的粒度时的负极材料的 XRD 图谱,经 XRD 衍射峰分析,其 3R 峰强度非常微弱,比表面积较大,首次效率较低,为 89% 左右,循环性能一般;图 3-13 是将天然石墨先研磨到所要求的粒度,再提纯处理后的 XRD 图谱,其 3R 峰非常明显,用于负极材料首次效率较低,为 89% 左右,循环性能最差;图 3-14 为前述天然石墨包覆沥青重新石墨化的 XRD 衍射峰,其 3R 峰基本消失,用于负极材料使用时首次效率提高到 92%,循环性能提高。

上述验证了机械研磨、高温热处理的方法可以使石墨由 ABAB 结构向 ABCABC 结构转换的结论,但是并不能确定 ABCABC 结构石墨的循环性能就一定优于 ABAB 结构石墨的循环性能。

3.3　石墨负极理论容量及嵌理机理

多年来,国内外众多研究机构、企业的专家学者对锂离子电池负极材料的结构及嵌锂机理进行了大量的研究,基本形成了共同的认知和推论。

石墨是层间化合物,对于石墨层间化合物的研究在 20 世纪 50 年代就已经开始了。1991 年,Dahn 研究了有机电解液体系石墨在锂嵌入过程中的碳结构变化,随着锂离子插入量的变化,锂石墨层间化合物中的锂元素因为被离子化而带正电荷。由于同性电荷的排斥,在常压条件下锂离子只能排列在石墨层相间的位置上,形成不同阶化合物,如果平均三层石墨片层有一层插入锂,那么称其为三阶化合物,如果平均一层石墨片层有一层插入锂,则称其为一阶化合物,依此类推。如图 3-15 所示,随着锂离子在石墨中嵌入脱出数量的增加和减少,在不同电位发生着可逆的相变,随着锂离子嵌入石墨中的量的增加,锂插入石墨层间的反应主要在 0.2V(相对于 Li^+/Li)以下[16],在 0.2V、0.12V、0.08V 三个电位附近有明显的锂插入平台,在电位约为 0.2V,对应于稀一阶转变为四阶化合物(即极少量的锂随机插在石墨晶体内)、在 $0.10\sim0.12V$,2L 阶化合物转为二阶化合物(LiC_{10} 或 LiC_{12})、在 0.085V 二阶化合物转变一阶化合物(LiC_6),锂在石墨中的嵌入是逐步进行的,在石墨逐步分阶段进行嵌锂过程中,相应的石墨晶体的层间距由 0.335nm 变为 0.370nm[17]。

最大嵌锂量 LiC_6 理论比容量为 372mA·h/g。石墨的锂论比容量用式(3-5)计算:

$$C_0 = 26.8n\frac{m_0}{M} = \frac{1}{q}m_0 \tag{3-5}$$

其中,C_0 为理论容量;n 为成流反应的得失电子数;m_0 为活性物质完全反应的质量;M 为活性物质的摩尔质量[18]。

石墨理论容量计算方法:$1\times96485.33/72/3.6=372(mA·h/g)$。

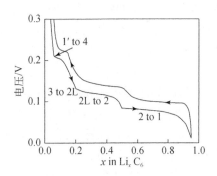

图 3-15　锂离子嵌入脱嵌过程中的电压变化

石墨首次循环不可逆容量损失很大,不可逆过程对应 0.8~0.9V 电位平台,一般认为该过程和电解质与电极材料的反应有关,该过程生成可以传导锂离子而不传导电子的固体薄膜层,即 SEI 层,其成分与电解液组成有关。因 SEI 层覆盖在材料表面,所以 SEI 膜比表面积与材料的比表面积成正比,相应的不可逆容量与材料的比表面积也成正比。

石墨具有较高的比容量,在 Li/C 模拟电池中具有低而平稳的放电平台电势 (0~0.25V),因而成为锂离子电池负极的首选材料。但是石墨也存在一些缺点,主要表现在石墨化度较高的材料如天然石墨对电解液的组成非常敏感,不适合用在含有碳酸丙烯酯(PC)的电解液中;耐过充放电能力差;在充放电过程中石墨结构易遭到破坏;又由于石墨的表面性质很不均匀,在首次充电时难以形成均匀、致密的 SEI 膜,如不进行包覆改性处理,则首次充放电效率低,循环性能不理想。

石墨的结晶度、微观组织、堆积形式等都影响其嵌锂性能。有观点认为部分无序排列的存在是石墨嵌锂容量小于理论容量的原因。这种无序排列无法储锂从而减少了石墨的储锂量,通过调节热处理温度控制石墨的堆积形式是获得高容量的有效手段。也有研究报道,通过改性能使石墨材料的可逆的嵌锂量大于理论容量,Menachem 等将天然石墨在空气中 550℃下氧化处理,石墨可逆比容量达到 405mA·h/g,发现低烧失率时,比容量的增加与纳米孔体积的增加有关。他们认为除了石墨层储锂外,过量的锂主要储在纳米孔上,另外石墨晶体的锯齿面(zigzag face)、扶椅面 (armchair face)和其他边缘上也能储存额外的锂。纳米孔储锂机理能较好地解释人工石墨超过石墨理论容量(372mA·h/g)的储锂现象。

炭素材料的种类繁多,其结晶形式有金刚石、石墨及富勒烯等,非晶态的过渡形式更不胜枚举。如以中间相炭微球为代表的软炭、用不同前驱体制备的硬炭材料,其储锂机理与石墨材料相比是不同的,结构复杂外加测试条件的限制使得其储锂机理的研究非常困难,因而人们只能提出种种推测但仍然只能定性解释[19-23]。

炭材料的电化学性能与其结构有很强的相关性,进一步对其结构进行精确的表征,并揭示这种相关性,对现有材料的改进和新材料的发现意义重大。近几年来对锂离子电池炭负极材料的研究、开发工作相当活跃,并取得了很大的进展。炭负极材料正趋向高比容量、电压滞后较低或没有、首次充放电不可逆容量低、充放电速率高、循环性能好及成本较低的方向发展。

3.4　石墨负极生产的主要工艺技术

目前商品化的合成石墨负极,其原材料基本上是选用石油焦化和煤焦化的结焦物,或者是以天然石墨为主要原料辅助以沥青、焦炭等材料经过高温热处理后生产出来的一种特殊的粉体材料,它是由许多分开并独立存在的最小的一次单颗粒构成,或者是由这些一次颗粒黏结成的二次颗粒组成的,或是由一次颗粒和二次颗粒共同构成。这种一次单颗粒是由许多呈一定方向性的石墨单晶组成的。

3.4.1　石墨类负极材料的设计开发原则

提升锂离子电池负极材料性能的关键是在不同环境的充放电条件下,锂离子可以高效、快速可逆地脱出和嵌入的同时,首先是保障最高充电放电容量。石墨类负极材料的放电容量主要取决于石墨化程度,无论精细结构如何,容量总有随石墨化程度提高而增大的趋势,常有接近理论容量的报道[24];同时大量研究数据表明,在石墨化程度相同时,定向方式对容量的影响也很大,球状最好,其次为纤维状、片状,因结晶层间断面可在整个球形表面均匀暴露出来,所以可作为锂离子的进出口,使之有效地占据层间位置;而纤维的进出口在与轴垂直的断面上,片状石墨是在侧面,即有效的电极表面积依次减小,锂离子不易扩散到层间深处,致使材料容量较小。

一般来说,选择一种好的石墨负极材料应遵循以下原则。

(1)比能量高:提高石墨化度。

(2)相对锂电极的电极电位低:提高石墨化度。

(3)充放电反应可逆性好:控制比表面积、减少内部结构缺陷。

(4)与电解液和黏结剂的兼容性好:控制比表面积,对材料表面进行改性处理。

(5)嵌锂过程中尺寸和机械稳定性好:选用适合粒度及形状、选择合理的石墨化度、控制结构缺陷。

(6)安全环保成本:改进工艺技术,降低制造成本。

在锂离子的嵌入、脱出过程中,虽然软炭和硬炭表现出首次效率和体积能量密度较低及电压滞后等缺点,但利用其较宽的使用温度范围、高倍率性能和高放电容量的一些特点,结合石墨类负极的高效率、高能量密度等优点,去设计开发以石墨为主体辅助一定比例的软炭或硬炭材料的复合材料技术,是生产高容量、高效率、长寿命、使用温度范围宽的一个方向。如何控制石墨化结晶度,如何控制材料内部孔隙大小及分布,如何控制粉体的表观状态、压实密度、比表面和导电性能等是主要的工作。

3.4.2　石墨负极主要指标

　　表征石墨类负极的指标主要有颗粒外观形状、大小、分布、密度、取向性、充电放电性能等,如表 3-2 所示(表中数据为典型值,非标准数据,仅供参考)。

表 3-2　主要技术指标

项目	单位	合成石墨	天然石墨	软炭	钛酸锂
主要成分	—	C	C	C	$Li_4Ti_5O_{12}$
纯度	%	99.9	99.9	99	99.9
粒度	μm	5~10	5~10	5~15	15~25
振实密度	g/cm^3	0.9	0.9	1.2	0.9
压实密度	g/cm^3	1.8	1.8	1.4	1.7
比表面	m^2/g	3	3	2	20~30
放电容量	$mA \cdot h/g$	350	360	280	160
首次效率	%	93	93	85	85
倍率性能		3C/30C	2C/20C	10C/10C	10C/10C
寿命	次	2000	500	2000	8000
浆料沉降	h	24	24	24	24

　　石墨负极材料是一种由许多分开并独立存在的微米级特殊颗粒构成的粉体材料,颗粒的形状是指一个颗粒的轮廓边界或表面上各点所构成的图像。在生产过程中,颗粒的形状千差万别,工业生产中很难得到非常理想的形状规则的颗粒,准确地描述颗粒的形状是很困难的,在工程中经常用的术语如球形、类球形、片状、不规则状、多角形等只能大致描述颗粒的形状。国内外常见负极材料主要有一次颗粒和二次颗粒,外观有类球形的、不规则板状的、片状的等,图 3-16 是二次颗粒、图 3-17 是类球形一次颗粒、图 3-18 是片状等不规则颗粒。

　　　　　　(a)　　　　　　　　　　(b)　　　　　　　　　　(c)

图 3-16　二次颗粒的 SEM

　　负极粉体的几何形态,即颗粒的形状直接影响着其比表面积、填充性、流动性、润湿性等物理性能,并直接与它的电化学性能有关,一般情况下,粉体颗粒的大小与

图 3-17　类球形一次颗粒的 SEM

图 3-18　不规则颗粒的 SEM

比表面积大小成反比,颗粒越小,比表面积越大;但是小颗粒的产品有利于锂离子快速嵌入脱出,因此要保障首次效率,则应在原材料和工艺上采取相应的措施以降低小颗粒材料的比表面积。

　　由于原料不同,粉体颗粒的制作方法不同,所以负极的各种性能也不相同。负极材料的性能与其粒度大小、比表面高低、石墨化程度有直接关系。如图 3-19 所示[10],粉体的比表面积越小,则锂离子电池的首次放电效率越高,材料比表面积的大小影响 SEI 膜的形成,同时影响首次充放电效率,事实证明降低材料的比表面积可提高首次效率,有利于正极材料容量的发挥。粉体的石墨化程度越高,粉体锂离子电池的放电容量就越高。

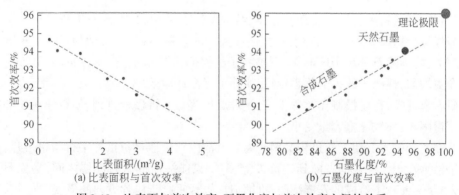

图 3-19　比表面与首次效率、石墨化度与首次效率之间的关系

　　负极材料的压实密度可以有效提高电池的体积比能量,前提是保障一定的空隙率,以保障每一个颗粒能够被电解液充分地润湿,要得到趋于较高堆积密度的一定

粒度分布的粉体,理论上难以进行计算,实际工程中石墨颗粒多为非球形颗粒,粉体材料的密度不仅与颗粒的形状有关,也与颗粒的大小分布有关,颗粒球形度增加,则空隙率降低,颗粒粗糙度增加,则空隙率增大,极细粉具有一定黏接性会造成空隙率增高、压实密度降低。选用易石墨化的原料和提高石墨化温度,使粉体颗粒结晶度完整即增加原材料可石墨化程度,是控制粉体材料压实密度的最有效的方法。

　　在锂离子电池充放电过程中和电化学反应过程中,锂离子的嵌入会造成石墨层的膨胀,长期固定方向的形变不利于电池的循环寿命。保障锂离子脱出、嵌入通道的畅通,才使提高负极压实密度具有意义。由于锂离子电池结构和生产工艺有其固有的特点,即在一定外力作用下,石墨晶体层面在负极片上呈现一定的择优取向性;负极片的加工工艺对于负极性能的发挥有至关重要的作用,在锂离子电池生产过程中,负极材料的使用过程是将负极粉体搅拌成浆料涂布在铜箔上,然后烘烤、连续辊压到一定密度的负极片,待用。如图3-20所示,辊压过程中负极片只在厚度和前进方向上受压,宽度方向受力较小,负极颗粒和黏结剂不可避免地会出现定向排列,这样不仅易造成石墨晶体层面平行铜箔平面,而且因极片出现各向异性,则容易造成极片干燥过程中横向收缩大,易出现变形和开裂。

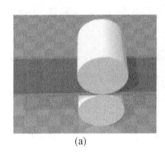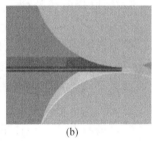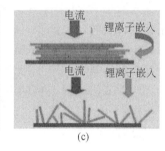

(a)　　　　　　　　　　(b)　　　　　　　　　　(c)

图3-20　极片辊压

　　普通天然石墨石墨化度高,因层状结构发达而呈片状,在涂布辊压过程中更容易与极板(铜箔)平行方向排列,这样使锂离子的扩散路程变长,增加了锂离子的扩散阻力,将天然石墨粒子球形化,石墨粒子的层面排列紊乱,会有较小的择优取向,分布更均匀,锂离子的扩散路程较短,从而可提高放电效率,如图3-20所示,有专家的研究也证实,在电极制作过程中,石墨片层更容易平行极板排列,使得锂离子的扩散变得困难,导致充电容量变小[25]。

　　锂离子嵌入石墨工作过程又因锂离子电池内部构造是负极片平行与正极片,锂离子沿垂直于负极片的方向到达负极,锂离子只能端面插入石墨层之间,平面不可能入,因为锂离子造成的石墨膨胀,进而造成极片垂直于极片方向的膨胀[26]。

　　日本负极材料的生产企业率先提出二次颗粒的概念,利用黏结剂将一次颗粒通过混捏的方法,簇成一个由若干不同方向的小颗粒构成的新颗粒,这种由二次颗粒组成的负极材料增加了石墨晶体层面垂直铜箔方向的概率,石墨层面方向与锂离子脱嵌的方向平行有利于离子脱嵌,减少垂直极片方向的膨胀[27](图3-21)。提高电池功率密度,降低极片的膨胀程度,二次颗粒有利于满足对电池厚度要求较高场景。

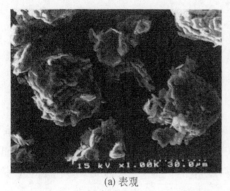
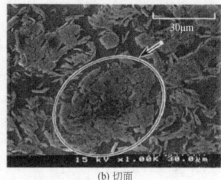

(a) 表观　　　　　　　　　　　　　(b) 切面

图 3-21　二次颗粒产品——日立 MAG[26]

块状石墨、粉状石墨结构和性能是各向异性材料,其原因是粉状颗粒常以其面积较大的一面垂直于压力而取向,粉状颗粒在其炭化过程初期已经具有了一定的取向性,后期随着热处理温度的增加,取向性更加明确。可以通过采用 XRD 检测方法,计算并得到 $I_{(004)}/I_{(110)}$ 或者 $I_{(002)}/I_{(110)}$ 的比值,以此观察材料取向性的高低,评估材料的取向性,比值越小,取向性越小。图 3-22 为煤系针焦和石油系针焦一次颗粒石墨化后比值,石油系针焦石墨化度峰值强于煤系针焦,随着压实密度的增加,两种材料的取向性变化较小。

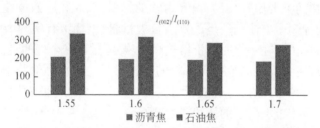

图 3-22　取向性高低与极片压实密度大小的变化趋势

3.4.3　负极材料生产工艺流程概述

国内外炭、石墨负极材料的生产方法有很多,其主要工序有制粉、造粒、包覆、热处理,在此不再一一类举。

以下两种石墨负极材料的生产方法需要重点考虑。

(1)选择易石墨化、高纯度、各向同性或易改变取向性的原材料,通过选择使用易将材料加工成各向同性的制粉设备、热处理工艺,生产高石墨化度、高纯度、各向同性的石墨微粉——合成石墨、天然石墨具体制作方法。

(2)选择难石墨化、高纯度、各向同性或容易改变取向性的原材料,通过选择使用易将材料加工成各向同性的制粉设备、热处理工艺生产低石墨化度、高纯度、各向同性石墨微粉——硬炭、软炭具体制作技术。

3.5　制程工艺设计和过程控制

3.5.1　原辅料

生产负极材料所用的石油焦、沥青焦、针状焦均为石油、煤化工过程中重质有机物成分。最初,作为石化行业的副品,这种产品越少越好,石化企业不会去考虑如何调制沥青、如何控制中间相等这些影响材料结构的问题。自 1950 年美国首先发明针状焦以来,到目前为止,高功率以上电炉上用的石墨电极的原料普遍采用了针状焦,后期碳质中间相理论研究的深入再次推动了针状焦行业的高速发展,由于在炼钢用石墨电极、锂离子电池负极方面上的大量使用,其经济价值有所体现,又被石化企业重视,其才有计划得以设计开发和规模化生产。

事实证明,在众多已知的炭材料当中针状焦是最佳的原料,但由于原油、煤焦油纯度、来源一致性、成焦工艺中人为产生的取向性、挥发分的高低、灰分的多少、中间相的形成、粉体的分布、大小、结构、表面形态等均会影响材料最终应用性能的提高,即原料、辅助材料的结构基本上决定了后期电池的电化学性能、工艺性能提升的空间,所以原料选择是生产高质量石墨负极的基础。

以天然石墨为主要原料,以沥青等为辅助材料,采取相应的改性工艺方法生产负极材料,目前锂离子电池仍然是重要的负极材料,市场占有率约为 50%。对于合成石墨负极而言,虽然在一定时间价格较高,只要经过市场合理的经济调整后,合成石墨的生产规模可以满足电池负极材料的日益增长的需求。但鉴于地理、安全、成本的需要,应充分利用二者特点,随着研究的深入,工艺技术的发展,以及便携式设备、汽车和其他应用市场需求的持续增长,预计在未来 5 ~ 10 年,整个锂离子电池市场将翻一番以上,哪一种负极材料能占据更大的市场,现在言之尚早。

国内外商品化的合成石墨负极原材料主要有普通石油焦、沥青焦、石油针状焦和煤系针状焦,这些原料在负极材料生产企业中广为应用,批次大而且稳定,质量远超其他类型的负极材料,另外用于生产合成石墨负极的原料还有天然鳞片石墨、微晶石墨、合成石墨粉碎等,这一类石墨原料改性后生产出来的负极各有特点。负极材料生产企业应针对负极材料的市场需求,有针对性地开发适用于锂离子电池石墨负极原料的产品。

根据原料路线的不同,针状焦其生产方法有一定差异,油系针状焦生产方法是美国在 20 世纪 50 年代后期开发的,以热裂化渣油和催化裂化澄清油等石油加工厂重质油为原料,经延迟焦化和煅烧等工艺过程制得石油系针状焦。

煤系针状焦的生产方法是 1979 年由日本新日铁和三菱化成公司开发的,该法以煤炼焦副产品煤焦油沥青为原料,经过原料预处理、延迟焦化和煅烧工艺过程制得成品煤系针状焦。

生产沥青焦的原料是中温沥青和高温沥青,沥青是负极材料常用的辅料;沥青又分为石油沥青、煤沥青、地沥青等;高温沥青是中温沥青在氧化釜中用热空气氧化而成的。沥青焦是一种含灰分和硫分均较低的优质焦炭,它的颗粒结构致密,气孔率小,挥发分较低,耐磨性和机械强度比较高,其是以煤沥青为原料,采用高温干馏(焦化)的方式制备而得的。

沥青焦虽然也是一种易石墨化焦,但与石油焦相比,在相同条件下经过同样的高温石墨化后,真密度略低,且电阻率较高、线膨胀系数较大。

在原料、辅料的选择上,应注意以下方面。

(1)尽量选用低灰分、低硫分的高纯度的原辅材料,如天然石墨、沥青等。

(2)优先选择原油为石腊基的石油焦、针状焦。

(3)选择低喹啉不溶物的煤沥青生产的沥青焦、针状焦。

(4)针对比表面积要求,选择不同炭化温度处理的焦炭。

(5)高容量的合成石墨负极优先选用石油系针状焦,其次是煤系针状焦、石油焦、沥青焦等。

但是能否形成高石墨化度的炭材料,不仅取决于原料油和原煤,成焦过程中 600℃ 以内的液相炭化过程、后期的原料煅烧、黏结沥青和包覆沥青的炭化过程也非常重要。

3.5.2 原料与炭化

生产负极材料所用的焦炭和辅料沥青,从其产生到加工成锂电池负极用活性材料的过程中,一直存在不同温度加热的过程,有机物在加热时的变化极为复杂,从炭化工学的角度来说,最终都是键的断开和重新组合成更稳定的键。

石油焦、沥青焦的生产过程是一个液态有机物成焦的热化学反应过程,在这个反应过程中,在产生低分子气体的同时还进行芳构化和芳族环的各种聚合、缩聚及附加反应(高分子化),其结果是产生许多焦油或沥青等化学物质。焦油在常温下是液态,进一步高分子化后,在常温下就变成了不易流动的沥青。相对分子量为 150 左右到 3000 范围,由脂肪族和芳族两种结构要素组成,沥青进一步加热,重质部分形成焦炭,液相炭化过程完成。

在反应过程中,液相炭化反应是在小于 500℃ 下进行的,随着液相的热化学反应的进行,也存在着固相炭化反应,固相炭化没有特定的温度范围,这个阶段是炭化的初级阶段,随着温度的升高而促进低黏度原料有机物的缩聚反应,黏度逐渐提高转变为固态,其中以缩合稠环芳族结构为主体的液晶状态(又称中间相),受热分解产生的低分子气流流动的影响,使芳族平面沿气流方向排列,形成易石墨化的炭材料;

如果添加氯和硫,则急剧进行非选择性的氧化反应和交联反应,或者有特殊的催化剂存在时,则会不经过中间相生成而成为无定形的固态,这种情况下就成为不易石墨化的炭素前驱体[28]。

因为延迟焦化法生产焦炭的过程是重质油再经热裂解的过程,在生产过程中已经完成了由渣油、沥青到焦炭的炭化过程,这个过程中的温度基本在550℃左右,所以实际上已经初步完成了液相炭化过程;炭质中间相是一类重要的碳材料前驱体,其形态与结构由原料组成、制备工艺等因素决定。

相比于针状焦之所以石墨化度高于普通石油焦和沥青焦,主要是因为对于中间相生成的控制,在针状焦的成焦过程中,即中间相小球体发生解体、形成体中间相沥青,直至固化前的全过程中,焦化塔内有气流连续不断地向一定方向流动,这就是通常所说的"气流拉焦",这种气流具有一定的流速,能够对中间相沥青施加足够的剪切力但又不产生扰动(反应),使中间相沥青分子在向列形有序排列中固化。

对于经过500℃焦化的炭材料而言,经过了液相炭化,其内部骨架基本固定,再进行热处理,所生成的炭晶体平面网络受到这个骨架的限制,缺乏更广范围内进行择优取向的自由度,由于内部炭化并未完全,生产易石墨化的材料时,固相炭化的原则是除非对原料中的分子预先进行高度的排列取向,或在炭化过程中加以外力,提高其排列取向度,否则一般很难形成易石墨化性炭材料[28]。

研究结果表明,煤焦油沥青在400~430℃容易发生热缩聚,生成各向异性的球形中间相,在300~500℃控制升温速度,有利于促进炭材料中间相的生长、提高材料的最终石墨化度和对材料比表面积的控制。

在大多数情况下,碳的结构雏形到600℃左右就已形成,进而加热到1000~1500℃,继续排出可挥发性物质和氢,使原来乱层平面上的破损点得以弥合,分子平面增大,形成主要以碳元素组成的物质,因此控制炭材料结构的关键是小于1000℃的温度,特别是取决于能否自由地控制600℃以下的有机物的加热变化[28]。

3.5.3　煅烧制度对原料结构的影响。

将生焦经由1350℃左右的温度进行热处理的过程称为煅烧,该过程对材料结构的影响依然很大,由于焦化厂的结焦温度一般在550℃左右,又因水力出焦,产品中含有大量的水分及挥发分,未煅烧的生焦是由很小的六角碳原子网格平面散乱的堆叠而成的。这些网格平面的外围还连接着许多官能团,平面之间含有碳原子或其他杂原子的官能团做桥状连结,在热处理过程中,随着煅烧温度的变化,排除了生焦中的水分、挥发分后使焦炭密度增大,同时伴随着原料的结构和性能的深度变化。

在500~700℃内,层面堆积厚度L_c和层面直径L_a只有几十埃;它们随煅烧温度的升高不断变化,由于与侧链的断裂和结构重排,在700℃时有所缩小,700℃以上则不断增大。实验证明,在500~700℃,煅烧体系内在生成许多不成对电子和活性中心的同时,产生了大量的自由基,在产生它们的同时它们又再进行结合,结果是焦炭中横向交叉键增多,抑制了网格层面间的有序排列;在这一温区内延长时间将增大焦炭的机械强度。但是,这种具有横向交叉键的结构,使微小的乱层结构粒子呈杂乱排列,其择优取向极弱,以致抑制了石墨化时的结构重排(有序化)的过程,降低了材料的各向异性,并阻碍了晶体 L_a、L_c 尺寸的增大,使煅烧后焦的晶粒变小,特别是 L_a。

煅烧到 600~900℃,焦炭中的 H、S、N 含量不断减少,最明显的变化是氢含量的大幅度降低;在 600~900℃ 内相应地有最大量的气体排出,而气体排出速度和挥发物量则取决于焦化温度,挥发物将在焦炭表面热解沉积成一层致密的碳层。

在 1100~1200℃,石油焦的挥发分实际上已完全排出,但还残留 0.1%~0.2% 的氢,而硫含量的多少则视原料焦中有机硫的含量而定。这些残留的氢和硫及其他杂质在焦炭中形成了热稳定性极高的化合物,直到石墨化高温处理时才基本排除[29]。

3.5.4　制粉工艺

石墨负极是粉体材料,粉体颗粒的大小与快充性能有关,比表面积与首次效率有关,粒度分布与能量密度有关,形状(界面)与其寿命有关,因此其粒度大小、比表面积高低、表面和界面状况、内部结构情况都对电性能有直接的影响,材料纯度、组成和结构则可以通过原料、制造方法及热处理条件等进行控制,制粉工艺技术影响材料做为负极材料时的电化学性的发挥。

1. 主要制粉设备

常用的制粉设备主要有破碎、研磨、分级、混合、包覆设备。针对石油焦、沥青焦、石墨常见的粉碎研磨方式主要有机械粉碎、气流粉碎、机械气流双重方式,其中机械粉碎又可分为冲击式、辊压式;冲击式粉碎设备适合于形状要求不高,追求产量时。轮碾、辊压式更适合于对颗粒形状有更高要求的场所,循环往复方式有利于对颗粒形状的控制和粉体堆积密度的提高,但会造成一定量的极细颗粒粉体的产生。图 3-23 为循环式气流粉机[30]的涡旋式气流粉碎机和循环式气流粉机工作原理图。气流涡旋微粉机(QWF)兼有回转机械和气流粉碎双重功能,整机为立式,能同时完成粉碎和微粉风选两道粉体加工工序[31]。

破碎、研磨的方式、时间、温度、压力、研磨介质等制粉工艺参数的调整对材料组成和结构均有不同程度的影响。同一台设备,如简单的一次粉碎和在相同功率条件下反复多次粉碎相比,材料的形状先后有了非常大的变化,并且材料的压实密度也有提高;设备结构影响也非常大,一定条件下,再加长时间粉体形貌也不会太大改变,并且会造成材料过度粉碎。

2. 焦炭类原料制粉的特点

在石油焦或沥青焦的形成过程中,由于其内部、外表面有大量的挥发分排出,在

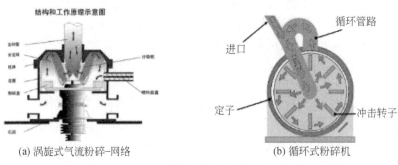

(a) 涡旋式气流粉碎-网络　　　　　　　　(b) 循环式粉碎机

图 3-23　机械式气流粉碎机内部示意图

其内部和外表面形成了大量的不同尺度、不同类型且呈无序散布的孔隙及裂纹,如图 3-24 所示,随着热处理温度的不断提高,这些孔隙和裂纹的大小与体积不断减小和减少,即使经过 1000℃ 左右的热处理、2000℃ 以上的高温石墨热处理,也不会完全消失。

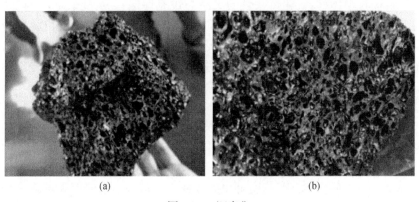

(a)　　　　　　　　　　　　　　(b)

图 3-24　沥青焦

在焦化装备内部的不同部位,形成石油焦炭时的受力情况,挥发分排出的顺序、速度、数量也不相同,因而石油焦不同位置的气孔有多有少,其密度是不同的。材料在外力作用下,这些孔隙裂纹的周围将产生应力集中,使其生长、扩大和贯通,无序性也被强烈地放大。

不同的破碎方式,致使材料宏观粉碎后所构成颗粒(或碎块)的粒度散布呈正态散布。因为在石油焦的形成过程中,工艺上会施加一定的外力作用,所以材料结构会形成与受力方向基本一致的取向;从微观上讲,材料破碎后的晶体的取向不会改变;材料受外力作用主要是沿着孔隙多的地方开始的,密度高孔隙少的地方相对不容易粉碎,可以说材料的粉碎过程是其内部孔隙剔除的过程。实验表明,采用机械式气流粉碎机加工石油焦时,一次粉碎后,粒度分布较宽,粒度大的部分密度高,占70%左右,粒度小的部分密度低,占30%左右,也就是说,在破碎过程中,孔隙裂纹多的部分更容易粉碎,其粉体堆积密度也低;如果加工到相同的粒度,石油焦煅烧前与煅烧后相比较,研磨煅后焦需要更大的功率,煅后焦粉体的比表面积远大于生焦的。

3. 石墨原料制粉工艺特点

因为天然石墨具有极高的放电容量和成本优势,以其为原料开始制粉后改性加工成锂电负极材料,人们做了大量的研究工作,石墨的制粉与焦炭有很大的区别。

材料在研磨前所受热处理程序直接影响制粉的效果,同样的设备,对于各种焦炭材料而言,由于其煅烧后挥发分大量排出,分子结构已经初步定形,材料机械强度大幅增加,材料弹性模量增加,脆性高,这个阶段很难控制其形态,无外加压力材料无法成型。

当材料经过更高温度的热处理后,材料进入半石墨化状态,其机械强度、弹性模量降低、材料性质变软,这个阶段很难控制其形态,外加压力材料有一定的收缩形变。

石墨的典型特征是各向异性,如表 3-3 所示,石墨单晶在晶面的平行和垂直方向的性能相差很大。石墨化后的单一材料再进行研磨,容易控制形状,尤其球形化后,粒度沿轴向方向大小很难改变,沿平行于层面方向,如不采用特殊方法,石墨片也不易剥落;片状天然石墨长时间研磨会卷曲形成类球形,或土豆状的形状,但是继续研磨会造成石墨颗粒上石墨片的剥落。

表 3-3　石墨单晶在平行和垂直方向的性能对比

项目	单位	平行	垂直
密度	g/cm^3	2.27	2.27
弹性模量	GPa	10	0.35
电阻率	$\mu\Omega \cdot m$	0.5	10000
热膨胀系数	10^{-6}/K	-1.5	28.6
电导率	W/(m·K)	> 400	< 8
层间距	nm	0.142	0.335

没有孔隙及裂纹的石墨化程度高的材料在层面方向的机械强度较低,在平面方向上的机械强度非常高,内部孔隙非常少也非常小,在轴向上很难再破碎。石墨主要由石墨微晶组成,但微晶之间及微晶周边还存在有序性较低的过渡态炭相,以及气孔和裂纹。

多晶石墨实际上是一种多晶多相系统,其弹性性能随石墨的密度、取向、制造工艺及环境温度而变化,因此一些不同原料品种的石墨化材料,在进行研磨时效果会有所不同。

合成石墨、天然石墨与生焦、煅后焦制粉过程有很大差异,炭原料与在其成焦过程中挥发分排出形成的气孔、尤其内部孔隙会影响石墨化后产品的脱锂性能,采用一定的粉碎方式,可以将内部孔隙暴露出来,小颗粒的内部孔隙的总体积将小于大颗粒的内部孔隙的总体积。随着球化过程中能量影响的增加,开放式孔隙率增加,闭合孔隙率降低。

石油焦为原料经过辊压磨加工后再进行石墨化而生产出来的合成石墨颗粒,图 3-25 为将合成石墨颗粒用冲击式循环粉碎机进行不同时间的研磨后的扫描电镜图,随着研磨时间的增加,颗粒形状球形化十分明显,但是继续增加时间,球形化无太大变化,细颗粒增加,产品堆积密度反而降低。

图 3-25　合成石墨球形化效果扫描电镜图

对于天然石墨形状加工的研究,国外有类似的报道。2001 年前日本 Natarajan C.[32] 使用行星球磨机将 Timcal 公司天然石墨,经过 3h、6h、9h、12h 长时间研磨后,然后进行粒度、比表面积、电性能等各项指标测试与分析,如图 3-26 和图 3-27 所示,天然石墨经过一定时间的研磨后,类球形状明显,但随着研磨时间的增加,颗粒的过粉碎严重,比表面积增大。并且,材料的不可逆容量增加,放电容量减少,通过对比分析,原料中含有约 82% 的六方型(2H)和 18% 的菱型相(3R),经过长时间研磨会造成 3R 含量的逐步减少,当研磨时间到 5h 以后,菱型相含量稳定在 10% 左右。短时间(30～60min)的研磨可以有效提高放电容量和首次效率,这一改进在容量和效率的提高归因于类球形最佳效果、颗粒堆积密度达到最高的阶段,从而改善了电池性能。

对于普通天然石墨而言,图 3-28 为天然石墨层面与端面示意图,图中上层部分示意普通天然石墨层面垂直于锂离子嵌入方向,下层部分示意天然石墨加工成梭形后有更多石墨端面趋向于锂离子嵌入方向。由于高度的各向异性,其非常平行于集流体方向,锂离子的扩散路程变长,增加了锂离子的扩散阻力,不利于电池的快速充放电,早在 2003 年前,日本 Masaki Yoshio[33] 等研究了天然石墨的球形化处理和球面包覆,认为球形化工艺处理能进一步提高锂离子电池的体积能量密度和循环性能,在球面上包覆上各向同性热解碳涂层有利于快速充放电,同时对于一定的辊压压力而言,这层热解炭层对球形颗粒形状有一定的支撑作用,可以克服天然石墨的结构缺陷,提高倍率性能,达到修饰和改性的目的。通过对天然石墨球形、包覆加工后,天然石墨颗粒由明显的片状结构转变为纺锤形、最后转变为球形,而且在 1mol/L

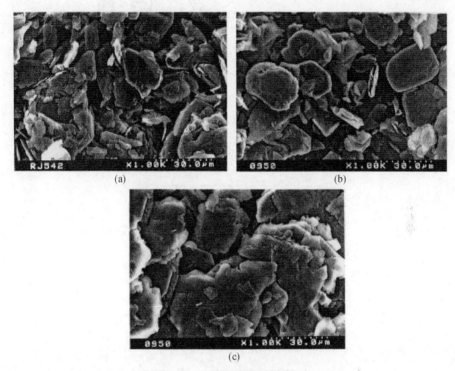

图 3-26　天然石墨的研磨效果

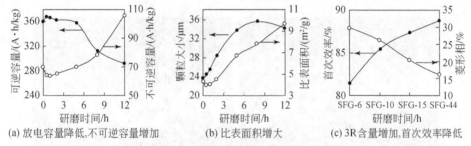

(a) 放电容量降低,不可逆容量增加　　(b) 比表面积增大　　(c) 3R含量增加,首次效率降低

图 3-27　随着研磨时间增加指标变化情况

$LiPF_6$-PC：DMC(1：3)电解液 PC 中也表现出良好的充放电性能,当包覆量为 13%时,首次库仑效率达到了 94.5%,首次放电容量在 360mA·h/g 以上,相比 MCMB 中间相石墨,具有高倍率性(图 3-29)。

关于对石墨材料进行机械加工后,材料的种类、球形化过程、粉体球形化效果与最终产品的应用条件和对电化学性能的影响多有文献报道,图 3-30 为采用气流磨粉和卧式机械涡旋磨粉设备加工的天然石墨电镜照片对比,两种加工方法加工出来的天然石墨仍然是不规则的片状形状[34]。

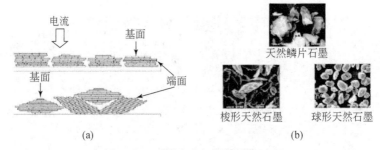

图 3-28　石墨取向与颗粒形状示意

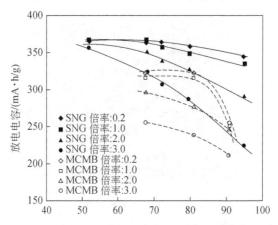

图 3-29　包覆天然球形石墨与中间相炭微球倍率性能的对比

图 3-30　两种不同加工方式下的 SEM

　　图 3-31 为采用冲击式循环机械粉碎机加工天然石墨和合成石墨的电镜图,以不同的转速和研磨时间球化天然石墨颗粒和合成石墨颗粒的球形效果非常好[31],天然石墨气孔和空隙大小、体积均大于合成石墨。

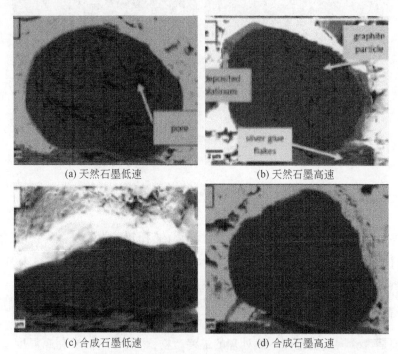

(a) 天然石墨低速　　　　　　　　　　　(b) 天然石墨高速

(c) 合成石墨低速　　　　　　　　　　　(d) 合成石墨高速

图 3-31　不同转速球形化石墨的电镜照片

　　冲击式循环机械粉碎机在天然石墨球化过程中主要涉及几种现象:不规则的石墨片层受到剧烈的冲击,尖锐的棱角会断裂,边缘大的薄片被切断,大薄片产生折叠和弯曲,导致卷曲逐渐形成球形粒子的核心,因范德华引力和静电引力,极细颗粒易在大颗粒表面发生吸附,细粉会黏结在大颗粒表面,细颗粒固定和嵌入后继续受冲击,球形石墨粉逐渐密实。即初始阶段首先是冲击研磨过程,然后是少量细颗粒在粗颗粒表面的黏附和固定密实过程。

　　对于合成石墨而言,受到剧烈的循环冲击时,大颗粒被粉碎,边缘部分将被切断、铣削,逐渐球化。外加能量大小的变化会影响颗粒的大小;相比于天然石墨,要得到球形化效果更好的合成石墨颗粒,则需施加更大的能量。在加工过程中,伴随着孔隙的变化,开孔体积增加、闭孔体积减少,以至于天然石墨还会因卷曲而造成新的空隙产生,这些空隙体积将大于材料热处理过程中产生的气孔体积,这种空隙不利于材料电性能的发挥。

　　图 3-32 是青岛瀚博电子科技有限公司利用涡旋式冲击粉碎机将石油焦、天然石墨粉碎到 5μm 以下,按比例混入沥青,采用高速离心工艺制造的二次颗粒经炭

化、石墨化后生产出一代负极产品,产品取向性极低、兼顾容量、倍率等性能。

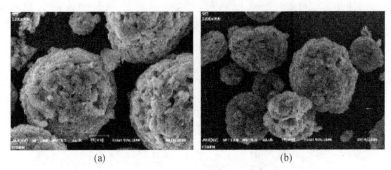

(a)　　　　　　　　　　　　(b)

图 3-32　高石墨化度覆合颗粒

3.6　石墨化工艺与装备

石墨负极材料在生产过程中用到干燥、粉碎、研磨、混捏、炭化、打散、筛分、输送、石墨化等设备,其中石墨化设备是最关键、最重要的设备,石墨化工序也是影响最终石墨负极电性能的最关键的工序。

3.6.1　石墨化过程

石墨是含碳物质在常压下热处理的最终产物,是由无定形炭在高温度下转化而成的;理想的石墨晶体结构源于不同阶段的焦炭的结构变化,最重要的是低温阶段的炭化过程,但定向方式是在炭化低温处理过程中形成的,后期的炭化过程对材料结构虽有所影响,但进一步的石墨化(高温处理)并不能使之发生改变,要使定向方式发生变化,则往往需要 300MPa 以上的压力辅以高温处理等非常苛刻的条件。

在石墨化过程中,温度为 1000℃ 以内的热处理是重复炭化的过程;温度为 1000℃ 以上的热处理过程中材料结构的变化如图 3-33 所示。在 1000 ～ 1500℃,物料继续排出可挥发性物质和氢,原来乱层平面上的破损点逐步弥合,原来被截断的键的不成对电子与近邻电子配对成共价键,分子平面的增大使电子迁移的自由程增长;从 1500 ～ 2000℃,主要是褪火,微晶成长,同时碳化物的形成和分解,促进了石墨化,晶粒开始长大,由原来约 80Å 增大至约 150Å,但晶粒的边界和晶粒中的微裂缝却因晶粒的收缩而增大;从 2100℃ 以上,焦炭已进入石墨化阶段,主要是以碳原子迁移为特征的再结晶过程,晶粒迅速成长,纵观整个石墨化进程,可石墨化碳进行了均相和多相石墨化,虽有吸热过程,但更本质的是放热过程,体系的熵增大,变得更加稳定[35]。

关于石墨的转化机理,有不同的理论,这些理论受当时的科技水平和测试手段的限制,到现在也还没有结论。其中主要有三种理论:碳化物转化理论,微晶成长理

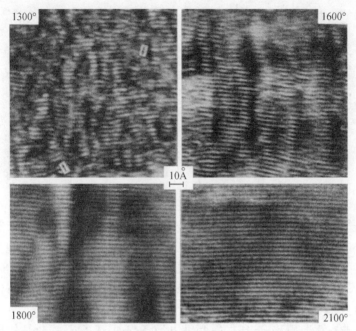

图 3-33　晶体状态

论和现结晶理论。石墨化过程是一个非常复杂的过程,既有晶体尺寸和数量上的增大,又有原子价键的改变和有序排列等质的变化。

3.6.2　石墨化炉的构造和组成

目前,石墨化炉是碳素企业生产石墨电极及其他石墨制品时使用最广泛的一种电热炉,即用大量的电能将焙烧品加热到 2000℃ 以上达到石墨结晶所需的高温,石墨化炉按加热方式区分,可以分为直接加热炉和间接加热炉两种;按石墨化炉和供电装置的相对位置区分,可分为移动式石墨化炉和固定式石墨化炉两种;按运行方式区分,可以分为间歇生产和连续生产两类;按用电性质区分,还可分成直流石墨化炉和交流石墨化炉两种。直接加热炉是指电流直接通过被石墨化的焙烧品,这时装入炉内的焙烧品既是通过电流产生高温的导体,又是被加热到高温的对象。生产石墨电极主要使用直接加热石墨化炉,直接加热石墨化炉有两种炉型,一种称为艾奇逊(Acheson)石墨化炉,另一种称为串接石墨化炉(英文简称 LWG 炉),其他还有间歇式、连续式感应加热式石墨化炉等,其中,综合对比,大直流石墨化炉最为适合负极材料的生产。

当前负极材料常用的石墨化炉炉型如图 3-34 所示,其为艾奇逊大直流石墨化炉,主要由炉用变压器、母线、炉体组成。炉体结构外形一般为长方形,前后分别为炉头、炉尾、两侧炉墙、炉底部分、导电电极部分。

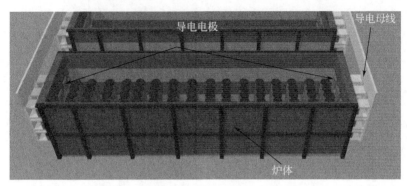

图 3-34　目前负极材料常用的石墨化炉炉型

　　一般石墨化炉的生产操作是由清炉、小修、装炉、通电、冷却及卸炉等 6 个工序组成并循环进行的,艾奇逊石墨化炉的一个生产周期一般为 12 ~ 14 天,其中通电只需 2 ~ 3 天,为了充分利用供电变压器的能力,每一套供电设备可配置 6 ~ 8 台石墨化炉,供电设备几乎是连续运行的,只是在一台炉通电结束时有时左右倒换输电母线接点和检查供电设备。

　　碳素企业在生产石墨电极时,一套供电设备与 6 ~ 8 台石墨化炉构成一个石墨化炉组,如图 3-35 所示。一个石墨化炉组中总有一台石墨化炉处于通电状态中,其他炉子分别处于装炉、冷却、卸炉、清炉、小修等操作过程中。由于负极材料冷却较慢,多数企业采用 8 ~ 10 台编组生产。人们将按照事先编排好的运行计划进行每一个组的生产。

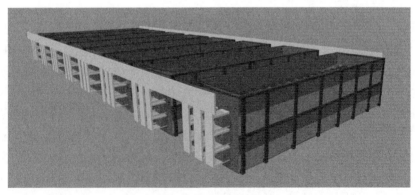

图 3-35　石墨化炉组

3.6.3　石墨化炉工作原理

　　图 3-35 是石墨化炉组示意图。石墨化炉是采用制品和电阻料作"内热源"的电阻炉。然而电阻料的电阻率是制品的 99 倍。因此,实际上全部的焦耳热是由电阻

料发出的,而电极制品的加热是通过电阻料颗粒的热传导和热辐射来进行的,所以在石墨化炉中电极制品本身的加热是间接式的。因而,石墨化炉的发热主要是电阻料的发热。根据焦尔-楞次定律:电流通过导体时所产生的热量与通过的电流的平方成正比,也与导体电阻大小及通电时间成正比。其计算公式如下:

$$Q = I^2 Rt \qquad (3-6)$$

其中,Q 为电流通过导体所产生的热量,J;I 为电流,A;R 为导体的电阻,Ω;t 为通电时间,s。

石墨化炉在运行中,炉阻、电流、电压都在不断的变化,功率也在不断的改变,因此,实际计算应用下式:

$$Q = \bar{P}t \qquad (3-7)$$

其中,$\bar{P}$ 为平均功率,J/s。温度是石墨化的主要条件,这意味着活化能越高,则随着温度的升高,石墨化速度越快,高温对活化能大的碳素材料的石墨化有利。在石墨化初期,有序化首先发生在微晶周围,微晶的质量很小,因此只需消耗较少的能量就能使微晶的平面长大,许多不平行的层面扭转达到平行堆砌,生成三维有序的小石墨晶体。但随着小晶体的长大,平行的层面数量继续增加,质量变大,它们互相结合或扭转堆砌就比较困难了。所以要进一步提高制品的石墨化度,势必需要更大的能量。在工艺上通过外加热量的同时,石墨化能自发进行,放出内能,体积收缩,发生以晶型转变为特征的相变[29]。

3.6.4　装炉方式

石墨化炉是对炭化后炭质材料(炭化物)进行石墨化结晶的一种热处理炉,由于用装坩埚的方式石墨化,内串式石墨化炉将需要高温处理的炭化物沿炉体长度方向串接起来,直接送电,作为电阻直接发热,因为内串式石墨化炉的产量低,所以用于负极材料生产的炉窑多数为"艾奇逊"型石墨化炉。

用"艾奇逊"型石墨化炉生产负极材料,在耐火砖制的长方形炉体内将炭化物纵向或横向并列排布,周围充满导电用的焦炭,在其外围再用焦粉、炭黑(硅砂/焦炭/碳化硅)混合物等衬料进行热屏蔽以隔热,在炉体的长度方向上,向由电阻料和炭化物构成的"炉芯"部位进行通电,间接利用焦炭的电阻发热,最终使被加热物本身也产生电阻发热并升温至2800℃以上。石墨化炉要达到高温,保温工作非常关键,但是,如果保温效果好了,降温自然也就慢了,石墨化过程在通电加热时只需2~3天,但要使大量的填料焦炭冷却,对于负极材料,易氧化,所以则要2~3周的较长时间。

以石油焦粉为"前驱体"生产石墨负极时,在石墨化工序中,石油焦粉有四种装炉方式,第一种是将粉末装入石墨坩埚中,然后在石墨化炉体内,将装有粉体的石墨坩埚按上下、前后分层纵横排列,中间填充电阻料,这种方式的"炉阻"容易调控,产品均匀,但装炉量太低,如单台能生产焙烧电极170t的炉子,生产负极粉才能达40

多吨,成本较高;第二种是在石墨化炉内预先构筑由定制炭石墨材料构成的大型箱体外围填充保温料,然后将粉末装入由定制炭石墨材料构成的大型箱体内,炉阻的调控较难于第一种,降温时间长,成本低于第二种;第三种是将石油焦粉末压制成块状后装入石墨化炉炉芯内,按上下、前后分层纵横方式排列,中间填充电阻料,这种方式装炉量高,成本低,但对成型工艺要求较高;第四种是一部分石油焦粉末压制成块料,在石墨化炉内构筑在箱体,在箱体周围填充保温材料,在箱体内部装入需石墨化的负极,即粉料和块料混装的方式,这种方式适合不同品种负极材料的生产。

3.6.5　工艺控制

温度是影响石墨化程度的主要因素,在一定的电流条件、固定的保温方式下,炉阻的大小及均匀性是调控炉温及均匀性的关键,炉阻又与装炉方式有关,石墨化的用电量随时间的延长而增加,但是,由于炉内温度的高低除了时间的因素(热量的积蓄)外,还取决于保温情况、炉体的散热情况等因素,因此,炉内温度并不总是随时间的延长而提高,相反地,炉内热量的散失则总是在生产过程中随通电时间成比例地增多。所以,石墨化炉的通电时间总是力求其短,在保证制品不开裂而炉内又能达到必要的温度的前提下,在最短时间内达到最高电流值,再维持一段时间,使电流、电压、功率趋于恒定时即可停电。

运行中的石墨化炉是一个巨大的散热体,为了使石墨化能进行到一定程度,必须保持炉温;但是在某一温度下的维持温度的时间不能过长。为了进一步提高制品的石墨化度,必须提高炉温。电炉在运转过程中,保温料与被石墨化的主体材料等之间一直存在热交换,相互之间存在杂质气体的扩散,保温料、电阻料的粒度大小、纯度、电阻和导热率的高低等对产品质量甚至设备安全都至关重要。

石墨化冷却速度对材料的结构有一定的影响。

3.6.6　纯化

由于选用的负极材料的原料均为高纯的炭材料,如果温度达到要求,周围的环境也是低灰分,则不需要进行提纯工作,因此,石墨化过程中保温料、电阻料、石墨坩埚、石墨箱体或其他石墨材料的选用一定要保证优先选用一定粒度、高纯度的材料,材料的纯度视杂质的沸点和达到的温度而定。

为了取得高纯度的天然石墨,常将天然石墨粉压成块,装炉热纯化,有时发现热纯化过的石墨摩擦系数和磨损率都有增大,这是由于温度过高,石墨的结构遭到破坏,因此,热纯化温度须控制在一定的范围内。

在1000~2800℃内,碳素材料在石墨化的同时,伴随着杂质元素的排出。杂质气体先从制品内部扩散到制品外面,在较冷部分冷凝或被填料吸收,在一定的温度和压力下有一定的平衡浓度,如果制品外围的杂质气体浓度与制品内部相等,即达到平衡时,则制品内部的杂质浓度就不再降低;如果填料中的杂质气体能够不断排出,或者原来填料就很纯,则当制品中的杂质浓度较填料中高时,制品内的杂质就能向外扩散,直至平衡为止。

　　杂质的排出基本通过下述四种过程:一是还原—气化,对于熔点和沸点很高的氧化物而言,在低温段,先被碳还原,由于金属的熔点和沸点不高,在材料中分散度很大,在低温段基本上已经气化逸出,许多金属的熔点和沸点虽不甚高,但其氧化物的熔点和沸点则很高,例如,金属钙的沸点为 1440℃,氧化钙的沸点则为 2850℃,类似的还有镁、铝等,它们能在一般石墨化温度下被排除是由于这些金属氧化物先被碳还原,即由于金属的沸点较低而气化逸出。二是生成—分解,某些能生成碳化物的杂质元素,如硅、铁等,在一定温度下能生成碳化物,并在温度进一步提高时分解为石墨和杂质元素的蒸气,如碳化硅的化合。它的作用受到气体扩散度的限制。另外还有直接气化、化合气化两种过程,以上四种热纯化都是扩散过程,因此,在不通入纯化气体的情况下,要取得纯度较高的制品,除了温度要高以外,制品本身、所用的电阻料和保温料也要求纯度,因为除了对负极材料的质量有影响以外,杂质较高的原料和辅料在环保上也有限制,所以在生产过程中,生产的负极材料的石墨化生产企业,应尽量使用杂质含量低的辅料,最好使用高规格的石油焦或沥青焦,虽然占用流动资金,但高品质的用途一定是多于低端材料。

　　对于杂质较高、产品纯度要求也极高的情况,碳素企业在通气装置的条件下,可通过通入氯气的方法进行石墨化提纯,这种程序能将大部分硼、硅、铁、钒、钛等杂质除去,在光谱分析中达到不出现上述杂质的谱线,由于石墨化炉是封闭装备,故要严格执行作业程序,防止发生事故。

3.6.7　催化石墨化

　　催化石墨化技术是通过异类原子与碳原子的键合而改变碳原子的价态来起催化作用的,异类原子与碳结合进入碳平面网格,由于它们的核电荷数不同,异类原子周围的网格将受此不等值电场的影响产生局部应力而畸变,变形区域有较大的内能,它将在杂质原子热运动离开该点阵时释放出来,该处即作为固相反应中心,即晶核,因而促进了石墨化。

　　催化石墨化技术对于负极材料的生产有着非常重要的意义,国外早已对负极材料的催化石墨化技术做了大量研究,日本日立化成工业株式会社最先在锂电负极材料生产中采用了催化石墨化技术,发明专利 JIP209713/96,并于 1997 年在中国申请专利授权[37]。

　　2002 年邱海鹏等通过热压模石油焦加入硅粉、氧化硅粉后石墨化的实验研究[36],对于掺杂硅再结晶石墨而言热机械处理条件为惰性气氛、2300℃ 以上,可以用碳化物分解机理来解释其催化石墨化作用。当掺入的硅组分为二氧化硅时二氧化硅被基体碳在 1250℃ 时还原为单质硅。在热机械处理过程中,单质硅与碳基体反应生成碳化硅的温度为 1600 ~ 2000℃,碳化硅在常压下没有熔点,在 2700 ~ 2800℃

分解为硅和碳。硅-碳的二元相图如图 3-36 所示。

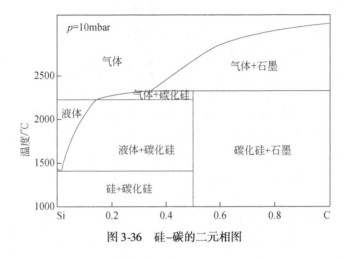

图 3-36　硅-碳的二元相图

在温度达到 1600℃以上时，单质硅（掺杂 SiO_2。被基体碳还原的单质硅或者是加入的硅粉）首先会与碳基体反应生成 α—SiC。当温度继续升高至 2400℃左右时，不论是新生成的还是后加入的碳化硅均发生分解生成单质硅与碳，而这种由 α—SiC 分解所产生的碳具有很好的石墨结构，分解所形成的单质硅沿着碳化硅颗粒扩散到另一侧，继续与无序炭反应，生成相应的 α—SiC 而消耗无序炭。随着 α—SiC 颗粒的迁移，这一过程周而复始，从而最终使材料整体达到很高的石墨化度。并且分解生成的石墨微晶一般都具有较大的微晶尺寸，故掺杂硅组分后，再结晶石墨的微晶尺寸明显增大。另外，材料内部的 α—SiC 分解生成气态硅的扩散过程中，在晶体网格最大缺陷处进行化学吸附。并且热处理过程中的压力可以进一步活化这些过程，在晶粒交界缺陷最集中的区域，这种多次反复机理导致晶粒间的晶格缺陷被消除，有助于强化石墨化过程。

石墨化是提高合成石墨电化学性能的关键工序，该工序生产成本又是生产锂电负极材料生产成本的主要部分，加强石墨化工艺技术的研究，是从事负材料研究技术人员需要持续开展的、系统性的非常重要的工作。

2009 年，天津大学时志强等采用 $Fe(NO_3)_3$ 对中间相炭微球进行高温催化石墨化处理制备锂离子电池负极材料。采用 Raman 光谱、X 射线衍射法、恒电流充放电等对样品进行测试和表征。结果表明，经催化石墨化处理的 MCMB 内部石墨微晶结构未发生明显变化，而表面碳层的石墨化程度提高。经处理后的 MCMB 的首次可逆放电比容量由直接石墨化 MCMB 的 333.8mA·h/g 提高到 362.3mA·h/g。

以普通炭材料为主要原材料，采用催化石墨化技术生产高石墨化度、高放电容量的负极材料，是一项非常值得选择的方案。

3.7　Si 负极的研究现状

3.7.1　Si 负极的原理

锂离子电池负极材料作为嵌锂主体,在充放电过程中实现锂离子的嵌入和脱嵌。从锂离子电池发展来看,负极材料对锂离子电池的出现起着决定性作用。一般来说作为锂离子电池的负极材料需要具备以下性能[38]。

(1)锂离子在负极基体中的氧化还原电位尽可能低,接近锂的电位,从而使电池的输出电压高。

(2)在基体中大量的锂能够发生可逆的嵌入和脱出,以得到高容量。

(3)在整个循环过程中,锂的嵌入和脱出应可逆且主体结构没有变化或变化很小,这样可确保良好的循环性能。

(4)氧化还原电位随锂离子的嵌入量变化应尽可能小,电池的电压不发生显著变化,可保证较平稳的充放电。

(5)应具有较好的电子电导率和离子电导率,这样可减少极化并能进行大电流充放电。

(6)具有良好的表面结构,能够与电解液形成良好的 SEI(solid-electrolyte interface)膜。

(7)在整个电压范围内具有良好的化学稳定性,在形成 SEI 膜后不与电解质等发生反应。

(8)具有较大的扩散系数,便于快速充放电。

(9)从实用角度而言,负极材料应该便宜,对环境无污染等。

石墨是目前锂离子电池中广泛使用的负极材料。石墨具有层状结构,锂离子的嵌入和脱嵌发生在层间,具有较好的循环能力。但是石墨负极的理论能量密度仅为 $372mA \cdot h/g$,目前商用的石墨负极不能满足日益增长的对锂离子电池高能量密度的需求。石墨负极在充放电过程中由于石墨的嵌锂电位低,有可能产生 Li 的沉积,形成 Li 枝晶,从而带来一定的安全隐患。因此对研究新一代的具有高能量密度、合适的充放电电位、安全低价的锂离子电池负极材料具有迫切的需求[39]。

研究表明,当负极材料的比容量在 $1000 \sim 1200mA \cdot h/g$ 时可以显著提高锂离子电池的总比容量[40]。理论上在室温下能够与锂形成合金的元素,包括 Mg、Al、Si、Sn、Sb 等,都可以作为锂离子电池的负极材料,通过 Li 和各种元素的相图可以查到与锂形成化合物的材料,由此可以推算出该元素的理论储锂容量。表 3-4 为不同元素的理论储锂容量。表中列出了不同元素形成的锂化物及其理论储锂容量。从表中可以看到 Al、Ca、Si、Sn、S 等具有较高的理论容量,考虑到经济性,Al、Si、Sn、S 是较佳的候选材料[41]。

表 3-4　不同元素形成的锂化物及其理论比容量

元素	化合物及理论比容量
Al	Al_4Li_9:2233mA · h/g, Al_2Li_3:1488. 97mA · h/g
Au	Au_5Li_4:108. 84mA · h/g　　AuLi:136. 05mA · h/g　　$AuLi_3$:408. 14mA · h/g　　Au_4Li_{15}: 510. 189mA · h/g
Ba	Li_4Ba:804. 25mA · h/g
Bi	$BiLi_3$:384. 71mA · h/g
C	$C_{72}Li$:31. 02mA · h/g, $C_{36}Li$:62. 04mA · h/g, $C_{18}Li$:124. 08mA · h/g, $C_{12}Li$:186. 12mA · h/g, C_6Li:372. 24mA · h/g
Ca	$CaLi_2$:1340. 07mA · h/g
Ga	$Ga_{14}Li_3$:82. 37mA · h/g, Ga_2Li_1:192. 21mA · h/g, Ga_4Li_5:480. 52mA · h/g Ga_2Li_3:576. 62mA · h/g, Ga_1Li_2:768. 83mA · h/g
In	In_4Li_5:291. 83mA · h/g, In_2Li_3:350. 19mA · h/g, In_2Li_5:583. 66mA · h/g, $InLi_3$:708. 39mA · h/g, In_3Li_{13}:1011. 67mA · h/g
Hg	Hg_3Li_1:44. 56mA · h/g, Hg_2Li_1:66. 84mA · h/g, HgLi:133. 67mA · h/g, $HgLi_2$:267. 35mA · h/g, $HgLi_3$:401. 02mA · h/g, $HgLi_6$:802. 04mA · h/g
Ge	$GeLi_3$:1107. 65mA · h/g, Ge_5Li_{22}:1624. 56mA · h/g
Lr	LiLr:140. 91mA · h/g, $LiLr_3$:46. 97mA · h/g
N	Li_3N:5743. 17mA · h/g
Pb	$Li_{10}Pb_3$:431. 17mA · h/g, Li_4Pb:517. 40mA · h/g, Li_3Pb:388. 05mA · h/g, Li_5Pb_2:3232
Pd	Li_5Pd:1259. 47mA · h/g, Li_5Pd_4:314. 87mA · h/g, Li_3Pd:755. 68mA · h/g, Li_2Pd:503. 79mA · h/g, Li_3Pd_2:377. 84mA · h/g, LiPd:251. 89mA · h/g, $LiPd_2$:125. 95mA · h/g
Pt	Li_5Pt:686. 87mA · h/g, $Li_{15}Pt_4$:515. 15mA · h/g, Li_2Pt:274. 74mA · h/g, LiPt:137. 37mA · h/g, $LiPt_2$:68. 69mA · h/g, $LiPt_7$:19. 62mA · h/g
Rh	LiRh:260. 46mA · h/g, $LiRh_3$:86. 82mA · h/g
S	LiS:837. 55mA · h/g
Sb	αLiSb　βLiSb:220. 05mA · h/g, Li_2Sb:44. 09mA · h/g
Se	Li_2Se:678. 86mA · h/g
Si	$Li_{22}Si_5$:4198. 17mA · h/g, $Li_{13}Si_4$:3100. 92mA · h/g, Li_7Si_3:2226. 30mA · h/g, $Li_{12}Si_7$: 1635. 65mA · h/g
Sn	$Li_{22}Sn_5$:993. 48mA · h/g, $Li_{13}Sn_5$:587. 06mA · h/g, Li_7Sn_2:790. 27mA · h/g, Li_7Sn_3:526. 85mA · h/g, Li_5Sn_2:564. 48mA · h/g, LiSn:225. 79mA · h/g, Li_2Sn_5:90. 32mA · h/g
Sr	$Li_{23}Sr_6$:1172. 55mA · h/g, Li_2Sr_3:203. 92mA · h/g, $LiSr_8$:38. 24mA · h/g
Te	Li_2Te:420. 09mA · h/g, $LiTe_3$:70. 01mA · h/g

元素	化合物及理论比容量
Tl	Li_4Tl:524.49mA·h/g, Li_3Tl:393.37mA·h/g, Li_5Tl_2:327.81mA·h/g, Li_2Tl:262.25mA·h/g, $LiTl$:131.12mA·h/g
Zn	$LiZn$:412.33mA·h/g, $LiZn_2$:206.17mA·h/g, αLi_2Zn_3 βLi_2Zn_3:274.89mA·h/g, αLi_2Zn_5 βLi_2Zn_5:164.93mA·h/g, $\alpha LiZn_4$ $\beta LiZn_4$:103.08mA·h/g

3.7.2　Si 负极的问题

1971 年,Dey 发现在室温下 Li 可以和一系列金属如 Sn、Pb、Al、Au、Pt、Zn、Cd、Ag 、Mg 形成合金[42]。1976 年 Sharma 和 Seefurth 指出在 400 ~ 500℃ 时 Li 和 Si 可以形成合金,从而可以作为高温电池系统使用[43,44]。

锂与硅反应可得到不同的合金产物,如 $Li_{12}Si_{17}$、$Li_{13}Si_4$、$Li_{22}Si_5$ 等,其中锂嵌入硅形成的合金 $Li_{4.4}Si$,其理论容量高达 4200mA·h/g[45]。但是 Si 电极的循环稳定性很差。这是由于 Si 的嵌锂和脱锂过程中伴随着巨大的体积变化($Li_{4.4}Si$ 可达到 360%)[46,47],这将会引起以下问题。

(1)由于充放电过程中材料的粉化导致电极结构破坏[46]。

(2)由于界面应力导致电极与集流体失去接触。

(3)充放电过程中电极材料表面 SEI 膜反复经历形成–破坏–再形成过程,导致电解液中 Li 离子的消失[48-50]。

(4)Si 本身低的电子导电性对充放电过程有阻碍作用。

以上这几个因素结合在一起,最终导致 Si 负极材料的循环性能急剧下降,最后导致电极材料失效[51]。

3.7.3　Si 负极改性的思路

Si 负极极低的循环寿命主要是由于 Si 在充放电过程中巨大的体积变化。针对 Si 负极低的循环寿命,科学家提出了不同的改进策略[52-57]。

(1)硅材料的纳米化。该方法旨在改变硅颗粒的粒径,使其纳米化。纳米结构具有大的比表面积,可以使 Si 在充放电过程中有足够多的空间以缓解硅的体积效应。颗粒的细化增加了硅的比表面积,使得锂原子更容易嵌入和脱出。具体实施方法可以把 Si 做成零维的纳米颗粒、一维的纳米线、二维的纳米薄膜。

(2)构建 Si 的多层次的结构体系。如核壳、洋葱壳等结构。

(3)硅材料包覆。如利用碳材料进行包覆,一方面包覆可以提高导电性,另一方面,碳类材料在硅颗粒的表面,可以缓解硅颗粒体积膨胀导致的粉化细化,使得循环性能更好。

(4)硅材料的掺杂。如将 Si 与碳、金属等掺杂,提高合金的导电性。提高导电性,并且合金元素可以改善硅晶体结构,有效地缓解体积效应。

下面分别对这几种方法的研究现状进行讨论。

3.7.4　硅材料的纳米化

1. Si 纳米颗粒

将纳米 Si 颗粒分布于碳基体当中。Dahn 等是一个最早的通过将含 Si 的聚合物在惰性气氛下分解获得含 Si 阳极的研究小组。分解产物是分布在碳基体中的非晶非化学计量比的 $Si_xO_yC_z$ 玻璃态复合材料[58-63]。在 20 世纪 90 年代后期,主要的技术路线是形成纳米硅-碳复合材料。比如利用 CVD 方法将纳米硅分布于碳基体当中[64]。这种方法可以有效地缓解 Si 充放电过程中由于大体积变化所产生的应力。一般可以作为碳源的聚合物有热塑性聚合物如聚苯乙烯(PS)、聚乙烯醇(PVA)和聚氯乙烯(PVC)等。热固性聚合物也可以用来作为包覆 Si 颗粒的碳源[64-68]。

为了改善 Si 的导电性,有人将导电聚合物聚吡咯(PPy)与 Si 通过高能球磨的方法复合[69]。通过采用以上策略,Si 阳极的电化学性能得到了大幅改善,电极的循环性能提高到经过几百次循环,容量可以维持在 1500mA · h/g 左右。

当发现将纳米 Si 颗粒与碳材料复合的有效性以后,人们进一步拓展了碳材料的来源。如将纳米 Si 颗粒与碳纳米管复合[70-77]、纳米 Si 颗粒与石墨烯复合[78-82],这些方法都有效提高了 Si 阳极的循环性能。

2. Si 纳米薄膜

Si 纳米薄膜的厚度是在 50nm 以下。薄膜在这个厚度下循环性能得到了极大的改善。同时薄膜厚度下降也增强了集流体与薄膜的结合力。最早人们采用磁控溅射等方法制备了 Si 薄膜,通过改变薄膜厚度获得了不同活性物质密度的电极。在整体薄膜的基础上,人们对于多孔和中空 Si 及其合金薄膜的储锂行为也进行了研究[83-92]。

一般 Si 薄膜是在集流体表面连续分布的。从 2011 年开始,二维 Si 纳米片的储锂性能也被进行了研究。二维 Si 纳米片具有优良的锂离子扩散性质,与其他材料的相容性能好,由于其超薄的结构在充放电过程中的体积变化很小,这导致 Si 纳米片具有良好的循环性能[93-95]。

Si 纳米薄膜及纳米片具有较低的活性物质承载量,不适用于常规电池,在微型电池领域有应用前景。

3. Si 纳米线和纳米管

对于 Si 纳米线和纳米管在锂离子电池负极上的应用在 2008 年以前研究得很少[96],在 2008 年以后逐渐增多。Si 纳米线通过各向异性体积膨胀大幅缓解嵌、脱锂过程中由于体积膨胀所引入的机械应力。一维的 Si 纳米线结构特征也有利于载流子的传输。

但是实际上 Si 纳米线在充放电过程中仍然要发生大的体积变化从而导致循环过程中的容量损失。为了降低 Si 纳米线的容量衰减,人们采取了在 Si 纳米线表面涂覆碳层、金属、导电聚合物的方法。Cui 等开发了核壳结构的 Si 纳米线。核为晶态 Si,壳为非晶 Si。两种不同结构状态的 Si 具有不同的嵌锂电位。晶态 Si 在非晶 Si 的嵌锂过程中作为稳定的机械支撑骨架和有效的电子导电通路存在,从而大幅改善了 Si 纳米线的循环性能。还有人把 Si 纳米线与石墨烯相复合,不仅改善了 Si 纳米线与电解质之间的电荷传输,也帮助 Si 纳米线与集流体之间保持良好的电接触[97,98]。

为了提高纳米线材料的表面积,Cui 等的研究组通过在氧化铝模板上还原分解 Si 前驱体,然后将模板腐蚀去除的方法制备了 Si 纳米管。通过研究者的研究发现多孔一维 Si 与惰性介质相复合可以得到良好的电化学性能[99]。一维 Si 材料的缺点是其制备方法成本与现有基于粉末材料的电极相比要高得多。另外一维材料单位面积活性物质承载量低。这些对于 Si 纳米线的商业化来说是不利的。

3.7.5 构建 Si 的多层次的结构体系

将 Si 做成零维纳米颗粒、一维纳米线、二维纳米薄膜可以改善 Si 作为负极的循环性能。为了进一步改善 Si 负极的循环性能,科学家们考虑把不同层次结构体系的 Si 结合在一起,扬长避短,使得 Si 负极的循环性能得到改善。采用的方法如下。

(1)通过加热酞菁镍,在 Si 负极表面形成 $NiSi_2/C$ 的核壳结构,改善 Si 负极的循环性能[100]。

(2)在 Si 纳米线上引入小孔,缓冲充放电过程中大的体积变化,从而降低应力[101]。

(3)制备三维多孔 Si。这克服了低维 Si 的低活性物质承载密度低的缺点。如对于 Al-Si、Fe-Si 合金,采用蚀刻的方法去除 Al 或 Fe 以获得多孔 Si[102,103]。还有科学家以稻壳为原料,采用镁热还原法制备纳米多孔 Si[104]。采用固体硅胶纳米球为模板制备中空的 Si 纳米球[105]。

Si 纳米材料价格较高,而且具有低的填充密度。因此基于纳米 Si 材料的多层次材料的改性技术在大规模应用上还是有一定困难的。

3.7.6 硅材料包覆

微米尺寸 Si 负极在填充密度、成本上与纳米 Si 相比有明显的优势。因此对于微米 Si 负极的研究也是 Si 负极研究的重点之一。作者前期的研究采用机械合金化方法对纯 Si 进行了处理,制备了 Si-石墨复合材料。结果表明,机械合金化制备 Si-石墨复合材料后,Si 负极的循环性能得到了改善[38]。

1. 微米尺度纯 Si 的储锂性能

作为对比,首先对机械合金化球磨前的纯 Si 的储锂性能进行了研究。采用纯硅粉为原料,SP 为导电剂,SBR 为黏结剂,CMC 为分散剂制成电极片,其质量比为 Si：SP：SBR：CMC=83：10：5：2,以水为溶剂将材料混合制成浆料,均匀涂于铜箔上。将涂好的电极片置于 DZF-6020 型真空干燥箱(上海博迅实业有限公司)中真空干燥 12h,在充满氩气的手套箱中进行封装。

图 3-37 为纯 Si 充放电曲线,从图中可以看到原始纯 Si 首次放电比容量为 2450mA·h/g,首次充电比容量为 540mA·h/g,首次不可逆容量为 1910mA·h/g,远远高于碳材料。随着充放电循环的进行,纯 Si 的容量快速衰减。到第十周时材料的放电容量约为 150mA·h/g。

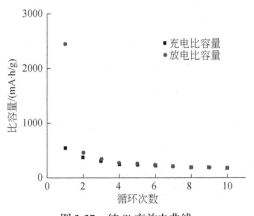

图 3-37　纯 Si 充放电曲线

图 3-38 为纯 Si 每周信号的效率。纯 Si 的首周充放电效率仅为 20%。这意味着纯 Si 首次充放电不可逆容量大。随着充放电的进行,纯 Si 的充放电效率逐渐提高。电极材料充放电可逆性增强。

2. 机械合金化对纯 Si 储锂性能的影响

1) 纯 Si 的机械合金化制备

机械合金化技术是少数几种能将两种或多种非互溶相均匀混合的方法之一,可实现平衡固溶体中固溶度的扩散或使有序合金或金属间化合物无序化,能够制备固溶体、金属间化合物、非晶、准晶和纳米晶等材料。迄今,机械合金化技术已成为制备平衡相、非平衡相和复合材料等先进材料的主要技术。机械合金化可以实现电极材料批量规模化生产。工艺的经济性较好。

本研究采用行星球磨机进行机械合金化操作。选择钢质球磨罐,同种材质的钢质磨球,避免磨球与球磨罐材料不同所造成的交叉污染。机械合金化时选择三种不

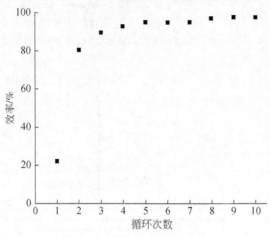

图 3-38　纯 Si 的充放电效率

同尺寸的磨球配合,球料比为 20 ∶ 1。在球磨进行前先将球磨罐进行抽真空-充氩气操作,反复几次,确保球磨罐中没有残存的空气。选择氩气为保护气氛,防止球磨过程中材料的氧化或污染。球磨机转速设定为 500r/min。

2) 机械合金化过程中纯 Si 的结构变化

使用 RS-2000 型激光粒度分析仪,以水为分散剂,对材料进行粒度分析,测量其平均粒径随球磨时间的变化。

如图 3-39 所示,原始未球磨的 Si 粒径在 29μm 左右,球磨 20h 后 Si 的粒径在 0.2μm 左右,随时间的增长颗粒粒径没有进一步减小。

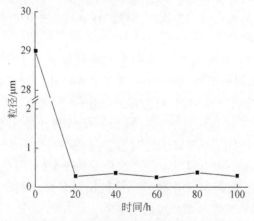

图 3-39　纯 Si 材料粒度随球磨时间的变化

图 3-40 为纯 Si 经不同时间机械合金化处理后的 X 射线衍射图。从图中可看出原始 Si 粉有三个非常强的衍射峰,分别为 Si(111)峰、Si(220)峰和 Si(311)峰。经

过球磨后衍射峰强度大大减弱,峰宽变大,随着球磨时间的增加材料的结构有微小的变化,在80h后基本稳定。衍射峰变化是由于球磨引起的晶粒细化和球磨应力。晶粒细化有可能会促进储锂过程中锂离子在 Si 中的扩散。

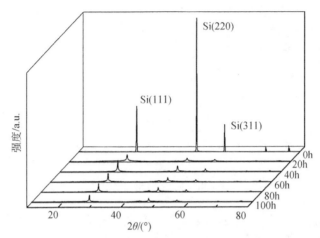

图 3-40　机械合金化 Si 材料结构随球磨时间的变化

图 3-41 为球磨不同时间 Si 颗粒的表面形貌图,可以看出,原始纯 Si 颗粒呈不规则块状,表面光滑,在大的块状颗粒周围分散着一些细小的块状颗粒;球磨 20h 后块状颗粒的数量和尺寸都小于原始纯 Si 颗粒样品,且有大量的圆形细小颗粒形成并包覆于块状颗粒表面;球磨 40h 后样品中没有块状小颗粒存在,并有圆形小颗粒包覆在其表面;球磨 60h、80h、100h 的样品均为圆形小颗粒,颗粒尺寸相差不大。分析可知,大的块状原始颗粒随球磨时间的增加不断减小,并最终消失,形成小的圆形颗粒,球磨 80h 的样品颗粒分布最均匀,球磨 100h 后由于团聚现象许多小的圆形颗粒又组成大的圆形颗粒。

3)机械合金化制备的纯 Si 与原始 Si 粉储锂性能的对比

机械合金化制备得到的 Si 颗粒变小,晶粒变细。将经过球磨 80h 的样品与未经球磨的 Si 原始材料进行对比,对材料的充放电容量,充放电效率等进行比较。

图 3-42 为原始 Si 粉与经过 80h 机械合金化球磨处理 Si 的放电容量的对比。这个过程对应着在 Si 中嵌入锂离子的过程。从图中可以看到,经过机械合金化处理的 Si 粉与原始 Si 粉的放电容量与循环次数的关系类似,即首次放电容量很高,但是随着循环次数的增加,容量快速衰减。经过机械合金化的 Si 粉首次放电比容量比原始 Si 粉高,以后每次循环的放电比容量均高于原始 Si 粉。

图 3-43 为原始 Si 粉与经 80h 球磨的 Si 的充电容量比较。充电容量对应着锂离子从 Si 中脱嵌的过程。从图中可以看到经过机械合金化处理后 Si 的充电容量也高于原始 Si 粉。

经机械合金化处理后,Si 的首次放电比容量大大提高。这是由于①球磨后材料

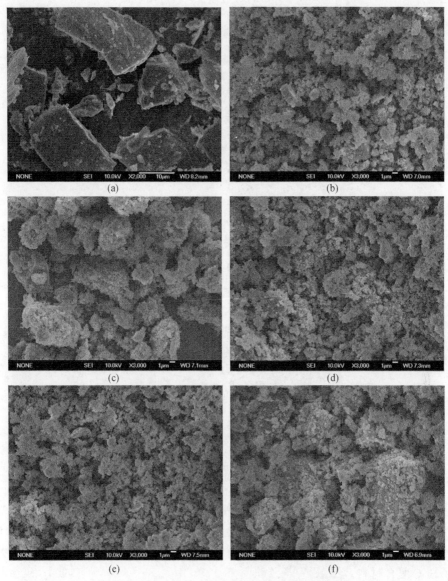

图 3-41　纯 Si 材料不同球磨时间表面形貌

(a)0h;(b)20h;(c)40h;(d)60h;(e)80h;(f)100h

的粒度减小,材料的粒度越小其实际储锂容量越高。②材料形状的改变,由原始的块状变为球状,表面积增加,这就增加了材料嵌锂时锂离子与硅颗粒的接触面积,可使锂离子在不同方向与硅进行化合,使反应更加容易进行。

　　经过阻抗测量分析,经过机械合金化处理后,Li 在 Si 中的扩散系数为 $2.5 \times 10^{-20} \mathrm{cm}^2/\mathrm{s}$,远高于未经处理纯 Si 的 $3.0 \times 10^{-22} \mathrm{cm}^2/\mathrm{s}$。机械合金化在 Si 中引入了大

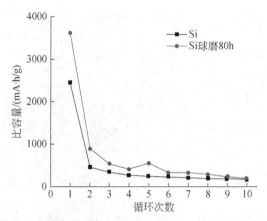

图 3-42　原始 Si 粉与经 80h 球磨的 Si 的放电容量比较

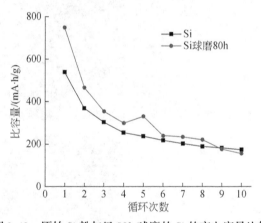

图 3-43　原始 Si 粉与经 80h 球磨的 Si 的充电容量比较

量的晶格缺陷,这有利于 Li 在 Si 中的扩散,促进了 Li 在 Si 中的嵌入和脱出。

纯 Si 的机械合金化处理 Si 的循环性能提升不大。要进一步改善 Si 的循环性能,需要考虑将 Si 与其他材料复合的技术路径。因此编者采用机械合金化方法制备了 Si-C 复合材料。

3. 机械合金化制备 Si-C 复合材料

纯硅材料的循环性能较差,可以对其进行掺杂改性以提高其循环性能,编者选择碳材料与金属材料以不同比例进行掺杂。碳与金属在硅材料嵌锂或脱嵌过程中能起到支撑骨架作用,缓解硅的体积膨胀,从而抑制材料的粉化,提高其循环性能。而且,碳与金属均能导电,与硅进行掺杂还能提高其导电性。因为经过球磨的材料具有较好的充放电性能,所以掺杂材料仍用机械合金化进行处理。

将质量分数为 95% 的硅与 5% 的石墨进行混合。将混合材料分别球磨 80h

与 100h。

球磨 80h 的 Si-石墨复合材料平均粒径在 1.5μm 左右,球磨 100h 的 Si-石墨复合材料平均粒径在 0.3μm 左右。纯 Si 经过球磨后粒径可以降到 0.2μm 以下,而 Si-石墨复合材料的粒径要比其大一些。图 3-44 为经历不同球磨时间后 Si-石墨复合材料的形貌。由图可以看到在 Si 颗粒表面附着有石墨片。石墨本身具有良好的润滑作用。石墨的存在可以缓解机械合金化过程中颗粒与颗粒、颗粒与磨球之间的碰撞,从而使得颗粒保留了较大直径。另外,在图中仍然可以看到 Si 颗粒的团聚。在机械合金化过程中加入石墨不能消除 Si 的团聚现象。

图 3-44　Si-石墨复合材料的表面形貌
(a)80h;(b)100h

图 3-45 为经不同球磨时间 Si-石墨复合材料的 X 射线衍射图。从图中可以看到与纯 Si 相似的是经过机械合金化球磨后,Si 的衍射峰强度降低,衍射峰变宽。另外机械合金化后的 Si 中还出现了硅碳化合物 Si_5C_3 的衍射峰。

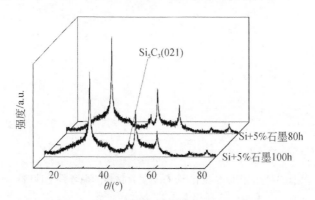

图 3-45　Si-石墨复合材料的 XRD 衍射图

图 3-46 是机械合金化 Si-石墨复合材料的循环性能曲线。材料的首次放电比容量为 1000mA·h/g、充电比容量为 700mA·h/g,首次充放电不可逆容量为 300mA·h/g。

第二次充放电比容量降为 500mA·h/g 左右,从第五次循环开始比容量衰减。与纯
Si 相比,Si-石墨复合材料的首次不可逆容量要小得多。

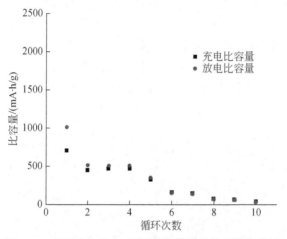

图 3-46　机械合金化 Si-石墨复合材料的循环性能曲线

　　图 3-47 为机械合金化 Si-石墨复合材料的充放电效率曲线。从图中可以看到材
料的首次充放电效率为 70% ,第二次及以后高于 80% 。从第六次之后充放电效率
高于 100% ,这是因为第六次后充放电比容量变得非常小。而纯 Si 的首次充放电效
率要低于 30% 。这说明将石墨与 Si 进行机械合金化处理可以提高 Si 负极的充放电
效率。

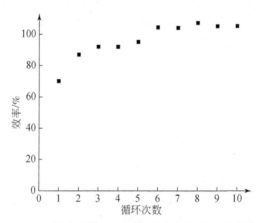

图 3-47　机械合金化 Si-石墨复合材料的循环性能曲线

　　编者的研究是以 Si 为主体的,在其中加入适当石墨以提高 Si 的循环性能。但是
如果以 Si 为主体制备 Si-石墨复合材料并不能完全弥补 Si 循环寿命低的弱点。因此
有科学家以石墨为主体,在其中加入适量 Si,在保持石墨基体高循环性能的基础上,提

高负极的容量。当在石墨中加入 20% Si 时,电极的容量可以达到 1039mA·h/g。

除了将 Si 与石墨复合外,还有人将 Si 与石墨烯复合,以提高 Si 的循环寿命。但是石墨烯的价格较高,对于规模化应用来说还是有困难的。

3.7.7　硅材料的掺杂及金属硅的储锂性能

对于 Si 的金属间化合物作为电池负极的研究从 1986 年就开始了[106-108]。1999年,Kim 等和 Moriga 等研究了 Mg_2Si 中的锂嵌入过程。他们发现 1mol Mg_2Si 可以与 3.9mol 的锂发生反应,初始容量可以达到 1370mA·h/g[109,110]。有人采用 Ni 和 Si 作为起始原料制备了 NiSi 合金,其初始容量可以达到 1180mA·h/g[111]。还被研究的体系包括 SiAg[112]、CaSi[113]、FeSi[114]等体系。Si 金属间化合物的寻找思路是将 Si 与惰性介质形成合金。硅–金属合金的改性主要为多元掺杂。硅与活性金属掺杂时,由于硅和活性金属嵌锂与脱锂的电位及体积变化不同,可以缓解体积效应引起的颗粒的粉化和破裂,同时金属可以改善材料的导电性,使得锂原子能够迅速的脱出或者嵌入,硅与非活性金属掺杂时,这时金属掺杂在硅材料里面,虽然整体的理论比容量降低了,但是非活性的金属元素可以提高材料的导电性,同时缓解材料在嵌锂时的体积效应。

目前制备 Si 金属间化合物的方法都是采用高纯 Si 为原料,与其他元素混合来制备。这样的一条技术路线成本较高。作者考虑直接采用本身就含有大量合金元素的金属 Si 粉作为锂离子电池负极材料。这样就避免了对 Si 粉和其他合金元素的二次加工工序,简化了制备工艺,大大降低了成本[4]。

金属硅粉又称工业硅粉,是银灰色或暗灰色粉末,有金属光泽,其熔点高、耐热性能好、电阻率高,具有高度抗氧化作用,被称为“工业味精”,是很多高科技产业不可缺少的基本原材料。工业上,通常是在电炉中由碳还原二氧化硅而制得金属硅。化学反应方程式为 $SiO_2+2C \longrightarrow Si+2CO$。这样制得的硅叫作金属硅,纯度为 97% ~ 98%,其余成分为铁、铝、钙等,粒径在 10 ~ 100μm,金属硅的种类有很多,是以硅、铁、铝、钙的含量来进行分类的。

目前金属硅主要用于以下几个方面。

(1)工业硅粉广泛应用于耐火材料、粉末冶金行业中,以提高产品的耐高温、耐磨损和抗氧化性,其产品被广泛应用于炼钢炉、窑炉、窑具中。

(2)在有机硅化工行业,工业硅粉是有机硅高分子合成的基础原料,如用于生产硅单体、硅油、硅橡胶防腐剂,从而提高产品的耐高温性、电绝缘性、耐腐蚀性、防腐蚀性、防水等特性。

(3)工业硅粉经拉制成单晶硅,加工而成的硅片被广泛应用于高科技领域,是集成电路、电子元件必不可少的原材料。

(4)在冶金铸造行业中,工业硅粉作为非铁基合金添加剂、硅钢合金剂,从而提高钢淬透性。工业硅粉也可应用于某些金属的还原剂,用于新型陶瓷合金等。

采用金属 Si 作为锂离子电池负极材料有以下优点。

(1)减轻了对高纯硅需求的压力,减轻了金属硅工业提纯时产生的环境污染,既环保又节能。

(2)金属硅价格低廉,金属硅的价格远远低于高纯硅。

(3)金属硅中的合金元素既可以改善纯硅的导电性,又能缓解硅在脱嵌锂时的体积效应,避免了对纯硅进行掺杂的工序。

(4)金属硅中的金属元素一方面可以提高材料的导电性,另一方面可以缓解硅材料嵌锂和脱锂时巨大的体积效应。

1. 金属 Si 与高纯 Si 储锂性能的对比

作者测试所用的金属硅经能谱分析得出其主相为 Si,含铝为 2.89wt%。高纯 Si 粉的纯度为 99.9%。

图 3-48 为高纯 Si 粉和金属 Si 的扫描电镜形貌图。从图中可以看到,原始状态的金属硅粉和纯硅粉颗粒呈不规则块体形状、表面光滑、粒度大小不均匀。经过激光粒度分析可知两者的粒度都集中在 $10 \sim 200 \mu m$,并且纯硅和金属硅材料 d_{50} 分别为 $38.66 \mu m$ 和 $42.1 \mu m$ (d_{50} 是指粒径大于这个值颗粒占总颗粒量的 50%,一般可以作为平均粒径)。

(a)　　　　　　　　　　　　　　(b)

图 3-48　高纯 Si 与金属 Si 的形貌

(a)纯硅;(b)金属硅

图 3-49 为金属 Si 与高纯 Si 粉的 X 射线衍射图,从图中可以看到金属 Si 中尽管含有大量的合金元素,但是金属 Si 的衍射峰除了 Si 以外没有出现第二相的衍射峰。这说明金属 Si 中的合金元素以固溶体的形式存在于 Si 晶格当中。

在充放电性能测试中,在电极制备条件相同的情况下比较金属硅与纯硅的充放电性能。结果如图 3-50 所示。

从图 3-50 可以看到金属硅的循环性能明显优于纯硅。金属硅的首次放电容量

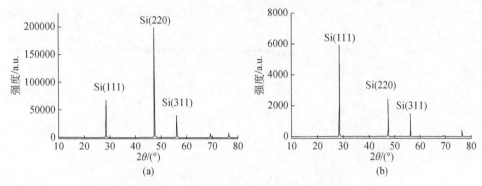

图 3-49　高纯 Si 和金属 Si 的 XRD 衍射图

(a)纯硅;(b)金属硅

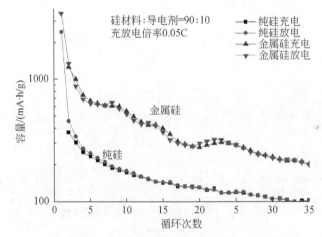

图 3-50　金属硅与纯硅充放电性能对比

为 3716mA · h/g,首次充电容量为 1103mA · h/g,首次不可逆容量占 70% ,循环 10 次以后容量衰减为 290mA · h/g,而纯硅的首次放电容量为 2450mA · h/g,首次充电容量为 370mA · h/g,首次不可逆容量占 85% ,循环 10 次以后容量衰减为 170mA · h/g。

图 3-51 为金属硅与纯硅充放电效率与循环次数曲线。从图中可以看到,金属硅的充放电效率与纯硅相近。金属硅循环 10 次以后效率就达到了 97% 。从以上结果可以看到金属硅首次放电和充电容量均高于纯硅,金属硅在循环性能上也比纯硅提高了一倍以上。

为了研究金属硅和纯硅的储锂机理,对比了金属硅与纯硅首次和循环 10 次的比容量与电位曲线。如图 3-52 所示。

从图 3-52 可以看到纯硅和金属硅在嵌锂(放电)过程中,两者随着比容量的增

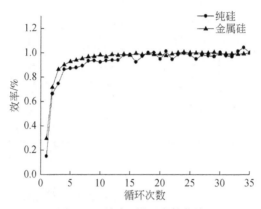

图 3-51　效率–循环次数曲线

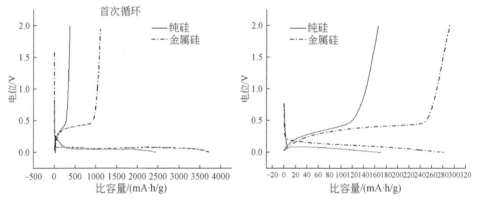

图 3-52　纯硅与金属硅比容量–电位曲线
(a)首次;(b)循环十次

加电位下降非常快,脱锂(充电)过程中电位平台几乎重合,无论是纯硅还是金属硅,在嵌锂时,在 0.8 ~ 0.2V 之间是倾斜的嵌锂平台,代表 SEI 膜形成过程,0 ~ 0.1V 只嵌锂平台,此时容量单位电位上的比容量很大,脱锂时,0.25 ~ 0.5V 是活性材料脱锂电位区间,0.5 ~ 5V 之间几乎是竖直的直线,这说明二者嵌锂的机理是相同的。

　　将金属硅和纯硅粉进行交流阻抗测试,结果如图 3-53 所示。

　　在交流阻抗测试中,中频区二分之一圆弧对应负极材料嵌锂合金的阻抗,从图 3-53 可以看出,金属硅的圆弧半径要小于纯硅的圆弧半径,所以金属硅的阻抗要更小一些,这可能是由于材料内部存在的金属元素,改善了材料的导电性,有助于合金化反应。

　　总之,编者通过实验发现金属硅首次放电和充电比容量均高于纯硅,金属硅首次不可逆容量为 64%,而纯硅为 85%,而且金属硅在循环性能上也比纯硅提高了一倍以上。纯硅和金属硅二者的储锂机理相同。

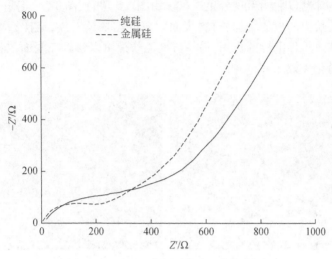

图 3-53　纯硅和金属硅的交流阻抗测试

2. 金属 Si 的碳掺杂

通过对金属硅的储锂性能的研究发现金属硅虽然循环性能与纯硅相比有较大的改善,但是其容量随着循环次数的增加还是呈现衰减的趋势。这说明金属硅中存在的合金元素在一定程度上可以缓解嵌锂和脱锂循环中的体积变化,但是还不能有效防止电极材料的粉化。另外金属硅中虽然含有一定的合金元素,但是其导电性还是不高,需要与导电性强的物质复合以提高电极材料的导电性。碳材料是廉价易得的材料,其导电性强,因此编者将碳材料与金属硅复合。选择的碳材料有两种,一种是乙炔黑,另一种是石墨。两种碳材料与金属硅通过机械合金化的方式进行复合。

1) 金属硅/乙炔黑材料

乙炔黑具有导电作用,采用机械合金化方法制备了金属硅和乙炔黑的复合材料。通过控制球磨时间和掺杂不同质量分数的乙炔黑来研究金属硅-乙炔黑复合材料的储锂性能。

金属硅-乙炔黑复合材料制备的工艺为球料比为 10∶1,对球磨罐进行封装,并将球磨罐抽真空后充入氩气保护。

为研究材料表面形貌的变化,图 3-54(a) 为未掺杂乙炔黑的 7 号材料球磨 80h SEM 图片,图 3-54(b) 为含有 3% 乙炔黑的 16 号材料球磨 80h 后的 SEM 图片,图 3-54(c) 为含有 5% 乙炔黑的 19 号材料球磨 80h 后的 SEM 图片,图 3-54(d) 为含有 8% 乙炔黑的 21 号材料球磨 80h 后的 SEM 图片。由 SEM 图可以发现含有乙炔黑的材料粒度更大一些,这可能有两方面的原因,一方面含有乙炔黑的材料,乙炔黑在里面有润滑的作用,导致球磨时材料不能充分细化;另一方面可能是由于含有乙炔黑的材料球磨以后团聚现象更严重。由图 3-54(b)、图 3-54(c)和图 3-54(d)可以发现随着乙炔黑的量的增加,材料表面附着的乙炔黑增加,这样乙炔黑在表面一方面可以起到改善导电性的作用,另一方面乙炔黑可以附着在表面改善因体积效应导致的材料粉化失效。

图 3-54　掺杂不同质量分数乙炔黑的金属硅材料球磨 80h 的表面形貌
(a)0;(b)3% ;(c)5% ;(d)8%

　　将不同球磨状态的金属硅-乙炔黑复合材料进行 X 射线衍射分析。结果如图 3-55所示。由图 3-55(a)可以看到当加入 3%的乙炔黑时,球磨时硅的衍射峰强度不断变小,且峰宽不断增加,说明随着球磨时间的加长,材料的非晶化程度不断加大,但是在球磨 100h 时硅的特征峰非常明显,说明球磨不能形成完全的非晶态,球磨的过程中出现了除了硅和乙炔黑以外的新的 Si_3C_5 的衍射峰,说明在球磨的过程中生成了新的成分 Si_3C_5。

　　由图 3-55(b)可以看到,在相同球磨时间下,当乙炔黑加入量高时,新相的衍射峰变得更加明显。这说明高的乙炔黑加入量会促进新相的形成。

　　图 3-56 为不同状态金属硅-乙炔黑复合材料充放电性能曲线。图 3-56(a)为相同乙炔黑加入量,随着球磨时间变化的复合材料的充放电性能曲线。从图中可以看到加入 3%乙炔黑的金属硅球磨 20h 的材料,首次放电比容量为 3074mA·h/g,首次充电容量为 2308mA·h/g,首次不可逆比容量高达 25% ,循环 10 次以后比容量衰减

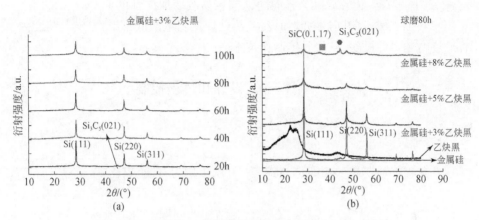

图 3-55 金属硅/乙炔黑体系机械合金化复合 XRD 分析

(a) 相同质量比例乙炔黑不同时间；(b) 相同时间不同质量比例乙炔黑

为 800mA·h/g，循环 35 次以后衰减为 150mA·h/g；球磨 40h 的材料，首次放电比容量为 3296mA·h/g，首次充电容量为 2847mA·h/g，首次不可逆比容量为 13%，循环 10 次以后比容量衰减为 900mA·h/g，循环 35 次以后衰减为 150mA·h/g；球磨 60h 的材料，首次放电比容量为 2403mA·h/g，首次充电容量为 1737mA·h/g，首次不可逆比容量为 27%，循环 10 次以后比容量衰减为 800mA·h/g，循环 35 次以后衰减为 200mA·h/g；球磨 80h 的材料，首次放电比容量为 2781mA·h/g，首次充电容量为 1902mA·h/g，首次不可逆比容量高达 31%，循环 10 次以后比容量衰减为 816mA·h/g，循环 35 次以后衰减为 251mA·h/g；球磨 100h 的材料，首次放电比容量为 3637mA·h/g，首次充电容量为 2859mA·h/g，首次不可逆比容量高达 21%，循环 10 次以后比容量衰减为 1000mA·h/g，循环 35 次以后衰减为 256mA·h/g。由图 3-56(a) 可以看出随着球磨时间的加长，金属硅-乙炔黑复合材料的循环性能逐渐变好，出现这一现象的原因可能有三个，第一，随着球磨时间的增长，材料的颗粒细化，可以缓解硅材料的体积效应；第二，随着球磨时间的增加导电剂与材料混合更均匀，使得材料的导电性能变好，改善了其循环性能；第三，生成了较多的惰性物质，造成开始的比容量低，但是衰减的速度慢了，使得其循环性能提高。

图 3-56(b) 为相同球磨时间不同乙炔黑加入量的充放电性能曲线。可以看到，随着乙炔黑加入量的增加，材料的首次放电容量有所减少，但是材料的不可逆容量也在减小。材料的循环性能得到改善。

2) 金属硅/石墨材料

石墨既具有导电作用，又具有储锂的功能，是目前商用的锂离子电池负极材料。对于金属硅/乙炔黑复合材料的研究表明导电能力强的乙炔黑的加入确实能够提高金属硅的循环性能。在此基础上，编者采用机械合金化方法制备了金属硅/石墨复合材料。制备方法同金属硅/乙炔黑复合材料。

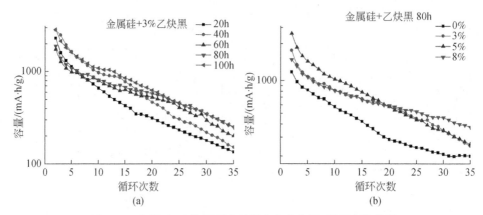

图 3-56　金属硅/乙炔黑复合材料充电比容量–循环次数曲线

(a)相同质量比例乙炔黑不同时间;(b)相同时间不同质量比例乙炔黑

图 3-57 为不同状态金属硅/石墨复合材料的 X 射线衍射图。图 3-57(a)为相同石墨加入量不同球磨时间的金属硅/石墨复合材料的 X 射线衍射图。从图中可以看到随着球磨时间的加长,材料的非晶化程度不断加大,但是在球磨 100h 时硅的特征峰非常明显,说明球磨不能形成完全的非晶态。长时间球磨后出现了新的 Si_3C_5 的衍射峰。图 3-57(b)为不同石墨加入量相同球磨时间复合材料的 X 射线衍射图。从图中可以看到,当石墨加入量超过 8% 时,复合材料中出现了新相的衍射峰。这与金属硅/乙炔黑复合材料相结构随加入量的增加的演化规律是相似的。

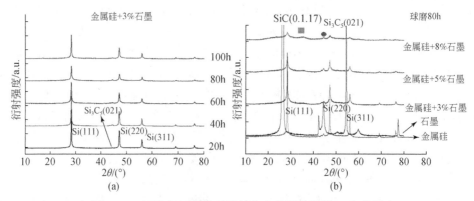

图 3-57　金属硅/石墨体系机械合金化复合材料 XRD 分析

(a)相同质量比例石墨不同时间;(b)相同时间不同质量比例石墨

图 3-58 为金属硅/石墨复合材料充放电性能曲线。由图 3-58(a)可以看到,随着球磨时间的加长,材料的循环性能逐渐变好。对于相同石墨加入量,随着加入乙炔黑的量增加,虽然首次放电容量有所减小,但是首次不可逆容量减小。图 3-58(b)为相同球磨时间不同石墨加入量的金属硅/石墨复合材料的充放电性能曲线。从图

中可以看到对于加入 8% 的金属硅/石墨复合材料,在 35 次循环后其容量还能保持在 800mA·h/g,容量比金属硅提高了 2 倍以上。这表明金属硅/石墨复合材料的循环性能有了极大的改善。

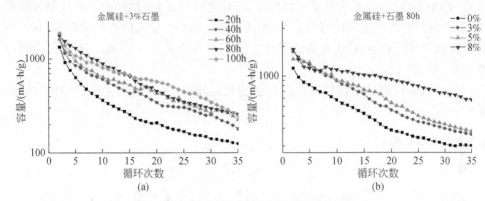

图 3-58　金属硅/石墨复合材料充放电性能
(a) 相同质量比例石墨不同时间;(b) 相同时间不同质量比例石墨

将球磨相同时间的金属硅、金属硅/乙炔黑复合材料、金属硅/石墨复合材料的充放电性能进行了对比,结果如图 3-59 所示。金属硅/乙炔黑、金属硅/石墨复合材料中乙炔黑和石墨的加入量均为 8%。

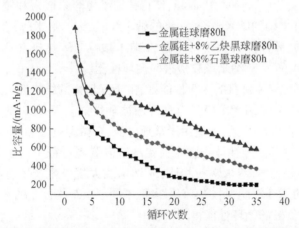

图 3-59　金属硅/乙炔黑体系金属硅/石墨体系球磨 80h 的放电比容量–循环次数曲线

由图 3-59 可以看出,掺杂炭黑或者乙炔黑的材料的循环性能比纯金属硅要好很多,原因可能是掺入乙炔黑或者石墨以后材料的导电性能有所提高,另一方面对乙炔黑不储锂,石墨储锂并且储锂时的体积效应很小,这样可以缓解金属硅的体积效应;掺杂石墨的材料的循环性能比掺杂乙炔黑的要好,乙炔黑和石墨都有很好的导电性能,但是石墨可以储锂,理论比容量为 372mA·h/g,而且石墨的循环性能很好,所以掺入石墨的循环性能会好很多。

通过对金属硅及金属硅/碳复合材料的储锂性能研究,得出以下结论。

(1)金属硅比纯硅充放电循环性能和电化学性能要好。

(2)对于金属硅/乙炔黑复合材料而言,球磨时间越长,材料的首次放电容量越小,但是材料的首次充电比容量越大,循环性能也越好。加入的乙炔黑越多,材料的首次放电比容量越小,首次充电比容量越大,循环性能越好。金属硅/石墨复合材料也存在类似的规律。

(3)金属硅/石墨复合材料的循环性能比金属硅/乙炔黑复合材料的循环性能要好。

3.7.8　小结和展望

由于 Si 具有高的理论容量、合适的放电电压、可靠的使用安全性,被认为是下一代锂离子电池负极的最有希望的候选材料之一。但是 Si 在嵌脱锂过程中巨大的体积变化带来了一系列不良后果,如非常低的循环稳定性。这是 Si 负极最致命的问题。在 Si 的实用化过程中要必须克服 Si 负极低循环稳定性的弱点。科学家们提出了不同的改进策略。

(1)硅材料纳米化。该种方法旨在改变硅颗粒的粒径,使其纳米化。纳米结构具有大的比表面积,可以使得 Si 在充放电过程中有足够多的空间缓解硅的体积效应。颗粒的细化增加了硅的比表面积,使得锂原子更容易嵌入和脱出。具体实施方法可以把 Si 做成零维的纳米颗粒、一维的纳米线、二维的纳米薄膜。将 Si 做成纳米颗粒,Si 负极的循环性能大为改善。将 Si 纳米颗粒与碳材料,如碳纳米管、石墨烯等复合,进一步改善了 Si 纳米颗粒负极的循环性能。

Si 纳米薄膜与其他材料的相容性能好,由于其超薄的结构在充放电过程中的体积变化很小,这导致 Si 纳米薄膜具有良好的循环性能。但是 Si 纳米薄膜及纳米片具有较低的活性物质承载量,不适用于常规电池,在微型电池领域有应用前景。

Si 纳米线通过各向异性体积膨胀大幅缓解嵌脱锂过程中由于体积膨胀所引入的机械应力。但是与 Si 纳米颗粒相比,Si 纳米线大规模生产还有困难。为了进一步改善 Si 负极的循环性能,科学家们考虑把不同层次结构体系的 Si 结合在一起,扬长避短,使得 Si 负极的循环性能得到改善。

基于 Si 纳米颗粒的 Si 负极相比其他技术路线来说实现规模化生产还是相对容易的。但是 Si 纳米材料不但价格较高,而且具有低的填充密度,导致其体积比能量较低。这是纳米 Si 负极的弱点。

(2)构建 Si 的多层次结构体系。将不同尺度的 Si 纳米结构材料结合在一起,可以改善 Si 负极的循环性能,但是制备工艺路线复杂,规模化生产难度大。

(3)微米 Si 体系的改性。微米尺寸 Si 负极在填充密度、成本上与纳米 Si 相比有明显的优势。因此对于微米 Si 负极的研究也是 Si 负极研究的重点之一。研究表明,将石墨与纯硅复合可以改善 Si 的循环性能。将 Si 合金化也是改善 Si 循环性能的一个路径。作者研究了金属硅的储锂性能,并将金属硅与石墨进行复合,发现得到的金属硅/石墨复合材料的循环性能与纯硅相比有了很大的改善。

对于 Si 负极,从纳米尺度到微米尺度人们都进行了广泛的研究。结果表明,单纯从材料尺寸、改性等角度来改善 Si 的循环性能使其达到实用要求还是有困难的。目前的研究趋势是将材料纳米化、材料复合、材料微结构调制结合起来,开发基于 Si 复合材料的多孔化将是未来的发展趋势。

3.8　金属负极

金属型负极材料是指能够和锂发生合金化反应的金属及其合金、中间相化合物及复合物。这类材料在嵌入脱出锂离子的过程中,会发生结构变化,在一些情况下会伴有原子的重排。大多数材料是属于元素周期表中的ⅢA、ⅣA 和ⅤA 族的金属和过渡金属,它们与锂反应形成金属间相或 Zintl 相,常用的金属有 Sn、Si、Zn、Al、Sb、Ge 等[115,116]。

以上金属与锂的可逆合金化反应是其脱嵌锂的基础,在充电过程中,锂离子及由外电路提供的电子与金属发生加成反应形成金属化合物 Li_xM(M=Mg、Ca、Sn、Si、Zn、Al、Sb、Ge 等),放电过程则是金属化合物的分解过程。由于锂合金的形成反应通常是可逆的,因此能够与锂形成合金的金属在理论上都能够作为锂电池的负极材料。然而金属 M 在与锂形成合金的过程中体积变化较大(300%),锂的反复嵌入脱出导致材料的机械稳定性逐渐降低,从而逐渐粉化而失效,因此循环性较差[117,118]。此外,金属负极第一次循环的不可逆容量的损失对于实际应用来说太高了。为了解决这两个棘手的问题,研究人员在过去的数十年里进行了大量的研究,且取得了相对显著的进展。如果以金属间化合物或复合物取代纯的金属,将显著改善锂合金负极的循环性能[119]。在众多与锂具有反应性的金属中,因为容量高、储量丰富、价格低廉、安全环保,Si、Sn、Al、Sb、Bi 这五种金属元素被国内外专家学者广泛研究。下面作者就几种常见的金属负极进行讨论。

3.8.1　Sn 基负极

Sn 基负极材料具有理论比容量高、安全性能好、合成方便、成本低等优点,已经成为目前国内外学者研究的重要方向和领域,被认为是具有良好商业化前景的新一代锂离子电池负极材料[117]。金属锡可以与锂形成 Li_2Sn_5、$LiSn$、$Li_{22}Sn_5$ 等多种合金,理论质量比容量可达到 997mA·h/g,体积比容量高达 7200mA·h/cm^3,是一种很有产业化前景的负极材料。目前关于 Sn 基负极材料的研究主要集中在 Sn 基氧化物、Sn 基合金、Sn 基复合物三大领域[120-133]。

1. Sn 基氧化物

Sn 基氧化物包括 SnO 和 SnO_2，此类材料的制备较为简单，容量相对较高。理论质量比容量分别可以达到 875mA · h/g 和 782mA · h/g[120]。到目前为止，普遍认为 SnO 和 SnO_2 的储锂机理与合金机理一致，电极反应可以表示为[121]

$$SnO + 2\ Li^+ + 2\ e^- \longrightarrow Sn + Li_2O \tag{3-8}$$

$$Sn + x\ Li^+ + x\ e^- \Longrightarrow Li_xSn(0 < x \leqslant 4.4) \tag{3-9}$$

或

$$SnO_2 + 4\ Li^+ + 4\ e^- \longrightarrow Sn + 2\ Li_2O \tag{3-10}$$

$$Sn + x\ Li^+ + x\ e^- \Longrightarrow Li_xSn(0 < x \leqslant 4.4) \tag{3-11}$$

当然对于实际应用而言，Sn 基氧化物应用到锂离子电池负极还是有一系列问题的。改善循环稳定性、减少首次充放电循环中导致的能量不可逆损失、提高充放电倍率都是可取的措施。近日西北大学 Chen 等[122]制备了 SnSe/ SnO_2@ Gr 异质结构的复合材料，其中 SnO_2 纳米球均匀分散并包裹在石墨烯基质中，相互连接形成三维分层结构，然后进行硒处理以获得 SnSe/SnO_2 异质结构。这种独特的纳米结构可以增强电荷转移和锂离子扩散，抑制金属氧化物形成合金在充放电的往复中产生的体积膨胀，以及提高 SnSe / SnO_2@ Gr 异质结构的比电导率和充电/放电能力。当用作锂离子电池的负极材料时，SnSe / SnO_2@ Gr 较高的倍率性能。此外，在 200 次循环后，SnSe /SnO_2@ Gr 的锂储存容量仍然高达 810mA · h/g，并且几乎保持不变，表明这种材料具有相对较高的循环稳定性。

Liu 等[123]使用简单的自组装设备通过水热工艺合成了多孔 SnO_2/石墨烯纳米复合材料。这种多孔纳米复合材料由尺寸为 10nm 的 SnO_2 纳米颗粒均匀分散在石墨烯纳米片（GNS）上所组成。SnO_2/石墨烯纳米复合材料在 250mA/g 的电流密度下具有接近于 800mA · h/g 的可逆容量和良好的倍率，远大于商用石墨的 372mA · h/g，且该材料具有非常优异的循环稳定性，在整个充放电过程中从第 20 圈到第 100 圈的循环容量衰减只有 8.8%。该纳米复合材料优异的电化学性能归因于活性物质良好的结构设计，缩短了 Li^+ 在脱嵌过程中的传输距离。石墨烯纳米片在一定程度上可以有效抑制体积膨胀，而 SnO_2 的均匀分散也可以容纳部分的体积变化。

Wen 等[124]通过水热合成后退火成功地制备出了直径为 300nm 的多孔 SnO_2 纳米球。这些 SnO_2 纳米球由许多 20 ~ 35nm 的纳米颗粒组成，大幅提高了多次充放电后的可逆容量。多孔 SnO_2 纳米球在 0.1C 倍率的充放电条件下首次放电比容量高达 1520mA · h/g，30 次循环过后依然保持 522mA · h/g 的放电容量。通过纳米化的过程，显然非常有效地缓解了体积变化的问题，缩短了锂离子脱嵌过程中的传输路径。

Li 等[125]通过模板法制备了一种纳米结构的 SnO₂电极,这种电极由单分散的直径为 110nm 的 SnO₂纳米纤维构成。它具有十分稳定的循环性能,首次放电比容量达到 700mA · h/g,且随着循环的进行容量并没有衰减。到第 50 次循环其容量达到 780mA · h/g,直至 800 个循环过后也没有明显的容量衰减。相比 SnO₂薄膜电极(450mA · h/g)而言容量的提升十分明显。这种小尺寸的纳米纤维从集流体表面突出的特质,显著地改善了锂离子的迁移速率、体积膨胀和循环稳定性。

此外,Xu 等[126]制备的多孔 SnO₂微管也表现出较高的储锂容量和库仑效率,而 Zhou 等[127]合成的 SnO₂(Sn)/C 材料及 Li 等[128]制备的 SnO₂/C/石墨烯材料均具有特殊的无定形结构,为电极的电化学性能的提高提供了保障。可见,制备特殊结构(多层、多孔等结构)的纳米级(纳米管、纳米纤维、纳米微球等)材料[129],并将 Sn 基材料与含碳材料进行复合,不仅能有效抑制 Li⁺嵌入与脱嵌过程中活性材料体积的变化,还可以增加电极导电性,保持电极的结构稳定性,有利于提高电极的循环耐久性和可逆比容量。

2. Sn 基合金

Sn 可以和多种金属形成合金负极,包括带有活性的金属和非活性的金属,如 Co、Ni、Cu、Sb、Fe、Ca、Zn、Al 等,一般形成二元、三元的复合电极[118]。近年来关于 Sn 基合金负极的研究越来越深入,在锂离子电池领域也是一个非常热且关注度极高的方向之一。根据与 Sn 形成合金元素种类的不同,Sn 基合金材料的储锂机理可以分为 3 类,电极表达式如下[130-132]:

$$x\text{Li} + \text{Sn M}_y \Longleftrightarrow \text{Li}_x\text{Sn M}_y \tag{3-12}$$

或

$$x\text{Li} + \text{Sn M}_y \Longleftrightarrow \text{Li}_x\text{Sn} + y\text{M} \tag{3-13}$$

$$(x+y)\text{Li} + \text{SnM}_z \Longleftrightarrow y\text{Li} + \text{Li}_x\text{Sn} + z\text{M} \Longleftrightarrow \text{Li}_x + z\text{Li}_{y/z}\text{M} \tag{3-14}$$

Sn 基合金材料虽具有比容量高、安全性能好、加工合成方便等优点,但仍存在循环性能差和首次不可逆容量损失大等缺点。解决方法之一是采用非活性基体复合,即引入一种对锂是惰性的金属(M)和能与锂进行反应的金属 Sn 形成合金。当合金与 Li 反应时,活性金属 Sn 与 Li 形成 Li$_x$Sn,同时形成惰性金属 M 粒子,而 M 粒子不与 Li 发生反应,但抑制 Li 与活性金属 Sn 反应时产生的体积膨胀[120,133]。目前,非活性基体复合的研究主要集中在 Sn-Ni 和 Sn-Co 合金。Dong 等[134]采用脉冲电沉积制备得到三维分级多孔 Sn-Ni(3D-HP Sn-Ni)合金(图 3-60)。该合金具有开放、双连续、互穿双峰孔径分布的特征,包括具有高度多孔通道壁(几纳米)的大尺寸(数百纳米)韧带——通道网络结构。相比于二维纳米多孔 Sn-Ni(2D-NP Sn-Ni)薄膜,其具有更优异的循环稳定性,可逆比容量达到 0.25mA · h/cm²,200 次循环过后还有超过 95% 的库仑效率。其良好的电化学性能主要归功于独特的三维多孔结构、活性材料与电解质之间的接触面积大,以及非活性组分的良好缓冲效果,这些优势

有利于缓解体积的巨大变化,提高载荷活性物质的质量[59]。Huang 等制备的三维多
孔网状 Sn-Ni 合金[135]在 50 次充电放电循环后,可逆比容量依然高达 501mA · h/g。
此外,通过简便的恒流电沉积方法合成的多孔 Sn-Ni 合金树枝状晶体在 50 次循环后
依然保持 530mA · h/g 的高充电容量[136]。

元素	质量分数/%	原子分数/%
Ni K	7.80	9.53
Cu K	66.43	74.92
Sn L	25.76	15.55
总计	100.00	100.00

图 3-60　制备的 3D NPC 基板[(a)和(b)]和 3D-HP Sn-Ni[(c)和(d)]的 SEM 图像[97]

Shi 等[137]使用金属有机骨架作为模板和碳源,SnCl$_4$作为锡源,合成了嵌入多孔
N 掺杂碳中的新型 Sn-Co 纳米合金。该复合材料为直径约 2mm 的微型盒状结构,其
中均匀地嵌入约 10nm 的 Sn-Co 纳米合金颗粒。它在 100mA/g 的条件下 100 次循环
后具有 945mA · h/g 的高容量和 86.6% 的容量保持率,以及优异的倍率容量。在
2A/g 的高电流密度下,依然保持 472mA · h/g 的稳定容量。其优异的电化学性能可
能归因于分散良好的纳米尺寸合金和多孔 N 掺杂碳涂层的缓冲效果。此外,均匀的
颗粒在循环时保持完整,这使材料具有增强的电化学稳定性。

还有一种合金类型为活性基体复合,即当一种活性金属与锂反应时,另一种活性
金属作为惰性基质缓冲体积形变。Yi 等[138]采用金属 Sn 作为模板和还原剂制得了形
态和组分可控的 Sn-Sb 微/纳米合金,与相应的 Sb 样品及 Sn 模板相比,中空或树枝状
Sn-Sb 材料拥有更高的放电容量和稳定性。特别是 Sn-Sb 空心球,在 100mA/g 的电流
密度下,第一次循环后的放电容量可以达到 820.7mA · h/g,经过 100 次循环后可逆

容量依然可以稳定在 751mA·h/g。同时这种结构的材料在钠离子电池负极中也有较优异的性能。良好的电化学性能可能归因于特殊的形态和结构,其可缩短锂离子的运输距离,并提供额外的自由空间来缓冲锂离子的嵌入和脱出过程中的体积膨胀。

Yang 和 Li[139]通过溶剂热合成工艺制备了基于锡-铟合金(Sn-In)和 GNS 的三元复合材料。锡将尺寸为约 100nm 的铟纳米颗粒包裹在 GNS 之间。与 Sn/GNS 和 Sn-In 电极相比,Sn-In/GNS 复合材料表现出非常理想的锂存储容量(在 100mA/g 电流密度下为 865.6mA·h/g),初始库仑效率也有非常大的改善,在 50 次循环后依然还有 83.9% 的容量保持率,25 次循环后在 600mA/g 速率下比容量可以稳定在 493.2mA·h/g。其电化学性能和倍率性能明显的改善主要归因于锂活性金属铟的引入,其降低了电极的电荷转移电阻,以及 GNS 适应了循环期间锡-铟纳米颗粒的体积变化且改善了材料的导电性。

Chang 等[138]通过电弧熔炼和高能球磨成功制备了一系列稀土金属(RE)掺杂的锡基 RE-Sn 合金,即 Y-Sn、Ce-Sn 和 Gd-Sn。所制备的 RE:Sn 原子比接近 1:3 的 RE-Sn 合金具有与 $AuCu_3$ 型结构和 RE 相对应的 $RESn_3$ 相同的主相。与纯 Sn 阳极相比,RE-Sn 合金显然拥有更高的比容量和循环性能。特别是,Gd-Sn 合金具有最佳的循环性能,在 50mA/g 的电流密度下,在 40 次循环后拥有 787mA·h/g 的高初始放电容量,并且保持了 333mA·h/g 的可逆容量。其电化学性能的改善主要归因于 Gd 的缓冲效果,它具有良好的弹性,且该合金的脱嵌锂过程是通过位移机制实现的。

此外,Trifonova 等[140]的研究表明,还原剂对 Sn 基合金材料的电化学性能有一定的影响。Zhang 等[141]对纳米尺寸的三元 Sn 基合金材料 Sn-Fe-C 进行了研究,结果证明还原剂和研磨介质均能改善电极材料的电化学性能。另外,为了提高 $Sn_{3.95}Fe_{0.05}P_3$ 合金材料的循环性能,Jiang 等[142]在聚四氟乙烯(PTEE)电解质中分别添加氟代碳酸乙烯酯(FEC)、碳酸亚乙烯酯(VC)、LiBOB 三种电解质添加剂,证明了选择合适的电解质添加剂也可以提高电池的循环性能。

迄今,已发展了多种制备 Sn 基合金负极的方法,包括化学还原、高能球磨、电沉积、水热法及较新颖的磁控溅射、等离子体反应法等。

3.8.2　Al 基负极

Al 与锂离子发生合金化反应的产物主要有 3 种,分别为 LiAl、Li_3Al_2、Li_9Al_4[143]。LiAl 是三种化合物中性能最稳定的化合物,一个 Al 结合一个 Li,它的理论比容量较另外两种化合物低,但也可达 993mA·h/g,大约可达石墨负极材料的 3 倍。Li_9Al_4 是三种化合物中结合锂最多的化合物,其理论比容量高达 2234mA·h/g[144],在金属材料中,它的体积比容量的理论值也是最高的,可以达到 8000mA·h/cm³ 以上。因此,从理论上可以发现,Al 在锂离子电池负极材料的应用中非常有前景。

虽然 Al 基负极材料有上述诸多优点,但是在实际应用中,比容量与上述的理论值存在较大的偏差。Al 是面心立方结构,其致密结构无法像碳材料那样可以为锂提供丰富的间隙。结构在电化学反应的可逆性中扮演了一个重要的角色,特别是对于那些包含局部化学过程的反应[145]。Li 与金属氧化物的嵌入和脱出反应通常伴随着晶胞参数和体积上相当小的变。而这种情况并不存在于 Li 与金属或金属间化合物中,因为它们的致密结构并不为额外的;锂提供能量可取的间隙位置[146]。因此,Li 与 Al 和 Al 基化合物的反应往往伴随着晶体体积的巨大增长。

纯铝电极拥有 500mA·h/g 以上的初始比容量,从第 2 圈的循环开始便出现大幅的容量衰减,直至第 30 圈左右,可能是巨幅的体积膨胀导致整个结构破坏导致循环无法正常进行。Hmano 等[147]认为其较差的循环性能是 Al 电极在充放电循环过程中所产生的巨大体积变化造成的。同时,Hmaon 等也发现 Al 箔试样越薄,经充放电循环后,电极的体积变化越小,从而其循环性能也越好。所以要想改善 Al 电极的循环性能可以从缩小活性物质的粒径、减小负极片的厚度或者利用薄膜材料等方面入手。另外,也可以采用在能与 Li 反应的单质金属中添加惰性金属元素制备一些活性或非活性的复合合金以解决此问题,Machin 和 Rahner[148]认为要改善 Al 电极的循环性能,可以在 Al 电极中添加一些溶于 Al 的或者可以和 Al 形成金属间化合物的金属元素,如 Ni、Cu、Mg 等,以改善 Li 在嵌入负极过程中的扩散速率,从而提高 Al 电极的循环性能。虽然在 Al 电极中添加其他的金属元素会导致其比容量和能量密度的减少,但由此带来的循环性能的提高却可以弥补此不足。

编者课题组近年来一直针对改善 Al 金属及其合金负极进行研究工作,Sun 等[149]通过真空熔炼得到 $Al_{63}Cu_{25}Fe_{12}$ 合金,并通过热处理工艺和机械合金化处理工艺改变材料组分含量得到了含有较高准晶含量的 $Al_{63}Cu_{25}Fe_{12}$。这种材料比未经热处理的合金的放电容量高得多,足足有三倍之余,且首次充放电的库仑效率很高,循环也较为稳定,只是容量方面还有待提高。显然机械合金化的处理可以减小材料的径粒且更加均一,热处理可以释放球磨过程产生的过大应力并提高材料准晶的所占比例。这些处理均可以提升材料的循环稳定性,但是材料的容量始终无法提升。于是编者通过不断改变球磨参数(转速、时间)和热处理温度、材料配比等制备得到单一的纯 $Al_{64}Cu_{23.5}Fe_{12.5}$ 准晶,使得活性物质的比容量明显的上升,但是依然无法达到其理论值。编者推断这是因为在合金主体中的 Li^+ 的扩散决定了锂离子电池中的充电/放电比率,过多的金属元素的引入(Cu/Fe)限制了其作为高效或低效电池的用途。而扩散过程则由主体材料的性能和它的组织形态决定。于是又通过行星球磨机合成了准晶和碳洋葱这种富勒烯混合的新型材料。该材料中的碳可以增加整个材料的导电性,介于准晶中碳洋葱的不完全包覆也促进了锂离子的扩散。这一改性使得整个材料的容量提升了数倍,且其循环稳定性也得到一定的改善。在第二个循环过后几乎没有容量的衰减。

为了与纯铝的电化学性能作比较,前人也对不同二元 Al-Ni、Al-Mn 和 Al-Be 合金作为可充电锂电池负极基体的可行性进行了研究。共晶 AlNi(Al/Al₃Ni)混合物在锂离子电池负极方面具有较好的前景。其中 Al₃Ni 事实上不能与 Li 合金化,只是为了提高机械稳定性。Machill 和 Raher[146-151] 通过三种方法制备了 AlNi(Al/Al₃Ni)共晶体。采用快速淬火得到了偏析的 Al₃Ni 相,采用直接热流方法(垂直 Bridgemna 方法)得到棒状固化 Al-Al₃Ni 共晶体,而采用定向固化得到的共晶则由棒状多棱 Al₃Ni 的 Al 基体组成。相比于纯铝,这种共晶体在电化学性能各个方面均有较好的表现。

综上所述,Al 基金属间化合物作为锂离子电池负极材料具有非常广阔的发展前景。

3.9 钛 酸 锂

$Li_4Ti_5O_{12}$ 是一种金属锂和低电位过渡金属钛构成的复合氧化物,属于 AB_2Z_4 系列,是固溶体 $Li_{1+x}Ti_{2-x}O_4(0<x<1/3)$ 体系中当 x 等于 1/3 时的一种结构。$Li_4Ti_5O_{12}$ 是具有缺陷的尖晶石结构,面心立方结构(空间点阵群 $Fd3m$)。其中,O^{2-} 构成 FCC 的点阵,位于 32e 的位置,部分 Li^+ 位于四面体 8a 位置,其余 Li^+ 与 Ti^{4+}(Li^+ : Ti^{4+} = 1 : 5)位于八面体 16d 位置[152]。用 Wyckoff 式表示其结构式为 $[Li]_{8a}[Li_{1/3}Ti_{5/3}]_{16d}[O]_{32e}$。锂离子在 $Li_4Ti_5O_{12}$ 中发生的嵌入脱出反应可以用式(3-15)表示:

$$[Li]_{8a}[Li_{1/3}Ti_{5/3}]_{16d}[O]_{32e}+Li^+ \Longleftrightarrow [Li_2]_{16c}[Li_{\frac{1}{3}}Ti_{\frac{5}{3}}]_{16d}[O]_{32e} \qquad (3-15)$$

在放电时,外来的 Li^+ 嵌入 $Li_4Ti_5O_{12}$ 的晶格中,这些 Li^+ 开始占据 16c 位置,而 $Li_4Ti_5O_{12}$ 的晶格原位于 8a 的 Li^+ 也开始迁移到 16c 位置,最后所有的 16c 位置都被 Li^+ 所占据。所以其容量也主要被可以容纳 Li^+ 的八面体空隙的数量所限制,因此每个 $Li_4Ti_5O_{12}$ 可以嵌入 3 个锂,其理论容量为 175mA·h/g[152]。

在嵌锂过程中,锂离子的嵌入脱出对材料结构几乎没有影响,晶胞参数变化很小,仅从 0.8357nm 到 0.8356nm,这种变化基本可以忽略,因此 $Li_4Ti_5O_{12}$ 也被称作 "零应变材料",这种结构的稳定使材料具有很好的循环性能[152]。

尖晶石型钛酸锂 $Li_4Ti_5O_{12}$ 作为可充电锂离子电池的负极材料一直以来是人们研究的热点和重点,因为它具有独特的特性,如"零应变"效应和在 1.55V 左右平坦的 Li 插入电压[153]。在嵌锂过程中,$Li_4Ti_5O_{12}$ 晶胞的膨胀几乎可以忽略不计,这样可以缩小循环过程中的容量衰减,并且增加整个循环过程中的稳定性。较高的锂离子嵌入电位可以稳定大多数电解质和有机溶剂,因为电解质的减少通常不会在相对较高的电位下发生。$Li_4Ti_5O_{12}$ 的充放电平台相对于 Li^+/Li 电位在 1.55V 左右,不易引起金属锂的析出,同时电位在大部分有机电解液的还原电位之上,加上材料的稳定性使得其不与电解液反应生成高阻抗钝化膜,保证了材料的安全性和优异的循环性能。$Li_4Ti_5O_{12}$ 的充放电平台非常平稳,充放电结束时有明显的电压突变等特性,有利于对电池的电荷状态进行监控[152]。此外，$Li_4Ti_5O_{12}$还具有优异的锂离子迁移率，因此有望用于高速率电池。为开发高速率锂储存器件，高分子活性材料和活性材料与电解质之间的高接触面积通常是两个基本要求。

制备方法对材料的最终性能起关键作用，不同的制备方法导致所制备的化合物在结构、形貌和电化学性质等方面有很大的差别。$Li_4Ti_5O_{12}$的制备方法主要有高温固相反应法、溶胶凝胶法、熔融盐法、水热合成法、燃烧法等。

高温固相反应法：高温固相合成是指在高温（$1000 \sim 1500℃$）下，固体界面间经过接触、反应、成核、晶体生长反应而生成一大批复合氧化物，如含氧酸盐类、二元或多元陶瓷化合物等。高温固相法是一种传统的制粉工艺，虽然有其固有的缺点，如能耗大、效率低、粉体不够细、易混入杂质等，但由于该法制备的粉体颗粒无团聚、填充性好、成本低、产量大、制备工艺简单等优点，迄今仍是常用的方法。于小林等[154]以锐钛矿TiO_2和Li_2CO_3为原料，无水乙醇作为分散剂，采用高温固相法合成了锂离子电池负极材料钛酸锂（$Li_4Ti_5O_{12}$）。经过电化学性能测试结果显示颗粒尺寸为$200 \sim 500nm$的$Li_4Ti_5O_{12}$在$0.5C$下首次放电比容量为$153.44mA \cdot h/g$，循环50次后，其容量保持率为95.43%。甚至在$10C$高倍率下，首次放电比容量仍保持在$80.0mA \cdot h/g$。即使在大倍率下进行充放电后，结构也依然保持完整。这得益于$Li_4Ti_5O_{12}$结构稳定的优势，使得$Li_4Ti_5O_{12}$具有优良的倍率性能和循环稳定性。

溶胶凝胶法：溶胶凝胶法是利用金属醇盐的水解和聚合反应制备金属氧化物或金属氢氧化物的均匀溶胶，然后利用溶剂、催化剂、配合剂等将溶胶浓缩成透明凝胶，再经干燥、热处理得到纳米微粒。该法可制备出粒径细小均一的$Li_4Ti_5O_{12}$材料，但是目前所使用的原料价格比较昂贵，有些原料为有机物，对健康有害，并且通常整个溶胶-凝胶过程所需时间较长，常需要几天或几周；此外，凝胶中存在大量微孔，在干燥过程中又将会逸出许多气体及有机物，并产生收缩而且影响条件很多，不易控制，很难适应工业大规模生产。李雅楠等[155]以醋酸锂、钛酸四丁酯为原材料，聚乙二醇6000为分散剂，通过溶胶-凝胶法合成$Li_4Ti_5O_{12}$前驱体，考察了烧结温度与保温时间对材料电化学性能的影响。结果显示非纳米$Li_4Ti_5O_{12}$材料作为"零应变"材料，在低倍率下充放电能够保持良好的循环性能，但是高倍率下容量衰减较为严重，倍率性能差。高分散纳米材料很好地改善了这一情况。高分散纳米材料在$0.1C$及$5C$下首次放电比容量分别达到$164mA \cdot h/g$和$127mA \cdot h/g$，经50次循环后仍保持在$162mA \cdot h/g$和$120mA \cdot h/g$。这是因为高分散纳米$Li_4Ti_5O_{12}$一方面能够与导电剂均匀混合，提高材料的电子传导率；另一方面缩短了锂离子的扩散路径，提高了材料的离子传导率。这使得材料即使在短时间内也能进行充分脱锂嵌锂反应，显示出优异的倍率性能。

熔融盐法：熔融盐法可以看成是对高温固相法的一种改进，在反应原料中加入低熔点盐作为高温反应时的溶剂。熔融盐的作用是通过提高扩散性来提高反应的动力学（因为物质在液相中的扩散系数要远远大于在固相中的扩散系数，所以相应地提高了反应物的活度)反应的机理可能为由于熔融盐介质的存在加快了反应物的分散,在适当的温度下反应物在溶液中进行反应,随着反应的进行,产物由于过饱和而在溶液中沉积[152]。Yang 等[153]以 TiO_2 和 $LiOH-H_2O$ 为原料,以 $LiCl-KCl$ 为熔融盐进行了研究。研究结果表明当 $LiCl/KCl=1.5$ 时,电化学性能最好,0.2C 倍率下,首圈放电 169mA · h/g,50 圈后仍可达 147mA · h/g。

水热合成法:在亚临界和超临界水热条件下,由于反应处于分子水平,反应活性提高,因而水热反应可以替代某些高温固相反应。又由于水热反应的均相成核及非均相成核机理与固相反应的扩散机制不同,因而可以创造出其他方法无法制备的新化合物和新材料。水热法作为一种常见的无机材料合成方法,它不仅可以合成纳米尺寸的颗粒,还能够通过改变水热条件和添加不同原料合成包括纳米管、纳米棒、纳米片、空心微球等不同形貌的 $Li_4Ti_5O_{12}$ 材料。闫慧等[156]以球形 TiO_2 和 LiOH 溶液为反应物,通过水热法合成了尖晶石型 $Li_4Ti_5O_{12}$。通过该法得到的产品颗粒大小均匀,粒度分布狭窄,在实验选定温度下所得的 $Li_4Ti_5O_{12}$ 均表现出良好的电化学性能。其中,800℃热处理所得样品的电化学性能最好,在室温下,以 35mA · h/g 的电流密度进行充放电,其可逆容量达到 162mA · h/g,同时这种材料也表现出良好的倍率性能,即使在 720mA · h/g 的电流密度条件下进行充放电,其可逆容量仍可达到 124mA · h/g。

王雁生等[157]以钛酸丁酯和乙酸锂为原料,三乙醇胺为结构导向剂,通过水热法合成前驱体,然后采用固相烧结制备 $Li_4Ti_5O_{12}$,探讨不同的钛锂比和煅烧温度对 $Li_4Ti_5O_{12}$ 结构和电化学性能的影响。结果表明:当钛和锂的摩尔比为 1:0.82、煅烧温度为 800℃时,制备得到平均粒径为 200nm 的纯相尖晶石型 $Li_4Ti_5O_{12}$,并具有良好的电化学性能。在 0.1C 倍率下,其首次放电比容量高达 181.7mA · h/g,经过 50 次循环后放电比容量仍为 151.5mA · h/g,从第 5 次到第 50 次循环,平均每个循环放电比容量衰减量仅为 6μA · h/g;当电流倍率增大到 2.0C 时,其首次放电比容量仍然保持在 135mA · h/g,从第 5 次到第 50 次循环,平均每个循环放电比容量衰减量为 0.48mA · h/g。

其他方法:除上述合成 $Li_4Ti_5O_{12}$ 的方法外,还有微波法、静电纺丝法、磁控溅射法等方法。例如,用微波加热也可以代替高温煅烧过程合成纳米材料,微波的高能量快速加热可瞬间反应制备 $Li_4Ti_5O_{12}$,进而减少反应物团聚。

综上所述,尖晶石型 $Li_4Ti_5O_{12}$ 材料作为一种新型锂离子电池负极材料,具有良好"零应变"特性及优异的循环性能、安全性能和热稳定性能等优点,国内外已有多家大型公司将 $Li_4Ti_5O_{12}$ 材料作为动力电池的负极材料开展了研究。但是 $Li_4Ti_5O_{12}$ 材料也存在电子电导率较低、放电平台较高、理论容量较低、振实密度较低等缺点。

3.10　锂金属负极

锂金属阳极因其具有极高的理论比容量(3860mA·h/g)、低的还原电位(相对于标准氢电极为3.040V)、质量轻(0.53g/cm³)等特点[158]而受到极大关注,被认为是可充电电池的理想阳极材料[159]。目前商业化石墨电极的比容量为387W·h/kg,且第一次充放电循环会产生很大的不可逆容量损失,用锂金属取代石墨电极,导致比能量增加约35%,电池水平能量密度增加约50%,金属锂作为阳极的利用能够进一步提高锂离子电池(LMB)的能量密度[160]。这样看来,金属锂作为负极具有较大的潜力,可以满足新兴产业对高比能量电池的严格要求,并充分发挥金属锂的优势。

3.10.1　锂金属负极的基本特点

安全性和高循环性能是金属锂阳极应用于商用可充电锂电池之前需要解决的主要问题。早在1962年,就有人用锂金属直接作为电池负极材料进行新型高能电池的研究。但是金属锂电极在充放电过程中容易产生锂枝晶,易从极板脱落,脱落后与极板的电接触断开,不能用于充放电反应,导致电池的容量降低[161];若锂枝晶逐渐生长,则会刺穿隔膜延伸到正极导致电池内部短路,引起火灾或者爆炸,引发安全问题。从根本原因来说,锂金属不能直接用于锂离子电池负极的原因是存在三个重要的缺陷:①锂金属与电解液复杂的界面反应导致较低的充放电循环效率及界面阻抗不断增加;②重复的充放电过程中锂枝晶的形成和生长,以及"死锂"的产生使活性物质减少并引发安全问题;③通过无限的体积变化引起的完全阳极消耗和电断开。

1. 复杂的界面反应

金属锂具有很强的还原性,由于其高化学/电化学活性,几乎所有可用的电解质都会在锂负极表面与锂发生化学或电化学反应,生成的还原产物沉积在锂负极表面,构成了锂电极/电解液界面的固体电解质界面膜(SEI膜),同时电解液在Li表面处不断减少[162]。SEI膜避免了金属锂与电解液的直接接触,因此可以抑制电解液在负极表面的持续还原分解。因此锂负极表面SEI膜的性质直接关系到金属锂的循环稳定性[163]。研究人员得出结论,SEI膜除了具有离子传导和电子阻挡能力外,还需要在成分、形态和离子电导率方面是均匀的。因为在循环过程中存在相当大的界面波动,因此SEI膜还需要有良好的柔韧性甚至弹性[164]。

锂金属与电解液的反应会降低电池的充放电效率,而且生成的SEI膜稳定性差,在电池的循环过程中,SEI膜极易破裂使得内部的锂又暴露在电解液中,持续消耗电解质,沉积在阳极表面上的这些不需要的产物的厚度将不断增加,当这种"沉积层"达到一定厚度之后,就会阻碍锂离子在电极界面层中的传递,从而增加阻抗,导致电极界面极化的不断增加,缩短电池循环寿命,降低电池的库仑效率。

2. 枝晶、"死锂"的形成

在电镀期间,正负极之间的电解质存在阳离子浓度梯度。电流只能维持一段称为 Sand's 时间(τ)的时间,一旦达到临界电流密度 J^* ,此后阳离子在电解质中耗尽,从而破坏电镀电极表面的电中性。这会形成局部空间电荷,引起大的电场并导致枝晶形成[165]。该理论可以很好地预测电流密度高于 J^* 的锂枝晶的电镀。但由于 J^* 在常用的电解质和电池配置中相对较大,因此电池通常远低于 J^* 运行。然而,仍然可以观察到树枝状锂沉积[166],因为它没有考虑界面化学。

在锂电极的循环过程中,金属锂在电极表面的不均匀沉积和溶解导致枝晶和"死锂"的产生[167]。锂在电极表面沉积的位置是锂离子电导率高的位置,如放电时的"坑"。固体电解质中间相(SEI)膜是与枝晶形成有关的另一个关键因素。与其他高氧化还原电位金属相比,电解质与金属锂在其表面反应自发形成 SEI 膜。但是 SEI 膜表现出不均匀的锂离子传导性,这有助于不均匀的成核。此外,SEI 膜的机械性能也影响沉积行为。由无机盐组成的常见 SEI 层表现出较差的弹性,在循环过程中体积变化大的情况下,SEI 会形成裂缝;在 SEI 膜内一旦形成针孔,就会暴露出下面的新鲜锂,新鲜锂表面呈现出更高的电导率和表面积,其具有更低的锂离子传输能垒。锂离子在 SEI 膜破裂处优先沉积形成针状锂,一定量的针状锂枝晶形成后,锂在枝晶的尖端或结点处沉积,逐渐导致苔藓状锂的形成。裂缝处增强的离子通量增强了不均匀的锂沉积[168]。最终,锂枝晶生长,并且在没有机械约束的情况下加速该过程。在锂的溶解过程中,结点处的锂优先溶解,导致部分锂枝晶极易从极板脱落,脱落后与极板的电接触断开,不能用于充放电反应,从而产生"死锂"。"死锂"的产生会降低电池中活性锂的量,导致电池的容量衰减。若锂枝晶逐渐生长,则会刺穿隔膜与电池正极接触导致内部短路,引起火灾或者爆炸。在整个过程中,枝晶的形成和生长是电池安全性和电化学性能衰减的主要因素。

3. 相对体积变化

所有电极材料在充放电期间都会经历体积变化,甚至商业石墨电极也显示出约 10% 的体积变化[169]。合金型阳极的体积变化要大得多(Si 约为 400%)[170]。巨大的体积变化也是金属锂负极的缺陷,由于锂离子在负极上沉积/溶解的反应特性,锂电极的相对体积变化是无限大的[171]。在锂沉积期间,巨大的体积膨胀会破坏脆弱的 SEI 膜,促进锂枝晶生长并通过裂缝。在锂溶解期间,体积收缩进一步使 SEI 膜破裂,而从树枝状晶体或其根部的断裂会破坏电接触并产生"死"锂。在连续循环之后,重复的过程可以产生多孔锂电极,厚的累积 SEI 膜和过量的死锂,导致阻挡的离子传输和容量衰减。从实际角度来看,商用电极的面积容量至少需要达到 $3mA \cdot h/cm^2$,相当于锂的厚度相对变化约 $14.6\mu m$。未来电池的值可能更高,这意味着在循环期间锂界面的移动可能是几十微米,这对 SEI 膜的稳定性提出了严峻的挑战。循环时由体积变化引起的 SEI 膜的重复断裂和修复,可能导致持久的不可逆锂耗尽。

3.10.2　锂金属负极的改性

尽管金属锂负极的应用存在上述挑战,但由于它的能量密度极高,在过去的几十年中,众多科研工作者付出了大量的努力,对金属锂负极的改性进行研究以克服这些问题,并且已经提出了几种实验方法和策略。目前对锂金属负极的研究主要集中在锂电极的改性和保护方面,主要目的是抑制锂枝晶的形成和生长,提高锂负极的安全性能和循环稳定性。对锂电极改性的思路主要有两个方面:一是提高电极表面的 SEI 膜的性能;二是通过对锂电极结构的改性,抑制锂电极的体积变化和锂枝晶的生长,提高锂电极的稳定性。

1. 电解液优化

添加剂和电解质的浓度会影响 SEI 膜的性质和锂沉积行为,因此调节电解液是促进电池长期循环和抑制晶突生长的最有效和方便的途径之一。由于其突出的影响和低成本,电解质调节非常适合于商业化。电解液组分,尤其是电解液添加剂,已经被广泛研究以提高锂负极的电化学性能。电解液中添加剂的加入主要有两个作用,一是通过在锂负极表面的分解、聚合或吸附,改善 SEI 膜的物理化学性质,从而提高锂电极/电解液界面的稳定性,二是利用适合于金属锂的表面活性剂来改变金属锂电极表面不同位置的反应活性,使锂沉积时电流均匀分布,抑制不均匀锂离子沉积引发的锂枝晶的生长[172]。电解液中添加剂的存在(有时甚至在 ppm 水平)可以明显改善锂沉积形貌和循环效率。因此,使用电解液添加剂对锂负极改性是最经济、最简便的方法。电解液添加剂可分为无机添加剂和有机添加剂两大类。

1) 无机类电解液添加剂

(1) 添加 CO_2、SO_2 等酸性气体。电解液中 CO_2、SO_2 等酸性气体添加剂的作用机理是通过添加剂与锂金属表面原始钝化层的反应,形成稳定、致密的 SEI 膜,抑制金属锂与电解液的反应,减缓锂枝晶的生长,从而提高锂负极的库仑效率和循环稳定性。CO_2 的加入不仅能提高锂金属电极的充放电性能,还可以减弱一些有害杂质所产生的副作用[173]。CO_2 作为添加剂可在锂金属表面生成 Li_2CO_3,具有较小的电阻,而且能形成紧密的 SEI 膜。通过加入 SO_2,在锂的表面形成一层保护膜,其主要成分为 LiS_2O_4,可达到抑制枝晶的目的,同时提高了锂负极的充放电效率。

(2) 添加 HF。在众多添加剂中,HF 被深入研究。Kanamura 等[174]直接采用 HF 作为电解液添加剂,HF 可以将一些含氧锂盐转变为 LiF,在锂金属表层形成一层均匀的 LiF 沉积层,从而提高电极表面的均匀性,减少锂枝晶的生长。在碳酸盐电解质中,少量 HF 和 H_2O 能够促进 Li 表面上致密且均匀的 LiF / Li_2O 形成,使 Li 沉积变得平滑或者半球形。但是这种保护因为 SEI 膜最终变得太厚,而 HF 在沉积期间不能到达 Li 表面在几个循环后消失,库仑效率也不足。用氟化盐如 $LiPF_6$ 和其他含活性氟的添加剂,如 $(C_2H_5)_4NF(HF)_4$ 和 $LiF^{[175]}$ 也观察到这种现象。作为成膜添加剂的氟代碳酸亚乙酯能产生薄、柔软且均匀的表面薄膜,有助于 SEI 膜的锂离子传输,达到抑制锂枝晶的理想效果。

(3)添加无机离子。电解液中的无机离子如 Mg^{2+}、Zn^{2+}、Ga^{2+} 等在锂沉积过程中发生氧化还原反应,并与锂形成合金,降低了锂的反应活性,有利于防止锂枝晶的形成[176]。最近在碳酸盐电解质中通过使用 Cs^+ 和 Rb^+ 作为添加剂实现了无枝晶的 Li 沉积。在 Li 沉积期间,M^+ 将被吸附在 Li 表面上而不被还原。如果发生不均匀的 Li 沉积,则凸起处的电荷累积将在尖端附近吸引更多的 M^+ 以形成静电屏蔽。这个带正电的屏蔽层排斥进入的 Li^+,从而减缓了突起的传播。可以观察到沉积质量的显著改善。

(4)添加痕量水。Qian 等研究了痕量水分作为电解液添加剂抑制锂枝晶的形成和生长。通过控制电解液中水分含量(25~50ppm),抑制 $LiPF_6$ 基电解液中的锂枝晶,同时避免水分的不利影响。痕量水与 $LiPF_6$ 反应生成的痕量 HF,在首次锂沉积过程中,HF 优先还原分解在电极表面形成均匀、致密的富含 LiF 的 SEI 膜,这种富含 LiF 的 SEI 膜可以使电极表面的电场均匀分布,从而实现无枝晶的均匀锂沉积,同时,HF 的消耗可以消除其对电池其他组分的不利影响。

(5)添加金属盐化合物。电解液中金属盐化合物,如 AlI_3、MgI_2 的加入可显著提高电池的循环性能[177]。通过金属离子在锂电极表面与锂离子的共沉积,在电极表面形成锂合金层,降低锂电极表面的反应活性,抑制金属锂电极与电解液的界面反应,降低界面阻抗,从而提高锂负极的电化学性能。

(6)添加 Li 多硫化物和 $LiNO_3$。$LiNO_3$ 是醚电解质中的重要添加剂,单独用 $LiNO_3$ 在醚电解质中会出现枝晶,而在两种添加剂的存在下,Li 可以沉积成薄饼状形态而不产生枝晶。这是因于两种添加剂之间与 Li 反应的竞争。$LiNO_3$ 首先反应以钝化 Li 表面,然后 Li 多硫化物反应在 SEI 的上层中形成 Li_2S / Li_2S_2 以防止电解质分解。这种协同效应即使在高电流密度下也能够稳定循环。

2)有机类电解液添加剂

与无机添加剂相比,有机添加剂有助于改善表面层的柔韧性,这是由于有机类电解液添加剂可以在锂负极表面发生还原分解反应或聚合反应,可以形成弹性更好的 SEI 膜,改善锂负极/电解液的界面性质。典型的有机添加剂包括聚合物如碳酸亚乙烯酯、氟代碳酸亚乙酯、甲苯、吡咯等。其中,FEC 是最有效的,因为它是有机和无机添加剂的功能组合,Zhang 等在传统碳酸酯类电解液中加入 5% 的 FEC,FEC 的分解产物含有 C-F 聚合物和 LiF,可以在金属锂负极表面形成富含 LiF 的 SSEI 膜。

因此在锂阳极上形成的 SEI 膜结构致密稳定,具有优异的柔韧性以承受体积变化和快速锂离子扩散,有利于实现锂离子的均匀沉积,抑制锂枝晶的生长。即使在高电流密度下也是如此。

3)高浓度锂盐电解液

除了在电解液中加添加剂改性锂电极外,高浓度锂盐电解液的开发也是锂电极界面改性的重要手段。在电池循环过程中,枝晶生长使 Li 离子大量消耗的过程中,高 Li 盐浓度可以增加临界电流密度 J^* 并因此抑制枝晶的形成,而且高 Li 盐浓度可溶解不完全溶剂化的锂离子,使 Li 离子的迁移数增加,有利于提高电池的充放电速率。尽管高盐浓度为 Li 阳极的稳定和安全操作提供了途径,但是需要更经济地生产 Li 盐以降低成本。

2. 构建锂金属保护膜

SEI 膜的稳定性对电池的锂沉积/溶解行为和循环寿命具有直接影响。因此,对 SEI 膜的改性是解决 Li 金属挑战的关键方面。此外,稳定的 SEI 膜在电池中特别重要,其中活性物质可以通过电解质自由扩散,在理想情况下,SEI 膜应该是同质的,具有相对薄、紧凑的结构、高离子导电性和高弹性。在电解液中添加添加剂是在充放电过程中形成 SEI 膜来改性锂金属/电解液界面性质,但是随着充放电的进行,添加剂的含量会逐渐减少,可能导致形成的 SEI 膜的均匀性有所下降。根据这一缺陷,提出在电池装配之前,在锂金属表面形成一个 SEI 保护膜。

1)金属锂表面制备固体电解质膜

一种常用的稳定 SEI 膜的方法是在循环之前在金属锂表面预先生成一层保护膜,以避免电池在充放电过程中生成的 SEI 膜质地疏松且覆盖不全面,其被称为"人造 SEI 膜"。人造 SEI 膜会抑制锂金属与电解液的直接接触,是防止晶突繁殖的强大物理屏障[178]。人造 SEI 膜通常均匀完整且致密,一般情况下具有良好的离子传导性和较差的电子导电性,可以促进锂离子的均匀沉积/溶解,同时这层保护膜还可以随着金属锂上下移动。制备这类固体电解质膜常用的方法包括离子溅射法、化学物理气相沉积法等技术。

目前对碳材料人造 SEI 膜的研究较多。Zheng 等[179]引入单层纳米结构的交联的同时这层保护膜还可以随着金属锂的定形空心碳微球作为人造 SEI 膜,无定形碳层电子的电导率仅为 7.5S/m,抑制了电子在 SEI 膜中的传导,从而抑制电解液在界面处与金属锂的反应,抑制锂枝晶的形成和生长。其他碳类材料也用来做锂金属保护膜,如多层石墨烯包覆、磁控溅射薄层富勒烯 C_{60} 膜[180]等。

Li 等[181]在锂金属表面包覆薄且均匀的 Li_3PO_4 层作为人造 SEI 膜,由于该钝化层具有良好的锂离子传导性和高杨氏模量,修饰电极在 200 次循环后表现出光滑、紧凑的界面而没有明显的枝晶。

2）表面锂离子通量均匀化

锂金属电极表面分布的空间不均匀性直接导致了锂枝晶的形成与生长。因此若能使锂金属电极表面均匀,就可以抑制锂枝晶的形成。增加电极的有效表面积以消散电流密度是一个有效的方法,这可以通过操纵金属集电器的纳米结构来实现。

改善隔膜的电解质润湿性是另一种方法,如使用简单的涂覆法[182],由于其优异的电子绝缘性能和适应体积变化的灵活性,多孔聚乙炔膜、HF 辅助蚀刻的纳米多孔聚二甲基硅氧烷(PDMS)膜因此已被认为是合适的涂层。Liang 等[183]采用氧化聚丙烯腈纳米纤维作为锂负极的表面保护层,聚合物纤维层的极性官能团结合电解质中的 Li 离子且阻止它们朝向具有高度浓缩的 Li 离子通量的点移动,诱导锂离子在表面均匀分布,从而抑制锂枝晶的形成和生长,实现均匀的锂沉积。使用聚合物纤维网络保护后,锂电极的循环稳定性提高了,锂电极循环效率也提高了。但这种方法也存在缺点,如果涂膜厚度控制不好有可能会降低锂金属的动力学性能。

3）纳米级界面工程

这种方法是指用化学稳定且机械强度高的支架来增强在电化学循环期间形成的 SEI 膜[184],使 SEI 膜在支架顶部形成,锂离子可以自由地穿过支架,使得沉积可以在下面发生而不形成树枝状结构。理想情况下二者在电池循环期间会一起移动而不会破裂。例如,如果使用 Cu 上互连的中空碳纳米球,则形成柱状 Li,而不是树枝状结构[185]。以这种方式生产的电极具有更好的库仑效率和循环稳定性。同时还提出了在铜集电器上直接生长二维六方氮化硼,其显示出良好的化学稳定性和机械强度提供了稳定的 SEI 膜和光滑的 Li 沉积。直接在 Cu 上生长或转移到 Li 表面的石墨烯 SEI 膜在支架中也是有效的。

当选择合适的支架材料时,需要相对低的电导率,以防止在其上面直接沉积 Li。还需要支架和集电器之间相对弱的相互作用以使支架在循环期间具有伸展和收缩的灵活性。鉴于新兴的 2D 材料和纳米结构合成的大型工具箱,预计会有更多的脚手架设计。

3. 锂金属负极的其他改进思路

1）采用金属锂合金材料

用锂合金代替金属锂作为电池的负极,可以降低负极与电解液的反应活性,使电极/电解液的界面比较稳定,同时,在锂沉积-溶解过程中,合金可以作为三维结构电极骨架,容纳枝晶的生长,抑制电极的体积变化,从而提高电极的稳定性与安全性。

Zhang 等[186]研究了富锂的 LiB 合金负极(B 含量为30%),100 次循环后充放电效率始终保持在90%以上,富锂合金负极可以明显提升锂电极效率和循环稳定性。Robert A Huggins 研究了 Li-Sn 合金中最富锂的 $Li_{4.4}Sn(Li_{22}Sn_5)$，发现它的扩散系数很高。Chang 等研究了在 Li-Al 合金中添加少量稀土元素可以增强其电极性能。Liu 等[187]研究了富锂三元合金 $Li_{2.6}BMg_{0.05}$ 负极，循环过程中无锂枝晶的产生，富锂合金可以降低电压极化，稳定界面阻抗。

2) 金属锂粉末电极

研究人员首先制备出锂颗粒，然后用黏结剂 PVDF 制成电极片，并将其组装成电池。实验结果表明在相同的电流条件下粉末电极比普通电极的电压显示出较小的提高，在多次循环后电极的性能及阻抗变化较小。

3.10.3　固态锂金属电池

随着固体电解质性能的不断提高，锂金属电池的应用再次成为可能。固体电解质作为物理屏障可以很好地阻止锂金属产生的枝晶传播，因此开发先进的固体电解质对于防止 Li 枝晶生长和 Li 的副反应非常重要。为了使固体电解质有效，其需要满足以下几个要求：①具有足够高的弹性模量来阻止 Li 枝晶的生长。②在环境温度下具有足够的锂离子电导率。③宽的电化学稳定窗口，在任一电极上无分解。④界面电阻低，与两个电极的附着力良好[188]。

固体电解质主要分为两类：无机陶瓷电解质和固体聚合物电解质。无机陶瓷电解质是指各种无机锂离子导电物质，如硫化物、氧化物、氮化物和磷酸盐。固体聚合物电解质是指将锂盐与聚合物混合的一类物质[189]。

无机陶瓷电解质表现出良好的离子导电性和机械性能[190]，其中一些离子的电导率可以接近甚至超过液体电解质，如 $Li_{10}GeP_2S_{12}$[191]，多数无机陶瓷的弹性模量范围从几十到几百 GPa，有足够的能力防止锂枝晶的形成，但是高弹性模量材料常常不能提供良好的附着力[192]，而较低的附着力会增加电池循环过程中的界面阻力，导致电池的循环性能下降。此外，无机陶瓷电解质的电化学稳定窗口比较狭窄，尤其是硫化物，使得锂金属和电解质界面处仍然会发生氧化还原反应，导致离子电导率下降，影响电池的循环性能。

固体聚合物电解质的弹性模量是中等数量级（通常<0.1GPa），离子电导率也比液体低 2~5 个数量级。因此，简单的聚合物/盐混合物不能完全阻止 Li 枝晶的生长[193]。但是固体聚合物电解质和电极之间的黏附性很好，并且大多数固体聚合物电解质表现出良好的柔韧性和可扩展性，这有利于实际的电池制造与应用。

为解决弹性模量与黏附难以一致的问题，将锂离子导电无机陶瓷和固体聚合物电解质结合是一种很有前景的方法。研制了一种单颗粒厚的 $Li_{1.6}Al_{0.5}Ti_{0.95}Ta_{0.5}(PO_4)_3$ 与柔性聚合物相结合的膜，既具有柔韧性，又能抑制枝晶[194]。最近，将 $Li_{1.3}Al_{0.3}Ti_{1.7}(PO_4)_3$（LATP）和交联聚（乙二醇）甲基醚丙烯酸酯结合在一起，形成了一种聚合物/陶瓷/聚合物的夹层结构，使之成为解决弹性模量–黏附难题和抑制锂枝晶生长的有效途径。

参 考 文 献

[1] Fauteux D, Koksbang R. Rechargeable lithium battery anodes: alternatives to metallic lithium. Journal of Applied Electrochemistry,1993,23(1):1-10.

[2] Endo M,Kim C,Nishimura K,et al. Recent development of carbon materials for Li ion batteries. Carbon,2000,38(2):183-197.

[3] Dahn J R,Zheng T,Liu Y,et al. Mechanisms for lithium insertion in carbonaceous materials. Science, 1995,270(5236):590-593.

[4] Franklin R E. Crystallite growth in graphitizing and non-graphitizing carbons. Proceedings of the Royal. Series A. Mathematical and Physical Sciences,1951,209:196-218.

[5] Eiichi Yasuda and Kazuo KobayAashi. Carbon Dictionary. 成会明,等,译. 北京:化学工业出版社,2000.

[6] Bernal J D. The structure of graphite. Journal of the Franklin Institute,1925,199(4):483-484.

[7] Yaya A,Agyei Tuffour B,Bodoo Arhin D,et al. Layered nanomaterials-a review. Global Institute for Research and Education,2012,1(2):32-41.

[8] Bernal J D. The structure of graphite. Proceedings of the Royal Society of London, series A, Containing Papers of a Mathematical and Physical Character,1924,106(740):749-773.

[9] Shi H,Barker J,Saïdi M Y,et al. Graphite structure and lithium intercalation. Journal of Power Sources,1997,68(2):291-295.

[10] Walter H. Tailor made carbon and graphite based anode materials for lithium ion batteries. Battery+ Storage,2013.

[11] 钟守仁,张兰英. 碳素材料微观结构参数测试方法:中国,QJ 2507-1993. 北京:中华人民共和国航空航天工业部,1993.

[12] Tuinstra F, Koenig J L. Raman spectrum of graphite. The Journal of Chemical Physics, 1970, 53(3):1126-1130.

[13] Maslova O A, Ammar M R, Guimbretiere G, et al. Determination of crystallite size in polished graphitized carbon by Raman spectroscopy. Physical Review B,2012,86(13):134-205.

[14] Kohs W, Santner H J, Hofer F, et al. A study on electrolyte interactions with graphite anodes exhibiting structures with various amounts of rhombohedral phase. Journal of Power Sources,2003, 119(121):528-537.

[15] Spahr M E,Wilhelm H,John F,et al. Purely hexagonal graphite and the influence of surface modifications on its electrochemical lithium insertion properties. Journal of the Electrochemical Society, 2002,149(8):960-966.

[16] Zheng T,Reimers J N,Dahn J R. Effect of turbostratic disorder in graphitic carbon hosts on the intercalation of lithium. Phys Rev B Condens Matter,1995,51(2):734-741.

[17] Ohzuku T, Iwakoshi Y, Sawai K. Formation of lithium-graphite intercalation compounds in nonaqueous electrolytes and their application as a negative electrode, for a lithium ion (Shuttlecock) cell. ChemInform,1993,140(9):2490-2497.

[18] 郭炳焜,李新海,杨松青. 化学电源:电池原理及制造技术. 长沙:中南工业大学出版社, 2000.

[19] Nakadaira M,Saito R,Kimura T. Excess. Li ions in a small graphite cluster. Journal of Materials Research,1997,12(05):1367-1375.

[20] Sato K,Noguchi M,Demachi A,et al. A mechanism of lithium storage in disordered carbons. Science,1994,264(5158):556-558.

[21] Menachema C,Peled E,Burstein L,et al. Characterization of modified NG7 graphite as an improved anode for lithium-ion batteries. Journal of Power Sources,1997,68(2):277-282.

[22] Mabuchi A,Tokumitsu K,Fujimoto H,et al. Charge-discharge characteristics of the mesocarbon miocrobeads heat-treated at different temperature. Journal of the Electrochemical Society, 1995, 142(4):1041-1046.

[23] Buiel E,Dahn J R. Li-insertion in hard carbon anode materials for Li-ion batteries. Electrochimica Acta,1999,45(1999):121-130.

[24] Tatsumi K,Iwashita N,Sakaebf H,et al. Influence of the graphitic structure on the electrochemical characteristics for the anode of secondary lithium batteries. Chemlnform,1995,142(3):716-720.

[25] Liu Q,Zhang T,Bindra C,et al. Effect of morphology and texture on electrochemical properties of graphite anodes. Journal of Power Sources,1997,68(2):287-290.

[26] Ogumi Z,Wang H. Carbon Anode Materials for Lithium-Ion Batteries. New York:Springer,2009.

[27] Nishida T. Trends in Carbon Material as an Anode in Lithium-Ion Battery. New York: Springer,2009.

[28] 大谷杉郎,真田雄三. 炭化工学基础. 张名大,杨俊英,译. 中国科学院沈阳金属研究所,兰州炭素厂研究所,1985.

[29] 陈蔚然. 碳素材料工艺基础. 长沙:湖南大学出版社,1984.

[30] https://wenku. baidu. com/view/60a1534669eae009581becaa. html.

[31] Mundszinger M,Farsi S,Rapp M. Morphology and texture of spheroidized natural and synthetic-graphites. Carbon,2017,111:764-773.

[32] Natarajan C,Fujimoto H,Mabuchi,et al. Effect of mechanical milling of graphite powder on lithium intercalation properties. Journal of Power Sources,2001,92(1-2):187-192.

[33] Yoshio M,Wang H Y,Fukuda K,et al. Improvement of natural graphite as a lithium-ion battery anode material, from raw flake to carbon-coated sphere. Journal of Materials Chemistry, 2004, 14(11):17-54.

[34] Wang H,Ikeda T,Fukuda K. Effect of milling on the electrochemical performance of natural graphite as an anode material for lithium-ion battery. Journal of Power Sources,1999,83:141-147.

[35] Oberlin A. Crbonization and graphitization. Carbon,1984,22(6):SZI-541.

[36] 石井义人,西田达也. 石墨颗粒以及使用石墨颗粒作为负极的锂二次电池:CN97197784. 4. 1999.

[37] 邱海鹏,宋永忠,刘朗,等. 石墨化温度及掺硅组分对再结晶石墨传导性能及微观结构的影响. 功能材料,2002,33(6).

[38] 张磊. 机械合金化法制备锂离子电池 Si 基负极材料及其电池性能研究. 天津:天津理工大学,2011.

[39] Zhang W J, A review of the electrochemical performance of alloy anodes for lithium-ion batteries. J Power Sources, 2011, 196:13-24.

[40] 王洪波,周艳红,陶占良,等. 锂离子电池硅基负极材料研究进展. 电源技术,2009,11: 1029-1032.

[41] 张瑞. 金属硅储锂性能的研究. 天津:天津理工大学,2013.

[42] Dey A N. Electrochemical alloying of lithium in organic electrolytes. Journal of the Electrochemical Society, 1971, 118:1547-1549.

[43] Sharma R A, Seefurth R N. Thermodynamic properties of the lithium-silicon system. Journal of the Electrochemical Society, 1976, 123:1763-1768.

[44] Seefurth R N, Sharma R A. Investigation of lithium utilization from a lithium-silicon electrode. Journal of the Electrochemical Society, 1977, 124:1207-1214.

[45] Boukamp B A, Lesh G C, Huggins R A. All-solid lithium electrodes with mixed-conductor matrix. Journal of the Electrochemical Society, 1981, 128:725-729.

[46] Zhang W J. A review of the electrochemical performance of alloy anodes for lithium-ion batteries. Journal of Power Sources, 2011, 196:13-24.

[47] Liang B, Liu Y, Xu Y. Silicon-based materials as high capacity anodes for next generation lithium ion batteries. Journal of Power Sources 2014, 267:469-490.

[48] Ng S H, Wang J, Wexler D, et al. Highly reversible lithium storage in spheroidal carbon-coated silicon nanocomposites as anodes for lithium-ion batteries. Angewandte Chemie, 2006, 45: 6896-6899.

[49] Chan C K, Ruffo R, Hong S S, et al. Surface chemistry and morphology of the solid electrolyte interphase on silicon nanowire lithium-ion battery anodes. Journal of Power Sources, 2009, 189: 1132-1140.

[50] Oumellal Y, Delpuech N, Mazouzi D, et al. The failure mechanism of nano-sized Si-based negative electrodes for lithium ion batteries. Journal of Materials Chemistry, 2011, 21:6201-6208.

[51] Ashuri M, He Q, Shaw L L. Silicon as a potential anode material for Li-ion batteries:where size, geometry and structure matter. Nanoscale, 2016, 8:74-103.

[52] Ma H, Cheng F, Chen J Y, et al. Nest-like silicon nanospheres for high-capacity lithium storage Advanced Materials, 2007, 19:4067-4070.

[53] Chan C K, Peng H, Liu G, et al. High-performance lithium battery anodes using silicon nanowires. Nature Nanotechnology, 2008, 3:31-35.

[54] Liu N, Lu Z, Zhao J, et al. A pomegranate-inspired nanoscale design for large-volume-change lithium battery anodes. Nature Nanotechnology, 2014, 9:187-192.

[55] Baggetto L, Danilov D, Notten P H. Honeycomb-structured silicon:remarkable morphological changes induced by electrochemical(De)lithiation. Advanced Materials, 2011, 23:1563-1566.

[56] Yu Y, Gu L, Zhu C, et al. Reversible storage of lithium in silver-coated three-dimensional macroporous silicon. Advanced Materials, 2010, 22:2247-2250.

[57] Li X, Gu M, Hu S, et al. Mesoporous silicon sponge as an anti-pulverization structure for high-performance lithium-ion battery anodes. Nature Communications, 5:2014:4105.

[58] Wilson A M, Reimers J N, Fuller E W, et al. Lithium insertion in pyrolyzed siloxane polymers. Solid State Ionics, 1994, 74:249-254.

[59] Xue J S, Myrtle K, Dahn J R. An epoxy-silane approach to prepare anode materials for rechargeable lithium ion batteries. Journal of the Electrochemical Society, 1995, 142:2927-2935.

[60] Xing W B, Wilson A M, Eguchi K, et al. Pyrolyzed polysiloxanes for use as anode materials in lithium-ion batteries. Journal of the Electrochemical Society, 1997, 144:2410-2416.

[61] Xing W B, Wilson A M, Zank G, et al. Pyrolysed pitch-polysilane blends for use as anode materials in lithium ion batteries. Solid State Ionics, 1997, 93:239-244.

[62] Wilson A M, Xing W, Zank G, et al. Pyrolysed pitch-polysilane blends for use as anode materials in lithium ion batteries II: the effect of oxygen. Solid State Ionics, 1997, 100:259-266.

[63] Wilson A M, Way B M, Dahn J R, et al. Nanodispersed silicon in pregraphitic carbons. Journal of Applied Physics, 1995, 77:2363-2369.

[64] Wang C S, Wu G T, Zhang X B, et al. Lithium insertion in carbon-silicon composite materials produced by mechanical milling. Journal of the Electrochemical Society, 1998, 145:2751-2758.

[65] Kim I S, Kumta P N. High capacity Si/C nanocomposite anodes for Li-ion batteries. Journal of Power Sources, 2004, 136:145-149.

[66] Liu Y, Hanai K, Yang J, et al. Silicon/carbon composites as anode materials for Li-ion batteries electrochem. Solid State Letters, 2004, 7:A369.

[67] Guo Z P, Milin E, Wang J Z, et al. Silicon/disordered carbon nanocomposites for lithium-ion battery anodes. Journal of the Electrochemical Society, 2005, 152:A2211-A2216.

[68] Hanai K, Liu Y, Imanishi N, et al. Electrochemical studies of the Si-based composites with large capacity and good cycling stability as anode materials for rechargeable lithium ion batteries. Journal of Power Sources, 2005, 146:156-160.

[69] Guo Z P, Wang J Z, Liu H K, et al. Electrochemical studies of the Si-based composites with large capacity and good cycling stability as anode materials for rechargeable lithium ion batteries. Journal of Power Sources, 2005, 146:448-451.

[70] Kim T, Mo Y H, Nahm K S, et al. Carbon nanotubes (CNTs) as a buffer layer in silicon/CNTs composite electrodes for lithium secondary batteries. Journal of Power Sources, 2006, 162: 1275-1281.

[71] Shu J, Li H, Yang R Z, et al. Cage-like carbon nanotubes/Si composite as anode material for lithium ion batteries. Electrochemistry Communications, 2006, 8:51-54.

[72] Gao P F, Nuli Y, He Y S, et al. Direct scattered growth of MWNT on Si for high performance anode material in Li-ion batteries. Chemical Communications, 2010, 46:9149-9151.

[73] Zhang Y, Zhang X G, Zhang H L, et al. Composite anode material of silicon/graphite/carbon nanotubes for Li-ion batteries. Electrochimica Acta, 2006, 51:4994-5000.

[74] Zhou Z, Xu Y, Hojamberdiev M, et al. Enhanced cycling performance of silicon/disordered carbon/carbon nanotubes composite for lithium ion batteries. Journal of Alloys and Compounds, 2010, 507: 309-311.

[75] Hieu N T, Suk J, Kim D W, et al. Silicon nanoparticle and carbon nanotube loaded carbon nanofibers for use in lithium-ion battery anodes. Synthetic Metals, 2014, 198:36-40.

[76] Li Y, Xu G, Xue L, et al. Enhanced rate capability by employing carbon nanotube-loaded electrospun Si/C composite nanofibers as binder-free anodes. Journal of the Electrochemical Society, 2013, 160: A528-A534.

[77] Zhong L L, Guo J C, Mangolini L. A stable silicon anode based on the uniform dispersion of quantum dots in a polymer matrix. Journal of Power Sources, 2015, 273: 638-644.

[78] Park S, Ruoff R S. Chemical methods for the production of graphenes. Nature Nanotechnology, 2009, 4: 217-224.

[79] Chou S L, Wang J Z, Choucair M, et al. Enhanced reversible lithium storage in a nanosize silicon/graphene composite. Electrochemistry Communications, 2010, 12(2): 303-306.

[80] Lee J K, Smith K B, Hayner C M, et al. Silicon nanoparticles-graphene paper composites for Li ion battery anodes. Chemical Communications, 2010, 46: 2025-2027.

[81] Ko M, Chae S, Jeong S, et al. Elastic a-silicon nanoparticle backboned graphene hybrid as a self-compacting anode for high-rate lithium ion batteries. ACS Nano, 2014, 8: 8591-8599.

[82] Ji J, Ji H, Zhang L L, et al. Graphene-encapsulated Si on ultrathin-graphite foam as anode for high capacity lithium-ion batteries. Advanced Materials, 2013, 25: 4673-4677.

[83] Jung H, Park M, Han S H, et al. Amorphous silicon thin-film negative electrode prepared by low pressure chemical vapor deposition for lithium-ion batteries. Solid State Communications, 2003, 125: 387-390.

[84] Jung H, Park M, Yoon Y G, et al. Amorphous silicon anode for lithium-ion rechargeable batteries. Journal of Power Source, 2003, s 115: 346-351.

[85] Maranchi J P, Hepp A F, Kumta P N. High capacity, reversible silicon thin-film anodes for lithium-ion batteries. Electrochem Solid-State Letters, 2003, 6(2003): A198-A201.

[86] Uehara M, Suzuki J, Tamura K, et al. Thick vacuum deposited silicon films suitable for the anode of Li-ion battery. Journal of Power Sources, 2005, 146: 441-444.

[87] Park M S, Wang G X, Liu H K, et al. Electrochemical properties of Si thin film prepared by pulsed laser deposition for lithium ion micro-batteries. Electrochimica Acta, 2006, 51: 5246-5249.

[88] Hatchard T D, Topple J M, Fleischauer M D, et al, Electrochemical performance of SiAlSn films prepared by combinatorial sputtering. Electrochem Solid State Letters, 2003, 6: A129-A132.

[89] Moon T, Kim C, Park B. Electrochemical performance of amorphous-silicon thin films for lithium rechargeable batteries. Journal of Power Sources, 2006, 155: 391-394.

[90] Chen L B, Xie J Y, Yu H C, et al. Si-Al thin film anode material with superior cycle performance and rate capability for lithium ion batteries. Electrochimica Acta, 2008, 53: 8149-8153.

[91] Chen L B, Xie J Y, Yu H C, et al. An amorphous Si thin film anode with high capacity and long cycling life for lithium ion batteries. Journal of Applied Electrochemistry, 2009, 39: 1157-1162.

[92] Liu P, Zheng J, Qiao Y, et al. Porous Si-Al composite anode with three-dimensional macroporous substrate for lithium-ion batteries. J Solid State Electrochemistry, 2014, 18: 1799-1806.

[93] Lu Z, Zhu J, Sim D, et al. Synthesis of ultrathin silicon nanosheets by using graphene oxide as template. Chemical Materials, 2011, 23: 5293-5295.

[94] Kulish V V, Malyi O I, Ng M F, et al. Enhanced Li adsorption and diffusion in silicon nanosheets based on first principles calculations. RSC Advances, 2013, 3: 4231-4236.

[95] Malyi O, Kulish V V, Tan T L, et al. A computational study of the insertion of Li, Na, and Mg atoms into Si(111) nanosheets. Nano Energy, 2013, 2: 1149-1157.

[96] Gao B, Sinha S, Fleming L, et al. Alloy formation in nanostructured silicon. Advanced Materials, 2001, 13: 816-819.

[97] Cui L F, Ruffo R, Chan C K, et al. Crystalline-amorphous core-shell silicon nanowires for high capacity and high current battery electrodes. Nano Letters, 2009, 9: 491-495.

[98] Cui L F, Yang Y, Hsu C M, et al. Carbon-silicon core-shell nanowires as high capacity electrode for lithium ion batteries. Nano Letters, 2009, 9: 3370-3374.

[99] Park M H, Kim M G, Joo J, et al. Silicon nanotube battery anodes. Nano Letters, 2009, 9: 3844-3847.

[100] Liu Y, Wen Z Y, Wang X Y, et al. Electrochemical behaviors of Si/C composite synthesized from F-containing precursors. Journal of Power Sources, 2009, 189: 733-737.

[101] Ge M Y, Rong J P, Fang X, et al. Porous doped silicon nanowires for lithium ion battery anode with long cycle life. Nano Letters, 2012, 12: 2318-2323.

[102] Jiang Z, Li C, Hao S, et al. An easy way for preparing high performance porous silicon powder by acid etching Al-Si alloy powder for lithium ion battery. Electrochimica Acta, 2014, 115: 393-398.

[103] He W, Tian H, Xin F, et al. Scalable fabrication of micro-sized bulk porous Si from Fe-Si alloy as a high performance anode for lithium-ion batteries. Journal of Material Chemistry A, 2015, 3: 17956-17962.

[104] Liu N, Huo K, McDowell M T, et al. Rice husks as a sustainable source of nanostructured silicon for high performance Li-ion battery anodes. Scientific Reports, 2013, 3: 1919.

[105] Yao Y, McDowell M T, Ryu I, et al. Interconnected silicon hollow nanospheres for lithium-ion battery anodes with long cycle life. Nano Letters, 2011, 11: 2949-2954.

[106] Besenhard J O, Komenda P, Paxinos A, et al. Binary and ternary Li-alloys as anode materials in rechargeable organic electrolyte Li-batteries. Solid State Zonics, 1986, 18-19: 823-827.

[107] Mao O, Dunlap R A, Dahn J R. Mechanically alloyed Sn-Fe(-C) powders as anode materials for Li-ion batteries: I. The Sn_2Fe-C System. Journal of the Electrochemical Society, 1999, 146: 405-413.

[108] Besenhard J O, Hess M, Komenda P. Dimensionally stable Li-alloy electrodes for secondary batteries. Solid State Ionics, 1990, 40-41: 525-529.

[109] Kim H, Choi J, Sohn H J, et al. The insertion mechanism of lithium into Mg_2Si anode material for Li-ion batteries. Journal of the Electrochemical Society, 1999, 146: 4401-4405.

[110] Moriga T, Watanabe K, Tsuji D, et al. Reaction mechanism of metal silicide Mg_2Si for Li insertion. Journal of Solid State Chemistry, 2000, 153: 386-390.

[111] Wang G X, Sun L, Bradhurst D H, et al. Nanocrystalline NiSi alloy as an anode material for lithium-ion batteries. Journal of Alloys and Compounds, 2000, 306: 249-252.

[112] Hwang S M, Lee H Y, Jang S W, et al. Lithium insertion in SiAg powders produced by mechanical alloying. Electrochem Solid-State Letters, 2001, 4: A97-A100.

[113] Wolfenstine J, $CaSi_2$ as an anode for lithium-ion batteries. Journal of Power Sources, 2003, 124: 241-245.

[114] Lee H Y, Lee S M. Graphite-FeSi alloy composites as anode materials for rechargeable lithium batteries. Journal of Power Sources, 2002, 112:649-654.

[115] Winter M, Brodd R J. What are batteries, fuel cells, and supercapacitors. Chemical Reviews, 2004, 104:4245-4269.

[116] Luo X, Wang J, Dooner M, et al. Overview of current development in electrical energy storage technologies and the application potential in power system operation. Applied Energy, 2015, 137(C):511-536.

[117] 王亚丽, 于晶, 李榕, 等. 锂离子电池负极材料 SnO_2 的形貌调控合成. 化学进展, 2012, 11:2132-2142.

[118] 褚道葆, 李建, 袁希梅, 等. 锂离子电池 Sn 基合金负极材料. 化学进展, 2012, 8:1466-1476.

[119] Winter M, Besenhard J O. Insertion electrode materials for rechargeable lithium batteries. Advanced Materials, 1998, 10:725-763.

[120] Courtney I A, Dahn J R. Key factors controlling the beversibility of the reaction of lithium with SnO_2 and Sn_2BPO_6 glass. Journal of the Electrochemical Society, 1997, 144(9):2943-2948.

[121] Courtney I A, Dahn J R. Electrochemical and in situ X-ray diffraction studies of the reaction of lithium with tin oxide composites. Journal of the Electrochemical Society, 1997, 144(6):2045-2052.

[122] Chen K, Wang X, Wang G, et al. A new generation of high performance anode materials with semiconductor heterojunction structure of $SnSe/SnO_2@Gr$ in lithium-ion batteries. Chemical Engineering Journal, 2018, 347:552-562.

[123] Liu C, Wang P, Du C, et al. Hydrothermal self-assembly synthesis of porous SnO_2/graphene nanocomposite as an anode material for lithium ion batteries. Journal of Nanoscience and Nanotechnology, 2017, 17(3):1877-1883.

[124] Wen Z, Zheng F, Liu K. Synthesis of porous SnO_2 nanospheres and their application for lithium-ion battery. Materials Letters, 2012, 68(2):469-471.

[125] Li N, Martin C R, Scrosati B. Nanomaterial-based Li-ion battery electrodes. Journal of Power Sources, 2001, 97(7):240-243.

[126] Xu M, Zhao M, Wang F, et al. Facile synthesis and electrochemical properties of porous SnO_2, micro-tubes as anode material for lithium-ion battery. Materials Letters, 2010, 64(8):921-923.

[127] Zhou X, Zou Y, Yang J. Carbon supported tin-based nanocomposites as anodes for Li-ion batteries. Journal of Solid State Chemistry, 2013, 198(2):231-237.

[128] Li Z, Wu G, Liu D, et al. Graphene enhanced carbon-coated tin dioxide nanoparticles for lithium-ion secondary batteries. Journal of Materials Chemistry A, 2014, 2(20):7471-7477.

[129] Jun S C, Xiong W L. SnO_2 and TiO_2 nanosheets for lithium-ion batteries. Materials Today, 2012, 6:246-254.

[130] Dua Z, Zhang S, Xinga Y, et al. Nanocone-arrays supported Sn-based anode materials for lithium-ion battery. Journal of Power Sources, 2011, 196(22):9780-9785.

[131] 冯立明, 魏雪. Sn-Cu 合金电沉积制备工艺及结构研究. 材料工程, 2010, 2010(9):29-32.

[132] 马昊, 刘磊, 苏杰, 等. 锂离子电池 Sn 基负极材料研究进展. 材料工程, 2017, 45(6):138-146.

[133] Zhang W J. A review of the electrochemical performance of alloy anodes for lithium-ion batteries. Journal of Power Sources,2011,196(1):13-24.

[134] Dong X,Liu W B,Zhang S C,et al. Novel three dimensional hierarchical porous Sn-Ni alloys as anode for lithium ion batteries with long cycle life by pulse electrodeposition. Chemical Engineering Journal,2011,399-401:1457-1460.

[135] Huang L,Wei H B,Ke F S,et al. Electrodeposition and lithium storage performance of three-dimensional porous reticular Sn-Ni alloy electrodes. Electrochimica Acta, 2009, 54 (10): 2693-2698.

[136] Zhuo K,Jeong M G,Chung C H. Highly porous dendritic Ni-Sn anodes for lithium-ion batteries. Journal of Power Sources,2013,244(4):601-605.

[137] Shi X,Song H,Li A,et al. Sn-Co nanoalloys embedded in porous N-doped carbon microboxes as a stable anode material for lithium-ion batteries. Journal of Materials Chemistry A,2017,5(12): 5873-5879.

[138] Chang L,Wang L,Wang Z,et al. RE-Sn(RE = Y,Ce and Gd) alloys as anode materials for lithium-ion batteries. New Journal of Chemistry,2018,42:11525-11529.

[139] Yang H,Li L. Tin-indium/graphene with enhanced initial coulombic efficiency and rate performance for lithium ion batteries. Journal of Alloys and Compounds,2014,584:76-80.

[140] Trifonova A,Wachtler M,Winter M,et al. Sn-Sb and Sn-Bi alloys as anode materials for lithium-ion batteries. Ionics,2002,8(5-6):321-328.

[141] Zhang R,Upreti S,Whittingham M S. Tin-iron based nano-materials as anodes for Li-ion batteries. Journal of the Electrochemical Society,2011,158(12):A1498-A1504.

[142] Jang J Y,Park G,Lee S M,et al. Functional electrolytes enhancing electrochemical performance of Sn-Fe-P alloy as anode for lithium-ion batteries. Electrochemistry Communications, 2013, 35(10):72-75.

[143] Mcalister A J. The Al-Li(Aluminum-Lithium) system. Bulletin of Alloy Phase Diagrams,1984, 5(1):21.

[144] Hamon Y,Brousse T,Jousse F,et al. Aluminum negative electrode in lithium ion batteries. Journal of Power Sources,2001,97(7):185-187.

[145] Thackeray M M. Structure of intern metallic in lithium batteries. Electrchem Soc,1995,142:2558.

[146] Thackeray M M,Vaughey J T,Johnson C S,et al. Structure considerations of inter metallic electrodes for lithium batteries. Power Sources,2003,113:124-130.

[147] Hamon Y,Brousse T,Jou-sse F,et al. Aluminum negative electrode in lithium ion batteries. Power Sources,2001,97-98:185-187.

[148] Machill S,Rahner D. Studies of Al-Al$_3$Ni eutectic mixtures as insertion anodes in rechargeable lithium batteries. Journal of Power Sources,1997,68:506-509.

[149] Sun Z H,Jiang X Y. Aluminum alloy anode materials for Li-ion batteries. IOP Conference Series: Materials Science and Engineering,2017,182,conference 1:012011.

[150] Chen Z,Qian J,Ai X,et al. Electrochemical performances of Al-based composites as anode materials for Li-ion batteries. Electrochimica Acta,2009,54(16):4118-4122.

[151] Yang X, Wen Z, Xu X, et al. High-performance silicon/carbon/graphite composites as anode materials for lithium ion batteries. 无机非金属材料,2006,153(7):A1341-A1344.

[152] 谢文俊. 锂离子电池负极材料 $Li_4Ti_5O_{12}$ 的制备和电化学性能研究. 上海:上海交通大学,2012.

[153] Yi T F,Jiang L J,Shu J,et al. Recent development and application of $Li_4Ti_5O_{12}$,as anode material of lithium ion battery. Journal of Physics and Chemistry of Solids,2010,71(9):1236-1242.

[154] 于小林,吴显明,李叶华,等. 高温固相法合成 $Li_4Ti_5O_{12}$ 及其电化学性能研究. 广东化工,2017,44(7):61-63.

[155] 李雅楠,颉莹莹,王瑾,等. 溶胶-凝胶法合成纳米 $Li_4Ti_5O_{12}$ 负极材料及其电化学性能研究. 功能材料,2011,42(12):2249-2252.

[156] 闫慧,张欢,张鼎,等. 水热法合成高功率锂离子二次电池用球形 $Li_4Ti_5O_{12}$ 负极材料. 物理化学学报,2011,27(9):2118-2122.

[157] 王雁生,王先友,安红芳,等. 水热法合成尖晶石型 $Li_4Ti_5O_{12}$ 及其电化学性能. 中国有色金属学报,2010,20(12):2366-2371.

[158] Xu W,Wang J L,Ding F,et al. Lithium metal anodes for rechargeable batteries. Energy and Environment Science,2013. 7:513-537.

[159] Li Q,Quan B G,Li W J,et al. Electro-plating and stripping behavior on lithium metal electrode with ordered three-dimensional structure. Nano Energy,2018,45:463-470.

[160] Guo Y, Li H, Zhai T. Reviving lithium-metal anodes for next-generation high-energy batteries. Advanced Materials,2017,29(29):1700007.

[161] Aurbach D,Zinigrad E,Cohen Y,et al. A short review of failure mechanisms of lithium metal and lithiated graphite anodes in liquid electrolyte solutions. Solid State Ionics,2002,148(3):405-416.

[162] Tarascon J M, Armand M. Issues and challenges facing rechargeable lithium batteries. Nature,2001,414:359-367.

[163] Smith A J,Burns J C,Zhao X,et al. A high precision coulometry study of the SEI growth in Li/graphite cells. Journal of the Electrochemical Society,2011,158(5):A447-A452.

[164] Aurbach D. Review of selected electrode-solution interactions which determine the performance of Li and Li ion batteries. Journal of Power Sources,2000,89:206-218.

[165] Chazalviel J N. Electrochemical aspects of the generation of ramified metallic electrodeposits. Physical Reviews A,1990,42:7355.

[166] Rosso M,Gobron T,Brissot C,et al. Onset of dendritic growth in lithium/polymer cells. Journal of Power Sources,2001,97:804-806.

[167] Sundström L G, Bark F H. On morphological instability during electrodeposition with a stagnant binary electrolyte. Electrochimica Acta,1995,40(5):599-614.

[168] Cohen Y S,Cohen Y,Aurbach D. Micromorphological studies of lithium electrodes in alkyl carbonate solutions using in situ atomic force microscopy. The Journal of Physical Chemistry B,2000,104:12282-12291.

[169] Qi Y,Guo H,Hector L G,et al. Threefold increase in the Young's modulus of graphite negative electrode during lithium intercalation. Journal of the Electrochemical Society, 2010, 157:A558-A566.

[170] Chan C K, Peng H, Liu G, et al. High-performance lithium battery anodes using silicon nanowires. Nature Nanotechnology,2008,3:31-35.

[171] Lin D, Liu Y, Cui Y. Reviving the lithium metal anode for high-energy batteries. Nature Nanotechnology,2017,12(3):194-206.

[172] Kim H, Jeong G, Kim Y, et al. Metallic anodes for next generation secondary batteries. Chemical Society Reviews,2013,(23):9011-9034.

[173] Osaka T, Momma T, Matsumoto Y, et al. Surface characterization of electrodeposited lithium anode with enhanced cycleability obtained by CO_2 addition. Journal of the Electrochemical Society, 1997,144(144):1709-1713.

[174] Qian J, Xu W, Bhattacharya P, et al. Dendrite-free Li deposition using trace-amounts of water as an electrolyte additive. Nano Energy,2015,15:135-144.

[175] Sannier L, Bouchet R, Grugeon S, et al. Room temperature lithium metal batteries based on a new gel polymer electrolyte membrane. Journal of Power Sources,2005,144(1):231-237.

[176] Matsuda Y. Behavior of lithium/electrolyte interface in organic solutions. Journal of Power Sources, 1993,43(1-3):1-7.

[177] Ishikawa M, Yoshitake S, Morita M, et al. In situ scanning vibrating electrode technique for the characterization of interface between lithium electrode and electrolytes containing additives. Journal of the Electrochemical Society,1994,141(12):L159-L161.

[178] Monroe C, Newman J. The impact of elastic deformation on deposition kinetics at lithium/polymer interfaces. Journal of the Electrochemical Society,2005,152:A396-A404.

[179] Zheng G, Lee S W, Liang Z, et al. Interconnected hollow carbon nanospheres for stable lithium metal anodes. Nature Nanotechnology,2014,9(8):618-623.

[180] Yan K, Lee H W, Gao T, et al. Ultrathin two-dimensional atomic crystals as stable interfacial layer for improvement of lithium metal anode. Nano Letters,2014,14:6016-6022.

[181] Nian-Wu Li, Ya-Xia Yin, Chun-Peng Yang, et al. An artifical solid electrolyte interphase layer for stable lithium metal anodes. Advanced Materials,2016,28(9):1853-1858.

[182] Ryou M H, Lee D J, Lee J N, et al. Excellent cycle life of lithium-metal anodes in lithium-ion batteries with mussel-inspired polydopamine-coated separators. Advanced Energy Materials,2012, 2:645-650.

[183] Liang Z, Zheng G, Liu C, et al. Polymer nanofiber-guided uniform lithium deposition for battery electrodes. Nano Letters,2015,5(5):2910-2916.

[184] Yan K, Lee H W, Gao T, et al. Ultrathin two-dimensional atomic crystals as stable interfacial layer for improvement of lithium metal anode. Nano Letters,2014,14:6016-6022.

[185] Shan Liu, Aoxuan Wang, Qianqian Li, et al. Crumpled graphene balls stabilized dendrite-free lithium metal anodes. Joule,2018,2(1):184-193.

[186] Zhang X, Wang W, Wang A, et al. Improved cycle stability and high security of Li-B alloy anode for lithium-sulfur battery. Journal of Materials Chemistry A,2014,2(30):11660-11665.

[187] Liu S, Yang J, Yin L, et al. Lithium-rich $Li_{2.6}BMg_{0.05}$ alloy as an alternative anode to metallic lithium for rechargeable lithium batteries. Electrochimica Acta,2011,56(24):8900-8905.

[188] Ishikawa M, Machino S-I, Morita M. Electrochemical control of a Li metal anode interface: improvement of Li cyclability by inorganic additives compatible with electrolytes. Journal of Electroanalytical Chemistry,1999,473(1):279-284.

[189] Croce F, Appetecchi G B, Persi L, et al. Nanocomposite polymer electrolytes for lithium batteries. Nature,1998,394:456-458.

[190] Deng Z, Wang Z, Chu I H, et al. Elastic properties of alkali superionic conductor electrolytes from first principles calculations. Journal of the Electrochemical Society,2016,163:A67-A74.

[191] Kamaya N, Homma K, Yamakawa Y, et al. A lithium superionic conductor. Nature Materials, 2011,10:682-686.

[192] Stone G M, Mullin S A, Teran A A, et al. Resolution of the modulus versus adhesion dilemma in solid polymer electrolytes for rechargeable lithium metal batteries. Journal of the Electrochemical Society,2012,159:A222-A227.

[193] Aetukuri N B, Kitajima S, Jung E, et al. Flexible ion-conducting composite membranes for lithium batteries. Advanced Energy Materials,2015,5:1500265.

[194] Zhou W, Wang S, Li Y, et al. Plating a dendrite-free lithium anode with a polymer/ceramic/ polymer sandwich electrolyte. Journal of the American Chemical Society,2016,138:9385-9388.

第 4 章　锂离子电池隔膜

　　电池隔膜是一种多孔薄膜,是锂离子电池的重要组成部分,直接影响着锂离子电池的安全性和成本。隔膜的主要作用是防止正负极材料直接接触而造成电池短路,同时为锂离子提供在正负极之间迁移的微孔通道,让液体电解液中的锂离子能够自由通过,完成电极反应,进而实现电池的充放电过程。电池隔膜在锂离子电池中的位置和作用如图 4-1 所示。锂离子在隔膜中的传导能力对锂离子电池的整体性能有着直接影响。电池隔膜具有微孔自闭保护作用,可以较好地保护电池在过度充电或者温度升高的情况下引起的电池过热和电流升高的问题,从而防止电池短路引起的爆炸,对锂离子电池起到安全保护的作用。同时隔膜性能的优劣也影响着电池的界面结构和内阻,进而影响着电池的容量、循环性能、倍率放电性能等。总之,隔膜的性能对提高电池的综合性能有重要作用。

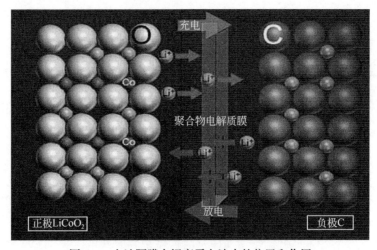

图 4-1　电池隔膜在锂离子电池中的位置和作用

4.1　锂离子电池隔膜的性能要求

　　动力锂离子电池在大功率输出性能和安全性方面的需求要求隔膜具有高孔隙率、良好的浸润性、较高的强度、良好的热尺寸稳定性、合适的热关闭温度和较高的热熔化温度[1]。与小型的单体电池不同,电动汽车(EV)使用的是几十甚至几百个单体电池串并联后形成的大容量或高功率电池模块,在这种情况下隔膜的安全性成为最重要的指标。如何平衡甚至同时提高隔膜的安全性和性能是动力锂电池隔膜重要的研究方向。锂离子电池隔膜的基本要求如下。

1. 厚度

对于高能量和高功率锂离子电池来说,在保证一定的机械强度的前提下,隔膜的厚度越薄越好。然而,较薄的隔膜会降低其机械性能,并带来电池安全性问题。在目前的技术中,25μm 厚的隔膜是商用锂离子电池的标准厚度。新型的高能电池大都采用膜厚 20μm 或 16μm 的单层隔膜;电动汽车和混合电动汽车(HEV)所用电池的隔膜在 40μm 左右,这是基于电池大电流放电和高容量的需要的,而且隔膜越厚,其机械强度就越好,在组装电池过程中不易短路。另外,隔膜均匀的厚度对于锂离子电池较长的循环性能是至关重要的。表 4-1 为目前工业上常用的锂离子电池隔膜的构造及厚度。

表 4-1　工业上常用的锂离子电池隔膜的构造及厚度

隔膜	Celgard 2320	东燃	旭化成	宇部
构造	PP/PE/PP	PE	PE	PP/PE/PP
厚度/μm	25/20/16	20/16	20/16	20

2. 孔径及孔径分布

电池隔膜材料本身具有微孔结构,容许吸纳电解液;为了保证电池中一致的电极/电解液界面性质和均一的电流密度,微孔在整个隔膜材料中的分布应当均匀。孔径的大小与分布的均一性对电池性能有直接的影响:孔径太大,容易使正负极直接接触或易被锂枝晶刺穿而造成短路;孔径太小则会增大电阻。微孔分布不匀,工作时会形成局部电流过大,影响电池的性能。为了防止电极上的颗粒直接通过隔膜,孔径的大小必须小于电极组成材料的颗粒尺寸,包括电极的活性物质和导电添加剂。因为目前使用的电极颗粒的尺寸一般在 10μm 左右,导电添加剂在 10nm 的数量级,所以隔膜的孔径在亚微米级是可以满足上述要求的。

3. 孔隙率

孔隙率是指孔的体积与隔膜所占体积的比值,与原料树脂及制品密度有关。为了使电池隔膜持有足够的液体电解液,提供一定的离子电导率,要求隔膜必须具有适合的孔隙率。当然太高的孔隙率会导致较差的热关闭性能,因为在膜熔化或软化时,孔不能完全闭合和膜有较大的收缩率,从而带来安全性问题。孔隙率太小,隔膜持有的液体电解液很少,导致离子电导率较低,从而影响其电池性能。目前,锂离子电池商用隔膜的孔隙率在 40%~50%。

孔隙率常用吸液法测量。具体如下：将已称重的微孔膜（W_d）在正丁醇中浸泡2h后取出，用滤纸将其表面的液体轻轻吸干，再进行称重（W_w），即可得到微孔膜所吸收正丁醇的质量 $W_b = W_w - W_d$。正丁醇的体积除以样品的体积的百分比就是孔隙率。孔隙率 P 的计算如式（4-1）所示：

$$P(\%) = \frac{(W_w - W_d)}{V_b \times \rho_b} \times 100\% \tag{4-1}$$

其中，W_d 为微孔膜质量（g）；W_w 为浸泡后质量（g）；ρ_b 为正丁醇的密度（g/cm³）；V_b 为干膜体积（cm³）。

4. 透气性

从学术上来说，隔膜在电池中是惰性的和不导电的。隔膜的存在首先要满足它不能降低电池的电化学性能，但会影响电池的内阻。Mac Mullin 数是吸收电解液的隔膜的电阻率和电解液本身的电阻率的比值。透气率，或者称 Gurley 数，即在一定条件下（压力、测试面积）一定体积的气体通过隔膜所需要的时间。隔膜透过性的大小是隔膜孔隙率、孔径、孔的形状及孔曲折度等隔膜内部孔结构综合因素影响的结果。Gurley 值的计算如式（4-2）所示。

$$t_{Gur} = 5.18 \times 10^{-3} \frac{\tau^2 L}{\varepsilon d} \tag{4-2}$$

其中，t_{Gur} 为 Gurley 值；τ 为孔的曲折度；L 为膜厚（cm）；ε 为孔隙率；d 为孔径。

孔的曲折度 τ 的计算如式（4-3）所示：

$$\tau = \frac{L_s}{d} \tag{4-3}$$

其中，L_s 为气体或液体实际通过的路程；d 为隔膜的厚度。

Gurley 值和隔膜组装的电池的内阻成正比。对于不同制备方法制备的隔膜，该数值的大小没有任何意义。因为锂离子电池的内阻是由离子传导决定的，而透气率是反应气体传导快慢的，这是两种不同的机理；但同一类型的隔膜的 Gurley 数的大小是可以比较的，因为其隔膜的微观结构是相同的或类似的。工业上常用的锂离子电池隔膜的空气渗透性如表 4-2 所示。

表4-2　工业上常用的锂离子电池隔膜的空气渗透性

隔膜种类	东燃 16u	东燃 20u	Celgard 20u	Celgard 25u
隔膜空气渗透性/s	152	185	179	231

5. 浸润性

为了降低电池的内阻，要求隔膜必须能被电池所用电解液完全浸润。如果液体电解液能迅速被隔膜吸收，那么说明隔膜的浸润性较好，有利于隔膜同电解液之间的亲和,扩大隔膜与电解液的接触面,从而增加离子导电性,提高电池的充放电性能和容量,可以满足电池对隔膜的要求;浸润性不好会增加隔膜和电池的电阻,影响电池的循环性能和充放电效率。隔膜的浸润性与隔膜材料、隔膜的表面能和内部微观结构(如孔径、孔隙率、曲折度等)密切相关。浸润性可用接触角来衡量。

6. 吸液率

因为电池隔膜材料兼具电解质的功能,所以电池隔膜必须具备足够的吸液率以保证离子通道畅通无阻,而且在电池体系中,不可避免的会有大量的副反应发生,消耗大量的电解液,所以必须有足够的储备,否则就会由于电解液的缺少引起界面电阻的增加,同时还会加速电解液的消耗,所以吸液率是个很重要的隔膜参数。

膜吸液量的测定:取一小块膜,萃取增塑剂后干燥称量干重 M_1。将膜在电解液中浸泡 30min,待膜充分吸收电解液后取出。用滤纸轻轻吸去膜表面的电解液,称重 M_2。隔膜的吸液率 P 计算公式如式(4-4)所示:

$$P = \frac{(M_2 - M_1)}{M_1} \times 100\% \tag{4-4}$$

其中,M_2 为浸泡后质量(g);M_1 为干膜质量(g)。

7. 化学稳定性

隔膜在电解液中应当保持长期的稳定性,在强氧化和强还原的条件下,不与电解液和电极物质发生反应。隔膜的化学稳定性是通过测定耐电解液腐蚀能力和胀缩率来评价的。耐电解液腐蚀能力是将电解液加温到 50℃ 后,将隔膜浸渍 4~6h,取出洗净,烘干,与原干样进行比较。胀缩率是将隔膜浸渍在电解液中 4~6h 后检测尺寸变化,求其差值百分率。

8. 热稳定性

电池在充放电过程中会释放热量,尤其在短路或过充电时,会有大量的热量放出。因此,当温度升高时,隔膜应当保持原来的完整性和一定的机械强度,继续起到隔离正负电极的作用,防止短路的发生。锂离子电池一般的使用温度为 -20~60℃,这要求隔膜在此温度范围内保持较好的热稳定。目前商用聚烯烃隔膜的熔点在130~170℃,在 100℃ 以下很稳定,完全满足上述要求。当然在制备电池的过程中,因为电解液吸水后失效,所以会在注液前需要对隔膜和极片进行 80℃ 左右的烘烤,这对聚烯烃隔膜也不会产生影响。但由于目前锂离子电池作为电动车或者混合型电动车的动力牵引能源的应用,因此需要电池具有更高的安全性,从而防止因电池过热导致隔膜的热收缩所带来电池短路的危险。新型耐热性隔膜材料的合成及研究已成为目前研究的热点之一。

热机械分析(thermal mechanical analysis,TMA)技术是测量高温时隔膜完整性的方法,它可测出隔膜形状随温度的变化。TMA 是测量温度直线上升时隔膜在荷重时的形变,通常隔膜先表现出皱缩,然后开始伸长,最终断裂。

　　综上所述,锂离子电池隔膜需要具有一定的孔径,以保证隔膜有一定的孔隙率和良好的透气性;另外隔膜需要对液体电解液有良好的浸润性。锂离子电池隔膜材料要具有良好的热稳定性,在电池的制备和使用的过程中要保持较好的热稳定性。隔膜既需要做得较薄,又要保证具有一定的机械强度,满足工业化的生产和电池的组装过程。

4.2　锂离子电池隔膜的种类

　　锂离子电池隔膜可分为半透膜和微孔膜。其中半透膜材料可分为天然再生材料和合成高分子材料。天然再生材料包括水化纤维素膜和玻璃纸;合成高分子材料包括聚乙烯膜、聚丙烯膜及其混合物膜。微孔膜材料可分为有机材料和无机材料。具体分类如图 4-2 所示。

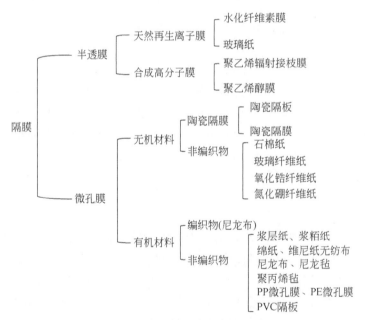

图 4-2　锂离子电池隔膜的分类

　　目前,锂离子电池中几乎所有的微孔聚合物主要是半结晶聚烯烃材料,包括聚乙烯(PE)、聚丙烯(PP)和它们的混合物(PE-PP)。聚烯烃类电池隔膜具有较高的孔隙率、较低的电阻、较好的抗酸碱能力、较高的抗撕裂强度、良好的弹性及对非质子溶剂的保持性能。实际应用中又分为单层 PP 或 PE 隔膜、双层 PE/PP 复合隔膜、双层 PP/PP 复合隔膜,以及三层 PP/PE/PP 复合隔膜。聚烯烃复合隔膜由 Celgard

公司开发,主要有 PP/PE 复合隔膜和 PP/PE/PP 复合隔膜,由于 PE 隔膜柔韧性好,但是熔点低,为135℃,闭孔温度低,而 PP 隔膜力学性能好,熔点较高,为 165℃,将两者结合起来使得复合隔膜具有闭孔温度低、熔断温度高的优点,在较高温度下隔膜自行闭孔而不会熔化,且外层 PP 膜具有抗氧化的作用,因此该类隔膜的循环性能和安全性能得到一定的提升,在动力电池领域应用较广。

近年来,新能源汽车产业对于高性能二次电池的强烈需求,推动了隔膜生产技术的快速发展,且为了进一步提高锂离子电池的比能量及安全性,科研工作者在传统的聚烯烃膜的基础上,发展了众多新型锂电隔膜。

4.2.1　聚酰亚胺

聚酰亚胺(PI)是指主链上含有酰亚胺基的一类聚合物,其中芳香族的聚酰亚胺因为主链上还有苯环,所以其具有更优异的热稳定性和化学稳定性,已被广泛应用于多个领域。研究表明利用高速气电纺丝技术制备的聚酰亚胺纳米纤维膜作为锂离子电池隔膜,具有较好的隔膜性能和电化学性能。为了提高电池动力和延长寿命,美国杜邦公司开发了新型聚酰亚胺锂离子电池隔膜,并将其应用于混合动力汽车和电动汽车。研究表明:该电池隔膜可使电力提高 15%~30%。课题组采用静电纺丝法制造了 PI 纳米纤维隔膜,该隔膜降解温度为 500℃,比传统 Celgard 隔膜高 200℃,在 150℃ 高温条件下不会发生老化和热收缩。另外,由于 PI 极性强,对电解液润湿性好,所制造的隔膜表现出极佳的吸液率。静电纺丝制造的 PI 隔膜相比于 Celgard 隔膜具有较低的阻抗和较高的倍率性能,在 0.2C 下充放电 100 圈后容量保持率依然为 100%[2]。

4.2.2　间位芳纶

间位芳纶(PMIA)是一种芳香族聚酰胺,在其骨架上有元苯酰胺型支链,具有高达 400℃ 的热阻,由于其阻燃性能高,应用此材料的隔膜能提高电池的安全性能。此外,由于羰基基团的极性相对较高,隔膜在电解液中具有较高的润湿性,从而提高了隔膜的电化学性质。一般而言,PMIA 隔膜是通过非纺织的方法制造的,如静电纺丝法,但是由于非纺织隔膜自身存在的问题,如孔径较大,会导致自放电,从而影响电池的安全性能和电化学表现,在一定程度上限制了非纺织隔膜的应用,而相转化法由于其通用性和可控性,其具备商业化的前景。

朱宝库团队[3]通过相转化法制造了海绵状的 PMIA 隔膜,孔径分布集中,90%的孔径在微米级以下,且拉伸强度较高,达到了 10.3MPa。相转化法制造的 PMIA 隔膜具有优良的热稳定性,在温度上升至 400℃ 时仍没有明显的质量损失,隔膜在 160℃ 下处理 1h 没有收缩。同样强极性官能团使得 PMIA 隔膜接触角较小,仅有 11.3°,且海绵状结构使得其吸液迅速,提高了隔膜的润湿性能,使得电池的活化时间减少,长循环的稳定性提高。另外由于海绵状结构的 PMIA 隔膜内部互相连通的多孔结构,锂离子在其中传输通畅,因此相转化法制造的隔膜离子电导率高达1.51mS/cm。

4.2.3　复合隔膜

均一隔膜的缺点在于在生产过程中较难控制孔径大小与均一性,另外,隔膜的机械强度较低,很难满足动力电池的需求。近年来,复合隔膜已成为动力锂离子电池隔膜的发展方向,该类隔膜是以干法、湿法及非织造布为基材,在基材上涂覆无机陶瓷颗粒层或复合聚合物层的复合型多层隔膜。

1. 无机涂层

近年来发展的无机复合隔膜,又称陶瓷膜,是通过黏合剂将无机粒子涂覆在一个有孔的基膜上。由于高的亲水性和高比表面积,无机复合隔膜表现出优异的热稳定性和有机电解液良好的浸润性,特别是对于碳酸酯类的溶剂。但其机械强度较差,不能满足电池在制作和缠绕时所需的强度。为了解决这一问题,Degussa团队将陶瓷材料和有机无纺布膜进行复合制备了一系列的隔膜,商品名为Separion隔膜。它是在弹性有机无纺布基体的两侧都涂上了多孔的陶瓷层,结构示意图见4-3。Separion隔膜熔融温度可以达到230℃,并且在200℃下热收缩为零,因此具有较好的热稳定性。在大电流的充放电过程中,即使温度过高导致有机物层的膜发生熔化,但外层的无机涂层仍然不发生变化,可以保持隔膜良好的完整性,从而有效地防止大面积收缩而引起正负极直接接触导致电池的短路,有效提高了电池的安全性。但由于Separion隔膜是在纤维素无纺布涂上了具有压实的Al_2O_3层,隔膜的孔隙率较低,因此组装的电池的电化学性能有待提高。

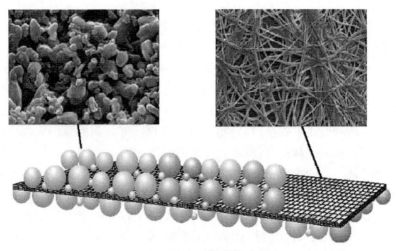

图4-3　Separion隔膜的示意图

2. 聚合物涂层

尽管无机涂层具有上述一些优点,但是涂覆层也会造成严重的孔洞堵塞和较大的离子转移电阻等问题,影响电池的循环性能。为了解决这些问题,可以使用聚合物纳米颗粒或者聚合物纤维作为涂层材料来代替传统的致密涂层,高孔隙率的纳米多孔结构,不仅提高了对电解液的润湿性,也提高了离子电导率。

胡继文团队[4]采用多次浸渍法将芳纶纤维(ANF)涂覆在 PP 膜表面,研究发现随着浸渍次数的增加,ANF 涂层变得更加致密和均一,复合 ANF 后的隔膜虽然孔隙率降低,但是孔径分布更集中,相比于 PP 隔膜,芳纶纤维复合隔膜表现出较高的尺寸稳定性,倍率和循环性能可以媲美多巴胺改性的 PP 隔膜。含氟聚合物,如聚偏氟乙烯–六氟丙烯(PVDF-HFP)具有较好的有机溶剂亲和性和化学稳定性,但是其力学性能并不好,因此常用来和其他力学性能高的聚合物复合。吴怡双等[5]通过静电纺丝和溶液浇筑法制造了 PVDF-HFP/PET/PVDF-HFP 复合隔膜,结构如图 4-4 所示,其中中间层聚对苯二甲酸乙二醇酯(PET)膜是由含季铵 SiO$_2$ 纳米粒子改性的PET 纳米纤维非织造层,其提供了良好的机械支撑,表面的 PVDF-HFP 层则通过将PET 隔膜沉浸在 PVDF-HFP 浆料中而形成,由此得到的三明治结构复合隔膜在150℃下热收缩率为8%,对电解液的接触角约为 2.9°,吸液率为282%,离子电导率为 6.39mS/cm。

微孔PVDF-HFP

含季铵SiO$_2$纳米粒子改性的PET纳米纤维

含有聚电解质的微孔

微孔PVDF-HFP

图 4-4　PVDF-HFP/PET/PVDF-HFP 复合隔膜结构示意图

4.3　锂离子电池隔膜的制备方法

传统商业化微孔聚烯烃隔膜的制备工艺分为干法和湿法两种,其中干法又分为单向拉伸和双向拉伸法。不管是湿法还是干法,均有拉伸这一工艺步骤,目的是使隔膜产生微孔。近年来静电纺丝工艺逐渐发展成为一种制备纳米纤维及非纺织隔膜的重要方法之一。

4.3.1 干法工艺

干法工艺过程[6,7]主要将聚烯烃材料通过熔融、挤压和吹膜制成一定厚度的薄膜,并得到高度结晶取向的多层结构,然后经过高温拉伸,使薄膜的结晶界面发生剥离,形成一定的微孔结构。干法制膜生产工艺如图4-5所示。根据拉伸的方法不同分为单向拉伸和双向拉伸。

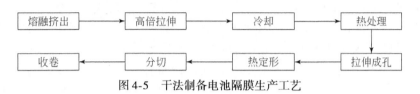

图4-5 干法制备电池隔膜生产工艺

干法单向拉伸工艺的主要工序包括:流延铸片–退火–低温拉伸–高温拉伸–定形–后处理–收卷。它利用硬弹性纤维的制造原理,在流延铸片阶段对熔体进行高倍拉伸和快速冷却以获得高取向度、低结晶度的聚烯烃铸片,然后进行高温退火以完善其晶体结构,最后经纵向的低温、高温拉伸来获得最终隔膜。该法可生产孔径均一性好、单轴取向的微孔膜,但其缺点是隔膜的横向力学强度低,且生产为多单元式生产工艺,生产效率有限。目前美国Celgard公司和日本宇部公司均采用单向拉伸工艺来制备聚烯烃单层或多层隔膜。该方法是通过硬弹性纤维的方法,制备出较低结晶度的聚烯烃隔膜,再高温退火获得高结晶度的聚烯烃隔膜。隔膜在低温下拉伸形成银纹状缺陷,进而这些缺陷又在高温下拉开并形成微孔,制备的隔膜结构如图4-6(a)所示。此工艺制备的隔膜的微孔结构是扁长的,因为只是在单向上拉伸,所以隔膜在横向上强度较差,但在横向上膜的热收缩几乎为零。

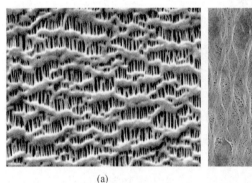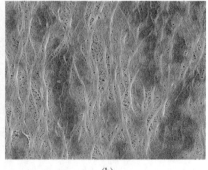

(a)　　　　　　　　　　(b)

图4-6 干法工艺制备的锂离子电池隔膜SEM图
(a)单向拉伸;(b)双向拉伸

干法双向拉伸工艺是由中国科学院化学研究所自主研发的一种拉伸工艺。通过在 PP 材料中加入具有成核作用的 β 晶型改进剂,由于 PP 不同相态间密度存在差异,在拉伸的时候发生晶型转变而形成微孔,制备的隔膜的结构如图 4-6(b)所示。相比单向拉伸,双向拉伸制备的隔膜在横向方向的强度较大,并且可以适当地改变横向和纵向的拉伸比来获得不同强度的隔膜,双向拉伸所得的微孔膜的孔径分布更加均匀,透气性也更好。干法拉伸工艺简单,并且没有污染,是制备锂离子电池隔膜比较常用的工艺手段,但在孔径和孔隙率控制方面较为困难,拉伸比不能太大,一般在 1~3。同时低温拉伸容易导致隔膜穿孔,因此隔膜厚度不能太薄。

在干法制备微孔膜的过程中,原料和成核剂种类、熔体牵伸比、流延辊的温度、热处理等条件都会对微孔膜结构产生影响。

1. 原料和成核剂种类的影响

Yu 和 Wilkes[8]研究了数均分子量相同而分子量分布不同的两种高密度聚乙烯(HDPE)制备的微孔膜性能。研究发现,分子量分布宽的硬弹性聚乙烯有更大的模量和更优异的力学性能。Park 等[9]发现添加量小于 0.1wt% 的 Millad-3988 成核剂有利于聚乙烯结晶度的提高。

2. 熔体牵伸比的影响

Kim 等[10]使用熔融纺和冷拉的方法制备了聚丙烯中空纤维膜,发现较低的熔体牵伸比不利于分子的取向,而较高的熔体牵伸比则会提高中空纤维膜的结晶度。Lee 等[11]发现熔体牵伸比的提高有利于提高材料的双折射率、表观片晶厚度和弹性回复率。

3. 流延辊温的影响

刘葭等[12]发现在辊温为 90℃时,聚乙烯片晶厚度最薄且最均匀,片晶取向度最高;拉伸时,片晶更等易分离成孔,孔径分布也更均匀。

4. 热处理的影响

硬弹性聚乙烯的片晶结构的好坏直接影响后续拉伸制备微孔膜的结构与性能。而退火热处理可以改善片晶的取向和增加片晶的厚度,原因是退火热处理时在片晶的链端受到限制使一些薄的片晶重结晶形成更厚的片晶。Lee 等[13]研究发现聚乙烯硬弹性膜随着热处理时间和温度的增加,片晶厚度是逐渐增大的;而随着热处理温度的提高,片晶厚度分布会变宽。Chen 等[14]也发现随着热处理温度的提高,片晶厚度是增大的。Kim 等[15]直接拉伸没有事先进行退火热处理的聚乙烯中空纤维膜将得不到明显的微孔结构。由此可见,热处理对聚乙烯微孔膜形成良好的结构具有重要影响。

4.3.2　湿法工艺

湿法工艺[16,17]可分为热致相分离法和溶液相转化法。热致相分离的原理是将增塑剂(高沸点的液态烃或一些低分子量的物质)与聚烯烃树脂混合,加热熔融形成均匀的混合物,然后降温发生固–液相或液–液相分离,压制成膜片,再将膜片加热至接近熔点温度,双向拉伸使分子链取向一致,保温一定时间后用易挥发物质(如二氯甲烷和三氯乙烯)将增塑剂从薄膜中萃取出来,从而制得相互贯通的亚微米尺寸的微孔膜材料,最后多孔膜通过有机溶剂萃取器来移除溶剂。热致相分离法制备聚合物微孔膜的流程如图4-7所示。制备的锂离子电池隔膜扫描电镜图如4-8所示。

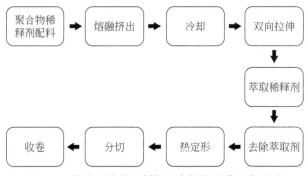

图4-7　热致相分离法制备聚合物微孔膜的流程图

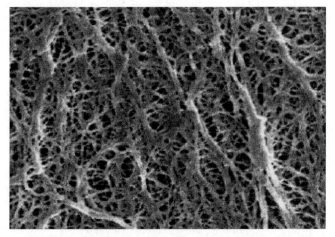

图4-8　热致相分离法制备的锂离子电池隔膜 SEM 图

1. 热致相分离法制备聚合物微孔膜的流程

(1)聚合物/稀释剂均相混合溶液的制备。

(2)冷却均相溶液,溶液分相,聚合物固化。

(3)制备成膜状。

(4)薄膜拉伸后,用萃取剂萃取薄膜中的稀释剂。

(5)除去萃取剂。

(6)热定形等后处理。

步骤(1)中,稀释剂的选择是热致相分离法制备微孔膜成败的关键。稀释剂的性质及稀释剂与聚合物之间的相互作用都将影响热致相分离制膜的相分离过程,从而影响微孔膜的结构与性质。通常而言,稀释剂的沸点要高于聚合物稀释剂熔融共混温度,而且在该温度下挥发度要低。步骤(2)和(3)是控制微孔膜最终形态和结构最为关键的步骤。冷却过程所选取的冷却速度或淬冷温度及拉伸倍率会影响微孔膜孔径的大小,进而影响微孔膜的结构与性能。步骤(4)选用的萃取剂通常是小分子低沸点溶剂,便于步骤(5)萃取剂的脱离。

2. 热致相分离法制备聚合物微孔膜的特点

热致相分离法作为一种温度驱动的方法,具有成膜材料的选择范围广、可得到各种微孔形态结构、微孔膜的孔隙率高、孔径和孔隙率可以调控及重复性好、容易连续生产等优点。热致相分离法制备微孔膜时,通过控制制膜条件可以得到不同的微孔结构。曾一鸣等[18]采用不同的聚合物溶液,分别制备得到球粒状、胞腔状和枝条状的微孔结构。对于特定的微孔形态热致相分离法还可以通过控制冷却速率、稀释剂配比和聚合物浓度等条件来改变微孔膜的孔隙率和孔径大小。

3. 热致相分离法制备微孔膜的热力学描述

热致相分离法制备聚合物微孔膜时,聚合物和稀释剂组成的体系需要在降温时发生相分离,因此只有具备最高临界互溶温度的体系,才能利用热致相分离法制备微孔膜。

1)液-液相分离

聚合物溶剂二元体系的热力学性质可以用 Gibbs 混合自由能 ΔG_m 描述[18]:

$$\Delta G_m = \frac{RT}{V_s}\left(\Phi_s \mathrm{in}\Phi_s + \frac{\Phi_p \ln \Phi_p}{r} + \chi \Phi_s \Phi_p\right) \tag{4-5}$$

其中,V_s 为溶剂的摩尔体积;r 为聚合物重复单元与溶剂分子的摩尔体积比;Φ_s 和 Φ_p 分别为溶液中溶剂和聚合物的体积分数;χ 为溶剂与聚合物之间的 Flory-Huggins 相互作用参数。

聚合物溶剂相容的充分必要条件有两个:Gibbs 混合自由能小于零;Gibbs 混合自由能对聚合物体积分数的二阶导数大于零,即是

$$\Delta G_m < 0 \tag{4-6}$$

$$\left(\frac{\partial^2 \Delta G_m}{\partial \Phi_p^2}\right)_{T,P} > 0 \tag{4-7}$$

　　式(4-6)结合式(4-7)表明体系的 Gibbs 混合自由能存在一个最小值,且这个最小值是小于零的。聚合物溶剂混合,只要不满足上述两个条件中的一个,就会发生分相。对于存在最高临界互溶温度的体系而言,其 Gibbs 混合自由能在不同温度时随聚合物浓度变化呈现三种曲线[19],如图 4-9 所示。图 4-9 中 a 曲线的 ΔG_m 在整个浓度范围内都大于零,表明聚合物溶剂无论以何种比例混合,在该温度下都会发生分相。图 4-9 所示的 c 曲线的 ΔG_m 在整个浓度范围内都小于零,而且二阶导数大于零,因此在该温度下是完全相容的体系。图 4-9 所示的 b 曲线的 ΔG_m 在整个浓度范围内都小于零,但是二阶导数在整个浓度范围内部分大于零部分小于零:浓度在 $0 \sim \Phi_b'$ 和 $\Phi_b'' \sim 1$ 二阶导数大于零,这时是相容体系;浓度在 $\Phi_s' \sim \Phi_s'$ 二阶导数小于零,是不相容体系;组成比在 $\Phi_b' \sim \Phi_s'$ 和 $\Phi_s'' \sim \Phi_b''$,满足式(4-6)和式(4-7),理论上是完全相容的体系,但是在这两个浓度范围内的 Gibbs 混合自由能 ΔG_m 要比组成比为 Φ_b' 和 Φ_b'' 的两相自由能之和大,因此整个体系实际上处于亚稳态。处于亚稳态的体系,在浓度波动较小的情况下是稳定的,但是当浓度波动较大时,体系就会发生液-液(L-L)相分离。

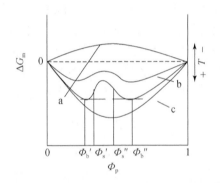

图 4-9　Gibbs 混合自由能随聚合物浓度变化曲线

　　通常将 Gibbs 混合自由能最低点(Φ_b',Φ_b'')随温度变化形成的曲线称为双节线,而将 Gibbs 混合自由能的拐点(Φ_s',Φ_s'')随温度变化形成的曲线称为旋节线。双节线以外的区域为均相区,双节线与旋节线之间的区域为亚稳态区,旋节线以内的区域为液-液两相区,如图 4-10 所示。

　　对于浓度范围处于 $\Phi_b' \sim \Phi_s'$ 和 $\Phi_s'' \sim \Phi_b$ 的均相聚合物溶液,当外界温度降低时,体系先进入亚稳态区,当浓度波动足够大时,发生液-液相分离,相分离机理以成核-生长机理[18]进行。当聚合物浓度高于最高临界互溶温度对应的浓度时,聚合物贫相先形成新相核;当聚合物浓度低于最高临界互溶温度时,聚合物富相先形成新相核。新相核生成后,溶液的相分离在两相界面上进行,因此两相界面上的化学势和界面张力及溶液的黏度都将影响相分离过程。成核-生长机理后期,新相核间相互碰撞,相核会聚结在一起以降低相界面的自由能。浓度在 $\Phi_s' \sim \Phi_s''$ 的均相聚合物溶液,当体系温度降低时,体系直接进入液-液两相区,自发地发生分相,形成聚合物富相和聚合物贫相,相分离的机理为旋节线相分离[18]。此时形成聚合物富相和聚合物贫相,相分离的机理为旋节线相分离。此时形成聚合物富相和聚合物贫相的概率是相等的,因此两相会几乎同时同几率形成新相核,最终形成双连通的两相结构。

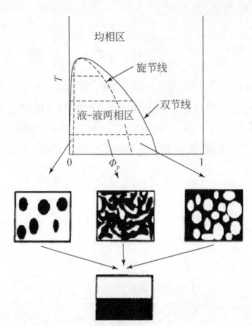

图 4-10　聚合物溶剂二元体系(存在最高互溶温度)液-液相分离相图

2) 固-液相分离

聚合物溶液体系中,当聚合物浓度较高(高于偏晶点 Φ_m)或聚合物和溶剂相互作用较强[20]时,聚合物溶液只发生固-液(S-L)相分离,固-液相分离相图如图 4-11 所示。固-液相分离的实质就是溶液中的聚合物发生结晶,从溶剂中析出来。聚合物在溶液中的熔点可用式(4-8)表示:

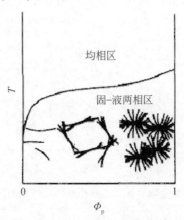

图 4-11　聚合物溶剂二元体系固-液相分离相图

$$\frac{1}{T_m}-\frac{1}{T_m^0}=\frac{Rr}{\Delta H_u}(\Phi_s-\chi\Phi_s^2)\tag{4-8}$$

其中，T_m 为聚合物在溶液中的熔点；T_m^0 为纯聚合物的熔点；ΔH_u 为聚合物重复单元的熔融热。将式(4-8)转换为式(4-9)：

$$T_m=\frac{1}{\dfrac{Rr}{\Delta H_u}(\Phi_s-\chi\Phi_s^2)+\dfrac{1}{T_m^0}}\tag{4-9}$$

从式(4-9)不难看出，当聚合物一定时，聚合物在溶液中的熔点主要取决于聚合物的体积分数 Φ_m（$\Phi_p=1-\Phi_s$）和 Flory-Huggins 相互作用参数 χ。以 T_m 为纵坐标，Φ_p 为横坐标作图，得到图 4-12。当 χ 变大时，固–液相分离线位置往上靠，这点和双节线随 χ 变化的规律一致，表明聚合物和溶液相互作用越弱，相分离的温度越高。

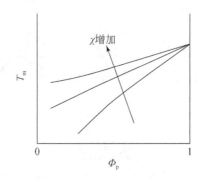

图 4-12　Flory-Huggins 相互作用参数对固–液相分离相图形状和位置的影响

4. 热致相分离法制备微孔膜的相图

大部分聚合物采用热致相分离法制备微孔膜时，选用的稀释剂与聚合物之间通常是弱相互作用。弱相互作用体系的相图在整个浓度范围内通常包含液–液相分离和固–液相分离两部分（图 4-13）；当聚合物浓度大于偏晶点 Φ_m 时，体系只可能发生

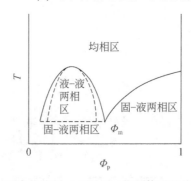

图 4-13　聚合物溶剂二元弱相互作用体系的热力学相图

液-液相分离;聚合物浓度小于偏晶点 Φ_m 起始温度在虚线以上时,体系有可能发生液-液相分离和固-液相分离,而起始温度在虚线以下时,只发生固-液相分离。另外体系尚未降温速率也会影响体系的相分离行为,降温速率过快时有可能使体系跳过液-液分相区,直接发生固-液相分离。

5. 热致相分离法制备聚合物微孔膜的影响因素

1)稀释剂的影响

Vadalia 等[21]采用热致相分离的方法,将聚乙烯、邻苯二甲酸二(十三烷基)酯(不良溶剂)和十六烷(良溶剂)三体系制得微孔膜。实验结果表明:在熔点以下,通过控制混合溶剂的组成,能够发生液-液相分离。当冷却条件保持不变时,不同的溶剂组成对应不同的微孔形貌。张春芳[22]研究发现随着液体石蜡浓度的提高,聚乙烯微孔膜中的蜂窝状孔逐渐变小,且膜中闭孔结构逐渐减少,孔之间的贯通性得到很好的改善。雷彩红和陈福林[23]发现随着稀释剂(矿物油)黏度的增加,采用有机溶剂萃取后的微孔孔径减小,从微孔膜加工性能及微孔大小方面考虑,中等黏度的稀释剂比较合适。

2)干燥条件的影响

Matsuyama 等[24]用冷冻干燥和空气干燥两种条件来脱除萃取剂,制备了聚乙烯微孔膜。结果表明:与空气中干燥条件相比,使用冷冻干燥条件来脱除萃取剂,微孔膜的尺寸变化更小。

3)冷却条件的影响

张春芳[22]使用与聚乙烯相容性好的液体石蜡和相容性较差的二苯基醚的混合溶剂作为稀释剂,研究表明:聚乙烯微孔膜的孔径大小随着冷却速率的增大而减小。雷彩红等[25]使用带热台偏光显微镜和扫描电镜研究了冷却速率和冷却温度对聚乙烯微孔膜微观结构的影响。发现随着冷却速率的增加,体系晶体内孔是增大的,而晶间孔尺寸是降低的;冷却温度对微孔结构几乎没有什么影响。

4)聚合物浓度的影响

耿忠民等[26]将高密度聚乙烯作为膜材料,邻苯二甲酸二丁酯为稀释剂,采用热致相分离法制备微孔膜,得出结论:在降温速率相同,偏晶点以下或以上时,微孔膜的孔径和孔隙率随着聚合物的浓度的增大而减小。Zhang 等[27]使用液-液热致相分离方法,把高密度聚乙烯和聚乙烯与聚乙二醇(PE-g-PEG)的嵌段共聚物混合制备微孔膜,发现 PE-g-PEG 含量与最终微孔膜的孔径为正相关。

溶液相转化法是利用铸膜液中溶剂与凝固浴中非溶剂传质交换,使原来的均一稳定的溶液发生液-液相分离,形成聚合物富相和贫相,富相最终发展成膜本体,贫相转化成孔道,最终形成微孔的膜。孔瑛课题组等[28,29]通过相转化制备了 PVDF 和 PI 微孔锂离子电池隔膜,研究表明通过相转化法制备的微孔膜可以较好地应用于锂离子电池隔膜,孔隙率在 50%~70%,并且具有较好的电化学性能。其制备的

PI/PET复合锂离子电池隔膜的膜表面和断面结构如图 4-14 所示。相比于纯的 PI 隔膜,复合隔膜的热稳定性和机械强度更高,吸液率也优于目前商品化的 Celgard 隔膜。但由相转化制备的非对称的微孔膜限制了其在锂离子电池中的应用。为了消除此影响,可以将制备的聚合物微孔膜在液体电解液中进行溶胀而形成聚合物电解质,应用于锂离子电池中。

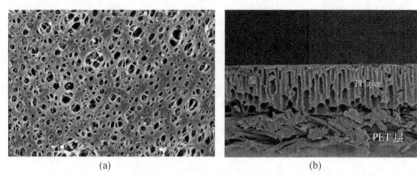

(a)　　　　　　　　　　　　　　　(b)

图 4-14　相转化制备 PI/PET 复合锂离子电池隔膜 SEM 图

(a)表面;(b)断面

相比于干法工艺,湿法制膜过程容易被调控,制得的隔膜双向拉伸强度高,穿刺强度大,正常的工艺流程不会造成穿孔,微孔尺寸比较小且分布均匀。利用此种方法制得的隔膜可以做得很薄,力学性能和产品的均一性更好,适合做高容量电池,主要应用在高端手机、笔记本电脑、3C 电子产品等领域。所得隔膜的高孔隙率和透气率使电池具有更高的能量密度和更好的充放电性能,可以满足动力电池的大电流充放电,在动力电池市场主要被国内知名锂电池厂商采用。但湿法工艺需要大量的溶剂,易造成环境污染;与干法工艺相比,湿法工艺设备复杂、投资较大、周期长、成本高、能耗大;只能生产较薄的单层 PE 材质的膜,其熔点只有130℃,热稳定性较差。

干法和湿法两种不同工艺制备的聚烯烃隔膜的性能见表4-3。由表 4-3 可以明显看出,干法工艺主要是横向和纵向的拉伸强度和低的透气度,低的透气度表明其有较少的弯曲的孔结构。从微孔结构来看,干法工艺制备的膜由于大孔和直孔结构的存在,可能更适合高能量的锂离子电池;而湿法工艺制备的膜由于有弯曲和连通的孔结构,可能更适合较长寿命的锂离子电池。

表 4-3　不同工艺的微孔聚烯烃隔膜的性能对比

制造商	Celgard	Celgard	Exxon Mobil	Exxon Mobil
名称	Celgard 2325	Celgard 2340	Tonen-1	Tonen-2
工艺	干法	干法	湿法	湿法
组成	PP-PE-PP	PP-PE-PP	PE	PE
厚度/μm	25	38	25	30

续表

制造商	Celgard	Celgard	Exxon Mobil	Exxon Mobil
孔隙率/%	41	45	36	37
孔径/μm	0.09×0.04	0.0038×0.9	—	—
透气性[a]/(s/100cm^3)	575	775	650	740
横向拉伸强度/(kg/cm^2)	1900	2100	1300	1500
纵向拉伸强度/(kg/cm^2)	135	130	1300	1200
熔化温度/℃	134/166	135/168	135	135
热收缩率[b]/%	2.5	5	6.0/4.5[c]	6.0/4.0[c]

a:透气性测试的膜为标准尺寸;b:热收缩率测试,Celgard 隔膜的测试条件为 90℃,1h;Tonen 隔膜的测试条件为 105℃,8h;c:横向和纵向的收缩率。

4.3.3 静电纺丝法

利用静电纺丝法可以将无纺布型隔膜制备成纳米纤维膜。纳米纤维隔膜具有较高的孔隙率(60%~80%)和大的孔径(0.1~10μm)。静电纺丝制备的纳米纤维膜的结构如图 4-15 所示。目前主要使用静电纺丝来制备的聚合物纳米纤维隔膜主要有聚偏氟乙烯、聚丙烯腈(PAN)及其衍生物。静电纺丝制备的纳米纤维锂离子电池隔膜性能见表 4-4。

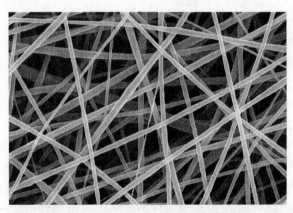

图 4-15　静电纺丝制备纳米纤维锂离子电池隔膜 SEM 图

表 4-4　静电纺丝制备纳米纤维锂离子电池隔膜研究

隔膜材料	平均纤维直径/nm	电极材料	首次放电容量/(mA·h/g) [rate/C]	放电容量/(mA·h/g) [n 次]
PVDF	450	MCMB/LiCoO$_2$	约135[0.5]	约135[50]
PVDF-HFP	500	MCMB/LiCoO$_2$	约150[0.5]	约150[50]

隔膜材料	平均纤维直径/nm	电极材料	首次放电容量/(mA·h/g) [rate/C]	放电容量/(mA·h/g) [n次]
PVDF-HFP	1000	Li/LiFePO$_4$	约125[1]	约117[100]
PAN	330	MCMB/LiCoO$_2$	约145[0.5]	约136[150]
PAN	380	Graphite/LiCoO$_2$	约124.5[0.5]	约103[250]
PANGMA	144	LTO/LiCoO$_2$	约144[1]	约137[50]

1. 静电纺丝的基本理论及应用

静电纺丝[30-32]是在强电场力的作用下将聚合物拉伸成纳米纤维的一种纺丝工艺,是目前唯一可以连续化生产纳米纤维的方法。一般的静电纺丝装置主要包括高压电压、溶液储存器、喷射和接收装置。溶液处于储存器中,有外加电极时会在电场作用下形成液滴;或者在重力作用下,形成悬挂在管口的液滴,在电场力的作用下液滴表面布满了电荷,液滴之间受到的库仑斥力与液滴的表面张力方向相反,当电场强度增加时,液滴表面的电荷密度增加,库仑斥力大于液滴表面张力,液滴曲率发生变化被拉伸形成锥形,当锥角为49.3°时,带电液体被称为泰勒锥。泰勒锥会随着电压的增加发生喷射,喷射流在电场作用下分裂,随着溶剂慢慢挥发,射流开始固化,最后形成的纳米纤维被收集于接收装置中。

关于静电纺丝最早的发明是由 Cooley[33] 发明的,他采用了辅助电极直接将静电纺丝喷丝头和旋转的收集器连接起来的一种装置。1934 年,Formhals[34] 申请了许多关于静电纺丝设备的专利,这些专利为静电纺丝走向商业化提供了坚实的基础。1952 年,Vonneguth 和 Neubauer[35] 发明了离子化装置,用此发明装置可以较好地得到直径约 0.1mm 的均匀微粒和带电程度高的流线。1966 年,Simons 发明了制备超薄且很轻的无纺布的静电纺丝设备,研究表明溶液黏度对纤维形态的影响如下,黏度高纺出的是连续的长纤维,黏度低纺出的纤维是较短的并且较细。1981 年 Manley 和 Larrondo[36] 研究了用静电纺丝的方法将聚乙烯和聚丙烯的熔体纺成连续纤维,并发现电场、溶液黏度和操作温度决定了纤维的直径。但静电纺丝相比传统的工业纺丝方法产量太低,所以在 20 世纪 90 年代以前,静电纺丝的研究和报道相对较少。直到 1995 年前后,纳米科学和纳米技术受到广泛关注,静电纺丝再次被作为研究的热点。2000 年,Spivak 等[37] 首次将静电流体动力学理论用来描述静电纺丝过程。Reneker 等[38] 研究了在静电纺丝过程中,射流在高压电场中的不稳定性。2001 年,捷克利贝雷茨技术大学与爱勒可马 (ELMARCO) 公司合作,制备出首台纳米纤维纺丝机。

2. 静电纺丝装置及纺丝过程

　　静电纺丝的装置主要包括高压电源、注射器、喷丝头、注射器泵、收集器等五个部分。根据喷丝头和收集器之间的几何分布情况,可以按照重力方向或者垂直两种基本形状,将静电纺丝设备分为立式和卧式两种基本放置形式[39,40],装置示意图如图 4-16 所示。立式装备是通过前驱体自身重力对液体进行补给,较为常见。卧式装置是利用推进泵缓慢定速推动注射器,并将前驱体液体挤出。对应的装置的作用列于表 4-5 中。

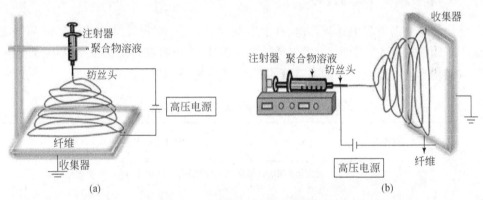

图 4-16　静电纺丝设备示意图

(a)立式;(b)卧式

表 4-5　静电纺丝主要装置的作用

主要装置	作用
高压电源	在注射器针头和收集器之间形成高压电场,使注射器中被挤出的前驱体带电,并产生射流。一般采用最大输出电压为 30～100 kV 的直流高压静电发生器
前驱体储存装置	一般用注射器或储液管等,其中装满前驱体,并插入一个金属电极,该电极与高压电源相连。采用注射器做前驱体储存装置时,可直接将高压电源与注射器的金属针头相连,无需另外插入电极
喷射装置	一般为内径 0.5～2mm 的毛细管或注射器针头。在未充电时,前驱体利用液体自身的表面张力可以充满喷嘴但又不至于滴落;也可以采用数控机械装置缓慢推动注射器的方法或者在前驱体装置中安装空气泵调节液体压力,同时在纺丝过程中,又能对前驱体的流速进行控制
收集装置	即收集器,可以用金属平板、滚筒或网格等,可以是固定的也可以是运动的(通常为旋转)。采用不同形状的收集器,可获得不同的纤维集合体。如利用金属平板作为收集器,得到的是杂乱无规排列的纤维,形成无纺布纤维毡。收集器接地,这样可利用喷丝头和收集器间的电势差异,在两者之间形成高压电场

　　静电纺丝的主要过程分为 5 个过程,对应于其 5 个主要组成部分。以聚合物溶液纺丝为例,在静电纺丝过程中,由于聚合物溶液与电极接触后,聚合物溶液在电极

周围流动,因此导致聚合物溶液感应带电,在电场的作用下,喷丝口的液滴表面聚集着极化电荷,聚合物液滴在同时受到重力、表面张力和静电场力之后,流体的末端会形成一种锥体,这种锥体被称为泰勒锥。当电场强度为一个特定的临界值时,聚合物溶液克服溶液的表面张力形成射流。在电场力的作用下射流从泰勒锥喷出来并迅速向收集器方向加速。带电的聚合物溶液射流通过不稳定的拉伸,开始变细和变长。同时随着溶剂挥发,聚合物纤维开始固化,沉积在收集器上。主要装置的作用如表4-5所示。

3. 影响静电纺丝的因素

以聚合物溶液静电纺丝为例,在静电纺丝过程中,决定纤维的结构形态和性能的影响因素如表4-6所示,主要包括溶液性质、操作因素和环境因素。其中,对纳米纤维结构和形态影响较大的是溶液的性质、纺丝电压和接收距离。

表4-6　静电纺丝参数对纤维形态的影响

主要影响因素	具体参数	影响纤维形态
溶液性质	黏度	黏度低时出现"发珠",黏度增加,出现纳米纤维,纤维直径增加,"发珠"消失
	聚合物溶液浓度	浓度增加,纤维直径增加
	聚合物相对分子量	分子量增加,发珠和液滴减少
	溶液表面张力	对纤维形貌影响没有一定的规律,高的表面张力,射流不稳定
	电导率	电导率增加,纤维直径减小
操作因素	施加电压	电压增加,纤维直径减小
	接收距离	距离太远或太近会形成"发珠",形成规整的纤维结构存在最小接收距离
	推进速度	增加推进速度,纤维直径减小,过大时会形成"发珠"
环境因素	湿度	高的湿度导致纤维表面出现圆孔
	温度	温度增加,纤维直径减小

4. 静电纺丝制备电池隔膜及性能测试

编者课题组采用静电纺丝法制备了不同类型的动力锂离子电池用隔膜材料,提高了隔膜材料的安全性和离子电导率,解决了高性能动力锂离子电池隔膜开发的关键技术难题。通过考察获得的纳米锂电池隔膜材料的理化结构特征和电化学特性,认识了纳米纤维锂离子电池隔膜的导电机理,探究其中的关键科学问题,为高性能动力锂离子电池隔膜材料的开发提供新思路和理论依据。

1)静电纺丝法制备 PI/PET 复合纳米纤维膜结构和性能研究[2]

PI 主要采用两步法合成,首先将二元酸酐和二元胺在非质子性溶剂中反应生成聚酰胺酸(PAA),然后通过热亚胺化或化学亚胺化脱水生成 PI。均苯四酸二酐(PMDA)/二胺基二苯基醚(ODA)型 PI,单体价格便宜,且性能优越,制备的膜已应用于多个领域。由于其不溶于一般的有机溶剂,要制备 PMDA/ODA 型 PI 纳米纤维膜,需先通过溶液聚合得到 PI 的前聚体 PAA 溶液。利用 PAA 溶液进行纺丝,制备 PAA 纳米纤维膜,将得到的纳米纤维膜通过热亚胺化得到 PI 纳米纤维膜。由于 PAA 溶液性质受很多因素影响,因此 PAA 溶液性质的研究对静电纺丝制备 PI 纳米纤维膜具有指导意义。另外,静电纺丝制备的 PI 纳米纤维膜的强度较差,需要提高膜的强度,从而符合隔膜对强度的要求。为了提高制备的纳米纤维膜的强度,将 PAA 纳米纤维膜纺在有支撑的 PET 的底膜上,从而可以提高 PI 纳米纤维膜的强度。

采用冷场扫描电镜观察热亚胺化前后 PAA 和 PI 纳米纤维膜表面结构(图 4-17),并采用 SmileView 软件对纤维直径进行统计(图 4-18),样品取点不少于 200 个。

图 4-17 纳米纤维膜 SEM 图
(a)PAA;(b)PI

由图 4-17 可以看出,热亚胺化前后纤维的形态没有发生很大的变化。由图 4-18 可以看出 PAA 和 PI 纳米纤维直径分布都很均匀,孔径分布在 100～250nm。PAA 纳米纤维的平均直径为 200nm,PI 纳米纤维的平均直径为 171nm。原因可能是,制备得到的 PAA 纳米纤维膜中的残留溶剂量是非常少的,在 PAA 纳米纤维膜发生热亚胺化过程中,它的挥发对膜形态影响较小。而在热亚胺化过程中,PAA 分子中水分子的释放、结构上的变化对纤维直径造成了一定的影响,导致纤维直径变小。PI 纳米纤维膜与 PI/PET 复合纳米纤维膜的性能列于表 4-7。

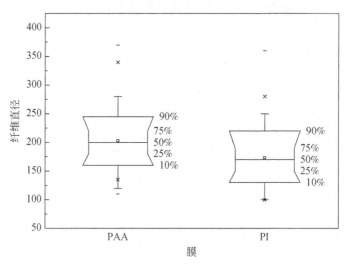

图 4-18　PAA 和 PI 纤维直径分布图

表4-7　PI 纳米纤维膜与 PI/PET 复合纳米纤维膜的隔膜性能

性能	PI 纳米纤维膜	PI/PET 复合纳米纤维膜
膜厚/μm	40	40
孔隙率/%	75	65
吸液率/%	310	220
透气性/(mm/s)	560	450
拉伸强度/MPa	10.23	50.87
离子电导率/(mS/cm)	1.242	0.897

　　由表4-7可见,PI/PET复合纳米纤维膜的孔隙率、吸液率、透气性和离子电导率相比 PI 纳米纤维膜减少了 10%~30% ,但 PI/PET 复合纳米纤维膜的强度比 PI 纳米纤维膜增加了 400% 多,大大地提高了隔膜的强度。对比数据表明 PET 支撑层在并未减小隔膜的孔隙率、吸液率、透气性和离子电导率的性能下,可以较好地提高隔膜的机械强度。

　　电化学稳定窗口是表征锂离子电池隔膜的一个重要的动力学参数,表明隔膜在外加电压下能够稳定存在的电压区间。对于锂离子电池而言,工作电压的上限为 4.2V,有时甚至达 4.5V。这就要求电解质至少在 4.5V 时是稳定的。通过线性扫描伏安法测试电解液浸润的 PI/PET 复合纳米纤维膜的电化学稳定窗口。图 4-19 是 PI/PET 复合纳米纤维膜的线性伏安扫描曲线。通过曲线中的电流出峰的位置,可以判断出 PI/PET 复合纳米纤维膜的分解电压,隔膜的分解电压就是其电化学窗口。由图可见,被电解液浸润的 PI/PET 复合纳米纤维膜的电化学稳定窗口很宽,上限达到了 5.5V($vs.$ Li/Li$^+$)以上,远远超过了液体电解液 4.5V($vs.$ Li/Li$^+$)的分解电压,说明制备的 PI/PET 复合纳米纤维膜在高压下具有很好的稳定性。

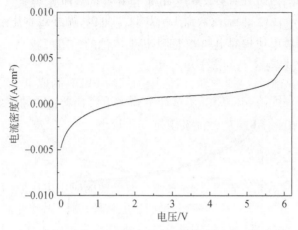

图 4-19　PI/PET 复合纳米纤维膜的线性伏安扫描曲线

电池的循环寿命和安全性能还会受到锂电极/隔膜界面在充放电过程中的稳定性的影响。一般来说,电池随着充放电循环次数的增加,在电极/隔膜界面上,电荷的传导电阻会增大,这就会使得 Li^+ 在金属锂上的沉积变得更加困难,从而影响其充放电性能。如果隔膜/锂电极界面越稳定,即隔膜/锂电极的界面电阻值越小,那么电池在循环时 Li^+ 可以在金属锂上很好的沉积,使电池具有很好的循环性能,安全性也越高。

隔膜的电化学稳定性用循环伏安法进行表征。图 4-20 为隔膜的 10 次循环伏安曲线。第 1 次循环时,在 1V 左右出现了较强的一个氧化峰,后面慢慢变弱。这是因为刚开始锂片表面有钝化,经过锂的剥离和沉积循环,锂片表面得以活化,经过几次循环后达到平衡。PI/PET 复合纳米纤维膜的循环伏安曲线重复性非常好,说明锂的沉积与剥离可逆性较好,而且界面稳定。

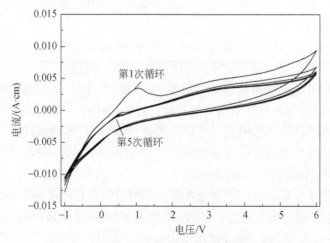

图 4-20　PI/PET 复合纳米纤维膜的循环伏安曲线

图 4-21 是电池的首次充放电曲线。从图中可以看出,所制备的 PI/PET 复合纳米纤维隔膜组装的电池具有较高的放电平台和高的放电比容量。其平均放电电压为 2.4V,首次放电比容量为 142.7mA·h/g。所制备的电池充放电曲线比较平缓,从充电过程转为放电过程时电压降很小,说明电池的内阻值较小。这是由于制备的 PI/PET 复合隔膜具有较高的离子电导率。

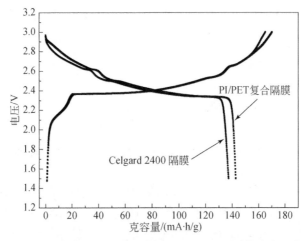

图 4-21　PI/PET 复合纳米纤维隔膜与 Celgard 2400 隔膜首次充放电曲线

制备的 PI/PET 复合隔膜首次充放电比容量及库仑效率数据与商业化 Celgard 2400 隔膜对比结果如表 4-8 所示。由表可见,制的 PI/PET 复合隔膜的首次充放电比容量均高于 Celgard 2400 隔膜。PI/PET 复合隔膜的首次库仑效率高达83.8%,大于 Celgard 2400 隔膜(83.1%)。

表 4-8　PI/PET 复合纳米纤维隔膜与 Celgard 2400 隔膜库仑效率对比

类型	充电比容量(mA·h/g)	放电比容量(mA·h/g)	库仑效率/%
PI/PET 复合隔膜	170.2	142.7	83.8
Celgard 2400 隔膜	165.1	137.2	83.1

图 4-22 是电池循环曲线。由图可见,制备的 PI/PET 复合隔膜组装的电池循环,电池放电比容量很稳定,说明其具有较好的循环性能。这是由于 PI/PET 复合隔膜具有较高的吸液率,高的吸液率导致高的离子电导率,并能够有效地抑制"贫液"现象的出现,致使电池具有较好的循环性能,而 Celgard 2400 隔膜组装的电池在25~30 次循环时不太稳定,循环性能较差。

电池循环 50 次后的放电比容量和放电比容量保有率数据见表 4-9。由表可见,PI/PET 复合隔膜组装的电池循环 50 次后的放电比容量为 141.9mA·h/g,放电比容量的保有率高达 99.4%,明显优越于 Celgard 2400 隔膜(82.5%)。

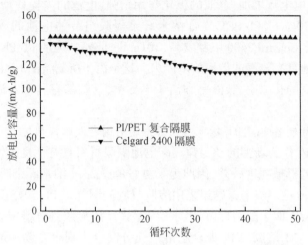

图 4-22　PI/PET 复合纳米纤维隔膜与 Celgard 2400 隔膜循环性能

表 4-9　PI/PET 复合纳米纤维隔膜与 Celgard 2400 隔膜循环 50 次后放电比容量保有率

类型	放电比容量/(mA·h/g)		放电比容量保有率/%
	第 1 次循环	第 50 次循环	
PI/PET 复合隔膜	142.7	141.9	99.4
Celgard 2400 隔膜	137.2	113.2	82.5

图 4-23 为 PI/PET 复合纳米纤维隔膜组装电池在不同倍率下的放电性能。由图可见,随着电池的放电倍率的增加,电池的放电比容量逐渐减小。这是因为放电

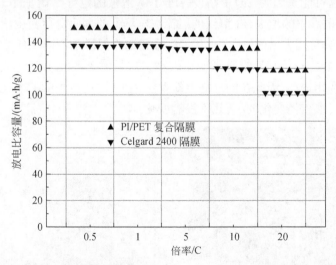

图 4-23　PI/PET 复合纳米纤维隔膜与 Celgard 2400 隔膜倍率放电性能

倍率增加,即放电电流增加,电池的极化作用增强,电池的内损耗增加,因此放电比容量减小。在 20C 下,PI/PET 复合纳米纤维隔膜组装的电池的放电比容量高达 119mA·h/g,比 Celgard 2400 隔膜要高(101mA·h/g)。表明 PI/PET 复合纳米纤维隔膜组装的电池具有较好的倍率放电能力。这是由于所制备的 PI/PET 复合纳米纤维隔膜具有较高的孔隙率、吸液率和离子电导率,这些都有利于电池保持良好的倍率放电性能。

2)静电纺丝制备 PI/TiO$_2$ 复合纳米纤维膜的制备及性能研究

研究发现 PI 作为新型的动力锂离子电池隔膜材料具有优良的性能。但其制备的纳米纤维膜的机械强度较差,因此为了更好地提高 PI 纳米纤维膜的机械强度,必须要对 PI 进行改性。编者课题组采用溶胶凝胶法制备了 PI/TiO$_2$ 复合纺丝液,其基本过程是以钛酸正四丁酯为母体,经水解-缩聚反应形成具有特定空间网络结构的 TiO$_2$ 溶胶,再将 TiO$_2$ 溶胶与 PI 聚合物溶液充分混合实现聚合物和溶胶网络互穿结构。利用静电纺丝制备有机无机复合的纳米纤维膜,表征了不同含量 TiO$_2$ 溶胶的 PI/TiO$_2$ 复合纳米纤维的形貌、XRD 和热性能;考察了不同含量 TiO$_2$ 溶胶的 PI/TiO$_2$ 复合纳米纤维的隔膜性能;对比和分析 PI/TiO$_2$ 复合纳米纤维的隔膜与 PI 纳米纤维隔膜的电化学性能和电池性能。

不同 TiO$_2$ 含量的 PI/TiO$_2$ 复合纳米纤维膜的表面 SEM 和纤维直径分布如图 4-24 所示。由图可知,TiO$_2$ 溶胶的加入对 PI 纳米纤维膜整个形貌影响并不大,在纤维中没有观察到粒子聚集在一起的聚集体。因此可知用这种方法得到的复合纳米纤维膜中,TiO$_2$ 能均匀分散在聚合物基体中。随着 TiO$_2$ 溶胶的加入,PI/TiO$_2$ 复合纳米纤维膜的纤维直径减小,平均纤维直径从 161.2nm 减小到 87.8nm,纤维直径减小近一半。这可能是因为 TiO$_2$ 的加入,PI/TiO$_2$ 溶液的电导率增加了。在相同的电压下 PI 溶液电导率的增大,PI 溶液的射流在电场下的表面电荷密度增大,导致带电的 PI 射流的分裂能力增强,所以有利于纤维变细。但对于不同 TiO$_2$ 含量的 PI/TiO$_2$ 复合纳米纤维膜而言,其纤维直径变化较小。这是由于不同 TiO$_2$ 含量的 PI/TiO$_2$ 溶液的电导率变化较小,因此在同一静电纺丝工艺条件下,得到的 PI/TiO$_2$ 复合纳米纤维膜的平均纤维直径变化较小,几乎没有变化。

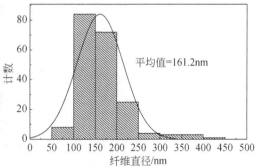

平均值=161.2nm

计数

纤维直径/nm

(a)

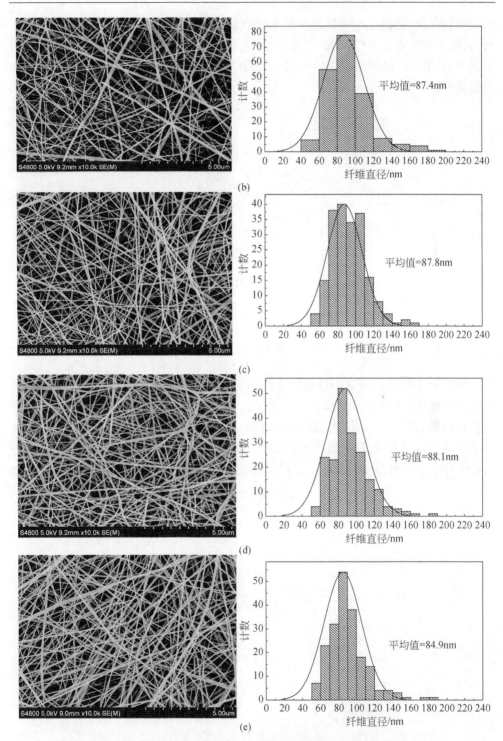

图 4-24　不同 TiO₂ 含量的 PI/TiO₂ 复合纳米纤维膜的 SEM 和纤维直径分布图

(a)0% ;(b)5% ;(c)10% ;(d)15% ;(e)20%

不同 TiO_2 含量的 PI/TiO_2 复合纳米纤维膜的热失重曲线如图 4-25 所示。由图可知,热失重发生在 500 ~ 700℃,是 PI 主链分解导致的。同时可以看出 TiO_2 溶胶的加入对 PI 纳米纤维膜热性能的影响不大,表明 TiO_2 溶胶的加入并不影响其良好的热稳定性。

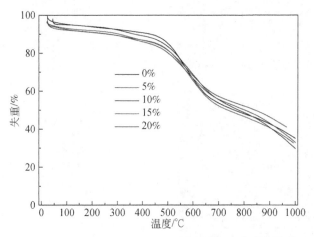

图 4-25　不同 TiO_2 含量的 PI/TiO_2 复合纳米纤维膜的热重图

通过线性扫描伏安法测试电解液浸润的 PI/TiO_2 复合纳米纤维膜和 PI 纳米纤维膜的电化学稳定窗口。图 4-26 是 PI/TiO_2 复合纳米纤维膜和 PI 纳米纤维膜的线性伏安扫描曲线。电流出峰位置处的电压对应于聚合物电解质的分解电压,即其电化学窗口。由图可见,静电纺丝制备的 PI/TiO_2 复合纳米纤维膜和 PI 纳米纤维膜的电化学稳定窗口都很宽,上限达到了 5.5V($vs.$ Li/Li^+)以上,说明制备的 PI/TiO_2 复

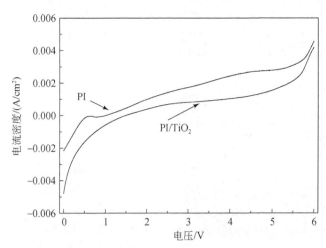

图 4-26　PI/TiO_2 复合纳米纤维膜和 PI 纳米纤维膜的线性伏安扫描曲线

合纳米纤维膜和 PI 纳米纤维膜在高压下具有很好的稳定性,远远超过了液体电解液 4.5V($vs.$ Li/Li$^+$)的分解电压。因此,能够满足实际应用的要求。这表明制备的 PI/TiO$_2$ 复合纳米纤维膜和 PI 纳米纤维膜可以用于高电压的正极材料,如 LiCO$_2$、LiNiO$_2$ 及 LiMn$_2$O$_2$ 等锂离子电池隔膜。在分解电压前曲线非常平稳,并没有任何的突起峰这表明制备的 PI/TiO$_2$ 复合纳米纤维膜和 PI 纳米纤维膜不存在任何其他的杂质并且混合均匀。如果存在杂质,如水或者制备过程中使用的有机溶剂 DMF,则会导致线性扫描伏安曲线不平稳。同时可以看出,PI/TiO$_2$ 复合纳米纤维膜的线性扫描曲线与 PI 纳米纤维膜的线性扫描曲线相比较平滑,说明其电化学窗口更稳定。这可能是由于 TiO$_2$ 的网络结构与正负极材料的层状界面有较好的界面稳定性。

图 4-27 是电池的首次充放电曲线。从图中可以看出,所制备的 PI/TiO$_2$ 复合纳米纤维隔膜和 PI 纳米纤维隔膜组装的电池具有较高的放电平台和高的放电比容量。其平均放电电压为 2.4V,首次放电比容量分别为 160mA·h/g 和 157.8mA·h/g。所制备的电池充放电曲线比较平缓,从充电过程转为放电过程的电压降很小,说明电池的内阻值较小。这是由于静电纺丝制备的 PI 纳米纤维隔膜和 PI/TiO$_2$ 复合纳米纤维隔膜具有较高的离子电导率。

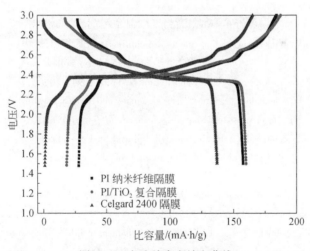

图 4-27　电池首次充放电曲线

隔膜的首次充放电比容量及库仑效率数据见表 4-10。由表可见,静电纺丝制备的 PI 纳米纤维隔膜和 PI/TiO$_2$ 复合纳米纤维隔膜的首次充放电比容量均高于 Celgard 2400 隔膜。PI 纳米纤维隔膜和 PI/TiO$_2$ 复合纳米纤维隔膜的库仑效率相当,但都大于 Celgard 2400 隔膜。

表 4-10　PI/TiO₂ 复合纳米纤维隔膜与 Celgard 2400 隔膜库仑效率对比

类型	充电比容量/(mA·h/g)	放电比容量/(mA·h/g)	库仑效率/%
PI/TiO₂复合纳米纤维隔膜	187.5	160	85.3
PI 纳米纤维隔膜	184.2	157.8	85.6
Celgard 2400 隔膜	165.1	137.2	83.1

图 4-28 是电池循环曲线。由图可见,静电纺丝制备的 PI/TiO₂ 复合纳米纤维隔膜和 PI 纳米纤维隔膜组装的电池循环,电池放电比容量很稳定,说明其具有较好的循环性能。这是由于静电纺丝制备的纳米纤维隔膜具有较高的吸液率,高的吸液率导致高的离子电导率,并能够有效地抑制"贫液"现象的出现,致使电池具有较好的循环性能。PI/TiO₂ 复合纳米纤维隔膜组装的电池比 PI 纳米纤维膜组装的电池的循环性能更稳定。这是由于 PI 和 TiO₂ 之间的网络结构对液体电解液有较强的亲和力,与 PI 纳米纤维隔膜相比,PI/TiO₂ 复合纳米纤维隔膜具有更好的保液效果。

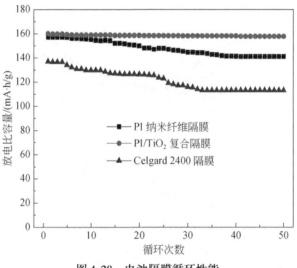

图 4-28　电池隔膜循环性能

电池循环 50 次后的放电比容量和放电比容量保有率数据见表 4-11。由表可见,静电纺丝制备的 PI/TiO₂ 复合纳米纤维隔膜和 PI 纳米纤维隔膜组装的电池循环 50 次后的放电比容量和放电比容量保有率均明显优越于 Celgard 2400 隔膜。其中 PI/TiO₂ 复合纳米纤维隔膜组装的电池循环 50 次后的放电比容量为 157.8mA·h/g,放电比容量保有率高达 98.6%。

表 4-11　电池循环 50 次后放电比容量保有率

类型	放电比容量/(mA·h/g)		放电比容量保有率/%
	第 1 次循环	第 50 次循环	
PI/TiO$_2$复合纳米纤维隔膜	160	157.8	98.6
PI 纳米纤维隔膜	157	141.1	89.8
Celgard 2400 隔膜	137.2	113.2	82.5

图 4-29 为 PI/PET 复合纳米纤维隔膜组装电池在不同倍率下的放电性能。由图可见,随着放电倍率的增加,电池的放电比容量逐渐减小。这是因为放电倍率增加,即放电电流增加,电池的极化作用增强,电池的内损耗增加,所以放电比容量减小。在 20 C 下,PI/TiO$_2$复合纳米纤维隔膜和 PI 纳米纤维隔膜组装的电池的放电比容量分别为 138mA·h/g 和 109mA·h/g,比 Celgard 2400 隔膜要高(101mA·h/g),表明静电纺丝制备的 PI/TiO$_2$复合纳米纤维隔膜和 PI 纳米纤维隔膜组装的电池具有较好的倍率放电能力,尤其是 PI/TiO$_2$复合纳米纤维隔膜。这是由于所制备的 PI/TiO$_2$复合纳米纤维隔膜具有较高的孔隙率、吸液率、离子电导率和较好的电化学稳定窗口,这些都有利于电池保持良好的倍率放电性能。

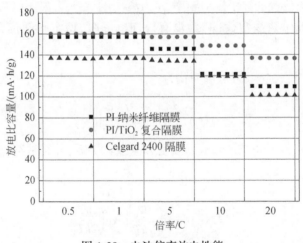

图 4-29　电池倍率放电性能

4.4　隔膜/聚合物电解质的离子导电机理和模型

隔膜/聚合物电解质体系的离子导电机理非常复杂,因为聚合物电解质的结构较为复杂,既存在晶相,又存在无定形区。而使用的锂盐又属于弱电解质,离解后可形成多种离子形式,如溶剂化离子、离子对、三合离子及多合离子等,其中只有溶剂化锂离子的迁移才对电导率有贡献。

4.4.1 离子传导模型

在聚合物电解质之前,对于固体电解质而言,离子的跃迁是按照跳跃机理(hopping mechanism)进行的,即在电场的作用下,离子发生跃迁,从而形成电流。在这一过程中,晶体的骨架结构是稳定不变的。1970 年左右,人们普遍认为以 PEO 为主体的聚合物电解质的结构是螺旋链结构,在链中锂离子发生配位时,聚合物电解质是服从跳跃机理的。1983 年,Berthier 等[41]否定了这一主观论断,他们利用固态核磁技术研究了锂离子跃迁的过程,研究表明锂离子跃迁主要是发生在 PEO 的无定形区域。后来的许多研究都表明,在 PEO 的无定形区域里,锂离子是通过 PEO 链段中的分子热运动进行迁移的。后来 Bruce 等[42]发现锂离子确实是沿着 PEO 的一维通道而进行迁移的。所以对于一般的聚合物电解质而言,无定形区和晶区是都存在的,只是锂离子在无定形区运动比较容易,在宏观上是无定形区导电。因此,目前普遍认为这两种导电机理都是存在的,其中以无定形区导电为主。

在离子传导模型中,电流密度 I 的表达式如下:

$$I = 2ven\lambda \exp\left(-\frac{W_0}{kT}\right)\sinh\left(\frac{eE\lambda}{2kT}\right) \tag{4-10}$$

其中,v 为在平衡位置的离子振动频率;n 为离子的数;e 为离子电荷数;λ 为离子振动的波长;k 为玻尔兹曼常数;W_0 为没有外加电场时,稳定平衡位置的离子之间的能垒。

当 $\dfrac{eE\lambda}{2kT} \ll 1$ 时,式(4-10)可以简化为

$$I = \frac{nve^2\lambda^2}{2kT}E\exp\left(-\frac{W_0}{kT}\right) \tag{4-11}$$

表明在低电场下,离子电流 I 和电场强度 E 呈线性关系,并且是符合欧姆定律的。

当 $\dfrac{eE\lambda}{2kT} \gg 1$ 时,式(4-10)可以简化为

$$I = 2ven\lambda \exp\left(-\frac{W_0}{kT}\right)\exp\left(\frac{eE\lambda}{2kT}\right) \tag{4-12}$$

表明在高电场下,离子电流 I 和电场强度 E 呈指数关系。

4.4.2 自由体积模型

Cohen 和 Tumbull[43]首次提出自由体积理论模型(free volume theory)来描述聚合物电解质的导电机理。其基本出发点是他们认为每个分子都具有一定的可以活动的体积,或者去探讨分子是否存在足够的空间去运动。

在聚合物电解质中,离子的迁移是需要有一定的空隙的,把能够提供离子迁移的空隙称为自由体积。聚合物电解质离子电导率是由主体的平均自由体积来决定

的。由于在聚合物内部,自由体积会受到温度的影响而发生热胀缩,用 V_f 来表示,因此对于聚合物中离子移动所需要的体积 V^* 发生的空隙的概率 P_h 为

$$P_h = \exp\left(-\frac{rV^*}{V_f}\right) \tag{4-13}$$

其中,r 为聚合物自由体积重叠部分的修正系数。

则离子由 A 跃到 B 所要克服能垒 W_0 的概率 P_j 为

$$P_j = v\exp\left(-\frac{W_0}{kT}\right) \tag{4-14}$$

其中,定义离子移动的平均速度 $v = \lambda(f_+ - f_-)$,离子移动的频率 f 比是正比于 $P_j \cdot P_h$,其 λ 为相邻平衡位置间的距离(从 A 到 B 的距离)。

同时由于离子浓度(c)和温度之间存在一定的关系:

$$c = c_0\exp\left(-\frac{W}{2\varepsilon kT}\right) \tag{4-15}$$

其中,W 为离子的热离解能;c_0 为固定常数;ε 为介电常数。

再由电导率的公式 $\sigma = ecv/E$,电导率的表达式如下:

$$\sigma = \sigma_0\exp\left[-\left(\frac{rV^*}{V_f} + \frac{W_0 + W/2\varepsilon}{kT}\right)\right] \tag{4-16}$$

其中,σ_0 为指前因子,它的大小依赖于电场值,为一固定的常数。

自由体积方程指出:聚合物在玻璃化转变温度 T_g 以下时,聚合物是处在玻璃态的,这个时候由于聚合物高分子链无法自由运动,因此离子的导电能力很差。不过在聚合物的内部,高分子链段之间还是存在着自由体积,只是此时的自由体积较小,但离子还是可以移动,只是移动的距离很小,所以 rV^*/V_f 是一个常数,它是不随温度变化而变化的,此时聚合物电解质的电导 σ 对温度的关系为

$$\sigma = \sigma_0\exp\left(-\frac{W_0 + W/2\varepsilon}{kT}\right) \tag{4-17}$$

可以看出,在这种情况下,聚合物电解质的电导率和温度的关系是服从 Arrhenius 方程的。其中,$W_0 + W/2\varepsilon$ 为聚合物电解质的表观活化能 E_a,即 $E_a = W_0 + W/2\varepsilon$,它与聚合物电解质的内部跃迁的自由能垒存在着一定的正比例关系。

由上面的自由体积理论可知:对于聚合物电解质体系而言,如果聚合物分子链段运动影响着锂离子的迁移,那么聚合物电解质的电导率可由式(4-16)计算得到,因为这时的 rV^*/V_f 不是一个常数,而是一个变量,它是随着温度的变化而变化的;如果锂离子的迁移不受聚合物分子链段运动影响或者所受影响很小,那么聚合物电解质的电导率符合式(4-17),分别对式(4-17)两边取对数,即得

$$\lg\sigma = \lg\sigma_0 + \left(\frac{E_a}{2.303k}\right)\left(\frac{1}{T}\right) \tag{4-18}$$

此时,聚合物电解质电导率服从 Arrhenius 方程。

在聚合物电解质中,离子电导率是由载流子的浓度和运动速度决定的。从分子

运动理论出发,提出了两种模型:自由体积模型和离子传导模型。目前占主导的是自由体积模型。采用自由体积理论模型,编者课题组对制备的 PI/TiO₂ 聚合物电解质导电行为进行了研究。PI/TiO₂复合聚合物电解质的结构示意图如图 4-30 所示。

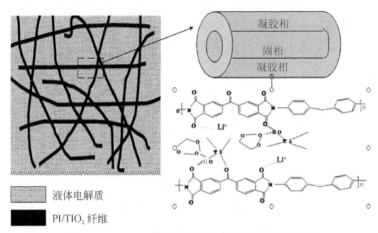

图 4-30　PI/TiO₂ 复合聚合物电解质的结构示意图

　　PI/TiO₂复合聚合物电解质是一个多相共存的体系,不仅有液体电解液吸收的锂离子的自由迁移,也存在着凝胶相中 PI/TiO₂ 分子链运动而引起的锂离子的迁移,或者这两种迁移共同存在。通过以上的自由体积理论的分析,课题组通过测试 PI/TiO₂复合聚合物电解质的 $\lg\sigma$ –1000/T 关系,并对这种关系进行讨论,来研究其离子导电机理,更好地了解 PI/TiO₂复合聚合物电解质在锂离子电池中的作用机理。表 4-12 为用交流阻抗法对不锈钢阻塞电极体系测得的在不同温度时 Celgard 2400隔膜和 PI/TiO₂复合纳米纤维隔膜的电导率。其中,电解液的数据采用电导率仪测定。

表 4-12　Celgard 2400 隔膜和 PI/TiO₂复合纳米纤维隔膜在不同温度的电导率数据

温度/℃	离子电导率/(S/cm)		
	液体电解质	PI/TiO₂电解质	Celgard 2400 隔膜
5	4.82×10^{-3}	1.62×10^{-3}	1.77×10^{-4}
15	5.67×10^{-3}	2.07×10^{-3}	2.22×10^{-4}
25	6.50×10^{-3}	2.25×10^{-3}	2.66×10^{-4}
35	7.60×10^{-3}	3.23×10^{-3}	3.31×10^{-4}
45	8.68×10^{-3}	3.96×10^{-3}	3.96×10^{-4}
55	9.83×10^{-3}	4.78×10^{-3}	4.69×10^{-4}

　　由表 4-12 可见,Celgard 2400 隔膜和 PI/TiO₂复合纳米纤维隔膜的电导率均小于液态电解质溶液的电导率。这主要是由于纳米纤维结构堆积所形成的空间阻塞

作用,降低了液体电解液的传输能力;PI/TiO$_2$复合纳米纤维形成的微孔的曲折性也增大了液体电解液的传递和传输的距离。Cegard 2400 隔膜的电导率小于 PI/TiO$_2$复合纳米纤维膜电解质的电导率,主要是由于 PI/TiO$_2$复合纳米纤维膜具有较高的吸液率。Celgard 2400 隔膜对液体电解液的润湿性较差也会造成电导率的降低。

　　将表4-12 的数据绘制成 lgσ–1000/T 曲线,如图4-31 所示。由图可见,制备的 PI/TiO$_2$复合电解质的 lgσ 与 1000/T 的关系近似一条直线,表明 PI/TiO$_2$复合电解质的电导率行为是服从 Arrhenius 方程的。将实验的数据进行线性拟合。拟合得到的结果为图中的实线,结果表明拟合的直线与实验测得的数据非常吻合,并且表现出很好的线性关系,说明制备的 PI/TiO$_2$复合聚合物电解质的导电行为服从 Arrhenius 方程。

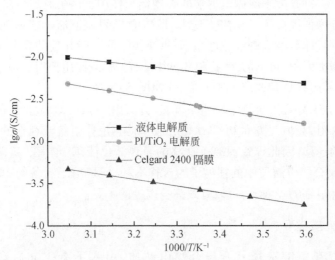

图 4-31　电解液、Celgard 2400 隔膜和 PI/TiO$_2$复合聚合物电解质的电导率和 1000/T 的关系

　　由此可见,制备的 PI/TiO$_2$复合聚合物电解质的电导率主要是通过吸收的液体电解液中的自由锂离子的迁移,并不是通过高分子链的运动或者其他的方式进行的。对于 Celgard 2400 隔膜而言,由于隔膜本身是惰性的,并不参与导电,因此,Celgard 2400 隔膜的离子传输主要是靠微孔膜吸附的液体电解液来参与导电的。体系的导电机制在实验温度范围内并没有发生变化。所以,Celgard 2400 隔膜的导电行为也是服从 Arrhenius 方程的。由 PI/TiO$_2$复合纳米纤维膜的溶胀行为和其聚合物电解质的结构模型可知,静电纺丝制备的 PI/TiO$_2$复合微孔聚合物电解质是一个液、胶和固态共存的体系。Saunier 等研究发现:尽管微孔聚合物电解质中存在着溶胀相,但其对整体的离子电导率的贡献几乎可以忽略,而聚合物电解质中液相的比例较高,所以对于微孔聚合物电解质而言,它的导电行为也符合 Arrhenius 经验方程式。Arrhenius 方程中各参数的拟合结果如表4-13 所示。

表 4-13　　Arrhenius 方程中各参数的拟合结果

样品	指前因子 σ_0/(S/cm)	表观活化能 E_a/(kJ/mol)	误差/%	
			σ_0	E_a
液体电解质	0.104	10.820	2.47	2.97
PI/TiO₂聚合物电解质	1.977	16.752	3.25	2.54
Celgard 2400 隔膜	0.518	14.761	3.17	3.21

由表可见，E_a(PI/TiO₂)>E_a(Celgard)>E_a(液体)。其中液体电解液的表观活化能最小，这是因为液体电解液中的锂离子迁移比较自由，所以其表观活化能很低。Celgard 2400 隔膜表观活化能(14.761kJ/mol)和 PI/TiO₂复合纳米纤维膜表观活化能(16.752kJ/mol)要大于液体电解液的表观活化能(10.820kJ/mol)，这是因为微孔膜的孔曲折度增加锂离子迁移阻力增大，所以它们的表观活化能增加。而 PI/TiO₂复合纳米纤维膜体系的表观活化能最高，这是由于除了微孔膜的孔曲折度使得锂离子迁移阻力增大之外，PI/TiO₂微孔膜基体中 O-Li⁺配位作用使得锂离子的迁移受到了限制，因此其表观活化能要大于 Celgard 2400 隔膜的。

对于 PI/TiO₂复合聚合物电解质来说，一方面由于 PI/TiO₂微孔膜的孔曲折度增加锂离子迁移阻力，另一方面 PI/TiO₂微孔膜基体与液体电解液存在的相互作用，阻碍了锂离子的迁移，因此导致锂离子迁移的表观活化能 E_a 增大。这两个方面都对 PI/TiO₂复合聚合物电解质中的锂离子的迁移不利，但是由于制备的 PI/TiO₂复合纳米纤维膜具有很好的吸液率，可以有效弥补以上的不足。

4.4.3　有效介质模型

为了从宏观角度解释复合聚合物电解质，引入了有效介质理论(effective medium theory)。聚合物和无机粒子之间存在着一个界面层，即有效介质。它的存在可以导致电导率升高。而这种界面层是通过聚合物和无机粒子之间的偶极-偶极相互作用或路易斯酸碱相互作用产生的[44]。这两种作用一方面使界面层结构形态发生变化，从半结晶形变成无定形区，同时在界面层内的锂盐离解度的离解速度提高，最终导致载流子的迁移率大大增强。另一方面，在这两种作用下，无机粒子在复合材料中，它成为了高分子链的交联中心，使高分子链的运动受限，导致复合材料的机械强度和玻璃化转变温度 T_g 都增加。因此，从有效介质理论来看，离子电导率和玻璃化转变温度 T_g 同时增加是并不矛盾的。Malachlom 在渗透概念的基础上，对有效介质理论进行了完善，提出了通用有效方程，具体表达式如下：

$$\frac{f(\sigma_1^{1/t}-\sigma_m^{1/t})}{\sigma_1^{1/t}+A\sigma_m^{1/t}}+\frac{(1-f)(\sigma_2^{1/t}-\sigma_m^{1/t})}{\sigma_2^{1/t}+A\sigma_m^{1/t}}=0 \tag{4-19}$$

其中，σ_1 为聚合物相电导率；σ_2 为无机相电导率；σ_m 为复合材料电导率；f 为加料体积分数；A 为组合物种有关的常数；t 为加料粒子形状有关的指数。

4.4.4　构型熵模型

在构型熵模型中,并不是从非自由体积的角度,而是从构型熵的角度,重新讨论了 WLF(Wlliams-Landel-Ferry)方程式的运动行为,认为离子传输的方式主要是通过聚合物链的协作重排而进行的离子传输过程。首先介绍 VTF(Vogel-Tamman-Fuleher)和 WLF 方程式。VTF 方程表达式如下:

$$\sigma = \sigma_0 \exp\left(-\frac{B}{T-T_0}\right) \tag{4-20}$$

其中,T_0 为参照温度,可认定它是与 T_g 有关的;B 为具有能量维度的常数,但它没有一个明确的物理意义。

VTF 方程主要用于单一无定形相,并且其中的解析盐是完全溶解的,自由体积和构型熵模型都与该方程吻合得很好。

WLF 方程是在 VTF 方程的基础上的一个延伸,代表的是无定形相中的弛豫过程。因此对于和温度相关的机械弛豫过程 R,都可以表达为

$$\lg\left[\frac{R(T)}{R(T_{ref})}\right] = \lg(a_T) = -\frac{C_1(T-T_{ref})}{C_2+T-T_{ref}} \tag{4-21}$$

其中,a_T 为移位因子;T_{ref} 为参比温度;C_1 和 C_2 为常数,可以从实验中得到。如果 $C_1C_2 = B$,$C_2 = T_{ref}-T$,那么 WLF 方程和 VTF 方程就是一样的了。

WLF 方程是在自由体积弛豫速率基础上提出和建立的,但并不适用于自由体积模型。因为方程的建立没有考虑体系的微观结构,如离子体积、离子结对、极化程度、离子浓度、溶解度、聚合物结构及链段长度对导电过程的影响。实质上,聚合物电解质中离子的传输是离子在电场中的运动,并不是主要靠高分子链的蠕动传递的,因此电导率和温度的关系变得很复杂。Gibbs 等在理论上给出了更深入和细致的解释,并提出了构型熵模型。

4.4.5　动态键穿透模型

动态键穿透模型(dynamic bond perculation)理论[45]是从微观的层面去分析的,因此其是一个微观的模型。它既考虑了局部机械过程,又包含了离子在晶格中的配位和跃迁。这个理论的优点是考虑了化学反应,并允许对不同颗粒、阳离子和阴离子的运动(忽略离子间相互作用)分别处理。但是,其也存在着不合理的地方,因为它将无定形的高分子用晶体模型来代替,并且用跳跃机理来解释。但事实上并不是跳跃机理,而是高分子链段热运动协助机理。因此,它不能直接和很好地反映聚合物电解质的物理性质,特别是在预测电导率和温度之间的关系时,常常需要假设一些常数。

4.5　锂离子电池隔膜发展趋势

随着新能源汽车的逐步推广,我国锂电池隔膜行业正处于高速发展期,2016 年中国产业界锂电池隔膜产量为 9.29 亿 m^2,与 2015 年相比同比增长了 33.03%,预计 2020 年国内锂离子电池市场对隔膜的总需求量将达到 34.8 亿 m^2。特别是国产湿法隔膜受下游需求影响,同比增长在 50% 以上,湿法隔膜逐渐成为主流的技术路线,预计 2020 年国内对湿法隔膜的需求量将达到 25.8 亿 m^2,对干法隔膜的需求量将达到 9.0 亿 $m,^2$。但同时国产隔膜整体技术水平与国际一线公司技术水平还有较大的差距。

目前,随着锂离子电池的需求的变化和要求,从锂离子电池体积上看,锂离子电池正在向着两个截然相反的方向发展。一方面,在一些电子产品中(如数码相机、手机等),为了追求美观和便于携带,则需将电池的电芯做得很小,为了提高能量密度,要在小的空间里储存更多的活性物质,对隔膜的要求则是需要更薄,以减小隔膜的内阻,但又不能影响电池性能及安全性等,因此对隔膜来说是一个挑战。另一方面,随着电动汽车和混合电动汽车等的发展,在动力锂离子电池方面,为了获得高能量和大功率,一个电池则需要使用几十甚至上百个电芯进行串联。由于锂离子电池具有潜在的爆炸危险,确保锂离子电池的安全是非常重要的,这需要隔膜不能太薄,制备的技术要求也更严格。对于电动汽车而言,应考虑降低隔膜的成本;对于混合电动汽车而言,则要考虑提高倍率放电性能。这些都为多层隔膜、有机/无机复合膜和纳米纤维隔膜提供了一个较好的发展平台。

为了更好地适应新能源领域的发展,锂离子电池隔膜可以从以下两方面进行改进:①开发研究新材料体系,并发展相应的隔膜制备技术,研制性能优良的超薄隔膜;②对现有的电池隔膜进行合理表面改性,进一步提高锂离子电池的能量密度及安全性。

相信随着国产锂电隔膜设备技术水平的不断提升,将进一步缩小与进口设备在产品质量上的差距,国产设备的性价比优势和对进口设备的替代效应会越来越明显。

参 考 文 献

[1] 王振华,彭代冲,孙克宁. 锂离子电池隔膜材料研究进展. 化工学报,2018,69(1):282-294.

[2] 丁军. 静电纺丝制备有机无机复合纳米纤维锂离子电池隔膜研究. 青岛:中国石油大学(华东),2013.

[3] Zhang H,Zhang Y,Xu T,et al. Poly(m-phenylene isophthalamide)separator for improving the heat resistance and power density of lithium-ion batteries. Journal of Power Sources,2016,329:8-16.

[4] Hu S Y,Lin S D,Tu Y Y,et al. Novel aramid nanofiber-coated polypropylene separators for lithium

ion batteries. Journal of Materials Chemistry A,2016,9(4):3513-3526.

［5］ Wu Y S,Yang C C,Luo S P,et al. PVDF-HFP/PET/PVDF-HFP composite membrane for lithium-ion power batteries. International Journal of Hydrogen Energy. 2017,42(10):6862-6875.

［6］ Kim J H,Gu M,Lee D H,et al. Functionalized nanocellulose-integrated heterolayered nanomats toward smart battery separators. Nano Letters,2016,16(9):5533-5541.

［7］ Chandavasu C,Xanthos M,Sirkar K K,et al. Preparation of microporous films from immiscible blends via melt processing and stretching:6824680,2004.

［8］ Yu T H,Wilkes G L. Orientation determination and morphological study of high density polyethylene (HDPE) extruded tubular films: effect of processing variables and molecular weight distribution. Polymer,1996,37(21):4675-4687.

［9］ Park J S,Gwon S J,Lim Y M,et al. Effect of a radiation crosslinking on a drawn microporous HDPE film with a nucleating agent. Macromolecular Research,2009,17(8):580-584.

［10］ Kim J J,Jang T S,Kwon Y D,et al. Structural study of microporous polypropylene hollow fiber membrane made by melt-spinning and cold-stretching method. Journal of Membrane Science, 1994,93(3):209-215.

［11］ Lee S Y,Park S Y,Song H S. Effect of melt-extension and annealing on row-nucleated lamellar crystalline structure of HDPE films. Journal of Applied Polymer Science, 2007, 103 (5): 3326-3333.

［12］ 刘葭,丁治天,刘正英. 辊速辊温对高密度聚乙烯拉伸微孔膜及其片晶结构的影响. 高分子学报,2011,(11):1278-1283.

［13］ Lee S Y,Park S Y,Song H S. Lamellar crystalline structure of hard elastic HDPE films and its influence on microporous membrane formation. Polymer,2006,47(10):3540-3547.

［14］ Chen R T,Saw C K,Jamieson M G,et al. Structural characterization of Celgard® microporous membrane precursors:melt-extruded polyethylene films. Journal of Applied Polymer Science,1994, 53(5):471-483.

［15］ Kim J,Kim S S,Park M,et al. Effects of precursor properties on the preparation of polyethylene hollow fiber membranes by stretching. Journal of Membrans Science,2008,318(1):201-209.

［16］ Yu W C. Continuous methods of making microporous battery separator:6878226,2005.

［17］ Weighall M J. Recent advances in polyethylene separator technology. Journal of Power Sources, 1991,34(25):257-268.

［18］ 曾一鸣,丁怀宇,施艳荞. 热致相分离法制微孔膜:(I)相分离和孔结构. 膜科学与技术, 2006,26(5):93-98.

［19］ 徐又一,徐志康. 高分子膜科学. 北京:化学工业出版社,2005:87-96.

［20］ 杨振生,李凭力,常贺英,等. 热致相分离法聚合物膜形成机理与形貌控制. 膜科学与技术, 2006,26(2):68-73.

［21］ Vadalia H C,Lee H K,Myerson A S,et al. Thermally induced phase separation in ternary crystallizable polymer solutions. Journal of Membrane Science,1994,89(1):37-50.

［22］ 张春芳. 热致相分离法制备聚乙烯微孔膜的结构控制及性能研究. 杭州:浙江大学,2006.

［23］ 雷彩红,陈福林. 稀释剂粘度对 HDPE 微孔膜微观结构影响. 现代塑料加工应用,2007, 19(2):19-22.

[24] Matsuyama H, Kim M, Lloyd D R. Effect of extraction and drying on the structure of microporous polyethylene membranes prepared via thermally induced phase separation. Journal of Membrane Science, 2002, 204(1):413-419.

[25] 雷彩红, 陈福林, 李光宪. 冷却条件对 HDPE 微孔膜微观结构影响. 塑料科技, 2006, 34(6): 34-37.

[26] 耿忠民, 张雪冰, 叶寅. 电池隔膜用 HDPE 微孔膜的制备和研究. 电源技术, 2009, 33(11): 977-979.

[27] Zhang C F, Bai Y X, Sun Y P, et al. Preparation of hydrophilic HDPE porous membranes via thermal induced phase separation by blending amphiphilic PE- b- PEG copolymer. Journal of Membrane Science, 2010, 365:216-224.

[28] 孙海翔, 李文轩, 李鹏, 等. 动力锂离子二次电池聚偏氟乙烯隔膜的制备及性能表征. 化工学报, 2013, 64(7):2556-2564.

[29] 李文轩. 动力锂离子二次电池聚偏氟乙烯隔膜研究. 青岛:中国石油大学(华东), 2012.

[30] 李山山, 何素文, 胡祖明, 等. 静电纺丝的研究进展. 合成纤维工业, 2009, (4):44-47.

[31] 王磊, 张立群, 田明. 静电纺丝聚合物纤维的研究进展. 现代化工, 2009, (2):28-31.

[32] 薛聪, 胡影影, 黄争鸣. 静电纺丝原理研究进展. 高分子通报, 2009, (6):38-47.

[33] Cooley J F. Apparatus for electrically dispersing fluids:692631, 1902.

[34] Formhals A. Process and apparatus for preparing aptipical thrrads:1975504, 1934.

[35] Vonnegut B, Neubauer R L. Production of monodisperse liquid particles by electrical atomization. Journal of Colloid Science, 1952, 7:616-622.

[36] Larrondo L, Manley R S J. Electrostatic fiber spinning from polymer melts. I. experimental observations on fiber formation and properties. Journal of Polymer Science, 1981, 19(6):909-920.

[37] Spivak A, Dzenis Y, Reneker D. A model of steady state jet in the electrospinning process. Mechanics Research Communications, 2000, 27:37-42.

[38] Reneker D, Yarin A, Fong H, et al. Bending instability of electrically charged liquid jets of polymer solutions in electrospinning. Journal of Applied Physics, 2000, 87(9):4531-4547.

[39] Liang D, Hsiao B, Chu B. Functional electrospun nanofibrous scaffolds for biomedical applications. Advanced Drug Delivery Reviews, 2007, 59:1392-1412.

[40] Sill T., Recum H. Electrospinning: applications in drug delivery and tissue engineering. Biomaterials, 2008, 29:1989-2006.

[41] Berthier C, Gorecki W, Minier M, et al. Microscopic investigation of ionic conductivity in alkali metal saltes- polyethylene oxide adducts. Solid State Ionics, 1983, 11:91-95.

[42] Stoeva Z, Martin- Litas I, Staunton E, et al. Ionic conductivity in the crystalline polymer electrolytes PEO6:LiXF, X=P, As, Sb. Journal of the American Chemical Society, 2003, 125:4619-4626.

[43] Cohen M H, Tumbull D. Free- volume model of the amorphous phase: Glass transition. Journal of Chemical Physics, 1961, 34:120-125.

[44] Croce F, Persi L, Scrosati B, et al. Role of the ceramic fillers in enhancing the transport properties of composite polymer electrolytes. Electrochimca Acta, 2001, 46(16):2457-2461.

[45] Ratner M A, Shriver D F. Ion transport in solvent-free polymers. Chemical Reviews, 1988, 88(1): 109- 124.

第 5 章　锂电池电解液

锂电池大致可分为两类:锂金属电池和锂离子电池。科学家们对锂金属电池的研究可追溯到 20 世纪 50 年代末,那时的锂电池还只是一次电池,60 年代末,科学家开始研究实现锂电池的可充放电性,1972 年 Steel 和 Armand 正式提出了"电化学嵌入"这一概念,奠定了开发锂二次电池商业化技术的基础,但锂的不均匀沉积导致的锂枝晶引发严重的安全性问题几乎使锂二次电池的发展陷于停顿。由此"摇椅电池"概念应运而生,采用低插锂电势的嵌锂化合物代替金属锂为负极,与具有高插锂电势的嵌锂化合物组成锂二次电池,但嵌锂化合物代替金属锂作为负极会引起电势升高,从而导致电池整体电压和能量密度降低,为解决此问题,锂离子电池鼻祖 Goodenough 首先提出用氧化物替代硫化物作为锂离子电池的正极材料,并展示了具有层状结构的 $LiCoO_2$ 不但可以提供接近 4V 的工作电压,而且可在反复循环中释放约 $140mA \cdot h/g$ 的比容量。在接下来的二三十年里,锂离子电池的科研工作者在能量密度、功率密度、服役寿命、使用安全性、成本降低等方面做了大量工作。目前的锂离子电池已广泛用于便携式电子设备、电动车辆和固定式电网储能设备。

锂离子电池工作原理:由于发生电化学反应时,锂离子通过电解质在正负极之间往返脱嵌,同时电子经由外电路进行电荷补偿以达到电极上的电荷平衡。

典型的锂离子电池主要是由正极材料、负极材料、电解质、隔膜、铝正极材料集流体和铜负极材料集流体构成。正极材料主要有钴酸锂、锰酸锂、磷酸铁锂、镍钴锰三元材料 NCM、镍钴铝三元材料 NCA 等,负极材料主要包括碳基材料、硅基材料和钛酸锂等,隔膜主要有聚丙烯(PP)隔膜、聚乙烯(PE)隔膜等。

5.1　锂电池电解质

锂电池电解质的作用是在正负极之间形成良好的离子导电通道,需具备离子电导率高、电化学窗口宽、工作温度范围宽、热稳定性高、与正负极材料相容性好等特点,其主要组成为有机溶剂、电解质锂盐和添加剂。目前商业化应用最广的电解质锂盐是六氟磷酸锂($LiPF_6$)。

5.1.1　有机溶剂

有机溶剂是锂离子电池电解液的重要组成部分,对电解液性能的发挥起着至关重要的作用。电解液有机溶剂的挑选原则是选择极性非质子分子,拥有高介电常数,具有较好的溶解锂盐能力,并且其电化学窗口要宽$[0 \sim 5V(vs. Li^+/Li)]$,在充放电过程中不易发生分解,同时满足熔点低、沸点高等物理属性要求,使有机电解液在较宽的温度范围内为液态,保证电解液具有稳定的电导率。由于这些条件的限制,电解液的溶剂主要为碳酸酯和羧酸酯类溶剂、醚类溶剂等,分别在表 5-1 和表 5-2 列出。

表 5-1　有机碳酸酯和羧酸酯作电解液溶剂

简称	结构	熔点/℃	沸点/℃	黏度/ (cP,25℃)	介电常数(25℃)	偶极矩/deb	密度/(g/cm³,25℃)
EC	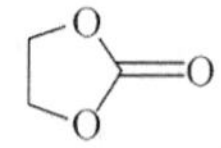	36.4	248	1.90(40℃)	89.78	4.61	1.321
PC	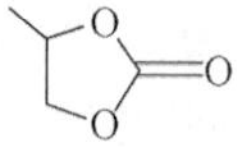	−48.8	242	2.53	64.92	4.81	1.200
DMC	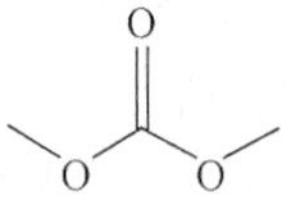	4.6	91	0.59(20℃)	3.107	0.76	1.063
DEC	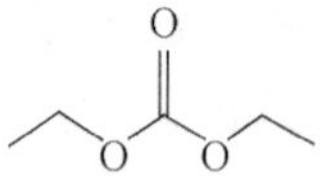	−74.3	126	0.75	2.805	0.96	0.969
EMC	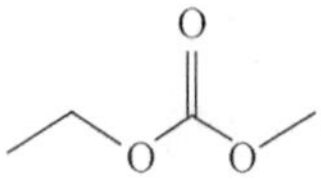	−53	110	0.65	2.958	0.89	1.006
EA	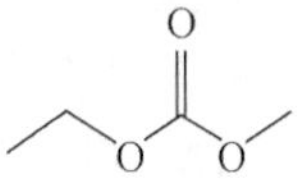	−84	77	0.45	6.02	—	0.902
MB	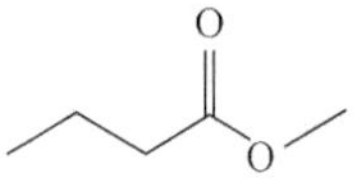	−84	102	0.6	—	—	0.898
EB	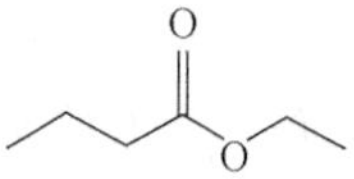	−93	120	0.71	—	—	0.878

注:1deb = 3.33564×10⁻³⁰ C·m。

表 5-2　有机醚作电解液溶剂

简称	结构	熔点/℃	沸点/℃	黏度/ (cP,25℃)	介电常数(25℃)	密度/(g/cm³,25℃)
DMM	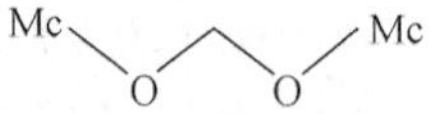 Mc—O—O—Mc	−105	41	0.33	2.7	0.86

简称	结构	熔点/℃	沸点/℃	黏度/ (cP,25℃)	介电常数 (25℃)	密度/ (g/cm³,25℃)
DME		−58	84	0.46	7.2	0.86
DEE		−74	121	—	—	0.84
THF		−109	66	0.46	7.4	0.88
1,3-DL		−95	78	0.59	7.1	1.06
2-Me- 1,3-DL		—		0.54	4.39	—

5.1.2　电解质锂盐

　　导电锂盐在锂离子电池中起着传输离子和传导电流的作用,对电池性能有重要的影响。合适的导电锂盐要满足许多条件,如有较好的溶解性、较高的电导率、较好的化学稳定性、较宽的电化学窗口、较高的铝腐蚀电位等,并且要使锂离子在正负极有高的嵌入量和较好的可逆性,另外成本低、无污染、无毒害也是必须要考虑的。目前商业化应用最广的电解质锂盐是六氟磷酸锂($LiPF_6$)。

5.2　锂电池电解质添加剂

　　电解质添加剂用量小,但其可针对性地显著改善电池的某些性能,其种类繁多,按组成元素进行分类,大致可分为:锂盐添加剂、含 F 组分添加剂、含 S 组分添加剂、含硼组分添加剂及含磷组分添加剂等[1],以下分别对这几种常用的添加剂进行简单的介绍。

5.2.1　锂盐添加剂

　　锂盐添加剂种类繁多,可分为无机锂盐和有机锂盐两大类,无机锂盐主要有LiF、$LiBr$、$LiClO_4$、$LiAsF_6$、$LiBF_4$、LiF_2PO_2等,有机锂盐[2]包括 $LiBOB$、$LiODFB$、$LiFSI$、$LiTFSI$ 等。

　　无机锂盐 LiF 是锂离子电池 SEI 膜的主要成分之一[3],在电解液中添加一定量的 LiF,一方面可以钝化 SEI 膜,抑制电解液的分解,另一方面还可降低锂源在化成时的消耗,提高电池的循环性能[4]。

早期开发 LiBF$_4$ 是为了克服 LiPF$_6$ 的缺点,由于 LiBF$_4$ 在电解质中使用时黏度较低,因此适用于低温应用。在电解液中通过添加 LiBF$_4$ 可抑制腐蚀,因其可在铝表面上形成稳定的钝化层,抑制铝与电解质的反应及高电位下电解质溶剂的分解[5]。然而,LiBF$_4$ 具有较低的阳极氧化电势,其电化学窗口相对于 Li /Li$^+$ 仅为 3.5V 左右,这意味着其不能用于高电压电池。另外,它不能在石墨电极上形成稳定的 SEI 层,这是限制其广泛应用的主要障碍[6]。

有机锂盐一般具有半径较大的阴离子,因此在锂离子电池电解液中具有良好的溶解度,可提升电解液电导率。LiBOB 分解温度高达 302℃,在锂离子电池中的应用十分广泛,其作为添加剂使用时,可在 1.7V 时还原成阻抗较低的 SEI 膜,提高其高温循环性能[7]。LiBOB 电化学窗口高于 4.5V(*vs.* Li/Li$^+$),在约 1.75V(*vs.* Li/Li$^+$)的电压下开始还原分解形成稳定的 SEI 膜,抑制溶剂的共嵌[8]。

LiODFB 可以看作是 LiBOB 和 LiBF$_4$ 的合体,分解温度高达 240℃,其性能方面也综合了两者的优势,LiODFB 可在石墨负极成膜,同时也可以钝化铝集流体[9]。LiODFB 具有优异的高温性能[10],可改善中间相碳微球的界面稳定性,同时还可以降低石墨表面 SEI 膜的厚度,提高循环性能[11]。

LiFSI 与 LiTFSI 具有安全性高、稳定性高、电化学窗口宽等优点,但两者都对铝箔具有腐蚀性而限制了其应用,LiFSI 与 LiTFSI 的腐蚀电位分别是 3.3V(*vs.* Li/Li$^+$)和 3.7V(*vs.* Li/Li$^+$)。在电解液中添加 LiFSI 可以有效改善三元正极材料锂离子电池的低温放电性能、倍率放电性能和循环性能[12]。LiTFSI 在 360℃高温下不分解,通常加入 LiBF$_4$[13] 或 LiODFB[14] 可抑制其对正极集流体的腐蚀性。

新型锂盐添加剂二氟磷酸锂(LiPO$_2$F$_2$)的化学稳定性好,对水分相对稳定,分解温度高达 320℃,主要用于改善锂离子电池中电极-电解液的界面稳定性。LiPO$_2$F$_2$ 能够在阳极材料表面形成热稳定性高且阻抗低的钝化膜,电解液中添加 1% LiPO$_2$F$_2$ 可以显著提高 LiNi$_{0.6}$Mn$_{0.2}$Co$_{0.2}$O$_2$/石墨电池的高温存储性能[15];此外,对于其他高镍三元材料,LiPO$_2$F$_2$ 也可以改善 LiNi$_{0.5}$Co$_{0.2}$Mn$_{0.3}$O$_2$/石墨电池的循环容量保持率[16]、低温放电能力[17]和倍率性能[18]。

二氟双草酸磷酸锂(LiDFBP)是一种新型功能锂盐添加剂,国内鲜有报道[19],而韩国蔚山国家科学技术研究所(UNIST)对 LiDFBP 有着较深的研究。Han 等[20]以二氟双草酸磷酸锂作为锂离子电池添加剂应用于富锂阴极,研究表明,LiDFBP 被氧化,在富锂阴极上形成均匀和电化学稳定的固体电解质界面(SEI)。LiDFBP 衍生的 SEI 层有效地抑制了高电压下严重的电解质分解,并且缓解了由循环期间不希望的相转变为尖晶石状相引起的富锂阴极的电压衰减。此外,含有 LiDFBP 的电解质的电池显著实现了改善的循环性能,并在高 C 率(20℃)下提供 116mA·h/g 的高放电容量。通过 X 射线光电子能谱、SEM 和 TEM 分析证实了 LiDFBP 添加剂对富锂阴极表面化学的独特作用。

四氟草酸锂(LiFOP)[21]作为锂离子电池电解液中另一个含氟新型功能锂盐,其作用与 LiDFBP 相似,在正极、负极上发生氧化还原反应,在正极及负极上形成锂离子传导性较高的保护膜,有效抑制正极、负极活性材料与电解液直接接触,阻止电解液与活性材料的反应,抑制电池性能劣化,保证电池的循环寿命及高温性能。LiFOP电解液在低温下离子电导率略高于 LiPF$_6$ 的电解液,其离子电导率明显优于四氟硼酸锂(LiBF$_4$)及 LiBOB 电解液的,尤其在高电压三元材料中效果明显。

5.2.2　含氟组分电解液添加剂

碳酸酯类电解液中少量的 HF 和 H$_2$O 可以在 Li 负极表面形成一层均一的 LiF和 Li$_2$O 层,从而使镀锂过程更加均匀。但是该方法并不是十分高效的方法,因此人们尝试使用其他含氟化合物,如(C$_2$H$_5$)$_4$NF(HF)$_4$、LiF 和氟代碳酸乙烯酯等,来改善锂负极 SEI 膜的稳定性。

氟化碳酸乙烯酯(FEC)原位调控 SEI 膜的组成以实现锂的均匀沉积[22]。理论计算表明:FEC 具有更低的 LUMO 能级,在与金属锂负极接触时能先于电解液溶剂还原分解,在锂负极表面生成 LiF,SEI 中 LiF 能实现锂离子均匀沉积和有效利用。在锂铜半电池实验中库仑效率可提升至 98%,有效减少"死锂"的形成,实现锂的均匀致密沉积;FEC 应用于高能的三元锂金属电池中,能有效降低电池极化电压,实现金属锂均匀沉积,延长锂电池循环寿命。

5.2.3　含硫类电解液添加剂

近年来,一些含硫组分添加剂开始得到更多的应用,如硫酸乙烯酯(DTD)、亚硫酸乙烯酯(ES)、1,3-丙烷磺酸内酯等,含硫组分添加剂能够稳定 SEI 膜,具有更好的抗氧化特性,能够显著提升锂离子电池的性能,特别是硫酸乙烯酯及其衍生物(图 5-1),不仅可提升电池的低温放电性能,而且更有利于循环和高温性能,在高倍率无人机、汽车启动电源等电池中得到广泛应用。

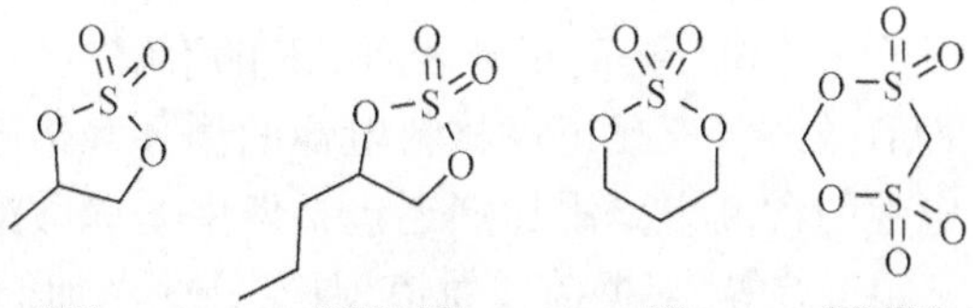

PCS　　　PEGLST　　　TS　　　MMDS

图 5-1　硫酸乙烯酯的衍生物

Jankowski 等[23]对四种含硫添加剂(图 5-2)采用密度泛函数理论的分解电压进行计算,并分析了四种添加剂对 SEI 膜成分和结构的影响,以及对锂离子电池最终循环性能的影响的机理。

Jankowski 等利用密度泛函数理论计算得到添加剂 DTD、PS、SPA 和 PES 的LUMO 能量分别为 0.04eV、0.03eV、−0.1eV 和 −0.27eV,都要低于溶剂 EC 的

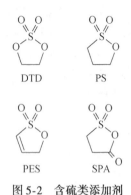

图 5-2　含硫类添加剂

0.06eV,表明相比于 EC 溶剂,在充电的过程中这几种添加剂更容易在负极表面得到电子发生还原反应,先于 EC 溶剂在负极表面发生分解,进而减少 EC 等溶剂在负极表面的分解。

分别添加了这几种添加剂的电解液,在高电势下的稳定性仅仅有轻微的降低,电解液的氧化分解电流峰都出现在 5V 以上,表明在常规锂离子电池中这几种添加剂都不会造成电解液在正极表面发生分解。通过还原扫描可以看到,DTD、PES、SPA 和 PS 添加剂的还原电势分别在 1.05V、1.12V、1.23V 和 0.74V,表明这些添加剂都会先于电解液溶剂发生还原反应。

Jankowski 等的研究表明,DTD 和 SPA 能够生成含有较多含二硫化合物的 SEI 膜,从而能够显著提升锂离子电池的循环性能,而 PS 和 PES 的势垒较高,降低了分解速度,导致 PS 和 PES 会在负极表面发生二次分解,生成 Li_2SO_3 等无机物,导致电池循环性能下降。总的来看,SPA 添加剂优异的循环性能使其更佳适合作为锂离子电池负极电解液添加剂。

1,3-丙烯磺酸内酯(PES)具有良好的成膜性能和高低温导电性能, 是近年来人们看好的锂离子电池有机电解液添加剂,尤其是被应用在负极为石墨、硅碳,正极为尖晶石 $LiMn_2O_4$、NCA 的锂离子电池电解液中,电池的高温性能明显改善。

5.2.4　含硼组分添加剂

含硼组分添加剂常作为正极成膜添加剂来稳定电极/电解液之间的界面,提高锂电池各项性能。三(三甲基硅烷)硼酸酯(TMSB)有利于提升高电压三元正极材料电池的循环性能[24],添加了 0.5% TMSB 添加剂的电池在循环 200 次后容量保持率为 74%,而未添加的对比实验组容量保持率仅为 19%;TMSB 对正极表面的作用机制[25]是缺电子含硼类化合物会提高正极表面 LiF 的溶解度(LiF 阻抗高),形成的低阻抗的 CEI 膜,从而有效改善三元正极材料电池的循环和倍率性能。除了 TMSB 之外,应用于锂离子电池的含硼组分添加剂还包括四甲基硼酸酯(TMB)、硼酸三甲酯(TB)及三甲基环三硼氧烷等,根据前线轨道理论,这些添加剂会优先于溶剂在正极氧化形成离子导电性良好的保护性膜,稳定正极与电解液的界面,抑制电解液的过度氧化分解。

5.2.5　含磷组分添加剂

含磷组分添加剂主要有三(三甲基硅烷)磷酸酯(TMSP)、三苯基亚磷酸酯(TPP)、亚磷酸三甲酯(TMP)、三(2,2,2-三氟乙基)亚磷酸酯(TFEP)、三烯丙基磷酸酯(TAP)、(乙氧基)五氟环三磷腈(PFPN)等。TMSP 的结构与 TMSB 类似,其功能也基本相同,主要应用于高压三元正极体系电池中;TPP、TMP 等亚磷酸酯类化合物主要是作为 $LiPF_6$ 的稳定剂[26],其中心的三价磷原子存在一对孤对电子,能与 PF_6^- 形成配位键,抑制 PF_6^- 与 H_2O 形成 HF,从而稳定 PF_6^- 结构;富锂正极材料在首次充电时会有氧析出,基于此特性,亚磷酸酯类化合物(TFEP)[27]中未达到最高价的磷原子容易与 O_2、O_2^-、O_2^{2-} 反应,防止电解液与氧体系发生进一步反应,达到稳定电池的作用;磷酸酯类化合物 TAP[28]在电池充放电过程中,烯丙基可能会发生交联电聚合反应,得到的产物覆盖到电极表面,形成均匀的 SEI 膜,从而提高电池库仑效率与长循环性能;PFPN 是一种高效阻燃添加剂,研究表明[29]含 5wt% PFPN 的电解液完全不可燃且对电池电化学性能没有明显影响,其分解产生的氟自由基、磷自由基可以捕获氢自由基、氧自由基以终止燃烧反应,此外,PFPN 也可优先于溶剂氧化分解成膜。

5.3　改善锂金属电池性能的途径

早在 20 世纪 70～80 年代,金属锂就已作为负极材料应用于锂金属电池中,但那时的锂电池循环性能不好,在充放电循环过程中容易形成锂枝晶,造成电池内部短路,从而引发爆炸等事故,锂金属电池的发展也因此停滞不前。随着人们对锂电池能量密度的要求越来越高,锂金属电池中的金属锂由于具有高理论比容量(3860mA·h/g,约为石墨的 10 倍)和最低的氧化还原电位(−3.04V $vs.$ 标准氢电极)重新受到了人们的关注,但其循环易产生锂枝晶的问题依然存在。

控制锂枝晶有几种策略,包括通过电解质添加剂原位形成稳定的固体电解质中间相(SEI)层[30]、自我修复的静电屏蔽[31]、Li 阳极的非原位保护涂层[32]及高模量和高锂离子迁移数(t_{Li^+})固体电解质的应用[33]。通常而言,有两个主要的理论框架可用于理解对锂枝晶的抑制。一种是 Chazalviel 等倡导的模型,其表明电解质的较高离子电导率和较高 t_{Li^+} 可以通过减轻 Li 电极附近的负离子耗尽诱导的大电场来抑制 Li 枝晶的成核[34]。另一种是 Monroe 和 Newman 模型,使用高剪切模量的电解质(约为 Li 金属的 2 倍)机械抑制锂枝晶的生长[35]。科学家们也尝试了不同的方法去解决此问题。

姜汉卿等[36]从应力释放的角度提出了在金属锂沉积的过程中释放压应力可从源头上杜绝锂枝晶的形成;Archer 等[37]采用离子交换化学法在碱金属(Li/Na)表面沉积电化学活性物质(Sn、In、Si)层作为 SEI 膜,使得电池表现出非常高的交换电流和稳定的长循环性能;崔屹团队[38]用 Cu_3N 和丁苯橡胶(SBR)混合在锂电极构建机械强度高和柔韧性强的人造 SEI 层,此 SEI 层还具有优异的锂离子电导率,显著提高了静电态和长循环条件下 Li 金属负极的稳定性,此外,崔屹团队基于晶体法使用超细银纳米晶种分散在三维基质骨架上,使金属锂在特定基底材料上选择性沉积,从而抑制锂枝晶的生长[39]。

5.3.1　高浓度锂盐电解液

在传统的枝晶生长模型中认为,提高电解液中金属盐的浓度,可以提高临界电流密度 J^* 值,从而抑制锂枝晶的产生。根据这一理论,张继光等[40] 提出了独特新颖的锂枝晶解决方案:在高盐浓度电解液中加入稀释剂双(2,2,2-三氟乙基)醚(BTFE)。如图 5-3 所示,在 1.2mol/L LiFSI/DMC 电解液中,锂金属阳极的库仑效率很低(小于 10%);如果 LiFSI 浓度升高至 3.7～5.5mol/L,锂金属阳极的库仑效率上升至 99.2%;当添加了稀释剂 BTFE 后,LiFSI 浓度在 1.2～3.8mol/L,锂金属阳极库仑效率都在 99% 以上,说明 BTFE 的加入,并没有或甚至增强了该局部高盐浓度电解液的阴极稳定性。

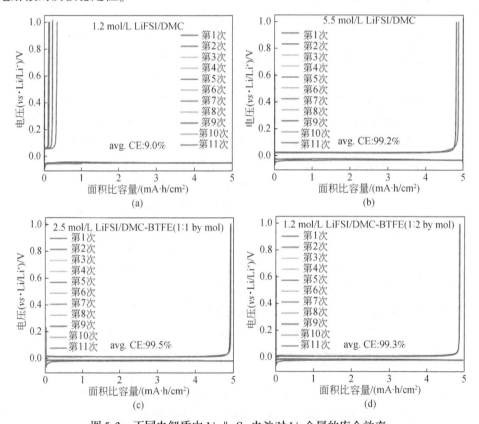

图 5-3　不同电解质中 Li ‖ Cu 电池对 Li-金属的库仑效率

(a)稀释的 1.2mol/L LiFSI/DMC;(b)高浓度 5.5mol/L LiFSI/DMC;(c)适度稀释的 2.5mol/L LiFSI/DMC-BTFE(摩尔比1∶1);(d)高度稀释的 1.2mol/L LiFSI/DMC-BTFE(摩尔比1∶2)。电流密度为 0.5mA/cm²

通过 SEM 图像(图 5-4)观察到不同电解质中 Li 沉积物形态存在显著差异。在常规电解质和稀释的 1.2mol/L LiFSI/DMC 中观察到具有大量的高度多孔且结构松散的锂枝晶,而当使用 1.2mol/L LiFSI/DMC-BTFE(摩尔比 1∶2)的局部高浓度电解液时,观察到最显著的差异,没有锂枝晶的生长,只形成了锂颗粒(约为5μm)的致密聚集体。说明在局部高盐浓度电解液中,金属锂能沉积得更为均匀、致密,从而减少和电解液的副反应,提高库仑效率和循环寿命。

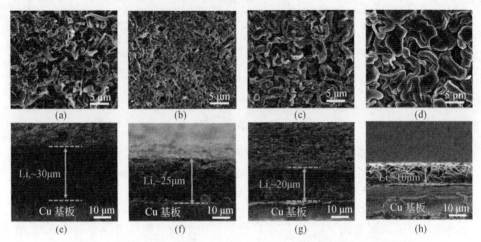

图5-4　不同电解液中锂金属沉积的电极表面和横切面 SEM 形貌图

(a)和(e)常规1.0mol/L LiPF$_6$/EC-EMC(4∶6,wt%);(b)和(f)稀释1.2mol/L LiFSI/DMC;(c)和
(g)HCE 为5.5mol/L LiFSI/DMC;(d)和(h)LHCE 为1.2mol/L LiFSI/DMC-BTFE(摩尔比1∶2),通过在
Cu 基底上以1.0mA/cm^{2}的电流密度电镀1.5mA·h/cm^2 Li 获得 Li 沉积物的 SEM 图像

采用金属锂为负极,NMC111(面载量2.0mA·h/cm^2,充电截止4.3V)为正极制备全电池验证上述局部高盐浓度电解液在4V 氧化物正极体系下的稳定性,数据见图5-5。在1C 充放电倍率下,采用传统 LiPF$_6$电解液的电池极化快速增加,容量迅速衰减,100次循环后保持率小于40%。高盐浓度电解液虽然具有很高的锂负极库仑效率,但是由于电解液黏度大、电导低、对电极润湿性差等,全电池在循环中还是出现持续极化增加和容量衰减(100次循环后为76%左右)的现象。而采用局部高盐浓度电解时,表现出了极为优异的循环稳定性:1C 充放电循环300次后容量保持率为95%,0.5C 充电2C 放电时,循环700次后容量保持率仍大于80%。

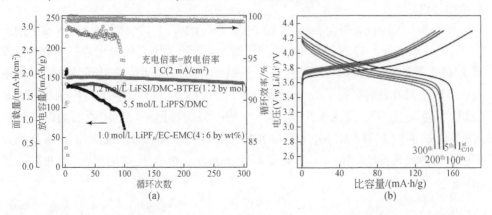

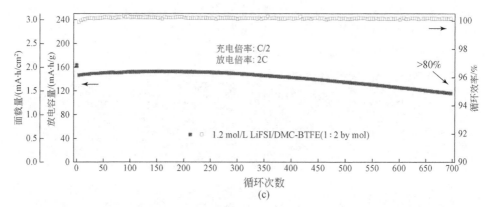

(c)

图5-5　(a)采用不同电解液的 Li ‖ NMC111 电池在 1C 倍率下充放电循环稳定性;
(b)1C 倍率下在局部高盐浓度 1.2mol/L LiFSI/DMC-BTFE 中的电压变化曲线;
(c)0.5C 充电 2C 放电下的循环稳定性

BTFE 对锂金属电化学稳定,能和高盐浓度电解液混溶且自身不溶解锂盐,在电池中形成了整体低盐浓度但局部高盐浓度的电解液体系,有效保留了高盐浓度电解液的优良特性并且很好地抑制了锂金属枝晶的生长,显著延长了金属锂/NMC111电池的循环寿命。

5.3.2　自修复静电层方法

自修复静电层方法认为,如果在电解液中添加少量的还原化学势与 Li$^+$ 接近的金属离子 M$^+$,当金属 Li 电镀在负极的表面时,金属离子 M$^+$ 不会被还原,而是被吸附在金属锂负极表面,因此如果在镀锂过程中,出现局部电荷聚集(局部极化)时,就会吸引更多的 M$^+$,形成静电层,从而抑制 Li$^+$ 在此处的还原,减缓锂枝晶的生长。

杨毅夫等[41]向电解质中加入 K$^+$ 显著改善了锂沉积物的形态和锂沉积–剥离的循环性。作者进行了一系列电化学测试以验证向电解质中添加 K$^+$ 以改善 Li 沉积–剥离循环特性的有效性。测试并比较了 Li 以 Li$_{22}$Sn$_5$ 衬底在不同电解质中的沉积–剥离循环性能。

如图 5-6(a)所示,当向 1mol/L LiODFB/EC+DMC(1 : 1,体积比)电解质中加入 K$^+$ 时,有效地改善了 Li 循环性能。此外,100 次循环后库仑效率仍高达 90%,而没有 K$^+$ 的电解质中 Li$^+$ 沉积的库仑效率低于 85%。K$^+$ 的浓度对 Li 循环性能的影响不大;K$^+$ 的添加也显著提高了 Li 长循环性能[图 5-6(b)];与没有 K$^+$ 的电解质中 Li$^+$ 的初始沉积电位不同,加入 K$^+$ 的电解质中的电势随着循环次数的增加而保持恒定[图 5-6(c)和(d)];以 LiClO$_4$ 代替 LiODFB 做循环性能测试,发现添加 K$^+$ 明显提升了锂金属的循环性能[图 5-6(e)],说明性能的改善是由于 K$^+$ 的引入,而非阴离子ODFB$^-$。

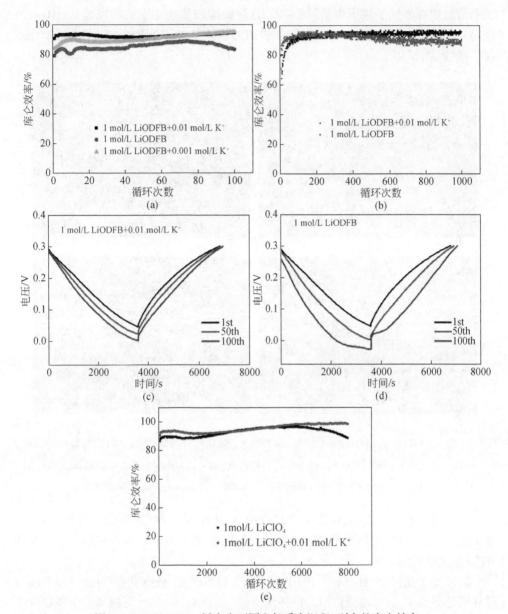

图 5-6　Li⁺以 Li₂₂Sn₅ 衬底在不同电解质中沉积–剥离的库仑效率

(a)Li⁺在 0.2mA/cm² 下沉积 3600s;(b)Li⁺在 0.2mA/cm² 下沉积 100s;(c)和(d)Li⁺以 Li₂₂Sn₅ 衬底在
不同电解质中的沉积–剥离循环曲线;(e)Li⁺在有和没有 K⁺的 1mol/L LiClO₄/EC+DMC(1∶1,体积比)
的电解质中以 0.2mA/cm² 下沉积 3600s;对电极:Li 箔

编者对 Li₂₂Sn₅ 衬底的表面形态进行了表征分析(图 5-7),在锂沉积之前,Li₂₂Sn₅
衬底的表面是光滑的[图 5-7(a)];在锂沉积之后,没添加 K⁺电解质 Li₂₂Sn₅ 衬底的表面清楚地观察到了粒子聚集[图 5-7(b)];而添加了 K^+(无论浓度是 0.001mol/L 还是 0.01mol/L)电解质 $Li_{22}Sn_5$ 衬底的表面形貌质量都得到提升,K^+ 的引入有效抑制了锂枝晶的产生。

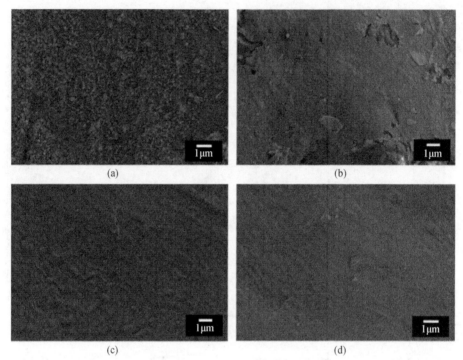

图 5-7　$Li_{22}Sn_5$ 衬底在 1mol/L LiODFB/EC+DMC(1∶1,体积比)电解质中含不同 K^+ 浓度的表面形态

(a)Li 沉积之前 $Li_{22}Sn_5$ 衬底形态;(b)不含 K^+ 的 Li 沉积形态;(c)含 0.001mol/L K^+ 的 Li 沉积形态;

(d)含 0.01mol/L K^+ 的 Li 沉积形态;电流密度:0.2mA/cm² ,沉积时间:3600s

　　一系列实验结果表明,在锂沉积过程中,K^+ 不会被还原,也不会结合到衬底上。基于所报道的"自修复静电屏蔽(SHES)"机制,提出了考虑动力学和热力学因素的 SHES 动力学机制。

　　同样基于此机制,Hu 等[42]使用定量原位 ^7Li 和 ^{133}Cs 核磁共振(NMR)和平面对称锂电池研究了 Cs^+ 添加剂对 Li 沉积的影响。发现 Cs^+ 的加入可以显著增强良好排列的 Li 纳米棒的形成和 Li 电极的可逆性。原位 ^{133}Cs NMR 直接证实在充电过程中 Cs^+ 迁移到 Li 电极以形成带正电的静电屏蔽。在 Cs^+ 添加剂沉积的 Li 薄膜中发现了更多的电化学"活性"锂,而在没有 Cs^+ 沉积的 Li 薄膜中发现了更多且更厚的"死锂"。

5.3.3　凝胶聚合物添加剂

　　具有高模量和高 t_{Li+} 的固体电解质被认为是解决锂枝晶最有希望的方法之一,

但是,固体电解质对于实际应用具有不可避免的缺点,例如,室温下固体聚合物电解质的离子电导率不足,以及固体电解质的制造和处理过程困难。凝胶聚合物电解质具有高的离子电导率和优异的电化学性能,且制备相对容易,但锂枝晶问题依旧无法解决,文献报道[43]加入 SiO_2、Al_2O_3 和 TiO_2 等无机填料机械地阻挡锂枝晶的生长,与此同时也降低了离子电导率,得不偿失。

针对凝胶电解质存在的问题,Lee 和 Kim 等[44]使用全氟聚醚(PFPE)官能化的 2D 氮化硼(BN)纳米片(BNNF)作为多功能添加剂制备抑制 Li 枝晶的凝胶聚合物电解质(GBE)。在图 5-8 中,将 PFPE 官能化的 BNNF 加入 GPE 中的最小添加量(0.5wt%)也可以提供高离子电导率,高 t_{Li+} 和高机械模量都有助于有效抑制锂枝晶,改善锂金属电池的电化学性能和安全性能。

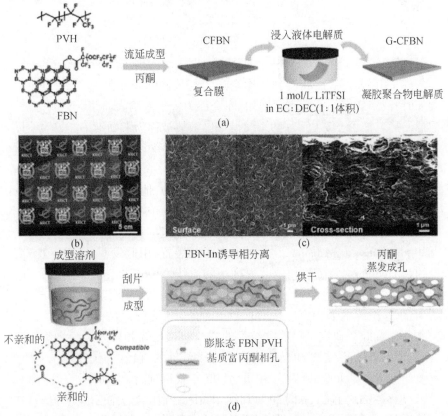

图 5-8　FBN 添加剂(G-CFBNs)制备 PVH 基 GPE

(a)G-CFBN 的制备过程示意图;(b)CFBN 的照片(0.5wt% FBN);(c)CNFB 的(0.5wt% FBN)表面(左)和横截面 SEM 图(右);(d)通过 FBN 诱导相分离 CFBN 自发形成空隙的可能机理

使用 Li/G-CFBN/磷酸铁锂(LFP)电池进一步评估 G-CFBN 在锂金属电池中的实际应用,数据详见图 5-9。与 Li/LE-Celgard(商业隔膜)/LFP 电池相比,Li/G-

CFBN/LFP 表现出优异的倍率性能,在 5C 倍率下的放电容量几乎是 Li/LE-Celgard/LFP 的两倍;在 1C 下的长期循环性能,Li/G-CFBN/LFB 电池循环 300 次后的容量保持率(88%)明显高于 Li/LE-Celgard/LFP 电池(74%),此外,值得注意的是,即使当倍率达到 10C 时,Li/G-CFBN/LFP 电池在 500 次循环后依旧表现出优异的循环性能。

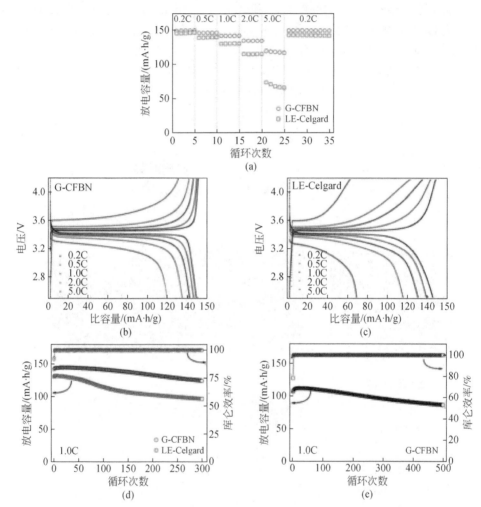

图 5-9　Li/LE-Celgard/LFP 和 Li/G-CFBN/LFP 在 25℃ 下的电化学性能
(a)电池在不同倍率下的倍率性能和相应的电压容量曲线含有(b)G-CFBN 和(c)LE-Celgard;
(d)在 1C 下电池的长期循环性能;(e)在 10C 下含 G-CFBN 的电池长期循环性能

5.3.4　锂金属电解液添加剂

对于电解液的优化而言,更多的是从添加剂方面入手,通过添加剂的使用,能够极大地优化金属锂负极 SEI 膜的均匀性和稳定性。电解液添加剂能够在金属锂表面分解、吸附和聚合,从而提升 SEI 膜的均匀性,改善镀锂过程中电极表面的电流分布。

张继光等[45]以 $LiPF_6$ 作为添加剂加入 LiTFSI-LiBOB 双盐/碳酸酯溶剂基电解质中,其最佳添加量为 0.05mol/L,显著提高了锂金属电池的充电能力和循环稳定性。在使用中等高负载 1.75mA·h/cm² 的 4V 锂离子阴极的锂金属电池中,在 500 次循环后的循环性能为 97.1%,随着电极过电位的非常有限的增加,在充电/放电电流密度高达 1.75mA/cm²。快速充电和稳定的循环性能归因于在 Li 金属表面产生了坚固和导电的固体电解质界面及锂阴极集电器的稳定。

研究表明:①在较小的充电电流密度下(1mA/cm²),循环容量的增加导致相应锂金属负极上钝化层膨胀的速率基本一致;②NMC 正极面密度的增加,即每个循环锂金属用量的增加,导致金属锂负极表面 SEI 成分的变化;③当锂金属负极在高循环容量情况下(3.5mA·h/cm²),充电电流密度的少量增加都会严重加速金属锂的衰减,进而极大地影响电池的寿命,见图 5-10。该研究工作有助于人们进一步认识锂金属电池产业化进程中存在的问题,进而推动锂金属电池的实际应用。

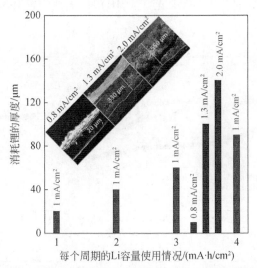

图 5-10　锂金属负极随循环容量和电流密度衰减示意图

为从锂盐角度解决锂枝晶问题,青岛储能产业技术研究院的研究人员[46]设计并合成了一种新型具有大阴离子结构的全氟叔丁氧基三氟硼酸锂(LiTFPFB),该新型锂盐保留了 $LiBF_4$ 阴离子的主体结构,一方面可以提高其对铝集流体的稳定性;另一方面大阴离子的存在可以原位形成锂负极保护膜,进而提升锂金属电池的电化学性能。研究发现:该锂盐的离子电导率明显高于 $LiBF_4$,且对铝集流体有较好的稳定性,可以在锂金属负极形成一层保护膜以有效抑制锂金属与电解液的进一步反应,进而有效保护锂负极。

美国太平洋西北国家实验室(pacific northwest national laboratory)[47]研发出了新型的高浓度双盐醚类电解液,提高了醚类电解液在高压(4.3V)活性电极上的稳定性。该电解液能够在高电压 LiNi$_{1/3}$Mn$_{1/3}$Co$_{1/3}$O$_2$(NMC)正极和锂金属负极上诱导形成稳定的界面层,在充电截止电压为 4.3V 的 Li‖NMC 全电池测试中,实现了 300 次循环容量保持率> 90%,500 次循环容量保持率约 80%。

醚类有机溶剂分子在高电压下的稳定性可以通过提高电解液中盐与溶剂的摩尔比得以实现。一方面未与盐的 Li$^+$ 配位的醚类分子数目大大减少,另一方面醚类分子氧原子上孤对电子向配位的 Li$^+$ 上的转移降低了其被氧化的倾向。在此指导思想下,编者研究了三种不同的高浓度醚类电解液,发现在 3mol/L LiTFSI-DME 电解液中电池容量有明显的衰减且非常不稳定。经过替换锂金属负极,证明在此电解液中同时存在锂负极和 NMC 正极的腐蚀问题,认为在高压下活性的正极材料与醚类电解液的副反应是正极衰减的根源,因此选用了具有钝化正极作用的 LiDFOB 电解质。然而在 4mol/L LiDFOB-DME 电解液中,由于锂负极的快速腐蚀,导致电池容量反而衰减得更快。经过反复实验发现,当使用高浓度的 LiTFSI-LiDFOB 双盐电解液(2mol/L LiTFSI 和 2mol/L LiDFOB 溶于 DME)时,电池的循环稳定性有非常显著的提升,数据见图 5-11。

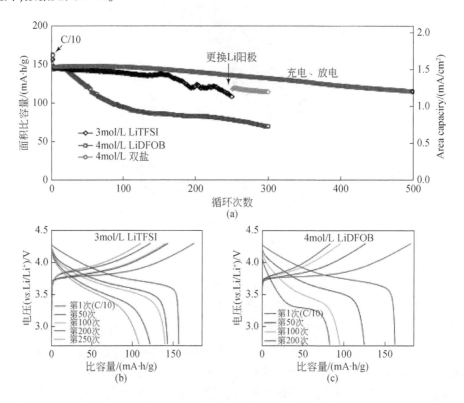

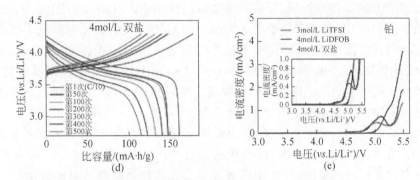

图 5-11　Li‖NMC 电池在不同高浓度醚类电解液中的循环性能(2.7~4.3V)

编者通过对 50 次循环后的 NMC 正极进行透射显微镜的表征发现,在不同电解液中正极-电解液界面层有明显的差异,见图 5-12。在 3mol/L LiTFSI-DME 中,在

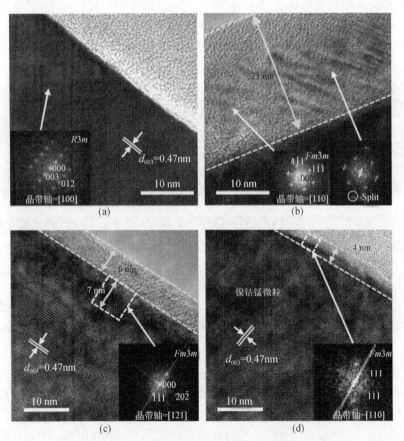

图 5-12　NMC 正极在不同醚类电解液中循环后高分辨透射显微镜下的对比

(a)原始样品;(b)3mol/L LiTFSI;(c)4mol/L LiDFOB;(d)4mol/L 双盐

NMC 表面出现明显的腐蚀层,厚度约为 23nm;在 4mol/L LiDFOB-DME 中,NMC 表面覆盖了由 LiDFOB 分解产生的厚度为 6nm 的无定形保护层,明显抑制了醚类电极液对正极的腐蚀,正极表面只有约 7nm 厚度出现了一定的相转变;而在 4mol/L 双盐-DME 电解液中,正极界面保护层更薄(仅 4nm),而且 NMC 相转变厚度更小,说明正极在高电压下的稳定性得到明显提高。同时,XPS 分析结果说明,这一高效保护层是在 LiDFOB 和 LiTFSI 同时作用下产生的。

与此同时,还发现高浓度双盐-DME 电解液对锂负极有明显的保护作用,见图 5-13。在 3mol/L LiTFSI 中,锂负极表面在 50 次循环后生成了一层厚度约为 100μm 的高度疏松的腐蚀层,说明形成的界面无法抑制电解液对锂金属的不断腐蚀,只能得到 91.7% 的锂金属库仑效率。在 4mol/L LiDFOB 中,锂负极表面腐蚀层更明显,厚度达到 120μm,而且由于锂金属沉积剥离的高度不均一,腐蚀层中残留了大量失去电化学活性的"死"锂,锂金属库仑效率仅为 59.1%。而在高浓度双盐电解液中,锂金属的腐蚀被极大地抑制,在"一体化"的界面层保护之下,腐蚀层厚度仅有约 22μm,锂金属库仑效率提高到 98.4%。即使使用仅 50μm 厚的锂负极,也可以实现超过 350 次的循环。

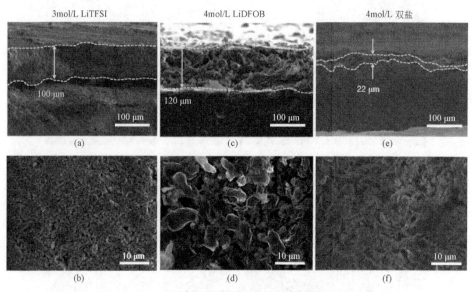

图 5-13　Li 金属负极在不同电解液中循环后 SEM 对比

编者通过对锂负极表面层进行 XPS 分析发现,在不同醚类电解液中产生的锂金属表面组分有明显的差异,见图 5-14。在 3mol/L LiTFSI 中,除了 LiTFSI 与锂金属反应之外,还产生了大量由 DME 分解而成的有机烷氧基成分;在 4mol/L LiDFOB 中,则主要是锂金属和高活性的 LiDFOB 的反应产物;而在高浓度双盐电解液中,除了 LiDFOB 与锂的反应之外,还出现了类似于 $\text{——}(\text{CH}_2\text{——}\text{CH}_2\text{——}\text{O})_n\text{——}$ 的聚乙氧基化合物

（polyethylene oxide）的成分。推测是 LiDFOB 还原的中间产物与有机烷氧基成分发生了交联,形成的含有聚合物组分的界面层很好地保护了锂金属负极。这一推断也得到了 FTIR 数据的支持,在双盐电解液中,锂表面层内有显著增强的来自醚类的C—H 键振动信号。同时证明,通过进一步优化电解液成分比例和正极材料,电池的循环稳定性还可以得到更进一步的提高。

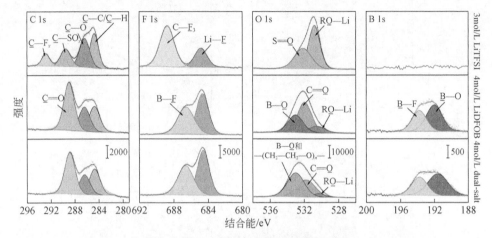

图 5-14　Li 金属负极 XPS 表面分析对比

醚类电解液由于其对锂金属的高稳定性是未来锂金属电池的优先选择,但是其较差的氧化稳定性制约了其在高电压电池中的应用。编者通过提高醚类电解液浓度和优化电解液组分,同时在高压正极和锂金属负极上激发积极的协同效应,从而解决了醚类电解液选择上的两难问题。这项研究为未来高压锂金属电池电解液的开发提供了新的选择和思路。

美国太平洋西北国家实验室在其实验室相关研究的基础上[48],通过加入能与砜类溶剂混溶但是不与锂盐结合的氟代醚类 1,1,2,2-四氟乙基-2,2,3,3-四氟丙基醚(TTE),对环丁砜(TMS)高浓度电解液进行稀释。得到的局域高浓度的 TMS 电解液(localized high concentration electrolyte,LHCE)不但极大地降低了黏度,提高了离子电导率和浸润能力,首次实现了砜类电解液在低温下的使用,而且相比于普通高浓度电解液(HCE)进一步提高了锂金属的库仑效率(平均达到 98.8%)。研究者还发现 TTE 的使用可以有效抑制正极集流体铝箔在一般砜类电解液中的高电位腐蚀,从而实现了 Li ‖ LNMO 电池在 4.9V 高电位下的稳定循环。

与传统的共溶剂不同,氟原子的部分取代极大地降低了 TTE 对双氟磺酰亚胺锂盐(LiFSI)的溶解能力,但其仍然能与 TMS 完全互溶,因此在 LHCE 中,LiFSI 只与TMS 相互作用,而在高浓度的 LiFSI-3TMS 溶剂化结构之外结合着 TTE 分子。编者通过液相核磁共振和分子动力学模拟证明了局域高浓度这种非常特殊的溶剂化结构。如图 5-15 所示,LHCE 在低温下也可以保持较低的黏度,相比于 HCE 降低了数十倍,而且离子电导率也明显高于 HCE。普通砜类电解液无法浸润常用的聚乙烯隔膜并无法在 0℃ 及以下温度工作,TTE 的加入完全解决了润湿性的问题,并在-10℃ 也可以保持较高的电池容量,从而使得砜类电解液的实用性大大提高。

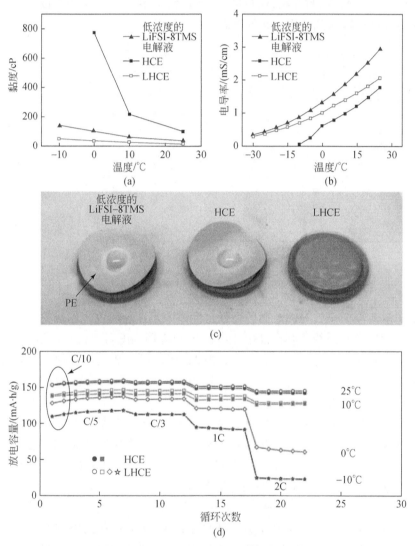

图 5-15　砜类电解液的物理性质及不同温度下电池倍率性能比较

锂金属的沉积形貌也在该 TMS 的 LHCE 中得到更有效的调控。在低浓度的 LiFSI-8TMS 电解液(dilute)中,只能得到非常疏松的金属锂的沉积结构(图 5-16), 由高比表面积带来的副反应大大降低了锂金属的库仑效率(图 5-17)。在 HCE 中, 虽然锂的沉积颗粒变大,库仑效率也得到明显的提升,但并不能有效降低沉积层的 厚度。而在 LHCE 中,锂的颗粒明显增大,而且变得更致密,由此进一步减少了锂金属与电解液的副反应,使得 Li ‖ Cu 电池中锂的循环更稳定,效率更高,电压极化更小(图 5-17)。

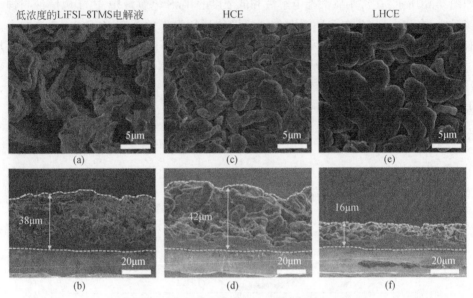

图 5-16　砜类电解液中锂金属沉积形貌比较

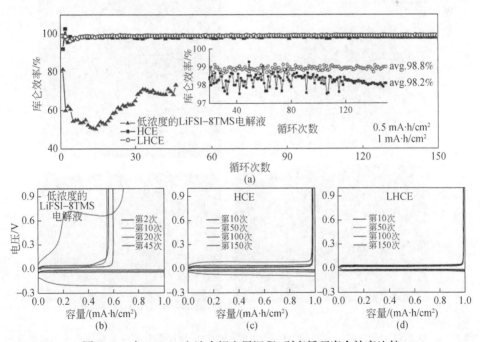

图 5-17　在 Li ‖ Cu 电池中锂金属沉积–剥离循环库仑效率比较

　　研究人员证明，即使使用很薄的锂金属（50μm 厚）作为负极，LHCE 也可以在 Li‖NMC 电池（正极面载量 1.5mA·h/cm²）中体现出非常好的锂金属利用效率。如图 5-18 所示，在常用碳酸酯电解液和低浓度的 TMS 电解液中，由于电解液与锂金属反应，电池不到 50 次循环即因为锂负极的消耗而失效。在 HCE 中，电池的寿命有明显提升，但是后续表征发现，锂金属在 300 次循环后完全被消耗且生成厚度超过 200μm 的由副反应产物组成的表面层，极大地增加了极化电压。而在 LHCE 中经历了 300 次循环后，还保留有厚度是最初大约 1/3 ~ 1/2 的锂金属，副产物量也大大减少，从而进一步证明了锂金属在其中的稳定性。

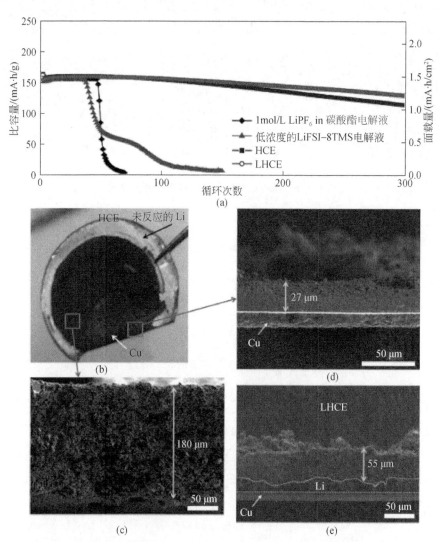

图 5-18　砜类电解液在锂金属限量条件下在 Li‖NMC 电池中循环寿命及循环后锂负极的比较

　　编者进一步详细研究了锂金属在砜类 LHCE 高稳定性的机理。通过对锂表面进行 XPS 表征,发现在 HCE 及 LHCE 中,来自 TMS 的碳元素含量大大降低,而来自 LiFSI 的 LiF 含量则明显上升,说明 LiFSI 优先与锂反应形成有效的保护层。相对 HCE 而言,在 LHCE 中锂表面碳元素进一步降低则说明锂与 TMS 的副反应得到更好的抑制。与此同时,在 LHCE 中发现了更高比例的氮化锂态的成分,而这种成分是公认的快锂离子导体。这种富含用于阻止界面电子传递的 LiF 和有助于锂离子传导的界面极有可能是实现高效锂金属循环的关键。

　　此外,编者还将砜类 LHCE 用于高压电池体系 Li ‖ LNMO 中,并在 4.9V 的高电位条件下实现了稳定高效的电池循环,如图 5-19 所示。揭示了稀释剂 TTE 在高压下稳定铝箔集流体的特性。在 HCE 中,铝箔在高压下较容易产生腐蚀,影响电池的稳定性和寿命。但是 XPS 表征发现,TTE 可以在铝箔表面形成一层致密的钝化层,从而非常有效地解决了上述问题。

　　砜类电解液具有优异的抗氧化稳定性,适合高压电池体系,但也有很多缺点,实际应用受到严重制约。此项研究针对砜类电解液对锂金属稳定性差的问题,设计了高浓度的 LiFSI-TMS 体系,又引入了 TTE 稀释剂,构建了局域高浓度的溶剂化结构,不但解决了黏度高、浸润性差的难题,而且进一步提高了锂金属电极的稳定性。与此

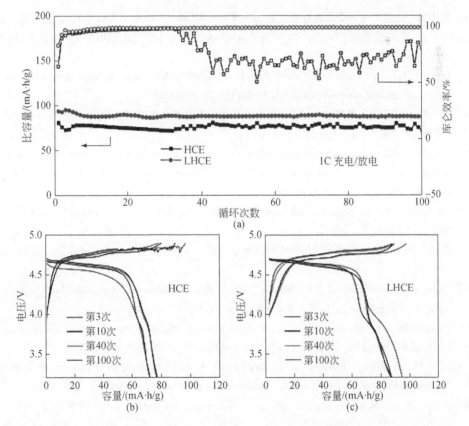

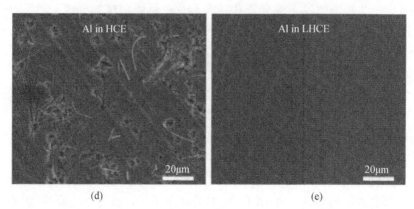

(d)　　　　　　　　　　　　　　(e)

图 5-19　砜类 HCE 和 LHCE 电解液对高压 Li ‖ LNMO 电池循环稳定的影响

同时,LHCE 也有效抑制了正极铝集流体的腐蚀,实现了高压(4.9V)下电池的稳定循环。这项研究为研究适用于高压锂金属电池的电解液提供了重要参考,为高比能电池的应用提供了一条可行之路。

参 考 文 献

[1] 张丽娟. 锂离子电池宽温电解液体系的构建与性能研究. 北京:中国科学院大学,2018.

[2] 李萌,邱景义,余仲宝,等. 高功率锂离子电池电解液中导电锂盐的新应用. 电源技术,2015,
39(1):191-193.

[3] Verma P,Maire P,Novák P. A review of the features and analyses of the solid electrolyte interphase
in Li-ion batteries. Electrochimica Acta,2010,55(22):6332-6341.

[4] 刘云建,李新海,郭华军,等. 添加剂对 $LiMn_2O_4$ 锂离子电池性能的影响. 电池工业,2010,
15(4):197-201.

[5] Ding M S. Electrolytic conductivity and glass transition temperatures as functions of salt content,
solvent composition, or temperature for $LiBF_4$ in propylene carbonate + diethyl carbonat. J Chem
Eng Data, 2004, 49: 1102-1109.

[6] S S Zhang,T R Jow. Aluminum corrosion in electrolyte of Li-ion battery. Journal of Power Sources,
2002,109:458-464.

[7] 谭晓兰,程新群,马玉林,等. LiBOB 基电解液成膜性及其循环性能. 物理化学学报,2009,10:
1967-1971.

[8] Panitz J C, Wietelmann U, Wachtler M, et al. Film formation in lithium bis(oxalato) borate-
containing electrolytes. Journal of Power Sources ,2006,153:396-401.

[9] V Aravindan, P Vickraman. A novel gel electrolyte with lithium difluoro(oxalato) borate salt and
Sb_2O_3 nanoparticles for lithium ion batteries,Solid State Sci, 2007, 9:1069-1073.

[10] Z H Chen, Y Qin, J Liu, et al. Lithium difluoro(oxalato) borate as additive to improve the
thermal stability of lithiated graphite. Electrochem Solid-State Lett, 2009,12:A69-A72.

[11] Q Wu, W Lu, M Miranda, et al. Effects of lithium difluoro(oxalate) borate on the performance of

Li- rich composite cathode in Li- ion battery. Electrochemistry Communications, 2012, 24:78-81.

[12] 尚晓锋,吴凯卓,王美. 双氟磺酰亚胺锂对三元材料锂离子电池性能的影响. 电池工业, 2017,(5):9-13.

[13] 车海英,杨军,吴凯,等. 二(三氟甲基磺酰)亚胺锂对磷酸铁锂正极高温行为的影响. 化学学报,2011,69(11):1287-1292.

[14] 王青磊,李法强,贾国凤,等. 混合锂盐 LiTFSI-LiODFB 基电解液的高温性能. 电池,2016, 46(4):177-180.

[15] 李雪峰,范伟贞,李军,等,二氟磷酸锂改善 $LiNi_{0.6}Co_{0.2}Mn_{0.2}O_2$ 电池的高温性能. 电池,2017, (3):164-168.

[16] Wang C,Yu L,Fan W,et al. ,Enhanced high- voltage cyclability of $LiNi_{0.5}Co_{0.2}Mn_{0.3}O_2$- based pouch cells via lithium difluorophosphate introducing as electrolyte additive. Journal of Alloys and Compounds,2018. 755:1-9.

[17] Yang B,Zhang H,Yu L,et al. ,Lithium difluorophosphate as an additive to improve the low temperature performance of $LiNi_{0.5}Co_{0.2}Mn_{0.3}O_2$/graphite cells. Electrochimica Acta,2016,221: 107-114.

[18] Zhao W,Zheng G,Lin M,et al. Toward a stable solid- electrolyte- interfaces on nickel- rich cathodes:$LiPO_2F_2$ salt- type additive and its working mechanism for $LiNi_{0.5}Mn_{0.25}Co_{0.25}O_2$ cathodes. Journal of Power Sources,2018,380:149-157.

[19] 高学友,刘成,刘强,等. 锂离子电池电解液添加剂含氟类草酸磷酸锂的合成与应用. 新材料产业,2018,(12):57-60.

[20] Han J G,Park I,Cha J,et al. Interfacial architectures derived by lithium difluoro(bisoxalato) phosphate for lithium- rich cathodes with superior cycling stability and rate capability. ChemElectroChem,2017,4(1):56-65.

[21] Zhou L,Lucht B L. Performance of lithium tetrafluorooxalatophosphate (LiFOP) electrolyte with propylene carbonate(PC). Journal of Power Sources,2012,205:439-448.

[22] Zhang X Q,Cheng X B,Chen X,et al. Fluoroethylene carbonate additives to render uniform Li deposits in lithium metal batteries. Advanced Functional Materials,2017,27(10).

[23] Jankowski P,Lindahl N,Weidow J,et al. Impact of sulfur- containing additives on lithium- ion battery performance:from computational predictions to full- cell assessments. ACS Applied Energy Materials,2018,1(6):2582-2591.

[24] Li J,Xing L,Zhang R,et al. Tris(trimethylsilyl)borate as an electrolyte additive for improving interfacial stability of high voltage layered lithium- rich oxide cathode/carbonate- based electrolyte. Journal of Power Sources,2015,285:360-366.

[25] Zuo X,Fan C,Liu J,et al. Effect of tris(trimethylsilyl)borate on the high voltage capacity retention of $LiNi_{0.5}Co_{0.2}Mn_{0.3}O_2$/graphite cells. Journal of Power Sources,2013,229:308-312.

[26] Zhang S S,Xu K,Jow T R. Tris(2,2,2- trifluoroethyl)phosphite as a co- solvent for nonflammable electrolytes in Li- ion batteries. Journal of Power Sources,2003,113(1):166-172.

[27] Pires J,Castets A,Timperman L,et al. Tris(2,2,2- trifluoroethyl)phosphite as an electrolyte additive for high- voltage lithium- ion batteries using lithium- rich layered oxide cathode. Journal of Power Sources,2015,296:413-425.

[28] Xia J, Madec L, Ma L, et al. Study of triallyl phosphate as an electrolyte additive for high voltage lithium-ion cells. Journal of Power Sources, 2015, 295:203-211.

[29] Xia L, Xia Y, Liu Z. A novel fluorocyclophosphazene as bifunctional additive for safer lithium-ion batteries. Journal of Power Sources, 2015, 278:190-196.

[30] Lu Y, Tu Z, Archer L A. Stable lithium electrodeposition in liquid and nanoporous solid electrolytes. Nature materials, 2014, 13(10):961.

[31] Ding F, Xu W, Graff G L, et al. Dendrite-free lithium deposition via self-healing electrostatic shield mechanism. Journal of the American Chemical Society, 2013, 135(11):4450-4456.

[32] Liu Q C, Liu T, Liu D P, et al. A flexible and wearable lithium-oxygen battery with record energy density achieved by the interlaced architecture inspired by bamboo slips. Advanced Materials, 2016, 28(38):8413-8418.

[33] Pan Q, Smith D M, Qi H, et al. Hybrid electrolytes with controlled network structures for lithium metal batteries. Advanced Materials, 2015, 27(39):5995-6001.

[34] J N Chazalviel. Electrochemical aspects of the generation of ramified metallic electrodeposits. Phys Rev, 1990, A 42: 7355-7367.

[35] Monroe C, Newman J. The impact of elastic deformation on deposition kinetics at lithium/polymer interfaces. J Electrochem Soc, 2005, 152: A396-A404.

[36] Wang X, Zeng W, Hong L, et al. Stress-driven lithium dendrite growth mechanism and dendrite mitigation by electroplating on soft substrates. Nature Energy, 2018, 3(3):227.

[37] Tu Z, Choudhury S, Zachman M J, et al. Fast ion transport at solid-solid interfaces in hybrid battery anodes. Nature Energy, 2018, 3(4):310.

[38] Liu Y, Lin D, Yuen P Y, et al. An artificial solid electrolyte interphase with high Li-ion conductivity, mechanical strength, and flexibility for stable lithium metal anodes. Advanced Materials, 2017, 29(10).

[39] Yang C, Yao Y, He S, et al. Ultrafine silver nanoparticles for seeded lithium deposition toward stable lithium metal anode. Advanced Materials, 2017, 29(38).

[40] Chen S, Zheng J, Mei D, et al. High-voltage lithium-metal batteries enabled by localized high concentration electrolytes. Advanced Materials, 2018:1706102.

[41] Xu Q, Yang Y, Shao H. Enhanced cycleability and dendrite-free lithium deposition by adding potassium ion to the electrolyte for lithium metal batteries. Electrochimica Acta, 2016, 212: 758-766.

[42] Hu J Z, Zhao Z, Hu M Y, et al. In situ ^{7}Li and ^{133}Cs nuclear magnetic resonance investigations on the role of Cs$^+$ additive in lithium-metal deposition process. Journal of Power Sources, 2016, 304: 51-59.

[43] Long L, Wang S, Xiao M, et al. Polymer electrolytes for lithium polymer batteries. J Mater Chem A, 2016, 4(26):10038-10069.

[44] Shim J, Kim H J, Kim B G, et al. 2D boron nitride nanoflakes as a multifunctional additive in gel polymer electrolytes for safe, long cycle life and high rate lithium metal batteries. Energy and Environmental Science, 2017, 10(9):1911-1916.

[45] Zheng J, Engelhard M H, Mei D, et al. Electrolyte additive enabled fast charging and stable cycling

lithium metal batteries. Nature Energy,2017,2(3):17012.

[46] Qiao L,Cui Z,Chen B,et al. A promising bulky anion based lithium borate salt for lithium metal batteries. Chemical Science,2018,9(14):3451-3458.

[47] Jiao S,Ren X,Cao R,et al. Stable cycling of high-voltage lithium metal batteries in ether electrolytes. Nature Energy,2018,3(9):739.

[48] Ren X,Chen S,Lee H,et al. Localized high-concentration sulfone electrolytes for high-efficiency lithium-metal batteries. Chem,2018,4(8):1877-1892.

第6章 锂硫电池

6.1 引 言

近年来随着经济、社会的快速发展和化石能源的大量使用,环境污染、资源枯竭等问题逐一浮现且日趋严重。现有的以化石能源为主的能源供给模式远远无法满足未来社会的发展需求,对风力、水力和太阳能等新型清洁能源的开发与利用势在必行[1]。目前,这些清洁能源的开发利用已经有了长足而显著的进步,然而其不连续、不稳定、不可控的非稳态发电特性决定了其无法大规模直接并入电网使用。鉴于此,利用电化学储能的方式将这种非稳态能源高效利用,从时间和空间两方面实现削峰填谷的作用,是当今能源发展的重要方向。

自1800年伏打电堆问世以来,各种电池体系已经走进了千家万户。随着人们的不懈努力,电池系统已经从曾经的碱性锌锰干电池、镍氢电池逐步发展到铅酸电池、镍氢电池以及目前占有大部分市场份额且前景广阔的锂离子电池。1991年索尼公司以碳材料为负极,首次实现了锂离子二次电池的商业化,很快锂离子电池便以其高安全性、优良的循环稳定性等优点广泛应用于电化学储能、便携电子产品等领域。目前商品化的锂离子电池的能量密度在200W·h/kg左右,但仍难以满足人类社会日益增长的应用需求。因此,寻找并开发新型高能量密度的电池材料及电池体系迫在眉睫[2]。

传统的锂氧化物正极材料如钴酸锂、磷酸铁锂等受其固有的嵌脱反应机制所限,实际能量密度很难再有提升,因此在开发新型高能量密度二次电池的过程中,相应的二次电池材料尚待商榷。与现有锂电正极材料相比,单质硫在自然界中的储量丰富、价格低廉,且对环境友好性。更重要的是,硫的理论容量为1675mA·h/g,与金属锂搭配所提供的理论比能量密度高达2600W·h/kg,是目前商业化的锂离子电池的理论能量密度的数倍,且硫的充放电过程不受脱嵌反应机制所限,是十分有潜力的高比能二次电池体系[3]。目前,锂硫电池的发展日趋繁盛,是下一代能源科学领域的研究重点之一[4]。

6.2 锂硫电池概述

6.2.1 锂硫电池发展历程及其工作原理

自1962年被发现以来,锂硫电池便被认为有望作为便携式电子设备的动力来源之一[5]。然而,锂离子电池在 20 世纪 90 年代的成功商业化,使锂硫电池的发展几近停止。21 世纪以来,随着军用能源储备、电动运输工具及高效储能设备的迅猛发展,人们对电池的要求也越来越高。而锂离子电池固有的较低理论能量密度无法满足日趋增长的社会需求,因此锂硫电池重新回归人们的视野中。与锂离子电池不同,锂硫电池以金属锂为负极、单质硫为正极,而其理论能量密度高达 2600W·h/kg,数倍于商用锂离子电池(≤387W·h/kg,对应 $LiCoO_2$/C 型锂离子电池)[6]。在组装成软包电池后,锂硫电池可供电动车稳定运行超过 500km,而所测量的实际能量密度也可达到 400 ~ 600W·h/kg[7]。自 2009 年 Nazar 课题组报道了可循环的二次锂硫电池后,锂硫电池受到了越来越广泛的关注,而其发展也随之更加迅猛。

　　锂硫电池是基于金属锂为负极、单质硫为正极而构成。与传统商业化锂离子电池的嵌入脱出反应机制不同,其能量储存与传递过程是通过电化学转换反应所完成的。在放电过程中,硫与锂的反应经由二电子过程首先还原成多硫化锂中间产物(Li_2S_x ,x = 2 ~ 8),再在放电后半阶段生成终产物 Li_2S_4 。而在充电过程中,正极的硫化锂分解生成单质硫和锂离子,锂离子通过电解液重新迁移回负极并被还原成金属锂。其总体反应方程式为

$$16Li + S_8 \Longleftrightarrow 8Li_2S \tag{6-1}$$

　　然而,实际的锂硫电池充放电过程比较复杂,其实际充放电曲线如图 6-1 所示。由于放电过程中有两个主要的多电子传递及相转化过程,其曲线呈现出两个明显的放电平台。在放电过程开始阶段,环状的 S_8 分子开环并首先在端基连接上 Li^+ 形成高聚态的 Li_2S_8 ,再经由二电子过程转化为可溶性的 Li_2S_6 ,如方程式(6-2)和方程式(6-3)所示[8]。其后, Li_2S_6 在接下来的放电过程中转化为 Li_2S_4 ,对应于图 6-1(b)的电压从 2.4V 到 2.1V 的骤降过程[9]。此后,在 2.1V 的放电平台中,长链可溶的长链多硫化锂进一步还原成短链、不可溶的 Li_2S_2 及 Li_2S ,如方程式(6-5)和方程式(6-6)所示。

$$S_8 + 2e^- \longrightarrow S_8^{2-} \tag{6-2}$$

$$3S_8^{2-} + 2e^- \longrightarrow 4S_6^{2-} \tag{6-3}$$

$$2S_6^{2-} + 2e^- \longrightarrow 3S_4^{2-} \tag{6-4}$$

$$S_4 + 2e^- + 4Li^+ \longrightarrow 2Li_2S_2 \tag{6-5}$$

$$Li_2S_2 + 2e^- + 2Li^+ \longrightarrow 2Li_2S \tag{6-6}$$

　　值得注意的是,由于 Li_2S_2 和 Li_2S 的形成过程为液–固转化过程,受其缓慢的反应动力学所影响,在放电最终态会形成 Li_2S_2 和 Li_2S 的混合物,而这也是其实际容量低于理论容量(1670mA·h/g)的原因之一[10]。

　　在充电过程中,硫化锂转化为单质硫也会经历两个阶段,分别是 Li_2S/ Li_2S_2 转化为可溶多硫化锂及进一步氧化为 S 的过程。所对应的电压平台分别为 2.2V 及 2.5V[11]。

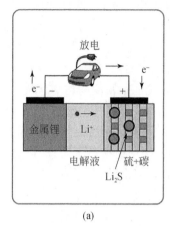
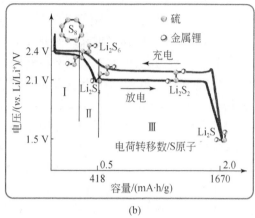

图 6-1　(a)锂硫电池示意图[4];(b)锂硫电池充放电曲线及对应的反应产物

在此,编者定义 1C 为 1670mA·h/g硫,其含义为锂硫电池中单质硫在 1h 完全放电/锂化形成硫化锂的放电倍率[5]。

6.2.2　锂硫电池所面临的问题

尽管在电化学储能领域,锂硫电池的潜力及优势远远大于其他体系,但是其复杂的电化学过程给其发展带来了不可避免的困扰,使锂硫电池在进一步发展和工业化过程中受到了较大的阻碍。其问题可主要归述于以下三个方面。

(1)反应活性物质 S 及其放电终产物 Li_2S 的较差的电子和离子导电性,导致其在作为正极材料时活性物质利用率低、倍率性能差等问题。

(2)S 在完全锂化形成 Li_2S 的过程中会出现十分显著的体积膨胀效应(约80%),而在脱锂化氧化成 S 时体积也会相应减小。这样巨大的体积变化会导致活性物质的粉碎甚至电极结构的瓦解。

(3)多硫化物的溶解扩散而导致的“穿梭效应”。在充放电过程中,可溶性的多硫化物(Li_2S_x,$4 \leqslant x \leqslant 8$)会由于正负极之间的浓度梯度而从正极逐渐向负极扩散。这种活性物质的迁移扩散会导致如下几个问题:①快速的自放电反应导致容量衰减;②溶解态的多硫化物迁移到负极后与锂金属发生化学反应生成不溶的 Li_2S,继而不可逆地包裹在负极上,导致活性物质损失及负极表面的钝化效应;③长链多硫化物扩散到负极后部分化学还原成短链多硫化物,再迁移回正极,继而被重新氧化,会导致充电能量的损失以及;④多硫化物在电池体系中的溶解再沉积过程引起的电极微观结构的变化,导致电池寿命降低甚至损毁。

除了硫电极的问题以外,锂负极在充电过程中特别是大电流情况下由于非均匀沉积导致的锂枝晶生长也是阻碍锂硫电池发展的一大因素。锂枝晶的产生及后续生长可能会导致隔膜被刺穿、电池内部短路,乃至引发更为严重的安全性问题。

目前人们提出了以下几种策略来逐一解决上述问题:①引入或原位构建导电网络从而加速电子传输,优化正极的框架以缩短 Li^+ 的扩散迁移路径及限制多硫化物的溶出[12];②构建充足的电化学活性表面来降低沉积的绝缘性 Li_2S 及 Li_2S_2 的厚度[13];③设计合适孔径及力学强度的电极以适应充放电过程中的体积变化问题[14];④搭造浸润性良好的框架并甄选适宜的电解液添加剂从而抑制锂枝晶的生长[15]。为同时满足上述材料特征从而解决锂硫电池目前存在的问题,合理的电极设计与结构搭建必不可少。

6.3 锂/硫电池正极材料研究进展

碳材料在现有商业化的电池中已广泛应用,而且近年来各种新型碳材料不断涌现,碳材料的制备方法和工艺也得到了极大的提升。这在增加了新型碳材料的功能性的同时,也为其在锂硫电池中的应用提供了可能性。例如,碳纳米材料如碳纳米管、石墨烯等可以作为极其优良的导电框架,其高度多孔和可调控的结构特性可以有效阻止多硫化物在电极中的溶出。此外,碳材料可较为容易地掺杂高电子云密度的杂元素,从而提高与多硫化物之间的化学相互作用,显著抑制"穿梭效应"的发生。

在这一节中,编者首先对碳材料的多样性做一个简要的介绍,并对锂硫电池中碳/硫复合材料的制备策略做一个总结。介绍的内容主要集中于利用碳材料的多功能性,在锂硫电池中充当导电性框架;在功能性元素的引入与构建条件下探究其催化多硫化物转化的反应动力学特性。

6.3.1 碳材料在电池中的应用

炭黑由多个球形或椭球形颗粒与数层短程石墨层组成[2a],如图6-2所示。基于炭黑本身的优良导电性和低廉的价格,在电化学领域它被广泛用作导电添加剂或催化剂载体。石墨也是碳材料家族中十分重要的一员,其高度平行堆垛结晶化的石墨

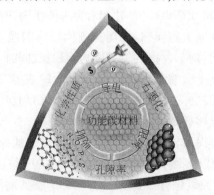

图6-2 碳基功能材料在锂硫电池中的应用

层结构赋予了其特殊的化学、电学及热力学性质,使其在众多领域的用处颇大。石墨可以从自然界中开采,或在超高压/高真空度的条件下对软炭(石墨化碳)进行高温加热(≥2200℃)而获取。在锂离子电池中,石墨被用作负极材料以提供锂离子嵌入脱出的空间。而目前研究者也尝试在锂硫电池中将石墨用作负极的表面保护层,并取得了较大的进展。

碳纳米材料指的是在三维尺度上至少有一维处于纳米级的碳材料。基于此,碳纳米材料包括碳纳米颗粒、量子点、碳纳米管/纤维及石墨烯等。在锂硫电池的应用研究中,一维及二维的碳纳米材料由于其易于构建导电网络、可作为催化电极载体等特点而被研究者所青睐。

在锂硫电池研究初期,其正极材料的制备十分简单,仅仅将单质硫和活性炭固相球磨混合即可。这样简单的制备方法无法解决硫与碳之间在微观的相分离问题,因而导致其较低的电导率,致使活性物质利用率远低于预期。为了提高硫在正极的利用率,单质硫与碳框架之间便需要比较优良的结合性。为了达到这样的目的,研究者们发现,在150~155℃硫的黏度最低,接近液态;当多孔碳材料在这个温度与硫相接触时,熔融态的硫会基于毛细作用浸润到孔径内部并成核[16]。但单质硫无法在这样的温度下灌输入超细孔径的碳材料,如碳纳米管,只能通过更高温度的物理气相沉积法[17]。此外,液相法也被开发用来在低温条件下将硫灌输入框架体系中:利用对硫溶解性好的溶剂,如 CS_2 先将硫溶解,再将碳材料浸渍入制备好的 S/CS_2 溶液中,待溶剂蒸发,便可在常温下获取碳硫复合材料[18]。基于上述的硫/碳正极复合材料的构建,可以有效增强硫与碳之间的结合性,缓解微观界面问题,提高活性物质利用率。

6.3.2　碳基/硫复合正极材料

1. 传统碳基/硫复合材料

自2009年 Nazar 课题组[19]报道了使用有序介孔碳包裹硫从而有效提高锂硫电池循环性能,自此锂硫电池重新回到人们的视野中。有序介孔碳材料具有大比表面积、多孔径、长程连接的结构不仅提供了导电网络框架,同时为活性物质的电化学反应提供了反应位点,使电化学氧化还原过程进行完全,显著提高了活性物质的利用率。与此同时,利用聚乙二醇(polyethylene glycol,PEG)包裹上述复合材料从而限制多硫化物的溶出,因而能够有效稳定其电化学循环过程。

此后,多种碳/硫复合材料被相继报道在锂硫电池中的应用(图6-3)。Zhang 及其合作者[20]报道了一种以多微孔碳球来束缚硫的方法:将蔗糖溶液与硫酸相混合后的产物在1100℃下高温碳化,再与硫在150℃下熔融从而制备出用作电池正极材料的碳硫复合物。在硫含量42%的载量下可实现约900mA·h/g的放电容量。

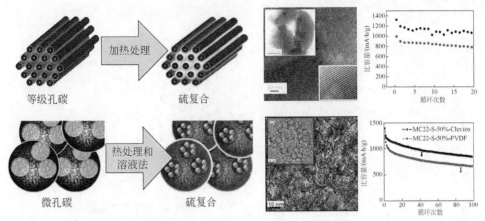

图 6-3　碳材料作为硫的载体用于锂硫电池正极材料示意图、扫描电镜照片及性能展示

为了加速离子传输并稳定电极结构,等级孔道结构碳材料被逐步开发并应用于锂硫电池[21]。双模板法常被用于制备有序多级孔道碳材料,比较典型的是 Zhang 等[21a]利用 350nm 直径的聚合物胶体颗粒与 9nm 的二氧化硅球作为双模板,蔗糖作为碳源,硫酸作为碳化催化剂而制备出的孔体积为 1.4cm³/g、多级孔道并行(120nm、300nm 的双大孔结构;10nm 的介孔及微孔结构)的碳纳米材料。在 50 wt%的硫载量下,稳定循环 50 次后仍保持 800mA·h/g 的容量。

2. 极性碳基/硫复合材料

随着对锂硫电池研究的逐步深入,科学家们发现单纯的物理限域方法无法解决多硫化物的溶解扩散问题。基于 Lewis 酸碱理论,高电子云密度的极性官能团能有效地与溶解态的多硫化物发生化学吸附作用[22]。因此,研究者尝试在碳基底中引入电负性不同的杂元素或极性官能团,以提供与多硫化物作用的活性位点,增强对多硫化物的亲和性及吸附能力,从而提高活性物质利用率,增强循环稳定性。得益于碳材料的多功能性,这种表面改性的碳材料被研究者们广泛应用于锂硫电池的固硫基底。

为了理解杂元素掺杂碳材料与多硫化物的化学结合方式,研究者不仅采用了电化学表征的方法,同时也采取了计算模拟的手段[8,23,24]。Hou 等[25]采用密度泛函理论(DFT)从电荷密度、键长结构、结合能等角度探究了杂元素在石墨烯纳米带(GNRs)上的引入对多硫化物化学吸附的影响。结论表示 GNRs 与多硫化物之间的结合性提升是基于 N、O 等元素引入后产生的偶极静电相互作用[图 6-4(a)和图 6-4(b)]。

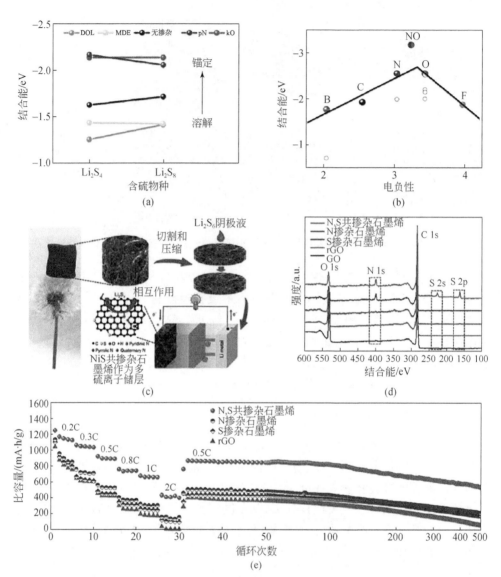

图6-4 (a)1,3-二氧戊环(DOL)、乙二醇二甲醚(DME)、无掺杂石墨烯纳米带(undoped)，吡啶 N 掺杂石墨烯纳米带(pN)、酮基掺杂石墨烯纳米带(kO)与 Li_2S_4 和 Li_2S_8 之间结合能；(b)掺杂元素(B、C、N、O、F)的电负性对 Li_2S_4 与石墨烯纳米带结合能的影响[25]；(c)N,S 共掺杂石墨烯海绵作为锂硫电池正极固硫框架材料示意图；(d)XPS 谱图对氧化石墨烯(GO)、还原氧化石墨烯、S 掺杂氧化石墨烯、S 掺杂石墨烯、N 掺杂石墨烯及 N,S 共掺杂石墨烯的 X 射线光电子能谱图(XPS)；(e)不同固硫框架材料的锂硫电池长循环性能比较[27]

Wang 等[26]设计了介孔氮掺杂碳材料(MPNC)与硫的纳米复合物作为锂硫电池正极。氮元素的掺入有效提升了硫原子与氧化性官能团之间的化学作用。在高硫含量(70wt%)、高硫载量(4.2mg/cm²)下,相应的锂硫电池在稳定循环100次后容量保持高达95%。此外,还通过DFT计算研究了有/无氮元素掺杂碳材料的表面含氧官能团(—CO、—COOH)对硫的吸附效果,结果发现N元素掺入后形成的N—C=O官能团对硫的结合性远远高于碳氧官能团。

多种元素共掺杂可以更进一步提升硫基活性物质的捕获效果。Manthiram等[27]研究了在石墨烯海绵中掺入氮、硫双元素对锂硫电池电化学性能的影响。该材料在4.6mg/cm²的硫载量下,可稳定循环500次,每次衰减率仅有0.078%。理论计算发现,多硫化物与纯碳层之间的相互作用较弱,单独掺入氮或硫元素后结合能有一定提高;而双元素共掺杂后,其结合能显著升高,意味着多硫化物与基底之间化学吸附性作用更强,此研究证实了多元素掺杂的协同效应。除此之外,也有其他研究者报道了N/P[28]、N/O[24]和N/B[29]共掺杂碳材料在锂硫电池正极中的应用。

6.3.3　多硫化物转化反应动力学的研究

在锂硫电池充放电过程中,其中间产物多硫化锂(lithium polysulfides,LiPSs)会因其可溶的特性在反应过程中经由浓差梯度扩散至锂负极继而被还原沉积,导致活性物质在电化学循环中的快速流失。目前研究者们提出的解决策略分如下几种:①新的电极材料设计从而提升导电性与多硫化物保留率[30,31];②新的电解液搭配、隔膜结构和黏结剂来最小化多硫化物的迁移扩散[32];③多硫化物转化动力学的探索与研究[33]。

尽管不同种类、方式、含量的非金属掺杂碳材料被报道应用于锂硫电池正极材料,并取得了很好的效果,但是其具体的转化动力学机理尚不明确(图6-5)。过渡金属元素如Fe[34]、Co[35]、Pd[36]等以单原子形式被引入碳材料框架中,展现了十分优异的电化学催化效果,而这些活性位点很可能吸附锂多硫离子继而催化转化的形

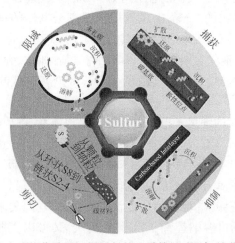

图6-5　锂硫电池中功能化碳基正极材料的四种特性:限域、捕获、抑制及剪切性质

式促进多硫化物的分解与沉积。随着界面化学研究的深入,固相催化剂的催化活性被认为来源于表面的缺陷及空位[37]。这样的认知使研究者们继而探讨表面催化性在锂硫电池中的作用:为多硫化物氧化还原反应设计新型催化剂并探究其机理问题;通过复合固硫材料的导电性、催化性和电极结构设计来有效抑制多硫化物的累积和穿梭效应。

Lee 等[33c]提出以 MoS_{2-x}/rGo 复合物作为锂硫电池电催化剂。MoS_2 在氢气析出反应(HER)、氧气还原反应(ORR)和氧气析出反应(OER)的催化中展现出了十分优异的催化效果。MoS_{2-x}/rGo 的表面硫缺陷能在很大程度上增强其电化学反应活性。表面缺陷催化剂的设计能够有效提升了反应产物 Li_2S 的电化学活性。相应的硫基正极材料在 8 C 的高倍率条件下依然能展现 826mA·h/g 的容量,循环 600 次中平均容量衰减率为 0.083% 的稳定性。

Huang 等[37]利用金属合金化的策略设计了外来金属引入单金属化合物的催化剂构想。在六方的氮化三镍(Ni_3N)中引入铁原子形成立方相的氮化铁镍(Ni_3FeN),借助铁原子的电正性特点,来加速多硫化物在基底上的刻蚀效果,提供丰富的表面缺陷,从而有效活化多硫化物反应动力学。在 4.8mg/cm^2 的高硫载量,4.7μL/mg$_s$ 的电解液用量的条件下,组装的锂硫电池展现了优秀的电化学性能。

6.4　锂/硫电池负极材料研究进展

6.4.1　背景介绍

现有商品化的锂离子电池基于插层化学原理,使用 $LiCoO_2$ 作为正极,石墨作为负极,嵌锂和脱锂过程中所产生的电压约为 3.8V[38]。除 $LiCoO_2$ 之外,橄榄石结构的 $LiFePO_4$ 和尖晶石结构的 $LiMn_2O_4$ 也被用作锂离子电池的正极材料。与此同时,研究者提出使用镍钴锰三元复合材料作为正极,Si 或其他合金的复合材料作为负极,为下一代锂离子电池的发展提供了思路[39]。尽管如此,锂离子电池在广泛应用于电子消费品与动力电池的同时,逐渐显示出其理论容量低的短板,研发新的高容量电池体系势在必行[40]。

相比于已经商业化的锂离子电池或者其他电池体系,锂硫电池具有明显的能量密度优势。锂金属负极具有极高的理论容量(3860mA·h/g)、极低的电势[-3.04V(vs. SHE]][41],并可以与各种新型阴极材料搭配组装成锂-硫、锂-氧等具有高能量密度的电池。充电时锂离子从正极材料结构中脱出向负极转移,在负极界面与材料结合或嵌入负极材料的微观结构中。因而锂金属电池要求其负极材料有相应的力学结构和性能,既可容纳锂离子沉积或嵌入,又可以克服一定的结构体积变化,在充放电过程中不会粉化或崩塌。与此同时,锂电池充放电的过程伴随着锂的反复沉积/溶解过程,在沉积过程中易受到不均匀电化学场的影响,优先沉积到表面凸起的电荷聚集处[42]，进而产生更严重的极化和枝晶的生长，由此引发的安全性、循环稳定性问题，严重限制了其应用。

针对锂枝晶带来的安全问题，相应的研究工作可以分为几个方向。一方面是从锂金属电极方面着手，通过表面保护膜构建稳定的弹性界面[43]，填补锂枝晶造成的不均匀形貌；也可通过材料的化学特质，构造可使锂离子均匀沉积的电极表面[42,44]，从根源上解决枝晶问题。另一方面是对电解质进行改进，使用具有良好离子导通性及机械性能的固态电解质[45]，不采用易燃的有机电解液体系，从而规避锂枝晶带来的严重后果。甚至可以在固态电解质里构建定向的离子通道[46]，也能实现锂离子均匀沉积的目的。

6.4.2 锂枝晶抑制的研究进展

1. 表面保护膜抑制枝晶生长

在锂金属电极表面增加一层保护膜，一方面可以提高电极表面的柔韧性，缓解枝晶生长造成的局部压力，另一方面可以影响锂离子浓度分布，抑制枝晶生长。例如，研究者们使用具有弹性链段的有机物作为保护膜像弹性橡皮泥一样覆盖在锂金属电极表面，如通过硼硅键交联的聚二甲基硅氧烷（PDMS）材料[47]。如图 6-6 所示，当电极表面的凸起对保护膜产生应力使表面和链段拉伸时，链段间交联的硼硅键便会收缩使局部刚度增加，抑制锂枝晶生长。但美中不足的是，纯有机聚合物保护膜会阻碍锂离子在界面的运输，增加界面阻抗，成为提高电池性能的一个障碍。

为了解决有机保护膜会增加界面阻抗的问题，具有亲锂性的 LiF 常被用作无机保护膜的主要成分[48]。利用在高温下易分解的含氟聚合物分解出 F_2 气体[（图 6 (a)）]，F_2 气体在锂金属电极表面与其反应（图 6-7），原位制备 LiF 薄层，不仅减小了

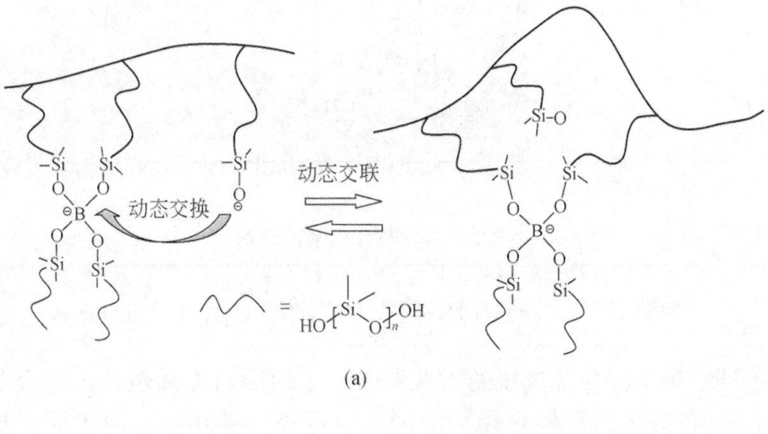

(a)

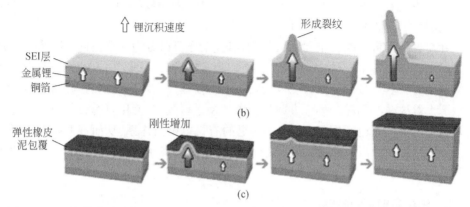

图 6-6 （a）交联弹性聚合物的分子结构；（b）未受保护的 Li 金属阳极表面枝晶的生长过程；
（c）包覆的动态交联聚合物可以消除 SEI 裂解和潜在的灾难性树枝状生长

电极的界面阻抗，还为其构建了一个均匀的亲锂表面，从而引导锂离子均匀沉积，抑制锂枝晶生长。但无机保护膜具有较大的刚性，难以适应锂金属电极在循环过程中的反复体积膨胀，因此其容易破碎而失去保护作用。

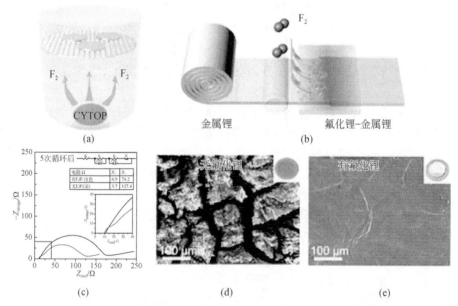

图 6-7 （a）、（b）含氟聚合物分解制备 LiF 保护层的反应设计模型；（c）保护与未保护的锂电极
界面阻抗对比；（d）、（e）保护与未保护的锂电极循环后 SEM 图

Cui 等通过简单混合及滚压的方法制备了自组装石墨烯包覆锂合金负极材料［图 6-8（a）］，在对金属锂提供保护的同时也避免了循环过程中表面保护膜的破裂[49]。与 LiF 等无机盐相比，氧化石墨烯包覆层具有较好的弹性。包覆在石墨烯层

内部的合金纳米颗粒和空隙可以支撑石墨烯[图 6-8(b)],从而更好地缓冲电池循环中锂金属的体积变化。除此之外,该材料锂化后可以在空气气氛下放置 48h 无明显氧化[图 6-8(c)]。

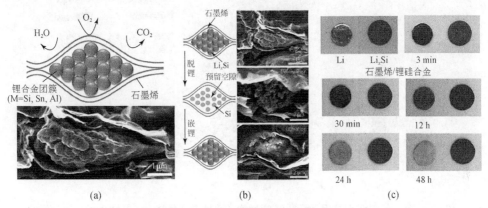

图 6-8 (a)自组装石墨烯包覆纳米锂合金颗粒电极结构示意及 SEM 图;(b)复合电极充放电循环示意图及 SEM 图;(c)在空气气氛中的稳定性测试

在有机聚合物中掺杂具有较好离子导通性的无机纳米颗粒成为设计表面保护膜的新思路。在具有一定柔性链段的高分子聚合物中加入高度分散的无机纳米颗粒,无机纳米颗粒可为锂离子传输提供通道,从而降低保护膜的界面阻抗。Cui 及其团队制备了丁苯橡胶(SBR)作为柔性聚合物基底,掺杂 Li_3N 纳米颗粒的表面保护膜[50]。丁苯橡胶使电极表面具有 1 GPa 的弹性模量,而 Li_3N 在室温下具有 10^{-3} ~ 10^{-4} S/cm 的锂离子传导速率,满足界面对离子传导的需求,故大大提高了铜锂半电池的库仑效率(图 6-9)。

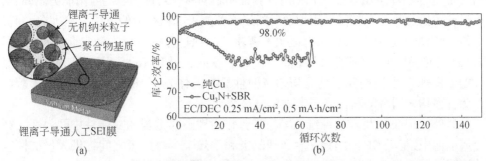

图 6-9 (a)SBR 掺杂 Li_3N 纳米颗粒保护膜示意图;(b)保护与未保护的锂电极库仑效率对比

如上所述,具有良好亲锂性质的 LiF 纳米颗粒也可作为有机保护膜的添加成分[51],在实现离子传导的同时可更好地抑制枝晶生长。用聚合物柔性基底可保证保护膜具有良好的弹性,在保护膜内均匀分散的 LiF 纳米颗粒则引导锂离子均匀沉积,抑制锂枝晶生长的效果(图 6-10)。

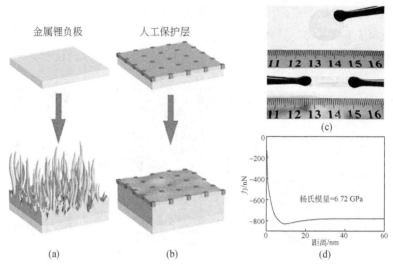

图 6-10　(a)典型的锂沉积过程示意图;(b)修饰了柔性聚合物掺杂 LiF 纳米颗粒保护膜的锂电极表面沉积示意图;(c)复合保护膜的弹性展示;(d)复合保护膜的杨氏模量

综上所述,锂金属电极保护主要针对安全问题的引发根源——枝晶生长的调控和抑制开展工作。对电极表面做改性或覆盖保护膜,均不失为一种有效方法。但部分表面保护膜的制备成本较高,不便于工业化生产,限制了表面保护膜的发展。

2. 锂离子沉积调控

锂枝晶生长的原因归根结底是锂金属电极表面电荷分布不均匀,带电锂离子受到不均匀电场的影响,易向凸起尖端处汇集,从而导致不均匀的沉积。根据这个思路,Cui 等通过锂金属合金二元相图计算证明不同材料对锂离子的吸附能力不同,从而设计了通过与锂有较强作用力的材料影响锂离子沉积行为的方法。通过在 Cu 板上修饰特异的金相图案,第一次证明了锂离子沉积过程可实现人为定向调控[图 6-11(a)],并提出了"亲锂性"的概念[52]。此后,Zhang 及其团队选用了具有较强亲锂性的 LiF 纳米颗粒,构建了具有均匀亲锂性的集流体表面,将金属锂的沉积形貌改变为许多均匀圆滑的圆柱体[53][图 6-11(b)]。

另外,Cheng 等将玻璃纤维(GFs、SiO_2)作为锂金属电池的功能性中间层。在锂金属电池中,基于 GF 的隔板在金属锂阳极和常规聚合物隔板之间提供大量极性官能团[42][图 6-12(a)]。SiO_2 的极性官能团可以吸附相当数量的 Li^+,以补偿 Li^+ 与常规 Cu 箔阳极突起之间的静电相互作用和浓度扩散,避免 Li^+ 在突起周围累积,从而防止枝晶生长刺破隔膜引起的电池短路。分子模拟表明,相对于 Cu 和 Li 的 2.85eV 结合能,SiO_2 和 Li 之间可以产生 3.99eV 的结合能。有限元方法证实均匀分布的 Li^+ 导致额外的 1.14eV 结合能。电化学测试证实,具有 GF 改性的阳极实现了无枝晶锂沉积和稳定的循环性能。当 Al_2O_3 颗粒在隔膜中与石墨烯一起组合时[图 6-12(d)],

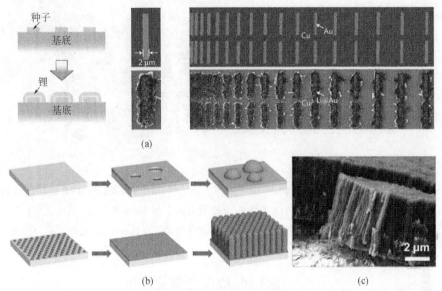

图 6-11　（a）利用金实现金属锂的定向沉积；（b）LiF 修饰的柱状锂金属电极示意图；
（c）锂金属呈柱状生长的 SEM 图

实现了三层石墨烯/PP/Al_2O_3隔膜[54]。Al_2O_3提高了 Li-S 电池的热稳定性和安全性，因为 Li 金属可以均匀地沉积在阳极上。极性氧化物的使用能够有效地调节负极表面锂离子的分布且实现金属锂均匀成核以抑制枝晶生长。

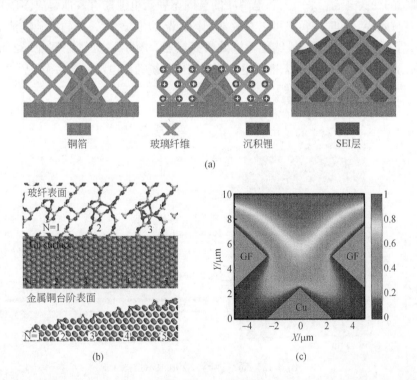

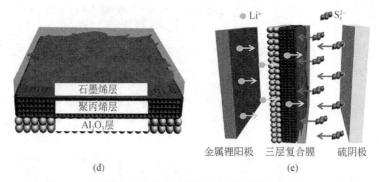

图 6-12　（a）Si—O/O—H 极性官能团,引导锂离子均匀沉积的示意图;（b）具有台阶的金属铜
表面的锂沉积原子模型;（c）Li⁺ 在 SiO₂ 纤维覆盖的金属 Cu 表面分布的数值模拟;
（d）、（e）三层石墨烯/聚丙烯/Al₂O₃ 隔膜的结构示意图及其在 Li-S 电池中的应用

6.5　固体锂/硫电池研究进展

迄今,锂离子电池技术在电子设备和能源领域已经取得了巨大的成功,其能量密度的开发已经接近理论极限（$420W \cdot h/kg$）,但是这远远不能满足电动汽车（$500 \sim 1000W \cdot h/kg$）对长距离续航和其他能源领域的需求。锂硫电池具有超高的理论比容量（$1675mA \cdot h/g$）和能量密度（$2600W \cdot h/g$）,以及锂和硫的储量丰富,成本低廉,是一种理想的二次电池。采用固态电解质的全固态锂硫电池能有效地解决多硫化物溶解和"穿梭效应",同时在负极可以有效抑制锂枝晶的生长,大大提高锂硫电池的安全性能和循环性能,成为现阶段储能领域的研究热点。图 6-13 是固态锂硫二次电池的示意图,从图中可以看到,固态锂硫电池表现出比传统锂硫电池更高的循环性能。

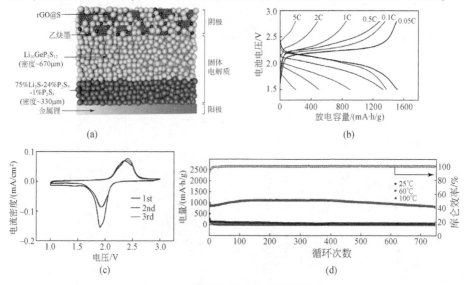

图 6-13　固态锂硫二次电池示意图

6.5.1 固态电解质

目前,以单质硫为正极活性物质的锂硫电池采用的是醚类电解液。醚类溶剂的闪点低,在电池的生产和应用中易引发安全问题。硫的还原产物多硫化物易溶解于醚类电解液,引起"穿梭效应",降低电池的循环寿命和库仑效率[55],而采用固体电解质的全固态锂硫电池,似乎没有经历形成多硫化物这一过程[56]。同时,固态电解质不存在高温胀气和电解液腐蚀、泄漏等安全隐患,具有更高的热稳定性,安全性也得到了很大的提高。目前用于固态锂硫电池的固体电解质可以分为无机固态电解质、固态聚合物电解质和有机–无机复合固态电解质。

1. 无机固态电解质

无机固态电解质在很大的温度范围内都可以保持很好的化学稳定性。在锂硫电池中,无机固态电解质能形成物理隔层以保护锂负极,能够阻止 S_n^{2-}($4 \leqslant n \leqslant 8$)向金属锂电极的扩散。

Machida 等[57]用高能球磨法制备$(Li_2S)_{60}(SiS_2)_{40}$玻璃电解质,将其和 Cu/S 复合材料正极、$Li_{4.4}Ge$ 负极组装成固态锂硫电池,在 $0.64mA/cm^2$ 放电电流密度下获得了 $980mA \cdot h/g$ 以上首次放电比容量。之后 Tu 等[58]通过高能球磨加退火的方法制备了一种新型 MoS_2 掺杂的 $Li_2S-P_2S_5$ 玻璃–陶瓷电解质($Li_7P_{2.9}S_{10.85}Mo_{0.01}$)。在室温条件下,$Li_7P_{2.9}S_{10.85}Mo_{0.01}$ 具有 4.8 S/cm 的高离子电导率,与原始的 $Li_7P_3S_{11}$ 电解质相比,$Li_7P_{2.9}S_{10.85}Mo_{0.01}$ 使锂金属在电池循环过程中的稳定性更好。电池循环测试显示,使用该电解质的锂硫电池具有高达 $1020mA \cdot h/g$ 的放电比容量。Chen 等[59]将凝胶陶瓷多层电解质用于锂硫电池,发现了较弱的"穿梭效应",电池表现出良好的电化学性能,初始放电比容量高达 $725mA \cdot h/g$,0.5C 下 300 次循环后放电比容量仍保持在 $700mA \cdot h/g$。

2. 固态聚合物电解质

固态聚合物电解质具有以下优点:①和电极接触更加紧密;②化学和电化学稳定性更好;③能够在分子水平上进行结构设计。聚合物电解质通常可分为全固态聚合物电解质(SPE)和凝胶聚合物电解质(GPE),SPE 由锂盐和聚合物基体组成,简言之,就是锂盐直接溶解于聚合物基体中而形成的固态体系。但是全固态聚合物电解质的离子电导率低,还不能满足锂硫电池实际应用的需求。GPE 兼具液态电解质和全固态电解质的优点[60],具有较高的室温离子电导率($>10^{-4}$ S/cm)和较低的界面阻抗。通过在聚合物基体[如聚甲基丙烯酸甲酯(PMMA)、聚对苯二甲酸乙二醇酯(PET)、聚环氧乙烯(PEO)等]中添加有机碳酸酯(如 EC、PC、DMC 和 DEC)和锂盐的混合物形成 GPE,聚合物基体具有良好的力学性能,同时能够吸附大量的液态电解液,并阻碍液态电解质和硫电极接触,抑制多硫化物的溶解和穿梭。

Wen 等[61]将含（PEO）20LiTFSI-10%（wt）γ-LiAlO$_2$型 SPE 应用于锂硫电池。对电池进行放电测试，在 0.1mA/cm^{2}电流密度条件下初始放电比容量为 450mA·h/g。随后该研究小组[62]将（PEO）18LiTFSI-10%（wt）SiO$_2$型 SPE 用于正极材料为硫/介孔碳球的锂硫电池中，首次放电比容量为 1265mA·h/g。在室温下，PEO 的高结晶度大大降低了离子电导率。而半结晶聚合物电解质的导电性主要通过络合物中的无定形相实现，这就限制了 PEO 的实际应用。对此研究人员已进行了各种尝试，包括合成具有较低结晶度和较低玻璃化转变温度的新聚合物，以获得高电导率的 SPE。Yang 等[63]设计了一种新型的三明治层状结构聚合物电解质，该 GPE 不仅具有保护锂负极的作用，还抑制了多硫化物的穿梭，还提高了硫的利用率，从而提高了电池容量。其中 PVDF 层大量吸收醚基液态电解液，提高了 Li$^+$迁移数；PMMA 层能够限制液态电解质，阻止其与负极金属锂反应。基于该 GPE 的锂硫电池初始容量达到了 1711.8mA·h/g，同时具有良好的循环性能。"三明治"结构为锂硫电池电解质结构设计提供了全新的思路。

3. 有机-无机复合固态电解质

由于单独使用聚合物固态电解质或无机固态电解质很难解决固态锂硫电池的界面等问题，所以有机-无机复合材料的研究变得至关重要。Wang 等[59]对固态电解质材料 Li$_{1.3}$Al$_{0.3}$Ti$_{1.7}$（PO$_4$）$_3$（LATP）与多硫化物溶液的化学相容性进行了研究，揭示了固态电解质膜在电化学条件下的详细降解机理。Wu 等[64]用 Li$_{1.5}$Al$_{0.5}$Ge$_{1.5}$（PO$_4$）$_3$（LAGP）玻璃陶瓷板和普通 PP 隔板组装 H 型可见电池。结果表明，LAGP 玻璃陶瓷板在阻止多硫离子迁移和提高硫阴极利用率方面非常有效。然而，由于其脆性特征，不能单独使用 LAGP 玻璃陶瓷板作为固体电解质。因此，LAGP 改性隔膜可以通过简单的浇铸方法制备并应用在锂硫电池中。相应的固态锂硫电池在 50 次循环后的放电容量可以达到 770.1mA·h/g，而使用常规 PP 隔膜的 LiS 电池的放电容量在第 50 次循环时仅为 658.4mA·h/g。

6.5.2　全固态锂硫电池

1. 全固态锂硫电池概述

全固态锂硫电池中通过固态电解质代替传统液态电解质，有望同时解决多硫化物溶解和穿梭、锂枝晶生长、锂硫电池安全性差等重要科学和技术难题。然而固态电解质存在室温下电导率低、电解质/电极界面相容性差等缺点，阻碍了固态锂硫电池商业化发展。

近年来，锂硫电池用全固态电解质如 PEO 基聚合物电解质、玻璃陶瓷电解质（Li$_2$S-P$_2$S$_5$）和快离子导体（LISICON）的研究逐渐展开。但是全固态锂硫电池仍面临巨大的挑战，即低的离子电导率（10^{-6}～10^{-8} S/cm）和高的电极/电解质界面阻抗。

利用固态聚合物电解质来解决锂硫电池中多硫化合物的穿梭效应最近引起了人们极大的关注。固态聚合物电解质具有一系列的优点,如良好的力学性能和成膜性,容易与锂金属形成稳定的界面。另外,模量足够高的聚合物可以抑制锂枝晶的形成。固态聚合物电解质的聚合物基体主要包括聚偏氟乙烯、聚偏氟乙烯-六氟丙烯共聚物(PVDF-HFP)、聚甲基丙烯酸甲酯和 PEO 等。在这些聚合物中,由于 PVDF-HFP 中的氟容易被硫和多硫化物取代形成硫醇与硫化不饱和聚合物,因此许多研究者开始研究更加稳定的聚合物如 PEO 和 PEG。但是固态聚合物电解质在锂硫电池中的应用同样受制于其低的离子电导率($10^{-7} \sim 10^{-8}$ S/cm)。

2. 全固态锂硫电池的离子传导

与传统液态电解质相比,固态电解质结构稳定且内部组分不能自由运动,Li^+在电解质中的传导和协同机制更加复杂,离子电导率往往更低。固态电解质和电极之间的固-固界面阻抗大,不利于 Li^+ 的传导。而离子电导率过低将导致电池内阻升高、极化增大、放电性能变差。为了研究 Li^+ 在固态电解质中的传导机制,寻找能够有效提高离子电导率的方法,研究人员提出了多种理论模型来描述这一复杂过程。

目前常用来定量分析固态电解质离子电导率的公式主要有两个,Arrhenius 公式和 Vogel-Tammann-Fulcher(VTF)公式。Arrhenius 公式适用于拥有完美晶格点阵的无机电解质,其表达式见式(6-7):

$$\sigma = A\exp(-E_a/kT) \tag{6-7}$$

其中,E_a 为活化能;A 为外推温度 T 得到的经验参数;k 为玻尔兹曼常数[20]。相对于 Arrhenius 模型,VTF 公式更适用于基于自由体积模型的有机电解质,其表达式见式(6-8)。

$$\sigma = AT^{-1/2}\exp[-B/(T-T_0)] \tag{6-8}$$

其中,A 为外推温度 T 得到的初始参数;B 为活化能(表示 E_a/k);T_0 为参照温度。通常研究人员认为在无机晶态电解质中离子传输是依靠空位和间隙原子,而在有机电解质中则是依靠极性官能团和离子之间不断的相互作用。

从各模型公式中不难发现,离子电导率受温度和活化能的影响。随着温度的升高,离子电导率升高,这就是全固态聚合物电解质往往需要在较高温度应用的原因;在较窄的温度范围内,活化能和材料的成分及结构具有一定的联系,如具有离子通道的材料比无通道的材料的活化能更低,离子电导率更高。因此新的电解质体系需降低活化能以提升电池动力学特性,同时需要深入研究影响离子在电解质中传输的因素,为高离子电导率电解质的发展提供理论依据。

6.5.3　全固态锂硫电池硫电极材料的研究进展

1. 锂负极

全固态锂硫电池负极的研究重点是构建具有较高稳定性的"固体电解质/锂"界面层以提高锂负极与固体电解质的界面稳定性及减小界面阻抗。目前的研究工作主要集中在研究金属锂与固体电解质的相容性、锂合金负极的制备等。

(1)金属锂：锂是摩尔质量最轻(6.941g/mol)、电极电势最低的金属[-3.04V($vs.$ SHE)]，理论比容量 3860mA·h/g，是石墨的 10 倍。然而锂的还原性强，能与大多数固体电解质反应，因此在固体电解质与金属锂的界面生成了一层稳定的固体电解质层，对于提高电池的电化学性能和循环稳定性具有重要作用。Nagao 等[65]通过真空蒸镀法在硫化物固体电解质$(Li_2S)_{80}(P_2S_5)_{20}$的对锂一侧的表面沉积一层金属锂，将其应用于全固态锂硫电池。电化学测试结果表明以 0.064mA/cm² 电流密度进行充放电循环 20 次后电极的比容量为 920mA·h/g_S，容量保持率为 97%，平均工作电压为 2.0V。

(2)锂合金：采用锂合金可降低金属锂的还原性和活泼性。若正极以 Li_2S 为活性物质，则可以使用锡或硅等高比容量负极来制备固态电池，以期提高电池的循环稳定性和高温稳定性。锡或硅与锂反应可形成金属间化合物。Hassoun 等以 Li_2S 和碳的复合材料为正极、Sn/C 为负极、PEO 基凝胶电解质为电解质隔膜，制备了固态锂硫电池。在 25℃下以 0.2 C 倍率进行充放电，电池循环 100 次后的比容量为 300mA·h/g_{Li_2S}，容量保持率为 71%。这类电池的比能量受负极比容量和电池放电电压低的影响而较低。

2. 硫基正极

目前应用于液态锂硫电池的正极活性物质，如单质硫、无机硫化物和有机硫化物，均可用作固态锂硫电池的硫正极。

(1)单质硫：采用球磨的方法制备硫正极，即将单质硫、导电剂和固体电解质混合球磨，然后压片制得正极片。如 Zhu 等[61]分别采用球磨和在惰性气氛中 180℃热处理的方法制备 W(单质硫)：W(PEO)= 3：7 的硫正极。将所制备的硫正极与添加 10%(质量分数)$LiAlO_2$无机填料的聚氧化乙烯络合双三氟甲基磺酸亚胺锂盐[P(EO)20LiTFSI-10%(质量分数)$LiAlO_2$]固体电解质隔膜和金属锂负极组装成全固态电池。室温下，采用球磨工艺的硫正极的首次放电比容量为 609mA·h/g_S，高于采用热处理工艺的硫正极的 452mA·h/g_S。

(2)无机硫化物：与单质硫相比，无机硫化物具有相对较高的电子电导率和离子电导率，如 FeS 电子电导率约为 0.021S/cm，CuS 电子电导率为 10^3S/cm[66]。早期的全固态锂硫电池一般采用无机硫化物作为正极活性物质。相比于单质硫，无机硫化物正极材料可控化制备的方法比较多,也可以进行原位生长。这对制备具有特殊结构或形貌的纳米电极材料,提高固态锂硫电池的稳定性至关重要。

(3)有机硫化物:有机硫化物的电子电导率约为 $10^{-8} \sim 10^{-9}$S/cm,可在碳酸酯类电解液中稳定地充放电,成为锂硫电池研究的热点。硫化聚丙烯腈(SPAN)是研究得最为广泛的一类有机硫化物正极材料,在碳酸酯电解液中的放电比容量达700 ~ 800mA · h/g[67]。目前用于固态锂硫电池的有机硫化物主要有硫化聚丙烯腈和硫化聚苯胺[28]。固体电解质主要采用硫化物固体电解质和添加无机填料的 PEO(或 PEG)络合锂盐聚合物固体电解质。正极的制备方法比较单一,主要是球磨工艺或联用热处理的球磨工艺,然后压片或涂布在集流体上制得硫正极。硫化聚丙烯腈中硫的理论含量为 56%(质量分数)。

6.6　总结与展望

高能量密度锂硫电池系统开发和研究的成果,目前将主要应用于小规模移动储能,在军事上如个人平台用能源和无人机应用电源,并发展民用3C电子消费品用电源和电动汽车用电源等。在国家"863"电动汽车专项等重点研究项目推动下,"长续航动力锂电池新材料和新体系研究"项目提出在 2021 年实现 500W · h/kg 半固态锂硫电池循环 300 次的目标。国内目前研究锂硫电池的单位主要有北京化工大学、北京航空航天大学、中国科学院大连化学物理研究所、中国电子科技集团第十八研究所、中国人民解放军防化研究院第一研究所、上海交通大学、清华大学、国防科技大学、上海 811 所等。2016 年 6 月,中国科学院大连化学物理研究所与大连派思投资有限公司共同组建了"中科派思储能科技有限公司",建设先导锂硫产业化基地,合力推动锂硫电池的产业化和实用化。

从论文发表和专利申请情况来看,现有的锂硫电池研究主要是针对循环稳定性进行的并取得了一系列进展。值得注意的是,除了已经被广泛研究的稳定性之外,高能量密度电池的其他关键科学和技术问题还没有得到足够的重视。由于受到正极载硫量、低库仑效率、多硫化物穿梭效应、负极锂枝晶生长等因素限制,考虑到锂硫电池正极、负极及电解液目前存在的问题,锂硫动力电池在实际应用中仍面临诸多挑战。在后续的研究和开发中,有待于提高关键材料如正负极材料、电解质材料的性能,进行少液和固态条件下的硫电极设计,开展电化学界面稳定性的研究;进一步进行锂硫电池结构及模块设计、寿命预测和安全管理等基础研究;结合先进工艺技术,实现产品放大量产工艺设计和一致性管控。这些措施将有利于促进锂硫电池的产业化,突破能量密度对新能源交通工具等的发展瓶颈,大幅提升我国储能电池及关联产业的科技创新能力和产业竞争力,并将在节能减排、减少环境污染、保障能源安全等方面发挥巨大的社会、经济效益,奠定我国在电化学储能材料和器件研究方面的全球领跑地位。

参 考 文 献

[1] Manthiram A, Fu Y, Chung S H, et al. Rechargeable lithium-sulfur batteries. Chemical Reviews, 2014, 114 (23), 11751-11787.

[2] (a) Yin Y X, Xin S, Guo Y G, et al. Lithium-sulfur batteries: electrochemistry, materials, and prospects. Angewandte Chemie International Edition, 2013, 52 (50): 13186-13200; (b) Yue J, Yan M, Yin Y X, et al. Progress of the interface design in all-solid-state Li-S batteries. Advanced Functional Materials, 2018: 1707533; (c) Li M, Chen Z, Wu T, et al. Li_2S- or S- based lithium-ion batteries. Advanced Materials, 2018: e1801190.

[3] (a) Skotheim T A. High capacity cathodes for secondary cells. Google Patents, 1995; (b) Peramunage D, Licht S. A solid sulfur cathode for aqueous batteries. Science, 1993, 261 (5124): 1029-1032; (c) Chu M Y. Rechargeable positive electrodes. Google Patents: 1997; (d) Dahl C, Prange A, Steudel R. Metabolism of natural polymeric sulfur compounds. Biopolymers Online: Biology Chemistry Biotechnology Applications, 2005: 9.

[4] Bruce P G, Freunberger S A, Hardwick L J, et al. Li-O_2 and Li-S batteries with high energy storage. Nature materials, 2012, 11 (1): 19.

[5] Liang J, Sun Z H, Li F, et al. Carbon materials for Li-S batteries: functional evolution and performance improvement. Energy Storage Materials, 2016, 2: 76-106.

[6] (a) Chen R, Zhao T, Wu F. From a historic review to horizons beyond: lithium-sulphur batteries run on the wheels. Chemical Communications, 2015, 51 (1): 18-33; (b) Yan J, Liu X, Yao M, et al. Long-life, high-efficiency lithium-sulfur battery from a nanoassembled cathode. Chemistry of Materials, 2015, 27 (14): 5080-5087; (c) Park M S, Jeong B O, Kim T J, et al. Disordered mesoporous carbon as polysulfide reservoir for improved cyclic performance of lithium-sulfur batteries. Carbon, 2014, 68: 265-272.

[7] (a) Xu J, Jin B, Li H, et al. Sulfur/alumina/polypyrrole ternary hybrid material as cathode for lithium-sulfur batteries. International Journal of Hydrogen Energy, 2017, 42 (32): 20749-20758; (b) Li S, Jin B, Li H, et al. Synergistic effect of tubular amorphous carbon and polypyrrole on polysulfides in Li-S batteries. Journal of Electroanalytical Chemistry, 2017, 806: 41-49; (c) Xu G, Ding B, Pan J, et al. High performance lithium-sulfur batteries: advances and challenges. Journal of Materials Chemistry A, 2014, 2 (32): 12662-12676.

[8] Fan C Y, Zheng Y P, Zhang X H, et al. High-performance and low-temperature lithium-sulfur batteries: synergism of thermodynamic and kinetic regulation. Advanced Energy Materials, 2018: 1703638.

[9] Li X, Banis M, Lushington A, et al. A high-energy sulfur cathode in carbonate electrolyte by eliminating polysulfides via solid-phase lithium-sulfur transformation. Nature Communications, 2018, 9 (1): 4509.

[10] Zhao E, Nie K, Yu X, et al. Advanced characterization techniques in promoting mechanism understanding for lithium-sulfur batteries. Advanced Functional Materials, 2018: 1707543.

[11] Pang Q, Kundu D, Cuisinier M, et al. Surface-enhanced redox chemistry of polysulphides on a

metallic and polar host for lithium-sulphur batteries. Nature Communications,2014,5:4759.

[12] (a) Fang X, Peng H. A revolution in electrodes: recent progress in rechargeable lithium-sulfur batteries. Small,2015,11(13):1488-1511;(b) Cheon S E, Ko K S, Cho J H, et al. Rechargeable lithium sulfur battery I. Structural change of sulfur cathode during discharge and charge. Journal of the Electrochemical Society,2003,150(6):A796-A799.

[13] (a) Barchasz C, Leprêtre J C, Alloin F, et al. New insights into the limiting parameters of the Li/S rechargeable cell. Journal of Power Sources, 2012, 199: 322-330; (b) Klein M J, Veith G M, Manthiram A. Rational design of lithium-sulfur battery cathodes based on experimentally determined maximum active material thickness. Journal of the American Chemical Society,2017, 139(27):9229-9237;(c) Zhou G, Tian H, Jin Y, et al. Catalytic oxidation of Li_2S on the surface of metal sulfides for Li-S batteries. Proceedings of the National Academy of Sciences of the United states of America,2017,114(5):840-845.

[14] (a) Manthiram A, Fu Y, Su Y S. Challenges and prospects of lithium-sulfur batteries. Accounts of chemical research,2012,46(5):1125-1134;(b) Yin Y X, Xin S, Guo Y G, et al. Lithium-sulfur batteries: electrochemistry, materials, and prospects. Angewandte Chemie International Edition, 2013,52(50):13186-13200;(c) Li G, Lei W, Luo D, et al. Stringed "tube on cube" nanohybrids as compact cathode matrix for high-loading and lean-electrolyte lithium-sulfur batteries. Energy and Environmental Science,2018,11(9):2372-2381.

[15] (a) Zhang S, Ueno K, Dokko K, et al. Recent advances in electrolytes for lithium-sulfur batteries. Advanced Energy Materials, 2015, 5 (16): 1500117; (b) Wang L, Ye Y, Chen N, et al. Development and challenges of functional electrolytes for high-performance lithium-sulfur batteries. Advanced Functional Materials,2018:1800919.

[16] Zhang B, Lai C, Zhou Z, et al. Preparation and electrochemical properties of sulfur-acetylene black composites as cathode materials. Electrochimica Acta,2009,54(14):3708-3713.

[17] (a) Fujimori T, Morelos-Gómez A, Zhu Z, et al. Conducting linear chains of sulphur inside carbon nanotubes. Nature Communications, 2013, 4: 2162; (b) Yang C P, Yin Y X, Guo Y G, et al. Electrochemical (de) lithiation of 1D sulfur chains in Li-S batteries: a model system study. Journal of the American Chemical Society,2015,137(6):2215-2218.

[18] Dörfler S, Hagen M, Althues H, et al. High capacity vertical aligned carbon nanotube/sulfur composite cathodes for lithium-sulfur batteries. Chemical Communications, 2012, 48 (34): 4097-4099.

[19] Ji X L, Lee K T, Nazar L F. A highly ordered nanostructured carbon-sulphur cathode for lithium-sulphur batteries. Nature Materials,2009,8:500-506.

[20] Zhang B, Qin X, Li G, et al. Enhancement of long stability of sulfur cathode by encapsulating sulfur into micropores of carbon spheres. Energy and Environmental Science,2010,3(10):1531-1537.

[21] (a) Ding B, Yuan C, Shen L, et al. Encapsulating sulfur into hierarchically ordered porous carbon as a high-performance cathode for lithium-sulfur batteries. Chemistry-A European Journal,2013, 19(3):1013-1019;(b) Zhao S, Li C, Wang W, et al. A novel porous nanocomposite of sulfur/ carbon obtained from fish scales for lithium-sulfur batteries. Journal of Materials Chemistry A, 2013,1(10):3334-3339.

[22] Liu S, Li J, Yan X, et al. Superhierarchical cobalt-embedded nitrogen-doped porous carbon nanosheets as two-in-one hosts for high-performance lithium-sulfur batteries. Adranced Materials, 2018,30(12):e1706895.

[23] (a) Cheng Z, Xiao Z, Pan H, et al. Elastic sandwich-type rGO-VS$_2$/S composites with high tap density:structural and chemical cooperativity enabling lithium-sulfur batteries with high energy density. Advanced Energy Materials,2018,8(10):1702337; (b) Kong L, Li B Q, Peng H J, et al. Porphyrin-derived graphene-based nanosheets enabling strong polysulfide chemisorption and rapid kinetics in lithium-sulfur batteries. Advanced Energy Materials,2018:1800849; (c) Sun Q, Xi B, Li J Y, et al. Nitrogen-doped graphene-supported mixed transition-metal oxide porous particles to confine polysulfides for lithium-sulfur batteries. Advanced Energy Materials, 2018, 8(22):1800595.

[24] Chang Z, He Y B, Deng H, et al. A multifunctional silly-putty nanocomposite spontaneously repairs cathode composite for advanced Li-S batteries. Advanced Functional Materials, 2018, 28(50):1804777.

[25] Hou T Z, Chen X, Peng H J, et al. Design principles for heteroatom-doped nanocarbon to achieve strong anchoring of polysulfides for lithium-sulfur batteries. Small,2016,12(24):3283-3291.

[26] Song J, Xu T, Gordin M L, et al. Nitrogen-doped mesoporous carbon promoted chemical adsorption of sulfur and fabrication of high-areal-capacity sulfur cathode with exceptional cycling stability for lithium-sulfur batteries. Advanced Functional Materials,2014,24(9),1243-1250.

[27] Zhou G, Paek E, Hwang G. S, et al. Long-life Li/polysulphide batteries with high sulphur loading enabled by lightweight three-dimensional nitrogen/sulphur-codoped graphene sponge. Nature Communications,2015,6:7760.

[28] Ai W, Zhou W, Du Z, et al. Nitrogen and phosphorus codoped hierarchically porous carbon as an efficient sulfur host for Li-S batteries. Energy Storage Materials,2017,6:112-118.

[29] Yuan S, Bao J L, Wang L, et al. Graphene-supported nitrogen and boron rich carbon layer for improved performance of lithium-sulfur batteries due to enhanced chemisorption of lithium polysulfides. Advanced Energy Materials,2016,6(5):1501733.

[30] Gupta A, Bhargav A, Manthiram A. Highly solvating electrolytes for lithium-sulfur batteries. Advanced Energy Materials,2019,9(6):1803096.

[31] (a) Seh Z W. Sulphur-TiO$_2$ yolk-shell nanoarchitecture with internal void space for long-cycle lithium-sulphur batteries. Nature Communications,2013,4:1331; (b) Yao H, Zheng G, Hsu P C, et al. Improving lithium-sulphur batteries through spatial control of sulphur species deposition on a hybrid electrode surface. Nature Communication,2014,5:3943; (c) Seh Z W, Yu J H, Li W, et al. Two-dimensional layered transition metal disulphides for effective encapsulation of high-capacity lithium sulphide cathodes. Nature Communications,2014,5:5017; (d) Su Y S, Fu Y, Cochell T, et al. A strategic approach to recharging lithium-sulphur batteries for long cycle life. Nature Communications,2013,4:2985.

[32] (a) Su Y S, Manthiram A. Lithium-sulphur batteries with a microporous carbon paper as a bifunctional interlayer. Nature Communications, 2012, 3: 1166; (b) Bai S, Liu X, Zhu K, et al. Metal-organic framework-based separator for lithium-sulfur batteries. Nature Energy, 2016,

1(7):16094;(c)Bouchet R. Single-ion BAB triblock copolymers as highly efficient electrolytes for lithium-metal batteries. Nature Materials,2013,12:452-457;(d)Jeong Y C,Kim J H,Nam S, et al. Rational design of nanostructured functional interlayer/separator for advanced Li-S batteries. Advanced Functional Materials, 2018: 1707411;(e)He J, Chen Y, Manthiram A. Vertical Co_9S_8 hollow nanowall arrays grown on a Celgard separator as a multifunctional polysulfide barrier for high-performance Li-S batteries. Energy and Environmental Science,2018,11:2560-2568.

[33] (a)Pang Q,Kundu D,Cuisinier M,et al. Surface-enhanced redox chemistry of polysulphides on a metallic and polar host for lithium-sulphur batteries. Nature Communications,2014,5:4759;(b) Shi H,Lv W,Zhang C,et al. Functional carbons remedy the shuttling of polysulfides in lithium-sulfur batteries: confining, trapping, blocking, and breaking up. Advanced Functional Materials, 2018:1800508;(c)Lin H,Yang L,Jiang X,et al. Electrocatalysis of polysulfide conversion by sulfur-deficient MoS_2 nanoflakes for lithium-sulfur batteries. Energy and Environmental Science, 2017,10(6):1476-1486;(d)Yuan Z,Peng H J,Hou T Z,et al. Powering lithium-sulfur battery performance by propelling polysulfide redox at sulfiphilic hosts. Nano Letters, 2016, 16(1): 519-527.

[34] Chen Y,Ji S,Wang Y,et al. Isolated single iron atoms anchored on N-doped porous carbon as an efficient electrocatalyst for the oxygen reduction reaction. Angewandte Chemie International Edition,2017,56(24):6937-6941.

[35] Yin P, Yao T,Wu Y,et al. Single cobalt atoms with precise N-coordination as superior oxygen reduction reaction catalysts. Angewandte Chemie International Edition, 2016, 55(36): 10800-10805.

[36] Niihori Y,Kurashige W,Matsuzaki M,et al. Remarkable enhancement in ligand-exchange reactivity of thiolate-protected Au 25 nanoclusters by single Pd atom doping. Nanoscale,2013,5(2): 508-512.

[37] Zhao M,Peng H J,Zhang Z W,et al. Activating inert metallic compounds for high-rate lithium-sulfur batteries through in situ etching of extrinsic metal. Angewandte chemie,2018,131(12): 3819-3823.

[38] Armstrong A R,Bruce P G. Synthesis of layered $LiMnO_2$ as an electrode for rechargeable lithium batteries. Nature,1996,381:499.

[39] Yang C,Chen J,Qing T,et al. 4.0V aqueous Li-ion batteries. Joule,2017,1(1):122-132.

[40] Liu Y,Zhou G,Liu K,et al. Design of complex nanomaterials for energy storage:past success and future opportunity. Accounts of Chemical Research,2017,50(12):2895-2905.

[41] Guo Y, Li H, Zhai T. Reviving lithium-metal anodes for next-generation high-energy batteries. Advanced Materials,2017,29(29):1700007.

[42] Cheng X B,Hou T Z,Zhang R,et al. Dendrite-free lithium deposition induced by uniformly distributed lithium ions for efficient lithium metal batteries. Advanced Materials,2016,28(15): 2888-2895.

[43] (a)Gao Y,Zhao Y,Li Y C,et al. Interfacial chemistry regulation via a skin-grafting strategy enables high-performance lithium-metal batteries. Journal of the American Chemical Society, 2017,139(43):15288-15291;(b)Li G,Gao Y,He X,et al. Organosulfide-plasticized solid-

electrolyte interphase layer enables stable lithium metal anodes for long-cycle lithium-sulfur batteries. Nature Communications,2017,8(1):850.

[44] Liu W,Lin D C,Pei,et al. Stabilizing lithium metal anodes by uniform Li-ion flux distribution in nanochannel confinement. Journal of the American Chemical Society, 2016, 138 (47): 15443-15450.

[45] Shen Y,Zhang Y,Han S,et al. Unlocking the energy capabilities of lithium metal electrode with solid-state electrolytes. Joule,2018,2(9):1674-1689.

[46] Zhao C Z,Zhang X Q,Cheng X B,et al. An anion-immobilized composite electrolyte for dendrite-free lithium metal anodes. Proceedings of the National Academy of Science of the United States of America,2017,114(42):11069-11074.

[47] Liu K,Pei A,Lee H R,et al. Lithium metal anodes with an adaptive "solid-liquid" interfacial protective layer. Journal of the American Chemical Society,2017,139(13):4815-4820.

[48] (a) Lin D C, Liu Y Y, Chen W, et al. Conformal lithium fluoride protection layer on three-dimensional lithium by nonhazardous gaseous reagent freon. Nano Letters, 2017, 17 (6): 3731-3737;(b)Zhao J,Liao L,Shi F,et al. Surface fluorination of reactive battery anode materials for enhanced stability. Journal of the American Chemical Society,2017,139(33):11550-11558.

[49] Zhao J, Zhou G, Yan K, et al. Air-stable and freestanding lithium alloy/graphene foil as an alternative to lithium metal anodes. Nature Nanotechnology,2017,12(10):993-999.

[50] Liu Y Y, Lin D C, Yuen P Y, et al. An artificial solid electrolyte interphase with high li-ion conductivity, mechanical strength, and flexibility for stable lithium metal anodes. Advanced Materials,2017,29(10).

[51] Xu R,Zhang X Q,Cheng X B,et al. Artificial soft-rigid protective layer for dendrite-free lithium metal anode. Advanced Functional Materials,2018,28(8):1705838.

[52] Yan K,Lu Z,Lee H W,et al. Selective deposition and stable encapsulation of lithium through heterogeneous seeded growth. Nature Energy,2016,1(3):16010.

[53] Zhang X Q,Chen X,Xu R,et al. Columnar lithium metal anodes. Angewandte Chemie International Edition,2017,56(45):14207-14211.

[54] Zhuang T Z, Huang J Q, Peng H J, et al. Rational integration of polypropylene/graphene oxide/nafion as ternary-layered separator to retard the shuttle of polysulfides for lithium-sulfur batteries. Small,2016,12(3):381-389.

[55] Lin Z,Liang C. Lithium-sulfur batteries:from liquid to solid cells. Journal of Materials Chemistry A,2015,3(3):936-958.

[56] Wu B, Wang S, Evans Iv W J, et al. Interfacial behaviours between lithium ion conductors and electrode materials in various battery systems. Journal of Materials Chemistry A, 2016, 4 (40): 15266-15280.

[57] Machida N,Shigematsu T. An all-solid-state lithium battery with sulfur as positive electrode materials. Chemistry Letters,2004,33(4):376-377.

[58] Xu R C,Xia X H,Wang X L,et al. Tailored $Li_2S-P_2S_5$ glass-ceramic electrolyte by MoS_2 doping, possessing high ionic conductivity for all-solid-state lithium-sulfur batteries. Journal of Materials Chemistry A,2017,5(6):2829-2834.

[59] Wang Q, Wen Z, Jin J, et al. A gel-ceramic multi-layer electrolyte for long-life lithium sulfur batteries. Chemical Communications, 2016, 52(8): 1637-1640.

[60] (a) Zhang Y, Zhao Y, Bakenov Z, et al. Effect of Graphene on sulfur/polyacrylonitrile nanocomposite cathode in high performance lithium/sulfur Batteries. Journal of the Electrochemical Society, 2013, 160(8): A1194-A1198; (b) Jeddi K, Sarikhani K, Qazvini N T, et al. Stabilizing lithium/sulfur batteries by a composite polymer electrolyte containing mesoporous silica particles. Journal of Power Sources, 2014, 245: 656-662.

[61] Zhu X, Wen Z, Gu Z, et al. Electrochemical characterization and performance improvement of lithium/sulfur polymer batteries. Journal of Power Sources, 2005, 139(1-2): 269-273.

[62] Liang X, Wen Z, Liu Y, et al. Improved cycling performances of lithium sulfur batteries with LiNO$_3$-modified electrolyte. Journal of Power Sources, 2011, 196(22): 9839-9843.

[63] Yang W, Yang W, Feng J, et al. High capacity and cycle stability rechargeable lithium-sulfur batteries by sandwiched gel polymer electrolyte. Electrochimica Acta, 2016, 210: 71-78.

[64] Wang X, Hou Y, Zhu Y, et al. An aqueous rechargeable lithium battery using coated Li metal as anode. Scientific reports, 2013, 3: 1401.

[65] Nagao M, Hayashi A, Tatsumisago M. Fabrication of favorable interface between sulfide solid electrolyte and Li metal electrode for bulk-type solid-state Li/S battery. Electrochemistry Communications, 2012, 22: 177-180.

[66] Lai C H, Lu M Y, Chen L J. Metal sulfide nanostructures: synthesis, properties and applications in energy conversion and storage. Journal of Materials Chemistry, 2012, 22(1): 19-30.

[67] Yu X, Xie J, Yang J, et al. All solid-state rechargeable lithium cells based on nano-sulfur composite cathodes. Journal of Power Sources, 2004, 132(1-2): 181-186.

第7章　钠离子电池

7.1　钠离子电池正极材料

7.1.1　钠离子电池正极材料的分类及其特点

钠离子电池的研发可以追溯至 20 世纪 80 年代,不过由于日本索尼公司 1991年将锂离子电池成功商业化,因此大部分研究者转向锂离子电池的研究,导致钠离子电池研究进展一度缓慢。至 2011 年以来,钠离子电池才重新被研究人员重视起来,并且近几年的发展十分迅速。钠元素是地壳中第四丰富的元素,且钠与锂同主族,具有相似的物理化学性质,因此钠离子电池的研究和锂离子电池有很多相似之处[1]。而且,海洋约占地球表面积的 71%,而海水中含有大量的钠盐,因此钠资源是极其丰富的。仅就美国而言,就有约 230 亿 t 的碳酸钠。碳酸钠目前的市场价格仅约 2000 元/t,而碳酸锂的价格目前已经上涨至约 110000 元/t(截止到 2018 年的统计数据),其价格约为钠盐的 55 倍。钠的价格较低,能量密度适中,被认为是后锂离子电池的体系的重要组成部分,有望取代目前仍然流行的铅酸电池体系,在低速电动车、物流车、电动船、家庭储能、电网储能等市场获得突破。

钠离子电池体系结构与锂离子电池基本相同,正负极可以选用具有不同的氧化还原电势的电极材料,常见的钠离子电池正极材料有层状过渡金属氧化物材料、聚阴离子型正极材料、普鲁士蓝类正极材料、有机体系正极材料等。电解液通常为含有钠盐(如 $NaPF_6$ 和 $NaClO_4$)的有机电解液;负极材料通常为碳材料、金属氧化物类材料及合金类负极材料;黏结剂通常为有机溶剂体系的聚偏氟乙烯或者水体系的羧甲基纤维素、聚丙烯腈多元共聚物等;隔膜为玻璃纤维膜。与锂离子电池不同的是,钠离子电池体系的集流体既可以采用铜箔又可以采用铝箔,原因是钠金属不会和铝箔在低电位下发生合金化反应,这样钠离子电池的负极也可以使用铝箔作集流体,这将进一步降低钠离子电池的成本。图 7-1 展示了钠离子电池各体系的示意图。

钠离子电池的工作原理也和锂离子电池基本相同,可以称其为经典的"摇椅"模型(图 7-2)。充电时,钠离子从正极材料中脱出经过电解液嵌入负极材料中,同时外电路电子从负极流向正极;放电时,钠离子则从负极材料脱出经过电解液嵌入正极材料,同时外电路的电子从正极流向负极。

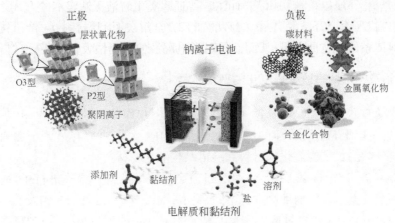

图 7-1 钠离子电池的各体系示意图[2]

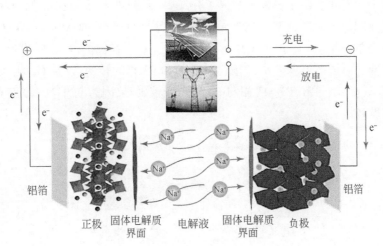

图 7-2 钠离子电池工作原理示意[3]

7.1.2 钠离子电池正极材料分类和设计原则

电极材料的结构和性能决定了钠离子电池的电化学性能,而其中正极材料的电压、比容量、循环稳定性等电化学性能是影响最终钠离子电池循环能量密度、稳定性、安全性的关键。因此,对正极材料的开发和探索是钠离子电池研发的首要任务。

目前,按照结构不同,钠离子电池正极材料大致可以分为过渡金属氧化物型正极材料、聚阴离子型正极材料、普鲁士蓝类正极材料、有机体系正极材料等四类。而对于钠离子电池正极材料的设计原则为①由于大多数钠的过渡金属氧化物材料在钠离子脱嵌过程中会产生较大的体积或结构变化而出现复合的充放电平台,导致其结构稳定性较差,因此应该寻找具有良好结构稳定性的材料;②能量密度与电极材料容量和氧化还原电位密切相关,而且提高能量密度也是降低成本的方式之一。因此,应该寻找理论比容量较高且具有较高的工作电压的正极材料;③价格优势是钠离子电池体系的"立身之本",因此应该寻找资源丰富、价格较低的正极材料。

7.1.3　钠离子电池过渡金属氧化物型正极材料

过渡金属氧化物 Na_xMO_2(M 表示过渡金属 TM)由共边排列的 MO_6 组成过渡金属层,钠离子位于 MO_6 八面体的层间。根据结构的不同,可以将过渡金属氧化物类正极材料分为层状结构氧化物材料和隧道结构氧化物材料。

Delmas 等[4]对 Na^+ 在层状 Na_xMO_2 过渡金属层间的排列方式进行了分类,根据钠离子的配位类型和氧的堆垛方式不同,将 Na_xMO_2 分为 O3 相、P3 相及 O2 相和 P2 相(O3 钠含量高;P3 钠含量低)。其中,O、P 代表 Na 的配位环境,当钠形成八面体配位(octahedral)时,为 O 相;当钠形成三棱柱配位(prismatic)时为 P 相;数字代表 O 原子的密堆积方式。由于过渡金属离子存在姜-泰勒效应,常发生晶胞的畸变,因此往往通过在配位多面体类型上面加角分符号(′)进行区分,如 $O'3\text{-}Na_2MnO_2$ 表示由三方扭曲为单斜晶系[5]。由于钠离子半径较大,因此,在钠的嵌入/脱出过程中常常会产生不同的氧层的堆积方式,伴随着 O3 相和 P3 相的转变,以及 O2 相和 P2 相的转变(图 7-3)[6]。通常,P3/O3 相向 P2 相转变较困难,因为断开 M—O 键往往需要较高的温度环境。

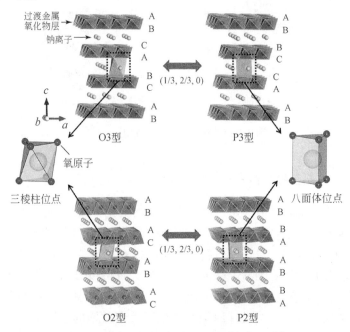

图 7-3　典型的层状过渡金属氧化物材料[8]

层状过渡金属氧化物的制备与反应条件关系很大,因此为了得到纯度较高的样品,需要通过严格控制合成条件,如原料中 Na 与过渡金属的配比、反应的温度、煅烧时间、升温速率、颗粒尺寸等都会对产物有较大的影响。其中,不同的 Na 与过渡金属的配比(以 y 值表示)得到的不同产物具有不同的稳定相。如 Na_xCoO_2 各相的稳定范围为:O3($0.8<y<1$),O′3 ($y=0.75$),P2 或 P3($0.64<y<0.74$),P3($0.5<y<0.6$)。而通常来说,P3 相属于低温稳定相,P2 相属于高温稳定相,O3 相介于两者之间[7]。

1. O3-NaFeO₂

α-$NaFeO_2$ 是 O3 相典型的层状氧化物材料,其空间群为 R-3m,为三方晶系。由于 Fe 资源丰富易得,且环境友好,因此 α-$NaFeO_2$ 被认为是极有发展前景的一类材料,且 α-$NaFeO_2$ 可以容易地通过固相法合成,适宜于工业化生产。通过研究其在不同的电压区间的电化学性能发现,在 3.5V 的截止电压以下,该材料对应于 $0.3\ Na^+$ 可逆脱嵌,前三周的库仑效率接近 100%,但是当把截止电压提高到 3.5V 以上后,会发生明显的不可逆相转变[图 7-4(a)和图 7-4(b)],即当过多的钠离子脱出会在钠四面体位点形成空位,导致 Fe^{4+} 迁移至钠层使结构发生不可逆转变[9]。值得注意的是,相同结构的 $LiFeO_2$ 表现为电化学非活性,研究表明,这是因为 $LiFeO_2$ 中 Fe^{3+} 3d 轨道与 O-2P 轨道间有较强的杂化作用。有趣的是,通过 Fe 位置的部分掺杂 Mn 或者 Co 对于增强结构稳定性十分有利,如 $NaFe_{0.5}Co_{0.5}O_2$ 材料即使在 30C 的大倍率下,仍然表现出 $102mA \cdot h/g$ 的比容量[10]。

2. O3-NaₓCoO₂

到目前为止,层状钴酸锂($LiCoO_2$)正极材料是最成功的商业化锂离子电池正极材料。在 1980s,$NaCoO_2$ 就是被研究的钠离子电池层状氧化物材料[11]。随着化学计量数的不同,Na_xCoO_2 会呈现 O3、O′3、P2 或 P3 等不同相,且都可以实现钠离子的可逆脱嵌。Shacklette 等[7]证实 O3、O′3 和 P3 相 Na_xCoO_2 往往在 $400\sim600℃$ 下形成,而 P2 相则至少要到 700℃ 下才会形成。这也使得 P2 相 Na_xCoO_2 结晶度相对较高,其循环稳定性相比 P3 和 O3 相更好。尽管大量工作都研究了该类材料,但是,对于其具体的储钠机制始终不明确。直到近年来,Delmas 等又利用原位 XRD 重新研究了该材料的复杂结构演化,发现其在 $2.0\sim3.8V$ 的电化学窗口下存在 9 个不同的单相或两相转变[图 7-4(c)][12]。Matsui 等研究了 Ca 掺杂 Na_xCoO_2,由于 Ca^{2+}(1.00Å)与 Na^+(1.02Å)具有相似的离子半径,研究发现 Ca 能够很好地掺杂入该结构,且掺杂后,材料的结构稳定性明显增强,离子扩散系数明显提高,而且充放电过程中 Na 的空位有序性也减少了,相比未掺杂的样品,掺杂后的 $Na_{5/8}Ca_{1/24}CoO_2$ 甚至可以在 $5mA/cm^2$ 大电流密度下循环而几乎没有容量衰减[13]。

3. 复合层状氧化物 O3-Na[Fe$_{1/2}$Mn$_{1/2}$]O$_2$ 及 P2-Na$_{2/3}$[Fe$_{1/2}$Mn$_{1/2}$]O$_2$

铁锰的复合氧化物是目前层状氧化物材料研究的重点。Komaba 等[14]首次报道 P2-Na$_{2/3}$[Fe$_{1/2}$Mn$_{1/2}$]O$_2$ 在 12mA/g 的小电流密度下具有 190mA·h/g 可逆容量（72% 理论容量），循环 30 周后，对应于 Fe^{3+}/Fe^{4+} 氧化还原电对。而且，编者采用简单的固相法还对比合成了 O3-Na[Fe$_{1/2}$Mn$_{1/2}$]O$_2$ 正极材料，而其在相同的电流密度下，仅有 100~110mA·h/g 的可逆容量[图 7-4(d)、图 7-4(e) 和图 7-4(f)]。此外，已有报道通过静电纺丝的方法取代传统的固相法合成 Na$_{0.7}$Fe$_{0.7}$Mn$_{0.3}$O$_2$，高倍率下循环达到 5000 周的性能。

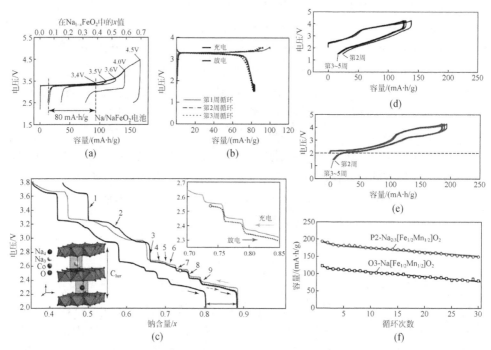

图 7-4　(a) NaFeO$_2$ 在不同截止电压下的电化学性能；(b) NaFeO$_2$ 在 3.5V 以下的截止电压下的前三周的充放电曲线[9]；(c) NaCoO$_2$ 在 2~3.8V 电化学窗口下的充放电曲线[12]；(d) O3-Na[Fe$_{1/2}$Mn$_{1/2}$]O$_2$ 和 (e) P2-Na$_{2/3}$[Fe$_{1/2}$Mn$_{1/2}$]O$_2$ 在前 5 周的充放电曲线；(f) O3-Na[Fe$_{1/2}$Mn$_{1/2}$]O$_2$ 和 P2-Na$_{2/3}$[Fe$_{1/2}$Mn$_{1/2}$]O$_2$ 循环性能对比[14]

4. 多元过渡金属层状氧化物 P2-Na$_{7/9}$Cu$_{2/9}$Fe$_{1/9}$Mn$_{2/3}$O$_2$ 和 O3-Na$_{0.9}$[Cu$_{0.22}$Fe$_{0.30}$Mn$_{0.48}$]O$_2$

三元正极材料是锂离子电池正极研究的热点方向，过渡金属如 Ni、Co、Mn 等是三元材料最常见的掺杂元素。近年来，多元的过渡金属层状氧化物也成为钠离子电池正极研究的热点。如在电极材料中加入 Cu，可以提高材料的电子电导率,另外,Cu^{2+}/Cu^{3+} 较高的氧化还原电对,可以贡献容量,提高工作电压,且含铜化合物不怕水,在空气中非常稳定。中国科学院物理研究所 Hu 等[16] 报道了一系列 Cu 掺杂的层状氧化物材料。例如,他们将化合物中 Cu 含量控制在 1/3,用部分 Fe 取代 Cu,提高了 Na 含量,所制备的 P2- $Na_{7/9}Cu_{2/9}Fe_{1/9}Mn_{2/3}O_2$ 在 0.1C 的电流密度下表现出 89mA · h/g 的可逆容量,且平均工作电压约为 3.6V;另外,他们通过调整 Cu 的占比,进一步提高 Na 含量,制备的 O3- $Na_{0.9}[Cu_{0.22}Fe_{0.30}Mn_{0.48}]O_2$ 在 0.1C 电流密度下具有接近 100mA · h/g 的可逆容量[17]。将该电极材料复合热解的无烟煤负极材料,制备的钠离子软包电池能量密度已经达到 120W · h/kg,是铅酸电池的 3 倍左右[18]。而且整个正极采用 Fe、Mn、Cu 等廉价金属,相比锂离子电池用 NCA、NCM 等含 Ni 或者 Co 材料大大降低了成本。

5. 隧道型结构氧化物 Na_xMnO_2

层状氧化物因吸水或与水–氧气/水–二氧化碳反应而存在稳定性问题,在空气中不能长期存放,并且在电化学循环过程中存在较多的相转变过程,结构变化较大,影响长期循环稳定性。而隧道型氧化物如 $Na_{0.44}MnO_2$ 等具有独特的 S 型通道,保证了循环过程中的结构稳定,并且在空气和水中都非常稳定。Doeff 等首次在 85℃ 的固态聚合物电解质中研究了 $Na_{0.44}MnO_2$ 的储钠性能,发现其晶胞结构由四个 MnO_6 八面体位点和一个 MnO_5 四方锥组成,不同的结构单元共角形成具有两种不同隧道的 $Na_{0.44}MnO_2$,其中 Na2 和 Na3 存在于 S 型隧道结构,而 Na1 则存在于另外的邻近的小隧道中,但是两种不同隧道结构的钠离子均可以自由移动[图 7-5(a)]。Sauvage 等[19] 采用高温固相法合成的棒状结构 $Na_{0.44}MnO_2$ 用于钠离子电池正极材料,微分容量曲线表明至少有 5 个两相转变过程(2 ~ 3.8V),且循环稳定性较差。Cao 等[20] 采用聚合物热裂解方法合成的 $Na_{0.44}MnO_2$ 单晶纳米线,表现出了优异的可逆容量(在 0.1C 电流密度下具有 128mA · h/g 可逆容量)和循环性能(0.5C 电流密度下循环 1000 周还有 77% 容量保持)。为了得到较高可逆容量的隧道结构材料,Hu 等[21] 对 Ti 掺杂的 $Na_{0.44}MnO_2$ 进行了研究[图 7-5(b)],发现 Ti 掺杂后改变了原有电荷有序性,从而其反应路径也发生了变化,充放电曲线也更加平滑。基于该结构中对过渡金属占位及电荷补偿机制的认识,他们又首次将 Fe^{3+}/Fe^{4+} 氧化还原电对引入隧道结构钠离子电池正极材料 $Na_{0.61}(Mn_{0.61}Ti_{0.39})O_2$ 中,得到了新的隧道型正极材料 $Na_{0.61}(Mn_{0.61-x}Fe_xTi_{0.39})O_2$[图 7-5(c)]。该材料在空气中非常稳定,具有较高的钠含量、3.56V 的平均工作电压、98mA · h/g 的可逆容量,对应于 0.36 个 Na^+ 的可逆脱嵌。而且,该材料和硬碳负极组装的钠离子全电池的能量密度可达 224W · h/kg[22]。

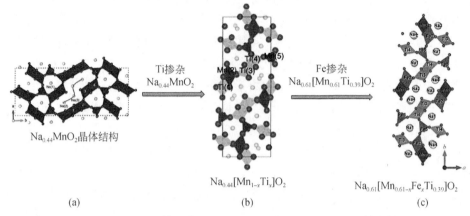

图 7-5　（a）$Na_{0.44}MnO_2$ 晶体结构示意图；（b）Ti 掺杂 $Na_{0.44}MnO_2$ 晶体结构示意图；

（c）Fe 掺杂 $Na_{0.61}[Mn_{0.61}Ti_{0.39}]O_2$ 结构示意图

过渡金属氧化物材料作为钠离子电池正极材料具有良好的应用前景，是目前钠离子电池正极材料研究的热点方向，很多在锂离子电池氧化物中没有活性的电极材料，在钠离子电池中却有活性。如 $NaCrO_2/LiCrO_2$ 和 $NaFeO_2/LiFeO_2$，其结构相同，$LiCrO_2$ 和 $LiFeO_2$ 不能实现可逆的 Li^+ 脱出/嵌入，但 $NaCrO_2$ 和 $NaFeO_2$ 均可以实现可逆 Na^+ 脱出/嵌入。对于层状氧化物结构不稳定的问题，目前也有很多文献报道可以通过引入更高的氧化还原电对来提高工作电压，也可以通过引入非电化学活性的元素如 Mg、Mn、Al 等来改善晶体的主体结构，可以得到适合钠离子脱嵌的稳定结构。此外，通过构建大隧道、特殊结构和良好导电骨架的材料提高钠离子扩散动力学、电子导电性和结构稳定性，将对于发展新型的钠离子电池正极材料十分有利。在进一步提高氧化物容量方面，通过考虑阴离子如 O^{2-} 的氧化还原作用或引入新的阴离子，将是今后研究的重要方向。

7.1.4　钠离子电池聚阴离子型正极材料

聚阴离子型材料是指由一系列四面体 $(XO_4)^{n-}$ 或者其衍生结构单元 $(X_mO_{3m+1})^{n-}$（X = S、P、Si、As、Mo、W）与多面体单元 MO_x（M 代表过渡金属）通过强的共价键结合而成的一类化合物。该类材料的主要特点是具有非常稳定的框架结构，因此材料往往具有优异的循环稳定性和安全性。由于聚阴离子的诱导效应作用，该类化合物往往适合引入较高的工作电压的过渡金属氧化还原电对，是高电压电极材料的合适选择。但是，由于聚阴离子基团如 PO_4^{3-}、$P_2O_7^{4-}$、SiO_4^{4-} 和 SO_4^{2-} 等相对分子量较大，因此聚阴离子材料往往理论比容量较低，而且材料结构呈现 XO_4 结构将 MO_x 单元隔离开的特点，因此该类材料往往电子电导率较低[23,24]。

按照阴离子结构单元的不同,钠离子电池聚阴离子型正极材料大致可以分为磷酸盐类、焦磷酸盐类、硫酸盐类、氟磷酸盐类、氟硫酸盐类、硅酸盐类等几类。常见的几种聚阴离子型材料的晶体结构如图 7-6 所示。

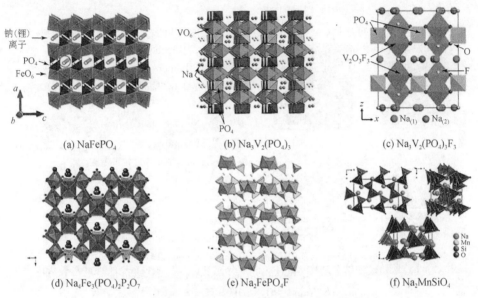

图 7-6　典型的钠离子电池聚阴离子型材料的结构[8,25-27]

下面以典型的几类为例,介绍钠离子电池聚阴离子型材料。

1. 磷酸盐类 NaFePO₄ 正极材料

磷酸盐类 $NaFePO_4$ 具有橄榄石结构型(olivine)和磷铁钠矿型(maricite)结构。橄榄石型结构 $NaFePO_4$ 的合成与 $LiFePO_4$ 不同,传统的固相法、软化学法难以直接得到纯相的橄榄石结构 $NaFePO_4$,目前其往往通过化学或者电化学迁移的方法从已获得的橄榄石结构 $LiFePO_4$ 中得到。如 Poul 等在有机溶剂中将 $LiFePO_4$ 通过化学氧化再还原的方法成功得到了 $NaFePO_4$[28]。曹余良课题组[29]通过化学迁移的方法,使用盐桥的系统将 $LiFePO_4$ 转变为了 $NaFePO_4$,所制备的橄榄石型 $NaFePO_4$ 作为钠离子电池正极材料在 0.5C 的电流密度下具有 120mA·h/g的可逆容量。长期以来,由于没有在磷铁钠矿结构 $NaFePO_4$ 中观察到钠离子传输通道,其被认为是不具有储钠性能的。但是,Kim 等[30]首次发现了磷铁钠矿结构 $NaFePO_4$ 也是具有优异的电化学性能的钠离子电池正极材料,他们发现当钠离子从纳米尺寸 $NaFePO_4$ 中脱出后,会先转化为无定形 $FePO_4$ 结构($a\text{-}FePO_4$),而当 Na 离子再嵌入 $a\text{-}FePO_4$ 中时由于没有晶格的限制,其钠离子迁移速率显著提升[图7-7(a)]。范丽珍教授课题组[31]采用静电纺丝的方法将超小纳米尺寸的磷铁钠矿 $NaFePO_4$ 颗粒嵌入碳纳米纤维,制备的一维结构的自支撑材料同时具有高的可逆容量(0.2C 下具有 145mA·h/g)和优异的倍率性能(50C 下仍有 60mA·h/g)及超长的循环寿命(6300 周循环后容量保持率达89%)。

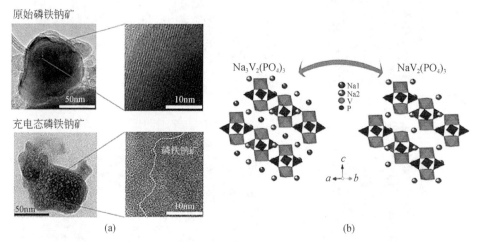

图 7-7　(a)原始磷铁钠矿结构 $NaFePO_4$ 和部分充电状态下 $NaFePO_4$ 的 TEM 形貌对比[30];
(b) $Na_3V_2(PO_4)_3$ 的两相转变示意图[32]

2. 磷酸盐类 $Na_3V_2(PO_4)_3$ 正极材料

$Na_3V_2(PO_4)_3$ 是钠快离子导体(NASICON)型最典型的钠离子电池正极材料,该材料具有三维骨架结构,钠具有六配位和八配位两个位点,其中只有八配位(18e)的两个 Na 可以发生可逆脱嵌,因此对应的理论比容量为 117mA·h/g[32]。值得注意的是,$Na_3V_2(PO_4)_3$ 材料还可作为对称电极使用,其作为正极材料时在 3.4V 左右具有一对可逆的氧化还原峰,对应于 V^{3+}/V^{4+} 的可逆氧化还原电对;而作为负极材料时,其在 1.6V 左右也具有一对氧化还原峰,对应于 V^{3+}/V^{2+} 的可逆氧化还原电对。研究发现,由于该材料稳定的三维结构骨架,其在充放电过程中具有几乎可以忽略的体积膨胀。但是,由于聚阴离子型材料的本征电子电导率较低,研究者也主要集中于对该材料进行电子电导率的改性研究。例如,通过碳包覆、元素掺杂等进行改性研究。陈立泉团队[32]率先通过一步固相法制备了碳包覆的 $Na_3V_2(PO_4)_3$ 材料,其作为钠离子电池正极材料在 3.4V 处具有很平的电化学平台,并通过非原位 XPS 和原位 XRD 技术揭示了该材料的电化学反应机制为典型的两相反应机制,如图 7-7(b)所示。随后,大量的关于 $Na_3V_2(PO_4)_3$ 的改性工作被报道,如曹余良课题组[33]采用化学气相沉积法(CVD)在预合成的

$Na_3V_2(PO_4)_3$表面修饰分级结构的导电碳,极大地提高了材料的导电性。所制备的 $Na_3V_2(PO_4)_3$正极材料即使在 500 C 的大电流密度下仍有 38mA·h/g 的可逆容量。吴川课题组[34]通过对比一系列过渡金属元素(如 Mg、Al、Ni、Zr、Ca 等)的掺杂,以 Mg 掺杂的 $Na_3V_2(PO_4)_3$为例,研究发现 Mg^{2+}掺杂到 V 位点,且梯度分布于 $Na_3V_2(PO_4)_3$颗粒表面而不是体相,从而加速了颗粒表面的电化学反应。

1)焦磷酸盐类 $Na_2MP_2O_7$(M=Fe、Co 和 Mn 等)正极材料

该类材料具有多种不同的结构构型,包括三斜结构(空间群 $P1$)、单斜结构(空间群 $P2_1/c$)和四方结构(空间群 $P4_2/mnm$),且三种不同结构的 $Na_2MP_2O_7$均具有 Na^+传输的通道,均可以实现可逆的钠存储。如 Kim 等报道,$P1\text{-}Na_2FeP_2O_7$具有 3V 左右的平均脱嵌钠电位,容量为 90mA·h/g,在电压 2.0~4.5V 下,有两个电压平台:一个在 ~2.5V,对应单相反应机制;另一个在 3.0~3.25V,对应两相反应机制。而且,该材料具有很好的热稳定性:即使在 500℃的高温下,该材料也不会发生热分解和相变[35]。由表 7-1 可知,与大多数 Mn 基正极材料表现出较差的动力学性质不同,$Na_2MnP_2O_7$正极材料在较高的工作电压下仍能够表现出较好的电化学性能。$Na_2CoP_2O_7$具有较高的工作电压(3.95V 以上),循环性能较差很可能是高电压导致了电解液的分解;从整体来看,焦磷酸盐钠离子电池正极材料的容量较低,循环性能和倍率性能也有待提高,其实用化前景仍然不太乐观。

表 7-1 常见钠离子电池焦磷酸盐

焦磷酸盐类化合物	工作电压/V	理论容量/实际容量/(mA·h/g)	容量保持
$Na_2FeP_2O_7$[35]	约 3.00	97/91	1 C,74%(80 周)
$Na_2MnP_2O_7$[36]	~3.60	97.5/90	0.05 C,96%(30 周)
$Na_2CoP_2O_7$[37]	~3.95	96.1/80	0.1 C,86%(30 周)
$Na_7V_3(P_2O_7)_4$[38]	~4.00	79.6/73	1/40C,92%(100 周)

2)氟化磷酸盐类正极材料

由于 F^-强的电负性,以及聚阴离子基团的诱导效应,氟化磷酸盐类正极材料往往具有较高的工作电压,将有望进一步提升钠离子电池体系的能量密度。近年来,大量的氟化磷酸盐类正极材料被报道,如 Na_2FePO_4F[39,40]、$NaVPO_4F$[41]、$Na_3V_2O_{2x}(PO_4)_2F_{3-x}$ 等[42]。其中,Na_2FePO_4F 属于正交晶系,理论比容量 124mA·h/g(对应于 1e 转移),在空气中超稳定,体积形变小,平均工作电压较高(约 3.2V)。尽管目前已有较多的报道,但是对于该材料具体的储钠机理尚不明确,而且在高倍率下其实际容量偏低,仍有待提升。NaZar 课题组[43]采用溶胶凝胶法首次合成 Na_2FePO_4F,并将其分别用于锂离子电池和钠离子电池,发现其在钠离子电池中体积

形变<3.7%,在 0.1C 下 50 周循环后,比容量维持在 119mA·h/g。Goward 等[44]采用非原位^{23}Na 固体核磁研究 Na_2FePO_4F 的储钠机制,初步得出其反应机理为两相嵌脱反应机理,且高度可逆,但在大电流密度下钠离子扩散系数低,倍率性较差。

另外,$Na_3V_2O_{2x}(PO_4)_2F_{3-x}$ 体系从 $Na_3V_2(PO_4)_2F_3(x=0)$ 到 $Na_3(VO)_2(PO_4)_2F$ ($x=1$)是继 $Na_3V_2(PO_4)_3$ 之后研究者们研究的热门方向。其中,x 代表材料中的氧含量,氧含量的不同和材料的晶胞参数及晶胞体积密切相关。不同的氧含量将会影响在 4.5V 的电压下钠离子的脱出量[42]。由图 7-8(a)可知,当 $x=0$ 时,$Na_3V_2O_2(PO_4)_2F_3$ 最高的一个电压平台约为 5V,对应于 V^{5+}/V^{6+} 氧化还原电对,而 V 通常很难被氧化为 V^{6+};对于 $0<x<1$ 时,$Na_3V_2O_{2x}(PO_4)_2F_{3-x}$ 中 V 的价态为混合的 V^{3+}/V^{4+},当 $x=0.5$ 时,脱出第 3 个 Na 的电压最低,但是也在 4.5V 以上,超过了目前大多数钠离子电池用电解液的分解电压。由此,可为选择合适 O/F 配比的该类电极材料提供依据。例如,Kang 等[45]合成的 V^{3+}/V^{4+} 混合的 $Na_{1.5}VPO_{4.8}F_{0.7}$($P4_2/mnm$ 空间群)新材料用作钠离子正极材料,发现其可以转移 1.2 个电子,在 0.1C 电流密度下具有 129.7mA·h/g 的比容量(理论容量 155.6mA·h/g),平均工作电压约为 3.8V,理论能量密度达到 600W·h/kg[图 7-8(b)]。华东师范大学的胡炳文课题组[46]首次采用微波辅助溶剂热法合成了 V^{3+}/V^{4+} 混合的 $Na_3V_2(PO_4)_2O_{1.6}F_{1.4}$ ($I4/mmm$ 空间群)电极材料。研究发现,该电极材料具有中等量的 $V^{3+}O_4F_2$ 时,在 $Na_3V_2O_{2x}(PO_4)_2F_{3-x}$ 中具有最佳的电化学性能,V^{3+}/V^{4+} 和 V^{4+}/V^{5+} 同时具有电化学活性,能够转移 2 个电子。另外,吴兴隆课题组[47]采用一步水热法制备的纳米棒状 $Na_3V_2O_2(PO_4)_2F_2$ 电极材料,通过原位 XRD 研究发现该材料为两步脱嵌反应,在 0.1C 的电流密度下,具有 127.8mA·h/g 的可逆容量。

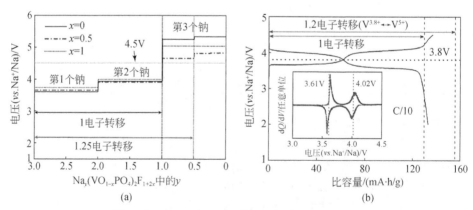

图 7-8　(a)第一性原理计算的 $Na_3V_2O_{2x}(PO_4)_2F_{3-x}$ 体系的电压-组成图;
(b)$Na_{1.5}VPO_{4.8}F_{0.7}$ 电极材料在 0.1C 的充放电曲线及对应的微分容量曲线[45]

3. 过渡金属硫酸盐类正极材料 $Na_2Fe_2(SO_4)_3$ 和 $NaFe(SO_4)_2$

钠离子电池硫酸盐类正极材料以铁基硫酸盐报道最多,由于其资源丰富,工作电压较高,是近年来研究得较多的材料。Barpanda 等[48]首次将磷铁钠矿型 $Na_2Fe_2(SO_4)_3$ 正极材料用于钠离子电池研究,发现该材料具有接近 $100mA \cdot h/g$ 的可逆容量,具有较高的平均工作电压(约 3.8V),对应于单相反应机制,在 20C 的高倍率下仍能表现出 $55mA \cdot h/g$ 的可逆容量。Goodenough 课题组[49]报道的层状 $NaFe(SO_4)_2$ 材料,平均工作电压为 3.3V,可逆容量约为 $99mA \cdot h/g$。但是,该类过渡金属硫酸盐材料热稳定性较差,在 400℃ 以上会发生热分解,所以也难以实现高温下的碳包覆,导致该材料的改性工作还不太明确。

从整体看来,钠离子电池聚阴离子正极材料的主要研究方向还是在材料本身的电子电导率的改性上面,因此对该类材料的改性措施主要包括以下几个方面:构建不同维度的导电碳网络结构(如复合碳纳米管、石墨烯等);通过掺杂其他活性或非活性的异质元素来提高其钠离子扩散系数及电子电导率;通过可控合成的方法优化颗粒尺寸和形貌及在电解液方面的改性。此外,聚阴离子材料往往理论比容量较低,因此,找到合适的办法调控电荷转移、Na 离子的脱嵌数及开发新的结构体系有望带来新的突破。

7.1.5　钠离子电池普鲁士蓝类正极材料

普鲁士蓝化学式为 $Fe_4[Fe(CN)_6]_3$,化学名为亚铁氰化铁,是一种古老的蓝色染料,可以用来上釉和做油画染料。普鲁士蓝类材料化学式可以表示为 $A_xMM'(CN)_6$ (A = Na、K;M 和 M′=Fe、Co、Mn、Ni、In),用其他过渡金属 M 和 M′ 替代 $KFe(CN)_6$ 中的部分 Fe (Ⅱ),其结构呈现为钙钛矿型立方体结构(图 7-9),其中金属原子位于面立方的顶点,与棱边的 —C≡N 相连,Na 占据立方体空隙位点,其空间较大,有利于 Na^+ 的可逆脱嵌。该三维开放结构,十分有利于碱金属离子的传输和存储,通过改变不同的过渡金属,可以得到不同结构的普鲁士蓝类似物及不同的储钠性能。Goodenough 课题组[50]最早将普鲁士蓝类似物引入钠离子电池,并研究了不同种类的普鲁士蓝类似物 $KMFe(CN)_6$ (M = Fe、Co、Mn、Ni、Cu、Zn) 的储钠性能 (图 7-10),研究发现,$KFe[Fe(CN)_6]$ 表现出相对好的电化学性能(比容量约为 $100mA \cdot h/g$),对应于 $Fe(CN)_6^{3-}/Fe(CN)_6^{4-}$ 的可逆氧化还原电对。但是,由于这些 $KMFe(CN)_6$ 类化合物本身都不含 Na,因此它们在钠离子电池中的应用受到限制。近年来,许多钠基普鲁士蓝类似物 $Na_xMM'(CN)_6$ 被报道。其中以六氰基高铁酸盐(hexacyanoferrates) 和六氰基高锰酸盐(hexacyanomanyanates)最为突出[51]。

下面重点介绍这两类钠离子电池普鲁士蓝类似物正极材料。

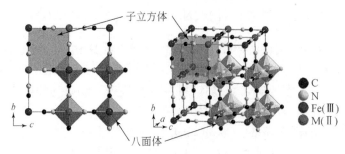

图 7-9　普鲁士蓝类似物的结构示意图[50]

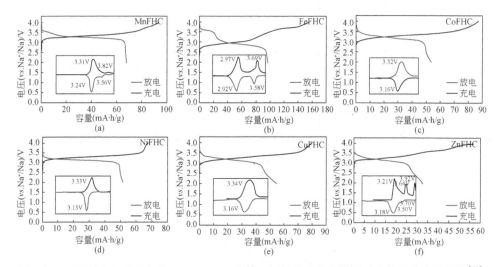

图 7-10　不同普鲁士蓝类似物 KMFe(CN)$_6$ 在第 3 周的充放电曲线及对应的微分容量曲线[50]

1. 六氰基高铁酸盐 Na$_x$M[Fe(CN)$_6$]

铁基材料资源丰富、价格低廉,是十分适合钠离子电池电极材料选择的。但是,目前该类材料仍然具有一些缺点限制了其实际应用。由于合成过程通常在水体系中进行,因此在结构中往往存在晶格水分子和空位,这将会破坏普鲁士蓝结构中的 M—C≡N—M′ 序列,诱导晶格畸变,从而导致在充放电过程中较低的库仑效率及循环稳定性降低。因此,对该类材料的研究工作主要是解决这两方面的问题。如通过设计 high-quality 晶体,减少结晶水占据[Fe(CN)$_6$]空位被证明是提高库仑效率的有效方法,郭玉国课题组[52]利用 Na$_4$[Fe(CN)$_6$]作为前驱体合成的 high-quality 纳米立方 Na$_{0.61}$Fe[Fe(CN)$_6$]$_{0.94}$,表现出 170mA·h/g 的可逆容量,150 周循环接近 100% 库仑效率。其电化学性能明显优于 low-quality 样品 Na$_{0.13}$Fe[Fe(CN)$_6$]$_{0.68}$,结合非原位 XRD 证明了该电化学反应为一个 2e 的氧化还原过程:Fe^{III}Fe^{III}(CN)$_6$ ⟷

立方结构 $NaFe^{III}Fe^{II}(CN)_6$ ⟷ 菱形结构 $Na_2Fe^{II}Fe^{II}(CN)_6$ [图 7-11(a)和图 7-11 (b)]。此外,郭玉国等[53]通过氮气保护和添加适量还原剂的方法,抑制 Fe^{II} 的氧化,从而合成富钠态的 $Na_2MnFe(CN)_6$ 正极材料,富余的 Na 减少了晶格空位和结合水,从而提高了循环性能。

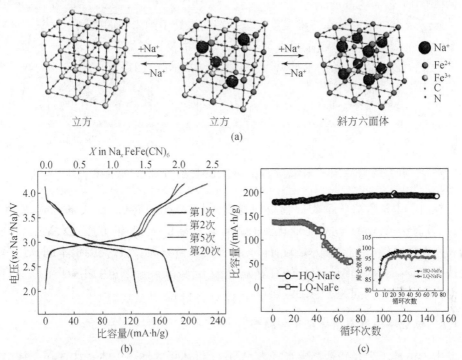

图 7-11　(a) $Na_{0.61}Fe[Fe(CN)_6]_{0.94}$ 的氧化还原反应机制;(b) $Na_{0.61}Fe[Fe(CN)_6]_{0.94}$ 前 20 周充放电曲线;(c) 两种样品的循环性能对比[52]

2. 六氰基高锰酸盐 $Na_xM[Mn(CN)_6]$

与铁基普鲁士蓝材料类似,锰基材料的主要问题也是解决晶格空位和结合水。Goodenough 等[54]通过共沉淀的方法合成了两种不同的钠锰铁氰化合物,研究发现共沉淀的水溶液中钠盐的浓度对产物的结构和性能有极大的影响。优化条件下所合成的菱形结构的富钠 $Na_{1.72}MnFe(CN)_6$ 表现出 134mA·h/g 的可逆容量,在 40C 的高倍率下仍有 45mA·h/g 的可逆容量。为了进一步除去材料结构中的水,他们将合成的 $Na_{2-\delta}MnHCF$ 在 100℃ 真空干燥 30h,与在空气中干燥的材料相比,在真空中脱去结晶水的材料具有明显更优异的性能(图 7-12):在半电池中,具有 3.5V 的平均工作电压,150mA·h/g 的可逆容量,其和硬碳组装成的全电池中也具有 140mA·h/g 的放电比容量,在半电池中,0.7C 下循环 500 周,容量保持率超过 75%[55]。Lee 等[56]通过共沉淀法合成的具有单斜晶体结构的 $Na_2Mn^{II}[Mn^{II}(CN)_6]$ 钠离子电池正极材料,表现出 209mA·h/g 的可逆容量和 2.65V 的平均工作电压。该材料开放的框架结构可以允许电化学循环中多 50% 的钠存储且保持结构稳定。

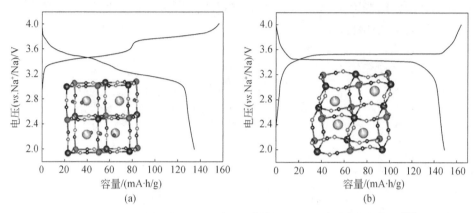

图 7-12　空气中干燥样品(a)和真空干燥样品(b)的首周充放电曲线[55]

钠离子电池普鲁士蓝类似物材料通常采用水热法或共沉淀法来合成,两者之中,共沉淀法被认为是适合工业化要求钠离子电池正极材料的方法。六氰基高铁酸盐和六氰基高锰酸盐被认为是最有研究前景的两类材料,而该类的根本问题还是需要找到减少结合水和结晶空位的有效途径,从而改善该材料作为钠离子电池材料循环寿命和效率低的问题。

7.1.6　钠离子电池有机体系正极材料

由于钠离子半径较锂离子半径大,导致无机体系的钠离子体系往往在充放电过程中出现结构坍塌的现象,导致电池循环性较差。而相对来说,有机体系材料往往具备结构可设计性,能够方便地通过需求设计材料结构。此外,有机体系材料合成较为简单,通常在室温或者 300℃ 以下就能进行,这能够在很大程度上减少能耗。而且有机体系原料丰富,其中很多能够直接从天然产物中得到,能够满足绿色环保的要求。值得一提的是,有机体系材料是基于氧化还原中心的电荷转移反应,这使得它们能够较好地适应钠离子较大的半径,加上其往往能够实现多电子转移反应,有机体系正极材料往往具有较高的理论比容量[57]。正因为上述优点,钠离子电池有机体系正极材料近年来广受关注。按照氧化还原机理,有机体系正极材料可分为阳离子嵌入型(如玫棕酸二钠 $Na_2C_6O_6$、二羟基对苯二甲酸四钠 $Na_4C_8H_2O_6$ 等)和阴离子嵌入型(如苯胺-硝基苯胺共聚物等)两种。图 7-13 展示了有代表性的钠离子电池有机体系正极材料的结构式。该体系目前亟需解决的问题是活性材料在有机电解液中的溶解问题,电子电导率较低的问题,以及工作电压较低的问题。

下面分别以阳离子嵌入型和阴离子嵌入型两类材料为例对钠离子电池有机体系材料进行介绍。

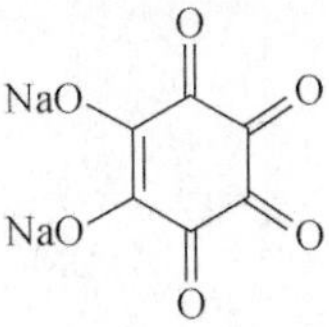

玫棕酸二钠
$Na_2C_6O_6$

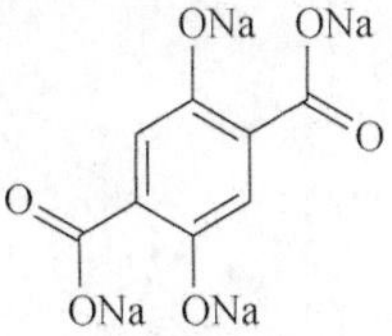

二羟基对苯
二甲酸四钠
$Na_4C_8H_2O_6$

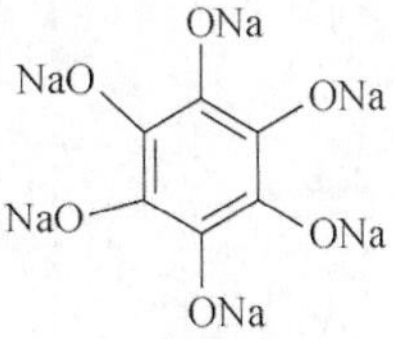

玫棕酸六钠
$Na_6C_6O_6$

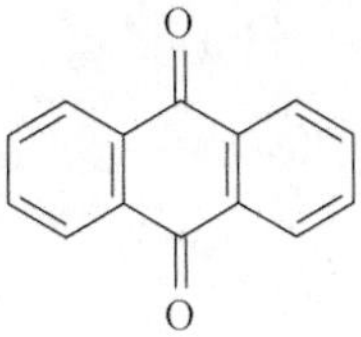

9, 10-蒽醌
$C_{14}H_8O_4$

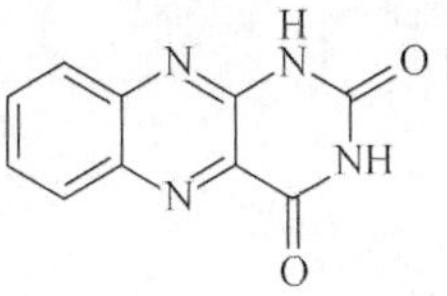

咯嗪
$C_{10}H_6O_2N_4$

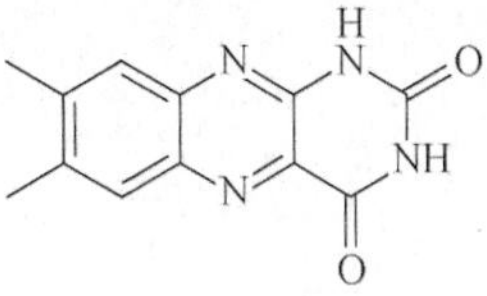

二甲基异咯嗪
$C_{12}H_{10}O_2N_4$

图7-13　常见的钠离子电池有机正极材料[58]

1. 阳离子嵌入型有机正极材料

阳离子嵌入型机制材料是指钠离子嵌入有机材料过程中伴随着官能团的电化学反应的一类材料。如芳香族羰基化合物就是一类典型的阳离子嵌入型材料,其钠离子的嵌入/脱出以羰基官能团为中心。如玫棕酸二钠($Na_2C_6O_6$)就是该类化合物的典型代表,其理论比容量高达501mA · h/g。尽管该材料在2008年就被首次报道,但是其循环稳定性较差,可逆容量远低于理论值。Lee等[59]通过原位同步辐射XRD研究了该材料在充放电过程中的相变机制,研究发现,在放电过程中,$Na_2C_6O_6$会由原始的α相转变为层状γ相。而充电时的可逆反应却需要较大的活化能而难以进行。研究者通过采用纳米尺寸的$Na_2C_6O_6$,电解液采用醚类电解液,发现可以实现可逆相转变,从而实现了498mA · h/g的可逆容量(4个Na^+的可逆脱嵌)。Wang等[60]将具有六个酮羰基的$Na_6C_6O_6$引入钠离子电池正极,该富钠材料理论上可以实现6个钠的可逆脱嵌(图7-14),具有957mA · h/g的理论比容量,在50mA/g的电流密度下,该材料展现出了173.5mA · h/g的可逆容量,在100mA/g下循环1500周后容量保持率达90%。另外,醌类衍生物如2,5-二羟基对苯二甲酸($Na_4C_8H_2O_6$)也是典型的阳离子嵌入型正极材料,其电化学反应为两电子反应,在1.6~2.8V的电压窗口,18.7mA/g的电流密度下表现出183mA · h/g的可逆容量,循环100周后仍有84%容量保持。但是,尽管醌类衍生物钠离子电池正极材料也具有较高的比容量和循环性能,但是其较低的工作电压(<2.5V)使得该类电极材料用作钠离子电池时能量密度较低。

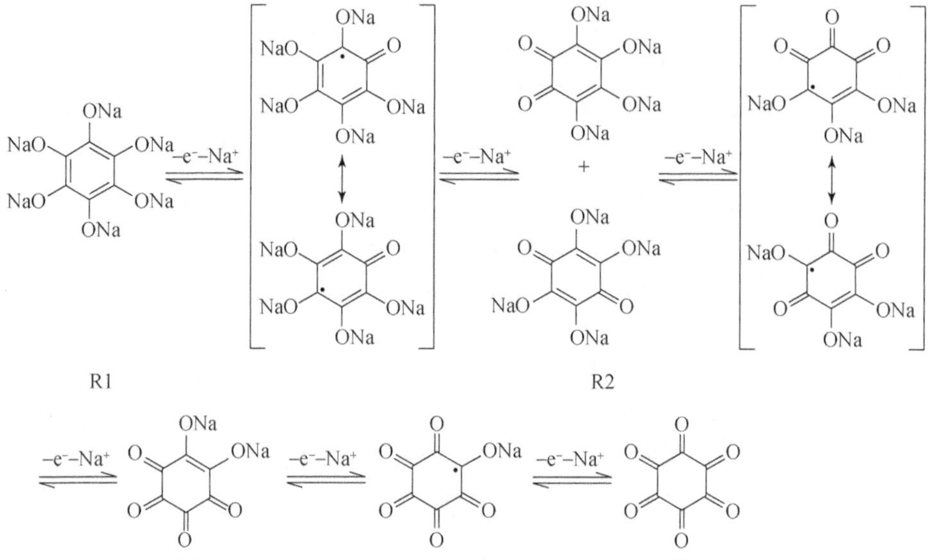

图 7-14 Na$_6$C$_6$O$_6$ 由 R1 到 O1 实现 6 电子转移过程的示意图[60]

2. 阴离子嵌入型有机正极材料

阴离子嵌入型有机正极材料是指聚合物的充放电依赖柔性框架中的电解质阴离子的一类材料。该类材料和小分子的电极材料相比,由于其长的链状结构,在有机电解液中的溶解度很小,因此具有更优异的循环稳定性。阴离子嵌入型有机正极材料通常包含不同种类的聚合物或掺杂聚合物,其工作电压往往相对较高。如杨汉西课题组[62]报道,通过在聚苯胺链上引入电子绝缘的硝基苯胺基团,得到的共聚物 P(AN-NA)在钠离子电池中表现出 180mA·h/g 的可逆容量,平均电压约为 3.2V (*vs.* Na$^+$/Na),循环 50 周后仍有 173mA·h/g 的可逆容量。Sakaushi 等[63]制备的由芳香环组成的蜂窝状的多孔有机电极(BPOE)在 10mA/g 的小电流密度下能表现出 240mA·h/g 的可逆容量,计算的能量密度接近 500W·h/kg,在 1A/g 的大电流密度下循环 7000 周,还有 80% 容量保持。

表 7-2 列出了目前报道的两类有机电极材料的一些电化学性能。有机体系正极材料由于种类多样、可调控范围广,具有广泛的工作电压和容量分布,而且具有多电子反应和合适的工作电压,该类材料往往具有较高的比能量和安全性。但是,如何缓解该电极材料在有机电解液中的易溶性,以及如何提高其动力学性能是将来发展的方向。

表 7-2　常见的钠离子电池有机体系正极材料

有机体系正极材料		工作电压/V	实际容量/(mA·h/g)	容量保持
阳离子嵌入型	Na$_2$C$_6$O$_6$[60]	2.2	250(18mA/g, 1.5~2.8V)	60.0%(40 周)
	Na$_6$C$_6$O$_6$[61]	2.2	498(50mA/g, 1.0~3.0V)	90.6%(50 周)
	Na$_4$C$_8$H$_2$O$_6$[62]	2.3	183(18.7mA/g, 1.6~2.8V)	84.0%(100 周)
	PDS[64]	3.4	100(50mA/g, 2.5~4.2V)	70.0%(80 周)
	PAQI[65]	1.9V	213(50mA/g, 1.5~3.0V)	93.0%(150 周)
阴离子嵌入型	AOL[66]	3.5V	121(40mA/g, 2.0~4.0V)	79.0%(10 周)
	BPOE[63]	2.6V	240(10mA/g, 1.3~4.1V)	79.0%(40 周)
	P(AN-NA)[62]	3.2V	180(50mA/g, 2.2~4.0V)	96.0%(50 周)
	PPy-Ds[67]	3.0V	115(50mA/g, 1.5~3.8V)	82.6%(50 周)

7.2　钠离子电池负极材料

7.2.1　碳基负极材料

碳基材料主要有石墨类碳和非石墨类碳材料两类。非石墨类碳又可分为软炭（树脂、沥青碳等）和硬炭（生物质硬炭、焦炭等）。

1. 石墨类碳材料

石墨由于可以与 Li 形成稳定的二元嵌层化合物（LiC$_6$），展现出较高的理论比容量（372mA·h/g），且低廉的成本及合适的氧化还原电位，成为在锂离子电池中应用最为广泛的负极材料。早在 1988 年，就有学者对石墨的储钠性能展开研究，发现石墨嵌钠产物为 NaC$_{64}$，理论容量仅为 35mA·h/g[68]。1993 年，Doeff 等[69]证明了钠离子嵌入石墨形成 NaC$_{70}$，对应容量为 31mA·h/g。因此石墨在相当长一段时间内被认为储钠活性不佳，无法作为钠离子电池负极材料使用。

关于石墨无法储钠的原因，部分学者认为是由于钠离子半径大于锂离子半径（1.02Å $vs.$ 0.76Å of Li$^+$），而石墨层间距较小（约 0.34nm）不利于钠离子脱嵌。相关理论计算结果表明钠离子可成功嵌入的最小石墨层间距为 0.37nm[70]。因此扩大石墨层间距同时保持其长程有序的稳定层状结构成为实现石墨储钠的一种研究方法。Wang 等[71]通过对石墨进行氧化和部分还原处理得到扩大层间距为 0.43nm 的膨胀石墨，其中氧化处理的石墨具有较大的层间距，但大量含氧基团的存在阻碍了钠离子的嵌入。经过部分还原处理减少了层间含氧基团，实现了钠离子快速脱嵌且增加了储钠活性位点（图 7-15），因此该膨胀石墨表现出优异的储钠性能，在 20mA/g 电流下可逆容量为 284mA·h/g，100mA/g 电流下容量为 184mA·h/g，循环周次达

2000周。类似研究也表明,膨胀石墨的储钠性能与层间距相关,层间距越小,储钠容量越低[72]。

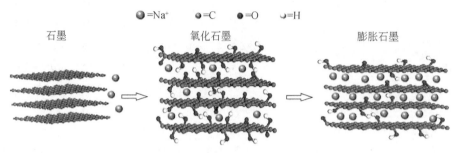

图 7-15　膨胀石墨储钠示意图[71]

　　然而,半径更大的钾离子可实现在石墨层间可逆脱嵌[73],因此认为造成石墨储钠性能较差的主要原因在于石墨与钠离子间较弱的键合作用,无法形成稳定的钠-石墨嵌层化合物(Na-GICs)。通过对二元化合物(如 NaC$_6$ 和 NaC$_8$)使用密度泛函理论计算表明,电化学循环过程中 C—C 键长伸缩引起应力不均匀变化从而造成嵌层化合物的不稳定性[74]。Okamoto[75]进行的计算工作也表明,NaC$_6$ 和 NaC$_8$ 的形成均不稳定,且这种行为源于 Na/Na$^+$ 的高氧化还原电位。Liu 等[76]研究发现金属钠与石墨形成 NaC$_6$ 的形成能为+0.03eV/atom,这在热力学上为非自发过程,而其他碱金属(Li、K、Rb、Cs)与石墨形成化合物的形成能均为负值,表现为自发反应。

　　然而,Jache 和 Adelhelm[77]研究发现天然石墨可在醚类电解液中通过溶剂共嵌入反应实现钠的可逆脱嵌,得到三元嵌层化合物 Na(diglyme)$_2$C$_{20}$,且该石墨电极首周库伦效率约90%,能量效率高,首次循环不可逆容量损失小,循环性能优异,在37mA/g 的电流密度下循环 1000 周容量保持在 100mA·h/g,其性能优于同系统下的锂离子电池。Kim 等[78]进一步对石墨在醚类电解液中的共嵌入现象进行系统的研究(图 7-16),发现 Na$^+$ 在石墨中的储存机制为 Na$^+$ 溶剂共嵌入行为与部分赝电容行为相结合。该石墨电极在 500mA/g 电流下可逆容量为 125mA·h/g,2500 周后容量保持率为 83%;5A/g 电流下可逆容量约为 100mA·h/g,显示出优异的倍率性能,且通过探究电解液对石墨储钠行为的影响发现,同一溶剂下不同的钠盐溶质(NaPF$_6$、NaClO$_4$、NaCF$_3$SO$_3$)对石墨电化学性能基本无影响,而同一溶质下不同溶剂则显著影响石墨电化学性能,在酯类和醚类电解液中,石墨仅在醚类电解液中存在氧化还原反应,而在不同醚类电解液(二乙二醇二甲醚、三甘醇二甲醚和二甲醚)中二乙二醇二甲醚(DEGDME)性能最佳。

　　在钠离子电池中使用醚基电解液实现石墨可逆储钠,形成三元 Na-GICs 是该领域的一个突破,但该体系仍存在一系列问题:①溶剂化钠离子共嵌入会引起石墨较大的体积膨胀(>300%),可能导致电极材料粉化,循环性能下降;②其溶剂消耗量大,共嵌入石墨每克约消耗 200μL 溶剂,可能导致内部阻抗增加;③储钠电位较高,

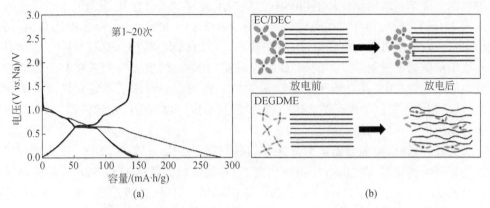

图 7-16 (a)石墨在醚类电解液中的充放电曲线;(b)不同电解液中反应机制示意图[78]

且储钠容量不高以致全电池能量密度不高。在理论研究方面,当前对钠–醚–石墨体系下的 Na 离子的溶剂化结构在石墨晶格内部的扩散行为缺乏直观的认识,尤其对醚类电解液中的石墨电极上形成固体电解质层(SEI)的化学组成和形态及其形成机理仍然缺乏系统了解。尽管如此,钠离子电池石墨负极优异的循环性能及倍率性能仍值得关注,并且其有潜力推动钠离子电池商业化发展。

2. 非石墨类碳材料

由于广泛用于储锂的石墨材料不能直接有效的嵌钠,因此嵌钠材料的研究主要集中在石墨化程度低、碳层间距较大及结构无序度高的各类碳材料。

Stevens 和 Dahn 应用葡萄糖制备的硬碳嵌钠容量约为 300mA·h/g,自此开启了硬碳储钠的研究。非石墨碳的电压曲线显示两个不同的特征,高电压下的倾斜区域和低电压平台区域[79]。曹余良等[70]提出“吸附–插入”机制,其中 1~0.2V 的高电压被分配给钠在硬炭表面和缺陷位点的吸附,而 0.2V 以下的低电压属于钠离子在石墨微晶层间的脱嵌。该机制随后被 Ji 等[80]进行了证实,他们发现硬炭在倾斜区域表现出更高的钠离子扩散系数,这是由于表面位置比层间位置更容易发生钠离子的迁移。就性能而言,低倍率下硬炭展现出 300mA·h/g 左右的较高可逆比容量和低的电压平台[81,82]。然而由于硬炭较低的石墨化程度,其大倍率性能不佳。此外其大部分容量来源于低电势下的充放电。在该电势下会发生钠的沉积,容易造成安全问题。同时,过大的比表面积也会导致形成大量的 SEI 膜,从而带来较低的首周库仑效率。

近年来,对硬炭的改性主要集中在以下几个方面:①通过细化颗粒提高钠离子的快速扩散和电解液的润湿效果。例如,利用静电纺丝以 PVP 为碳源通过不同温度的煅烧可以获得具有更大层间距及更小粒径的纳米纤维[83]。②设计多孔结构以缩短钠离子脱嵌路径且为结构体积变化造成的应力提供释放空间。例如,Cao 等[70]将中空聚苯胺纳米线前驱体热解得到中空 C 纳米管,在 50mA/g 电流密度下可逆比容量为 251mA · h/g,循环 400 周后仍保持在 206.3mA · h/g。③杂原子的掺杂,在结构中引入杂原子可产生特殊缺陷,这些缺陷不仅可以提高材料的稳定性,还能够有效地增加钠离子吸附位点。例如,磷酸在硬炭中的掺杂,实验表明磷在其中是以磷酸根的形式存在的,并且阐明了磷酸根的掺入在硬炭中形成了磷氧双键及磷碳单键,该结构能够提供钠离子结合的位点,单键的形成使得结构的稳定性得以提高,进而有助于提升材料的循环稳定性[84]。

另外,生物质碳源开始成为近几年的研究热点。Hong 等[85]以柚子皮为碳源经处理得到硬炭材料,在 50mA/g 电流密度下,首周放电容量达 1149.7mA · h/g,在大电流 5A/g 下仍然具有 71mA · h/g 的稳定比容量。另外,以香蕉皮、树叶、布料、花生壳等作为碳源得到了广泛的研究。生物质碳来源广,成本低廉,经济环保,这为以后碳源的探索提供了广阔的选择空间。

7.2.2　金属化合物负极材料

金属化合物主要是指金属氧化物、金属硒化物及金属硫化物等。近几年来,越来越多的金属化合物被用作钠离子电池负极材料。根据金属化合物中金属原子是否和金属钠发生合金化反应,可以将金属化合物分为两类:一是金属元素和金属钠不发生合金化反应(如 Fe、Co、Ni 等);金属化合物能通过一步反应跟钠离子发生作用;二是金属元素和金属钠发生合金化反应(如 Sb、Sn 等)。

Hariharan 等[86]研究了 α-MoO_3 作为钠电池负极材料的性能,他们发现在循环过程中 α-MoO_3 会产生纳米尺度的 Mo,分散在 Na_2O 中,从而有效地抑制了材料体积的变化。该材料体现出 771mA · h/g 的首周放电比容量和 410mA · h/g 的放电比容量,并且在 1.117mA/g 电流密度下循环 500 周后仍保持在 100mA · h/g 的可逆比容量。Xiong 等[87]采用无导电添加剂和黏结剂的方法,直接在集流体上合成了非晶态的 TiO_2 纳米管,并作为电极,发现当纳米管直径较小(<40nm)时,材料几乎没有容量,当直径增大到 80nm 以上时,首周放电比容量有 100mA · h/g,并且循环 15 周后,增加到 150mA · h/g。

钛基氧化物由于自身晶体结构中活性位点有限,储钠容量要比其他金属氧化类材料更低,但其具有优秀的循环稳定性[88-90]。研究较多的有 $Na_2Ti_3O_7$、$Na_2Ti_6O_{13}$、$Na_4Ti_5O_{12}$ 和 P2-$Na_{0.66}(Li_{0.22}Ti_{0.78})O_2$。钠嵌入 $Na_2Ti_3O_7$ 的电位较低,电压平台在 0.3V,一个单元 $Na_2Ti_3O_7$ 可脱嵌 2 个 Na^+,理论容量 177mA · h/g[90]。层状 P2-$Na_{0.66}(Li_{0.22}Ti_{0.78})O_2$ 具有零应变特点,在电流密度为 212mA/g 时,循环 1200 次后,容量稳定在 60mA · h/g[88]。

Chen 等[91]制备了由纳米颗粒组成的多孔氧化铜纳米线,其在电流密度为 50mA/g 时循环 50 次容量保持在 303mA · h/g。该课题组进一步使用喷雾热解法制备了球形 CuO/C 复合物,其在电流密度为 200mA/g 时,循环 600 次容量为 402mA · h/g。

相比之前的工作循环稳定性大幅度提升,这是由于纳米复合物导电性的提高及独特的 C 结构对充放电过程中体积变化的调节[92]。其他过渡金属氧化物同样被深入研究,如具有超强倍率性能的超薄的 NiO 纳米片,在 10A/g 的电流密度下容量仍然高达 154mA·h/g[93]。当 MoO_3 用作钠电池负极时,在 0.04～3.0V 下,其首周的充电容量为 410mA·h/g,循环寿命超过 500 周,与磷酸钒钠组装成全电池时其电压为 1.4V[86]。Shimizu 等[94]首先报道了 SnO 厚膜电极的钠电池电化学性能,电流密度为 50mA/g 时其初始容量为 580mA·h/g,但是 50 周以后容量仅为 260mA·h/g。

另外一类比较重要的转化型负极材料是金属硫化物。如二硫化钼(图 7-17),其是一种典型的过渡金属硫化物材料,其形成垂直堆叠的层状分子结构,层与层之间存在弱的范德华力相互作用。在钠离子电池中,钠离子可以和 MoS_2 发生反应,生成 Mo 金属单质及 Na_2S,该反应过程对应着 670mA·h/g 的理论比容量[95]。但是本身较低的电导率及循环过程中较大的体积变化,使得二硫化钼的循环性能较差。为了改善其电化学性能,国内外研究者通过控制结构和组分,设计了多种复合结构,实现其电化学性能的提升。如构建碳纳米纤维与二硫化钼的复合结构、石墨烯与二硫化钼的复合结构等[96]。这些结构的建立一方面通过碳基体的包覆抑制了 MoS_2 在循环过程中体积的变化,另一方面促进了电子的转移,进而提高材料的电子导电性。具有转化反应类的电极材料一般理论比容量都比较高,但是在循环过程中体积膨胀过大,会影响其循环稳定性和倍率性能。

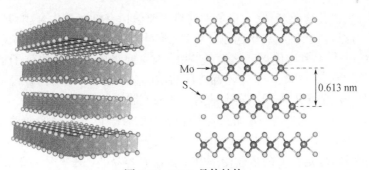

Mo

S

0.613 nm

图 7-17　MoS_2 晶体结构

7.2.3　合金材料

合金类材料(如 Sn、Sb、P 等)由于具有很高的理论容量及较低的工作电压的特性,合金类负极材料备受关注。但是其在获得高容量的同时,大量离子的脱嵌引起晶体结构巨大的变化,从而导致首周库仑效率低,材料容易粉化,循环性能差。

Sb 具有高达 660mA·h/g 的理论比容量,对应着 Na_3Sb 的合金化过程并伴随着 293% 的体积膨胀。然而 Na^+ 在 Sb 中存储机制仍不明确,根据 Darwhiche 等[97]对电化学反应的精确研究,Na_xSb 的非晶中间相的形成能够有效缓解体积的变化。同时，Liu[98]设计了导电碳包覆 Sb 的蛋黄结构，具有蛋黄结构的 Sb/C 球体为 Sb 核的体积膨胀提供了充分的空间而不破坏其本身的结构骨架。在 1A/g 的电流密度下仍能保持 280mA · h/g 的比容量。同时，该缓冲结构在限制 Sb 体积膨胀中也起到了显著的效果，并且提高了电极反应的速度，表现出优异的循环寿命和容量保持率。Wu 等[99]将 PAN 和 SbCl$_3$ 配置成溶液，利用静电纺丝的方法制备了 Sb-C 复合的纳米纤维。测试结果表明在电流密度为 200mA/g 时，400 次循环后容量保持率为 80% （400mA · h/g）。

和 Sb 类似，Sn 在循环过程中同样表现出大的体积膨胀（420%）。除了碳作为缓冲层外，通过原子沉积技术，TiO$_2$ 也能够起到保护层的效果，结果显示 TiO$_2$ 的包覆减少了碳和电解液之间的接触，抑制了电解液的分解，进而提高库仑效率。并且该包覆层抑制了 Sn-1C 纳米纤维的聚集和粉化。电化学性能显示在 400 周循环后仍有 413mA · h/g 的高容量（电流密度 1A/g）[100]。

P 具有 2600mA · h/g 的超高理论容量，但是同样面临着巨大的体积膨胀。为提高磷的循环稳定性，Zhang 等[101]制造了 P-1N 掺杂的石墨烯纸，柔性石墨烯框架同时起到了缓冲体积变化及传输电子的双重作用，结合能强的 P—C 键使得磷元素能够更稳定地结合在碳骨架中。其电化学性能表现为在 1.5A/g 的电流密度下保持 809mA · h/g 的比容量。

7.2.4　有机材料

与传统无机化合物相比，有机负极材料主要包括有机羟基化合物和生物分子基化合物，具有结构灵活性、氧化还原稳定性、质量轻、可调节的氧化还原电位宽且反应中转移的电子数多等优点。然而，这些结构主要受限于缓慢的分子动力学。最近，Wang 等[102]开发了 4,4-二苯乙烯二羧酸钠的共轭体系，该结构改善了电荷传输并增强了分子间的相互作用以实现钠离子的快速脱嵌。在 10A/g 的大电流下，仍然表现出 72mA · h/g 的比容量。此外结构和形态的合理设计也是增强动力学性能的有效方法。Deng 等[103]制备了 Na$_2$C$_{12}$H$_6$O$_4$ 复合石墨烯的纳米花状三维多孔结构，大的比表面积及石墨烯框架的搭建使得电子传输更容易。Park 等[104]研究了 NaTP 在钠离子电池中的电化学性能。Na$_2$TP 有两个羟基可以分别和钠离子进行还原反应。在 0 ~ 2.0V 下，有三个电压平台，其中 0.1V 对应着钠离子嵌入 Super P，0.3V 对应着钠离子可逆嵌入基体材料，0.7V 对应着电解液的分解，循环过程中表现出 295mA · h/g 的可逆比容量。

7.3　钠离子电池电解质

7.3.1　钠离子电池电解质分类及特点

电解质是电池的重要组成部分，在两个电极之间以离子形式对于平衡和电荷转移方面起着重要的作用[105,106]。电解质的设计和功能开发可以有效提高电池的电化学性能。因此改善电解质对电池的能量密度、循环寿命、安全性能有着重要的影响。作为钠离子电池电解质需要满足以下几个基本要求:高离子电导率、宽电化学窗口、高电化学稳定性、高热稳定性及高机械强度[107,108]。从目前已有的研究来看,钠离子电池电解质从相态上主要包含液态电解质和固态电解质两大类,其中液态电解质根据不同的溶剂类型又进一步分为碳酸酯类电解质、醚类电解质、离子液体电解质和水系电解质。固态电解质又分为聚合物电解质、氧化物电解质、硫化物电解质和氢化物电解质。

碳酸酯类和醚类电解质都属于有机电解质。有机电解质钠离子电池体系中包含作为正负极的钠离子嵌入材料、分离正负极的多孔隔膜及用于离子导电和电子绝缘的非质子电解质。在充放电过程中,由于钠离子在正负极间穿梭,钠离子电池体系像"摇椅"一样工作。在充电的过程中,钠离子从正极脱出并扩散到电解质中,移动到负极,并和负极材料发生反应。而放电过程恰好与之相反[109]。有机电解质是钠离子电池中应用最为广泛的电解质,其离子电导率高,对钠盐的溶解性好,成本低。而离子液体电解质相对于有机电解质来说,具有电化学窗口宽、不易燃、不易挥发等优点,用在钠离子电池中,可有效解决有机溶剂的稳定性和安全性问题。不过由于离子液体电解质成本较高,目前暂时还不利于实现大规模应用。水系电解质由于其低成本、高安全性、环境友好等特性受到了广泛的关注,其相应的储钠机理与有机电解质相似。但是由于水的分解电压较窄,水系电解质的应用受到限制。

虽然液态电解质具有电导率高、钠离子导电迁移数高、与正负极材料的浸润性好等优点,但是由于液态电解质的易燃性,在电池滥用等情况下有可能引起电解质燃烧,或者是挥发引起电池内部压力较大,使得电池发生火灾或爆炸等危险,导致其在电池中的应用具有潜在的不安全隐患[110]。与液态钠离子电池不同,固态钠离子电池可以完全解决安全性的问题,因为使用不易燃的固态电解质,从而可以消除泄露和易燃的问题,提高钠离子电池的安全性能。

7.3.2 非水系液态电解质

1. 碳酸酯类电解质

目前,钠离子电池电解质主要采用的是在有机溶剂中加入电解质盐的形式,其具有高的离子电导率,良好的钠盐溶解性及较低的成本等优点。常用的有机溶剂主要有两种碳酸酯:环状碳酸酯(如环状碳酸丙烯酯和环状碳酸乙烯酯)和线型碳酸酯(如碳酸二乙酯、碳酸二甲酯和碳酸甲乙酯)[111-112]。这几种常用有机溶剂的基本性质如表 7-3 所示。

表 7-3　常用有机溶剂的熔点、沸点、闪点、介电常数和黏度[105]

溶剂	熔点/℃	沸点/℃	闪点/℃	介电常数(25℃)	黏度/cP(25℃)
EC	36.4	248	160	89.78	—
PC	-48.8	242	132	64.92	2.2
DMC	4.6	91	18	3.107	0.5
DEC	-74.3	126	31	2.805	0.3
EMC	-53	110	—	2.9	0.65

环状碳酸酯具有高介电常数[113],然而由于 PC 的持续分解和固态电解质界面(SEI)膜的生长,基于 PC 溶剂的电解质的钠离子电池随着时间的推移容量会逐渐衰减,因此 PC 通常与其他成膜添加剂或溶剂一起使用。而 EC 由于其熔点(36℃)高,不适合在室温下作为电解质溶剂使用,但是 EC 在优化的电解质体系中作为共溶剂是有利的,因为它是形成 SEI 膜的有效成分,可以提高电池的循环寿命。线型碳酸酯比环状碳酸酯具有更低的黏度和熔点,但是线型碳酸酯的介电常数较低,通常用作环状碳酸酯(EC 或 PC)的共溶剂。所以在用于钠离子电池的实际的电解质中,二元或三元碳酸酯溶剂是最常见的。例如,EC+DEC、EC+DMC、PC+FEC、EC+DEC+PC、EC+DEC+FEC、EC+PC+FEC、EC+DMC+FEC 和 EC+PC+DMC[114-116]。

钠盐也是碳酸酯类电解质中的重要组成部分,对电池的电化学性能有着重要的影响。在选择钠盐时需要注意以下性质:①在溶剂中的溶解度,使其具有足够的电荷载体。②电化学稳定性,可能会限制电化学稳定窗口。③化学稳定性及其和电极材料、集流体等的兼容性。④无毒性和安全性[117,118]。目前常用的钠盐有以下几种:高氯酸钠($NaClO_4$)、四氟硼酸钠($NaBF_4$)、六氟磷酸钠($NaPF_6$)、三氟甲磺酸钠($NaCF_3SO_3$(NaTf))和二(三氟甲基磺酰)亚胺钠[$NaN(CF_3SO_2)_2$(NaTFSI)]。相比于阳离子,阴离子更能影响钠盐的基本性质。但是这些阴离子或多或少都会存在一些问题。ClO_4^-是一种强氧化剂,除此之外,$NaClO_4$很容易吸水,即使在80℃下真空干燥,过夜的 $NaClO_4$ 通常也表现出较高的含水量(> 40 ppm)。但是 $NaClO_4$ 由于其成本很低,是目前钠离子电池电解质最常用的钠盐。PF_6^-也是很常用的钠盐的阴离子,它的含水量非常低(< 10 ppm)。但是它具有严重的安全性问题,尤其在高温和存在水分的条件下,容易发生水解产生 PF_5、POF_3 和 HF。BF_4^- 由于和阳离子具有较强的相互作用,因此电荷载体较少。而 NaTf 和 NaTFSI 中的 Tf 和 TFSI 阴离子都会对铝集流体具有强烈的腐蚀作用。

通常,在钠离子电池中使用二元或三元溶剂作为电解质的溶剂。例如,将链状和环状溶剂混合,可以有效提高电解液的电导率。Ponrouch 等[119]将三种不同的钠盐 $NaClO_4$、NaTFSI 和 $NaPF_6$ 溶解在几种单一有机溶剂或二元溶剂混合物中,如DMC、PC、EC:PC,EC。制备了浓度为 1mol/L 的碳酸酯类有机电解质,并研究了这些电解质的黏度、离子电导率、热稳定性和电化学稳定性。溶解在 PC 中的 1mol/L

的三种钠盐(NaClO$_4$、NaPF$_6$和 NaTFSI)显示出几乎相似的离子电导率和黏度值。然而溶解在单一溶剂或二元溶剂混合物中的 1mol/L 的 NaClO$_4$的电导率相差较大,如图 7-18 所示。与单一溶剂电解质相比,用二元溶剂混合物制备的电解质的离子电导率更高,原因是通过改善盐的解离或降低黏度,增加了离子迁移率,从而提高离子电导率。用 EC：DME 的二元混合物制备的电解质在室温下表现出最大的离子电导率(12.55mS/cm)。Kamath 等[115]计算了一元和二元溶剂(EC、PC、DMC、EMC、DEC、EC：PC、EC：EMC、EC：DEC 等)的溶剂化自由能,发现最优的溶剂组成为 EC：PC、EC：EMC 和 EC：DMC。根据模拟分子动力学对溶剂的动力学性质如对离子电导率和扩散势垒的模拟,发现最优化的电解质溶剂的组成为 EC：DMC 和 EC：EMC。同时通过组装电池来验证模拟分子动力学的模拟结果。将 NaClO$_4$钠盐作为电解质溶解在各种溶剂中(EC：PC、EC：DMC、EC：EMC、EC：DEC 等),TiO$_2$纳米管作为正极材料,结果表明,采用 EC：DMC 和 EC：EMC 电解质的电池放电比容量达到 120 ~ 140mA·h/g,远远高于采用 EC：DEC 电解质的电池的放电比容量(95mA·h/g),与模拟分子动力学的模拟结果一致。Jang 等[113]研究了 NaClO$_4$在不同有机溶剂 EC：PC(1∶1),EC：DEC(1∶1)中与正极材料 Na$_4$Fe$_3$(PO$_4$)$_2$(P$_2$O$_7$)匹配的电化学性能。研究表明 1mol/L NaClO$_4$在 EC：PC(1∶1)中展现出更好的抗氧化能力,在钠金属负极表现出高度的稳定性,即具有很好的循环稳定性,首周放电比容量 122mA·h/g,100 周后放电容量仍能达到首周放电比容量的 99%。

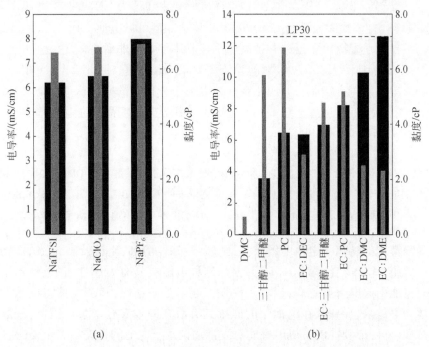

(a)　　　　　　　　　　　　　　(b)

图 7-18　(a)1mol/L 钠盐 NaPF$_6$、NaClO$_4$和 NaTFSI 在 PC 中电解质的电导率;

(b)1mol/L NaClO$_4$在不同的溶剂中电解质的电导率[119]

　　除此之外,电解质的电导率和钠盐的种类与浓度有关。Bhide 等[120]研究了三种不同的钠盐(NaPF$_6$、NaClO$_4$ 和 NaCF$_3$SO$_3$)在二元混合溶剂 EC∶DMC=30∶70(wt%)中电解质在室温下离子电导率的变化与各溶解盐的摩尔浓度的关系,如图7-19所示。发现以 NaPF$_6$ 作为电解质盐的电解质的电导率最高,NaClO$_4$ 次之,NaCF$_3$SO$_3$ 最低。同时室温下 0.6mol/L NaPF$_6$、1mol/L NaClO$_4$、0.8mol/L NaCF$_3$SO$_3$ 电导率分别达到最高值。NaPF$_6$/(EC∶DMC)(30∶70 质量比)在−20~40℃下都有较好的电导率,更适用于实际应用。同时还研究了正极材料 Na$_{0.7}$CoO$_2$ 在不同电解质中的电化学稳定性,发现以 NaPF$_6$ 作为电解质盐的电解质能够在正极表面形成一层电化学稳定的SEI 膜,从而促进电极的动力学性能。博正文团队[121]研究了 Na$_{0.74}$CoO$_2$ 在不同钠盐电解质中的电化学性能。研究表明,以 NaPF$_6$ 作为钠盐的电解质电池具有更高的比容量和更好的循环稳定性,而以 NaClO$_4$ 作为钠盐的电解质电池具有更高的库仑效率。

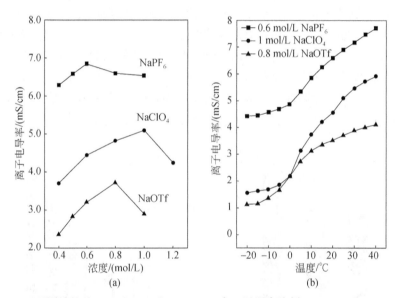

图 7-19　(a)不同钠盐 NaPF$_6$、NaClO$_4$ 和 NaCF$_3$SO$_3$ 在二元混合溶剂 EC∶DMC=30∶70(wt%)
中的电解质在室温下的离子电导率;(b)不同浓度的钠盐 NaPF$_6$、NaClO$_4$ 和 NaCF$_3$SO$_3$
在二元混合溶剂 EC∶DMC=30∶70(wt%)中的电解质在室温下的离子电导率[120]

　　目前常用的钠离子电池电解质都是以碳酸酯作溶剂,NaPF$_6$ 或 NaClO$_4$ 作钠盐的有机电解质,离子电导率高,成本低,但是这种电解质具有可燃性,在电池滥用等情况下有可能引起电解质燃烧,或者是挥发引起电池内部压力较大,使得电池发生火灾或爆炸等危险,导致其在电池中的应用具有潜在的不安全隐患。因此,发展兼具高安全性、良好成膜性的有机电解质对于推动钠离子电池的发展具有重要的意义。

2. 醚类电解质

醚类电解质使商业石墨用作钠离子电池负极材料成为了可能。在早期的研究中,石墨被认为不能用作钠离子电池的负极材料,因为与其他碱金属锂、钾、铯等不同,金属钠不能形成稳定的二元插层化合物。2014 年,Jache 等[77] 首次报道了石墨作为钠离子电池负极的成功应用。以石墨作负极,醚类有机溶剂作为电解质的溶剂的钠离子电池在室温下展现出优异的循环性能和库仑效率。循环 1000 周后电池仍具有接近 $100\text{mA}\cdot\text{h/g}$ 的比容量,库仑效率超过 99.87%。在前面对钠离子负极石墨材料的介绍中已经提到,Jache 等[122] 提出了在醚类电解质中石墨储钠的机理,认为是由于形成了三元石墨插层化合物,即溶剂化的钠离子共嵌入石墨当中。Kim 等[78] 进一步提出了石墨中溶剂化钠的嵌入机理,如图 7-20 所示。为了研究溶剂化钠离子的插层机制,研究者使用了 X 射线衍射分析、电化学滴定、实时光学观察和密度泛函理论计算的方法,证明了溶剂化钠离子在毫米级高度有序的热解石墨中插入速度很快(不到 2s),并且导致石墨层间距急剧增大。此外,还观察到石墨中溶剂化钠离子形成的各种位点,并首次精确量化。得到结论:每个钠离子和一个醚分子将共同插入且在石墨层间叠加并保持平行。同年,Kim 等[78] 又进一步详述了石墨在醚类电解质中的储钠机理,认为溶剂化钠离子嵌入与吸附行为同时发生。研究者还

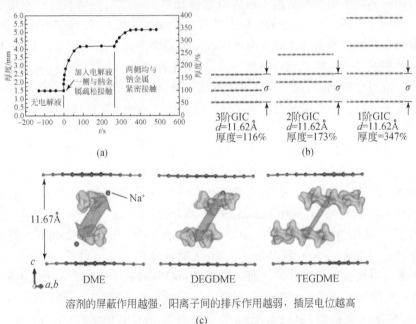

图 7-20　(a)嵌入过程中高度有序热解石墨的厚度变化;(b)假想的石墨插层化合物在三阶、二阶、一阶的厚度和晶胞参数 d 的比较示意图;(c)溶剂对钠离子嵌入的影响[123]

测试了 $NaPF_6/DEGDME$ 醚类电解质的电化学性能,以石墨作为负极,尽管石墨尺寸为微米级别($100\mu m$),但仍然获得了 $150mA \cdot h/g$ 的可逆容量,2500 次循环的循环稳定性,并且在电流密度高达 $10A/g$ 的条件下,可逆容量仍有 $75mA \cdot h/g$。同时与 $Na_{1.5}VPO_{4.8}F_{0.7}$ 正极组装成全电池,具有 $120W \cdot h/kg$ 的能量密度,250 次循环后容量保持率为 70%。

醚类电解质使得石墨负极在钠离子电池中的应用成为了可能,同时也为钠金属负极的应用带来了希望。Seh 等[124]报道了一种简单的醚类电解质,$NaPF_6$ 溶解在甘氨酸钠(甘醇二甲醚)中,可以在室温下实现高度可逆和无枝晶的金属钠负极。在 $0.5mA/cm$ 的电流密度下,在 300 次沉积剥离的循环中,平均库仑效率高达 99.9%,并且发现在金属钠负极表面生长了一层均匀的由 Na_2O 和 NaF 构成的固体电解质界面(SEI)膜,这种 SEI 膜不溶于电解质的溶剂,并且能够抑制枝晶的生长。研究者还展示了使用这类电解质的室温钠硫电池,可以说醚类电解质在钠离子电池中的应用为开发下一代钠基储能技术铺平了道路。

3. 离子液体电解质

全部由离子组成的液体,在室温或室温附近温度下呈液态的由离子构成的物质,被称为室温离子液体,也被称作室温熔融盐,简称离子液体。其一般是由有机阳离子和无机阴离子组成的。离子液体电解质相对于有机溶剂电解质具有电化学窗口宽、不易燃、不易挥发、良好的热稳定性及易于设计等优点,用在钠离子电池中,可有效解决有机溶剂的稳定性和安全性问题。但是由于离子液体较高的黏度、较低的离子电导率及其与电极之间的界面问题等,研究者对于离子液体电解质的研究还相对较少。值得注意的是,大多数报道中的离子液体阳离子主要集中在吡咯鎓和咪唑鎓。阴离子主要是四氟硼酸盐(BF_4)、双(三氟甲烷磺酰)亚胺盐(TFSI)和双(氟磺酰)亚胺盐(FSI)。

基于吡咯鎓阳离子的离子液体,包括 N-甲基-N-丙基–吡咯烷(Pyr13-)和 N-甲基-N-丁基–吡咯烷(Pyr14-或 BMP-),在钠离子电池电解质中的应用是比较广泛的。Ding 等[125]首先报道了 $NaFSI/Pyr_{13}FSI$(2∶8)离子液体电解质,测量了电解质在 25℃ 和 80℃ 下的电导率,分别为 $3.2mS/cm$ 和 $15.6mS/cm$。在 80℃ 下的电化学窗口达到 5.2V。此外,将此电解质与 $NaCrO_2$ 正极材料匹配,在 25℃ 和 80℃ 下的放电比容量分别达到 $92mA \cdot h/g$ 和 $106mA \cdot h/g$。随后研究者又优化了 $Py_{13}FSI$ 中 NaFSI 的浓度来获得最佳的倍率性能。研究发现,40mol% 的 NaFSI 和 25mol% 的 NaFSI 是电池在 90℃ 和 0℃ 下的最佳操作浓度。Chen 等[126]将 $NaFSI/Pyr_{13}FSI$ 离子液体电解质与 Na_2MnSiO_4 正极材料匹配,研究电池在高温下的电化学性能。研究发现,在 90℃、电流密度为 $13.9mA/g$ 的条件下,其可逆容量达到 $125mA \cdot h/g$。Fukunaga 等[127]将 $NaFSI/Pyr_{13}FSI$ 离子液体电解质与硬碳(HC)匹配,在 90℃,电流密度为 $50mA/g$ 的条件下,可逆容量达到 $260mA \cdot h/g$,循环 50 周后,容量保持率为 95.5%,

库仑效率接近 99.9%。并且在大电流密度(1000mA/g)条件下,其可逆容量仍有 211mA·h/g。Wang 等[128]报道了 1mol/L NaFSI/Pyr₁₃FSI 离子液体电解质在全电池 Na₀.₄₄MnO₂/HC 中的应用。研究发现在室温下,使用此离子液体电解质的电池的电荷转移阻抗比常规碳酸酯类电解质更低,而且更稳定,全电池的电化学性能更佳。Noor 等[129]对 NaFSI/Pyr₁₃FSI 离子液体电解质进行了一系列的研究。研究发现,不同浓度 NaFSI 的离子液体电解质的电导率均在 1~2mS/cm。此外,研究者观察到钠金属在铜工作电极上的沉积电位是−0.2V。

　　研究较多的吡咯鎓阳离子基的离子液体还有 BMPTFSI。Wongittharom 等[130,131]研究了在 Na/NaFePO₄ 电池中,不同钠盐 NaBF₄、NaClO₄、NaPF₆、二氰胺钠[NaN(CN)₂]及浓度(0.1~1mol/L)对电解质的电导率、热力学性能的影响,如图 7-21 所示。研究发现 1mol/L NaBF₄/BMPTFSI 黏度最低,室温下离子电导率最高,达到 1.9mS/cm。不论钠盐如何,所有的电解质都不具有可燃性,且温度超过 350℃时电解质才开始发生分解,因此其是理想的安全性电解质材料。高温下 1mol/L NaBF₄/BMPTFSI 与 NaFePO₄ 正极材料匹配时,在 50℃、0.05C 条件下,其容量达到 125mA·h/g,而在 1mol/L 的离子液体电解质中循环 100 周过后,容量保持率达到 87%,而 1mol/L NaClO₄/EC+DEC 碳酸酯类电解质中的容量保持率仅为 62%。Wang 等[132]采用了 1mol/L NaClO₄/BMPTFSI 离子液体电解液与正极材料 Na₀.₄₄MnO₂ 匹配,由于电解质在 Na 电极和 Na₀.₄₄MnO₂ 电极的固液界面阻力和电荷转移阻力很低,因此表现出较好的充放电性能。除此之外,离子液体电解质还具有很高的热稳定性,非常适合于高温下的应用,在 75℃、0.05 C 时,其放电容量达到 115mA·h/g,接近理论容量 121mA·h/g,1 C 时容量仍能达到其 85%。最近,Hasa 等[133]在室温下将 NaTFSI/BMPTFSI 离子液体电解质在全电池(Na₀.₆Ni₀.₂₂Fe₀.₁₁Mn₀.₆₆O₂/Sb-C)中进行了测试,结果显示首周放电比容量为 120mA·h/g,平均工作电压约为 2.7V。

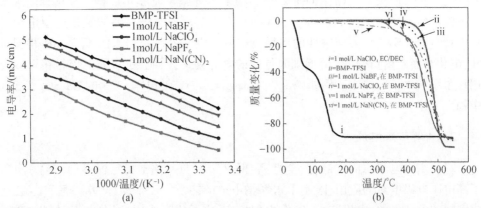

图 7-21　(a)含有不同钠盐 NaBF₄、NaClO₄、NaPF₆和[NaN(CN)₂]的离子液体 BMPTFSI 电解质在不同温度下的电导率;(b)有机电解质(1mol/L NaClO₄/EC+DEC)和离子液体电解质的热重图[131]

　　基于咪唑鎓阳离子的离子液体,Monti 等[134]重点比较了溶解了 LiTFSI 和 NaTFSI 的一乙基-三甲基-双(三氟甲磺酰)亚胺盐(EMImTFSI)和一丁基-三甲基-双(三氟甲磺酰)亚胺盐(BMImTFSI)的基本物理化学性质。结合拉曼光谱和密度泛函理论计算,离子液体电解质中钠离子的电荷携带物质通常是 $[Na(TFSI)_3]^{2-}$。室温下,这种电解质可以表现出 5.5mS/cm 的电导率,在 $-86 \sim 150℃$ 下热力学稳定。最近,Matsumoto 等[135]采用 NaFSI/EMImFSI 用于评估咪唑类离子液体电解质的基本性能和与循环测试。再次证实了使用 FSI 阴离子的离子液体作为电解质具有非常宽的电化学窗口。

　　离子液体电解质安全性较高,并且通过复配能够实现适宜的电导率,有望满足钠离子电池的应用要求。不过,由于离子液体电解质成本仍然较高,目前还不利于实现大规模应用。

7.3.3　水系电解质

　　作为离子在电极之间传递的媒介,电解质提供离子传输通道,形成电流。传统的液体电解质是将盐溶于液体中。水作为一种很有吸引力的优质溶剂,具有高受体数和供体数、高安全性等特点。水系电解质比非水系电解质的离子导电性更高,能实现高功率储能系统[136]。水系钠电池更是以低成本的优势成为最有前景的大规模储能系统之一。

1. 电解质稀溶液

　　由于氧位点的路易斯碱性和氢位点的路易斯酸性共存,水能溶解大多数盐形成溶剂化结构。在钠离子稀溶液中,一次和二次溶剂化壳层通常包含一个与六分子水配位的 Na^+,离子电导率高、成本低,被用作水系钠电池电解质。浓度为 1mol/L 的 Na_2SO_4[137]、$NaNO_3$[138]、CH_3COONa[139]、$NaCl$[140]水溶液都是可供钠电池选择的水系电解液。$Na_{0.44}MnO_2$、$Na_3V_2(PO_4)_3$、$Na_3MnTi(PO_4)_3$ 等电极材料的氧化还原电位在水的稳定电化学窗口内与中性的水系电解液可以兼容。根据水的电位-pH 相图可知,电化学稳定窗口随 pH 的增加向更低的电势偏移,因此,更多的电极材料可以应用在水系钠离子电池中。例如,$Na_{0.44}[Mn_{0.44}Ti_{0.56}]O_2$ 在 pH=13.5 的 Na_2SO_4 水溶液中稳定工作。

2. 电解质浓溶液

　　尽管水系电解质成本低、安全性高,但是狭窄的电化学稳定窗口(1.23V)阻碍了高电压电极电对的应用,限制了水系钠电池的能量密度。同样,水分解产气会造成密封的电池失效,电极与水、O_2 发生副反应,质子相互作用,以及电极材料的溶解等问题[141]。然而,在高浓熔盐中,水的活性被强烈抑制,在某种程度上上述问题可以被解决。高浓锂盐电解质在水系锂电池中表现出了宽化的稳定性窗口、稳定的电池循环性能[142,143]。受此启发,电解液的浓度和水系钠电池性能之间的关系受到广泛关注[144]。

在水溶液中,钠盐的溶解性是影响高浓盐电解质发展的重要因素。如表 7-4 所示,在 20℃下,100g 水中只能溶解 19.5g Na_2SO_4,很难得到高浓盐。另外,某些高浓钠盐,如 $NaNO_3$,有强腐蚀性,也会影响电池的循环寿命。NaTFSI 在水溶液中的溶解度很高(37mol/L),电化学窗口也很宽,但是 TFSI⁻阴离子在水中的稳定性仍然是一个隐患[145]。然而,$NaClO_4$ 在水中的溶解度很高,高浓 $NaClO_4$ 溶液是一种独特的水系钠电池电解液,电化学窗口约 3.2V,使得更多的电极电对有望应用在水系钠电池中[146]。

表 7-4 常用钠盐的溶解度(20℃)

电解质	溶解度/(g/100g H₂O)	摩尔浓度/(mol/kg)
Na_2SO_4	19.5	1.4
NaCl	35.9	6.1
CH_3COONa	46.4	5.7
$NaNO_3$	87.6	10.3
$NaClO_4$	201	16.5

此外,浓度为 9.26mol/L 的 $NaCF_3SO_3$ 能将电化学窗口拓宽至 2.5V,能在阴极上形成 SEI 抑制产氢,降低水在正极上的电化学活性。以 9.26mol/L 的水系 $NaCF_3SO_3$ 为电解质,$Na_{0.66}[Mn_{0.66}Ti_{0.34}]O_2/NaTi_2(PO_4)_3$ 全电池表现出优异的电化学性能,高库仑效率(99.2%)和长循环稳定性(1C 倍率能循环 1200 周以上)[147]。

虽然水系钠电池已经被开发成具有前景的有机钠电池替代品,但是仍存在很多科学问题,在大规模储能系统应用领域仍面临挑战,主要包括水的析氢析氧反应、电极与水或 O_2 的反应、电极在水中的溶解、水和质子的相互作用、集流体的腐蚀、黏结剂的导电性及润湿性等问题[148]。

水性钠离子电池具有较大的成本和安全性优势,相当一部分钠离子电池电极材料的氧化还原电位处于水稳定电压窗口内,高浓盐电解液方面的研究也初见成效,随着技术的进步和发展,水性钠离子电池具有在大规模储能方面上的应用潜力。

7.3.4 固体电解质

使用有机电解液体系的锂二次电池安全事故频发,电池安全越来越受关注。高安全固态锂二次电池的研究与发展势在必行。然而,安全性不仅是动力电池综合性能的重要考核指标之一,更是将来投入长期使用中的大规模储能器件需要重点考核的指标。固态钠二次电池兼具低成本、高安全两大特点,是未来大规模储能的重要发展方向。固体电解质作为固态钠二次电池的核心,可以规避有机电解液与电极材料的副反应、易燃、易爆等问题,延长使用寿命、建立安全保障,有利于钠二次电池在大规模储能上的推广与应用,因此开展了对钠二次电池固体电解质的研究。

通常,固体电解质可以分为固体聚合物电解质、固体氧化物电解质、固体硫化物电解质、固体氢化物电解质。

1. 固体聚合物电解质

自 1973 年 Wright 等[149] 发现碱金属离子可以在聚合物中迁移以来,固体聚合物电解质(SPE)的研究方兴未艾,备受关注。钠离子固体聚合物电解质由有机聚合物基体与溶解在聚合物基体中的钠盐组成。锂离子传导机理如图 7-22 所示,醚氧等极性官能团促使锂盐解离,得到的锂离子与聚合物链发生溶剂化反应,在络合与解络合的过程中,电场作用下锂离子随聚合物分子链的运动从一个配位点移动或跳跃至邻近活性位点从而实现迁移,钠离子聚合物电解质的传导机理与锂离子聚合物电解质相同。聚合物电解质在室温下离子电导率为 $10^{-8} \sim 10^{-6} \text{S/cm}$,在 80℃ 以上,电导率可达到 $10^{-4} \sim 10^{-3} \text{S/cm}$。与无机固体电解质相比,聚合物固体电解质显著的特点是其柔性,能与电极紧密接触,减小电极/电解质界面阻抗;能够补偿电极材料在充放电过程中的体积形变;易加工,适合大规模生产;是未来柔性电子器件的重要组成部分。

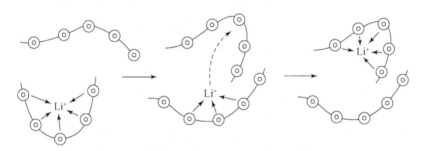

图 7-22　聚合物电解质的传导机理[150]

1) 导电模型与离子传导模型

固体聚合物电解质的导电模型可分为以下 3 种。

(1)电导率与温度的关系。电导率与温度的关系符合 Arrhenius 方程[151]:

$$\sigma = \sigma_0 \exp(-E/RT) \tag{7-1}$$

其中,E 为离子传导的表观活化能;σ_0 为指前因子;T 为热力学温度。对 σ 和 $1/T$ 作图得到一条直线,电解质的电导率随温度的上升而升高。

(2)电导率与温度的关系符合 VTF 方程[152]。很多时候聚合物的电导率和温度的关系与链段的热运动紧密相关,在较宽的温度范围内表现为非 Arrhenius 关系,而是符合 VTF 半经验公式:

$$\sigma = AT^{-0.5} \exp[-E/(T - T_0)] \tag{7-2}$$

其中,A 为常数;T_0 为参考温度,通常 $T_0 = T_g - 50℃$。也可用与 VTF 方程相关的 WLF 方程来表示[153]:

$$\lg[\sigma(T)/\sigma(T_g)] = C_1(T - T_g)/[C_2 + (T - T_g)] \tag{7-3}$$

其中,C_1、C_2 为 WLF 的方程系数;T_g 为玻璃化转变温度。

(3)其他导电行为。当聚合物电解质中存在多种相结构时,相结构随温度的变化发生相应的变化,并影响离子的传导,导电行为既不符合 Arrhenius 方程,又不符合 VTF 方程。还有许多因素也会影响离子的传导,使聚合物电解质的导电行为发生不同程度的偏移。

固体聚合物电解质的离子传导模型可分以下几种。

(1)有效介质理论模型[154]。应用自洽条件来处理由球形颗粒组成的多相复合体系各组元的平均场理论,得到有效的电导率公式。阐述了导电性增加是由于电解质和填料界面空间电荷层的存在,适用于复合固体电解质中的非导电性分散体系。依据该模型,复合电解质可看成是由离子导电的聚合物主体和复合单元组成的准两相体系。

(2)构象熵理论模型[155]。当温度高于 T_g 时,聚合物链段的运动行为与液体相似,聚合物的构象运动活跃,构象熵增加;当温度下降至 T_g 时,体系的构象熵逐渐下降;当温度低于 T_g 时,体系的构象不再改变,构象熵达到最低值。

从微观的角度可以分析为什么降低聚合物电解质的 T_g 有利于提高电导率:当温度 T 大于 T_g 时,较低的 T_g 的聚合物电解质比较高 T_g 的聚合物电解质更容易进入流体态,链段运动更剧烈,离子迁移速度更快,构象也更容易随离子的迁移而发生改变。

(3)动态键合渗透理论模型[156,157]。动态键合渗透理论模型(DBPM)着重考虑聚合物电解质的动力学,应用 Monte Carlo 统计学方法来分析离子迁移问题,认为离子可以随机在点格的邻近点格之间跳跃,但在离子随机跳跃迁移的同时,离子也逐渐地向一些特定的点格靠近。该理论考虑了阴、阳离子之间的化学相互作用,阴、阳离子不同的迁移运动机理,其与许多复合导电体系的实验数据相符,是讨论分析聚合物电解质导电行为的有力工具。

2)聚合物电解质的要求

电池中的电解质是离子载流子,对电子而言必须是绝缘的,尽可能满足下述条件:室温电导率高,$\sigma \geq 10^{-4} S/cm$;离子迁移数尽可能接近 1;高温热稳定性好,不易燃烧;化学稳定性好,不与电极发生副反应;电化学稳定性好,电化学窗口宽;成膜加工性好;机械强度大。

3)聚合物电解质的分类

聚合物电解质按聚合物形态,可分为凝胶聚合物电解质和全固态聚合物电解质;按导电离子,可分为单离子聚合物电解质和双离子聚合物电解质;按聚合物基体材料不同又分为不同种类,如常见的聚合物基体:聚氧化乙烯(PEO)、聚丙烯腈、聚乙烯醇、聚乙烯基吡咯烷酮、聚甲基丙烯酸甲酯、聚偏氟乙烯、聚偏氟乙烯-六氟丙烯和聚氧化丙烯等。

(1)PEO 基聚合物电解质。PEO 基聚合物电解质是研究最早且研究最多的一种聚合物电解质体系,在 1973 年,Wright 等首先发现碱金属离子可以溶解在聚合物 PEO 中,且发现电导率对温度敏感,电导率随聚合物结晶度降低而升高。随后,在 1979 年,Armand 等验证了 Wright 的结果并首次提出可以将这一体系用于电解质领域,开创了聚合物电解质研究新篇章。1988 年,West 等[158] 报导了第一篇用 PEO-NaClO₄ 作固态钠电电解质的研究,当 EO/Na⁺ 摩尔比为 12∶1 时离子电导率最高,80℃时达 6.5×10^{-4} S/cm。1995 年,Chandra 等[159] 报道了不同 EO/Na⁺ 摩尔比的 PEO-NaPF₆ 电解质膜,摩尔比为 0.065 时电导率最高,室温电导率为 5×10^{-5} S/cm,钠离子迁移数为 0.45。Park 等[160] 将 PEO-NaCF₃SO₃ 电解质用于全固态钠硫电池,工作温度为 90℃,此温度时电导率为 3.38×10^{-4} S/cm,首周放电比容量达 505mA·h/g,但是循环 10 周后容量保持率只有 32.9%。Boschin 等通过加入钠盐 NaFSI、NaTFSI,离子液体 Pyr₁₃FSI、Pyr₁₃TFSI 对比了 FSI⁻ 与 TFSI⁻ 阴离子基团对 PEO 基聚合物电解质离子键和、结晶度、聚合物链段运动动力学、离子电导的影响,研究表明体积较大的 TFSI⁻ 阴离子基团能够阻止聚合物 PEO 的结晶,相比于 TFSI⁻,FSI⁻ 与钠离子的结合更为紧密,使得 PEO-NaTFSI 聚合物电解质的电导率比 PEO-NaFSI 聚合物电解质电导率更高。

对 PEO 基电解质改性的主要目的是得到玻璃化转变温度低、无定形相稳定且含量多的聚合物,改性方法主要有以下几种:共混、交联、添加无机纳米颗粒、与陶瓷电解质复合、添加增塑剂等。例如,添加 5%(质量分数)TiO₂ 或者 SiO₂ 纳米颗粒时,电导率都会提高,膜的力学机械性能也会得到提升[161-162]。离子主要在无定形相中运动,电导率比在晶相中高 2~3 个数量级[163]。无机纳米颗粒的加入可以增加聚合物中的无定形区域,促进链段的蠕动,有利于钠离子的迁移。在 PEO 基电解质中混入 NASCION 结构的快离子导体 Na₃Zr₂Si₂PO₁₂ 等,得到的复合电解质膜与磷酸钒钠正极、金属钠负极组装成固态电池,其在 80℃、0.1C 倍率下充放电比容量为 106.1mA·h/g,循环 120 周容量基本不衰减[164]。添加增塑剂主要是为了降低玻璃化转变温度 T_g,增加聚合物链的柔性,促进离子迁移,提高电导率。低分子量的聚乙二醇是常用的增塑剂,增塑后电解质电导率提高两个数量级[165]。后来,液态电解液中有机溶剂如 EC、DEC 和 PC 等被用作增塑剂,得到的聚合物电解质呈凝胶态,电导率可与液态电解质相媲美,但是机械强度差,仍存在易燃、易爆等危险。

(2)PAN 基聚合物电解质。PAN 基聚合物电解质高温热稳定性好,与电极兼容性好[166]。由于活性官能团 C≡N 替换了 PEO 等氧烷类的 C≡O 官能团,钠离子和氮原子之间的相互作用弱,因此活化能低,电导率高,PAN-24% NaCF₃SO₃ 聚合物电解质室温电导率为 7.13×10^{-4} S/cm,活化能为 0.23eV[167]。然而,PAN 基聚合物电解质的成膜性和机械强度差,阻碍了其应用。

(3)PVA 基聚合物电解质。半结晶性的 PVA 作为聚合物电解质基体,具有良好的抗拉强度、机械强度,无毒,成本低,光学性能好,耐高温,生物相容性好,化学稳定性和热稳定性好等特点。Rao 研究了不同卤素类钠盐(NaBr、NaI、NaF)的 PVA 聚合物电解质的性能,当 NaBr∶PVA 和 NaI∶PVA 质量比为 3∶7 时离子电导率达最高值,PVA-NaF 聚合物电解质(质量比 PVA∶NaBr = 8∶2),30℃时离子电导率达 $3.99×10^{-4}$S/cm[168]。最近,Abdullah 等[169]研究了不同含量的钼酸钠(Na_2MoO_4,0、3%、6% 和 9%)作钠盐,发现电导率随 Na_2MoO_4 含量的增加而增加,加 9% Na_2MoO_4 时,电导率最高,为 $1.09×10^{-4}$S/cm。

(4)PVP 基聚合物电解质。PVP 也可作聚合物基体,当 PVP 基体中分散 30%(质量分数) $NaClO_3$ 时,室温离子电导率为 $3.28×10^{-7}$S/cm,比纯 PVP 提高 4 个数量级。溶液旋涂法制备的 PVP∶ $NaClO_4$ 质量比为 90∶10、80∶20、70∶30 的聚合物电解质膜,活化能为 0.54 eV、0.38 eV、0.26 eV,依次减小,离子迁移数为 0.27 左右,说明主要是 ClO_4^- 传导。

2. 复合固体聚合物电解质

为了克服单一聚合物基体在某些性质上的不足,研究人员用共混[170]、交联[171]、枝化[172]、共聚、增塑[173,174]、掺杂纳米材料[175]、无机离子导体填料强化[176]等方法制备复合聚合物电解质(聚合物与聚合物复合、聚合物与无机复合),力图得到柔韧性好、热稳定性高、界面接触好、离子电导率高的电解质。

1)共混

共混利用聚合物分子链之间的相互作用来破坏分子链排列的规整性,从而可以抑制聚合物结晶,提高离子电导率或聚合物电解质的机械强度。用于共混的聚合物之间应该有很好的相容性、较强的溶解钠盐的能力、与钠离子配位的能力、较好的力学性能。

2)交联

交联可以抑制结晶度,改善聚合物由于使用低玻璃化转变温度的链段作为骨架结构所致的机械性能下降的问题。在交联度不高或使用柔性基团交联剂时,交联聚合物电解质的力学性能明显改善,且保持较高的离子电导率。交联包括辐射交联、化学交联和物理交联三种方式。

3)支化

超支化聚合物结构的分子中含有大量的链分支和链末端单元,几乎处在完全非晶相状态,离子的迁移不会受到结晶区的干扰,是聚合物电解质研究的一个新领域。增加支化单元数,可以使聚合物的自由体积减小,玻璃化转变温度升高;而增加末端单元数,可以降低玻璃化转变温度,因此,具有适当支化结构的聚合物有望获得高电导率的电解质。

4) 共聚

通过无规、嵌段、梳状共聚的方法可以降低聚合物的结晶度,改善聚合物无定形区的力学性质,增加链段运动能力,从而提高离子电导率。

5) 增塑

增塑剂通常是一些介电常数大的低分子量聚合物或液态有机溶剂。主要起到减小聚合物结晶度、提高链段运动能力、降低离子传输活化能、促进钠盐解离、增大自由离子浓度、增大分子链间的自由体积、降低玻璃化转变温度等作用。增塑剂需要满足与聚合物相容性好、增塑效率高、挥发性小、黏度低、电化学稳定、不与电极材料发生反应、环境友好等要求。

6) 复合无机纳米颗粒

复合无机纳米颗粒对聚合物电解质的导电增强机制:非晶区是离子迁移的主要区域,无机纳米颗粒的加入可抑制聚合物的结晶,降低其结晶度;无机纳米颗粒的加入在颗粒与聚合物的界面形成了高导电界面层。

3. 凝胶电解质

凝胶电解质(GPE)也称作塑化的聚合物电解质,由 Feuillade 和 Perche 在 1975 年首次提出[177]。凝胶聚合物电解质可通过加热溶解含有聚合物基体、碱金属离子盐、有机溶剂的混合物,然后涂敷在热板上加压冷却制得。凝胶电解质中添加的增塑剂大多是有机电解液中的溶剂,常用的有机溶剂见表 7-5。因结合了液体的扩散性和固体的黏结性,GPE 具有高电导率,低挥发,低反应活性,良好的操作安全性,化学稳定性、电化学稳定性、结构稳定性好,质轻,电化学窗口宽,易加工成型等特点[178]。然而,机械强度较差,制约了 GPE 发展。通常采用混入纳米填料来改善GPE 的机械强度[179]。总而言之,GPE 可以阻止电池漏液和内部短路的发生,延长电池使用寿命,是替代液体电解质最具潜力的技术之一。

表 7-5　凝胶聚合物电解质常用的有机溶剂

类别	有机溶剂
环状碳酸酯	碳酸乙烯酯,碳酸丙烯酯
链状碳酸酯	碳酸二甲酯,碳酸甲乙酯,碳酸二乙酯
环状羧酸酯	γ-丁内酯(GBL)
链状羧酸酯	甲酸甲酯(MF),乙酸甲酯(MA)
环状醚	四氢呋喃(THF)
链状醚	1,2-二甲氧基乙烷

4. 固体氧化物电解质

与聚合物电解质相比,无机固体电解质室温电导率高、钠离子迁移数高,能够提高固态电池功率密度、增强循环性。同时,其良好的机械强度能抑制钠枝晶的生长。

在无机固体电解质材料中,载流子需要越过一定的能垒,从局部位点移动/跳跃至邻近位点。离子连续导离子相中扩散主要遵循弗朗克点缺陷和肖特基点缺陷[180]。因此,低迁移势垒、大量的载流子和邻近位置的点缺陷、合适的离子传导通道是获得高离子电导率不可或缺的因素。

1) Na-β-Al$_2$O$_3$固体电解质

自 1967 年被人们发现以来,具有高离子电导、极低电子电导的 Na-β-Al$_2$O$_3$作为电化学装置的重要组成部件,引起了广泛的关注[181]。它的出现促进了高温固态钠硫电池的商业化发展。

(1) Na-β-Al$_2$O$_3$晶体结构。根据不同的层/块堆积方式和化学组成,Na-β-Al$_2$O$_3$有两种不同的晶体结构:β-Na$_2$O·11Al$_2$O$_3$(NaAl$_{11}$O$_7$)和β''-Na$_2$O·5Al$_2$O$_3$(NaAl$_5$O$_8$)[181-183]。Na-β-Al$_2$O$_3$属六方晶系(空间群 $P63/mmc$),Na-β''-Al$_2$O$_3$属菱形晶系(空间群 $R-3m$),如图 7-23 所示。两种结构均由[AlO$_4$]四面体和[AlO$_6$]八面体尖晶石堆积而成,相邻的尖晶石通过一个氧离子连接,氧离子周围有可移动的钠离子,钠离子在层间传导。Na-β-Al$_2$O$_3$是由两个尖晶石堆积而成的,层间只有一个可移动的钠离子;Na-β''-Al$_2$O$_3$由 3 层尖晶石构成两层钠离子传导层,在层间有两个钠离子移动,且桥接氧离子与钠离子的电场作用比在 Na-β-Al$_2$O$_3$相中弱,因此 Na-β''-Al$_2$O$_3$的离子电导率更高。Na-β''-Al$_2$O$_3$热力学亚稳相不易制备,在 1500℃高温下会分解成 Al$_2$O$_3$和 Na-β-Al$_2$O$_3$的

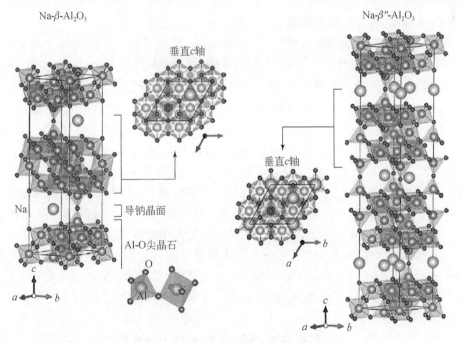

图 7-23　Na-β-Al$_2$O$_3$的两种晶体结构[189]

混合物,电导率在很大程度上取决于 Na-β''-Al$_2$O$_3$ 和 Na-β-Al$_2$O$_3$ 的比例[184]。通常通过掺杂第三相来稳定 β'' 相,包括用 Li$_2$O、MgO、TiO$_2$、ZrO$_2$、Y$_2$O$_3$、MnO$_2$、SiO$_2$、Fe$_2$O$_3$、Nb$_2$O$_5$ 等抑制 β 相的形成[185-190]。

(2)制备方法。制备 Na-β-Al$_2$O$_3$ 的方法有固相法、共沉淀、溶胶凝胶法、火焰喷雾热解法、微波加热法、喷雾冷冻/冷冻干燥法、醇盐水解法、分子束外延法、激光化学气相沉积等。冯自平等[191]在溶胶凝胶合成 Na-β-Al$_2$O$_3$ 的过程中加入阳离子表面活性剂溴化十六烷基三甲基铵(CTAB)以抑制团聚、降低晶化温度,得到的电解质电导率为 1.21×10^{-2}S/cm(300℃)。Kambale 等[192]发现在溶胶凝胶过程中加入丙三醇作反应溶剂可以减小颗粒粒径,提高致密度(达到理论值的 92%),制得 Mg 掺杂的 Na-β''-Al$_2$O$_3$,300℃时离子电导率为 0.38 S/cm。

(3)在固态钠电池中的应用。Na-β''-Al$_2$O$_3$ 电解质电导率高,在高温和室温钠二次电池中均有应用。全陶瓷基固态钠电池 Na$_2$Ti$_3$O$_7$-La$_{0.8}$Sr$_{0.2}$MnO$_3$ | Na-β''-Al$_2$O$_3$ | P$_2$-Na$_{2/3}$[Fe$_{1/2}$Mn$_{1/2}$]O$_2$ 在 350℃稳定循环,可逆比容量 152mA·h/g[193]。Kim 等[194]组装了室温固态钠/硫电池,含适量 TEGDME 的 Na-β''-Al$_2$O$_3$ 陶瓷片作电解质和隔膜,可以阻挡钠多硫化物的穿梭,首周放电比容量 855mA·h/g,第 100 周仍有 520mA·h/g,库仑效率接近 100%。胡勇胜等[195]提出了一种无烧结方法将正极浆料涂敷在 Na-β''-Al$_2$O$_3$ 一侧,另一侧用金属钠作负极,构造了 Na | Na-β''-Al$_2$O$_3$ | P$_2$-Na$_{0.66}$Ni$_{0.33}$Mn$_{0.67}$O$_2$ 全固态电池,其在 6C 倍率下表现出优异的循环稳定性,10000 周容量保持率为 90%。

2)NASICON 型固体电解质

(1)晶体结构。钠超离子导体 NASICON 的室温离子电导率高,被认为是最有可能用作固态钠电池的离子导体[196]。最具代表性的 NASICON 是 Na$_3$Zr$_2$Si$_2$PO$_{12}$,通式为 Na$_{1+x}$Zr$_2$Si$_x$P$_x$O$_{12}$($0\leq x\leq3$),由 Si 取代 NaZr$_2$(PO$_4$)$_3$ 中的 P 衍生而来。Na$_{1+x}$Zr$_2$Si$_{2-x}$P$_x$O$_{12}$ 有菱形($R\bar{3}c$)和单斜($C2/c$,$1.8\leq x\leq2.2$)两种相,单斜相是低温相,可看作是菱形相经旋转扭曲所得。如图 7-24 所示,在菱方相中,[PO$_4$]四面体和[ZrO$_6$]八面体共顶点连接,不等同的 Na1 和 Na2 位点构成 3D 钠离子传输通道。Si 部分取代 P 后,[SiO$_4$]、[PO$_4$]四面体和[ZrO$_6$]八面体共顶点连接。由于[SiO$_4$]四面体大于[PO$_4$]四面体,引起晶格轻微扭曲,对称性降低,形成单斜相,原来菱方相中的 Na2 位点分裂成 Na2 和 Na3 位点,形成 Na1-Na2 和 Na2-Na3 隧道。菱方相中,Na2 位点能容纳 3mol 钠离子,钠离子和钠空位共存,利于钠离子扩散。

(2)掺杂改性。此外,As 也可对 P 位进行部分取代。Ronchetti 等[198]用 50% 或 100% As 对 MeZr$_2$As$_{(3-x)}$P$_x$O$_{12}$(Me = Na$^+$、K$^+$)的 P 位进行取代(部分/完全取代),发现 As 取代可以增大晶胞参数 c_0,提高离子电导率。同时,c_0/a_0 与 Me 和 P 的离子半径存在线性关系。

除了对 P 位进行元素取代以外,NASCION 结构中也可用不同价态的阳离子元素对 Zr^{4+} 进行取代,产生钠空位或过量的钠来平衡电荷,提高离子电导率,包括:

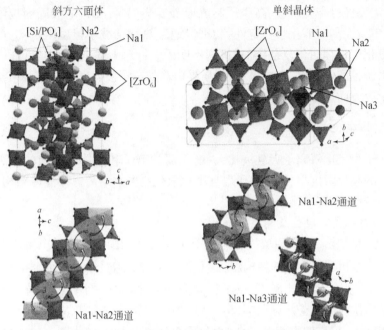

图 7-24 $Na_3Zr_2Si_2PO_{12}$ 的晶体结构和钠离子传输通道[197]

(1) 二价元素 Mg^{2+}、Cd^{2+}、Mn^{2+}、Co^{2+}、Ni^{2+}；

(2) 三价元素 Al^{3+}、Ga^{3+}、In^{3+}、Sc^{3+}、Ti^{3+}、V^{3+}、Cr^{3+}、Fe^{3+}、Y^{3+}、La^{3+}、Lu^{3+}；

(3) 四价元素 Ge^{4+}、Sn^{4+}、Ti^{4+}、Hf^{4+}、V^{4+}、Nb^{4+}、Mo^{4+}；

(4) 五价元素 V^{5+}、Nb^{5+}、Ta^{5+}、As^{5+}[199,200]。

其中，Sc^{3+} 离子半径 (0.745 Å) 与 Zr^{4+} (0.72 Å) 最接近，当用 0.4mol Sc^{3+} 对 Zr 位进行取代时，得到组成为 $Na_{3.4}Sc_{0.4}Zr_{1.6}Si_2PO_{12}$ 的电解质，在 25℃ 下离子电导率为 4.0×10^{-3} S/cm，是目前报道的最高电导率[201]。胡勇胜等[202] 在试图用离子半径更大的 La^{3+} (1.06Å) 对 Zr 位进行取代来撑大隧道结构时发现，离子半径相差太大，La^{3+} 不能占据在主体相的 Zr^{4+} 位，但是能与钠离子结合，得到的是 $Na_3La(PO_4)_2$、La_2O_3、$LaPO_4$ 三相共存的混合物。组成为 $Na_{3.3}Zr_{1.7}La_{0.3}Si_2PO_{12}$ 的电解质室温离子电导率可达 3.4×10^{-3} S/cm，主要原因是：①主相中钠离子含量增加，提高了晶粒电导率；②调节了晶界处化学组分，提高了陶瓷致密度；③改变了主相晶界的化学元素，借助空间电荷层效应，离子沿晶界传输。Cava 等[203] 用等价的 Hf^{4+} 完全取代 Zr，用更大离子半径取代 Zr 本该增大晶胞参数，而 Hf^{4+} 取代得到组成 $Na_3Hf_2Si_2PO_{12}$ 的晶胞参数减小了，但是相比 $Na_3Zr_2Si_2PO_{12}$ 的电导率提高了，室温离子电导率为 1.0×10^{-3} S/cm，$Na_{3.2}Hf_2(SiO_4)_{2.2}(PO_4)_{0.8}$ 的室温电导率为 2.3×10^{-3} S/cm。这与 NASCION 结构中多面体框架复杂有关。

NASICON 型电解质室温电导率虽高,但是仍然存在以下问题:①制备过程复杂,通常需要经过高温煅烧、高压压制成形等复杂工序;②与电极固固接触阻抗大,电极/电解质在高温下化学稳定性差,难以通过热烧结减小接触阻抗;③电解质/电极界面电化学过程演化复杂,衰减机理不明确。针对上述问题,主要可以通过添加助烧剂来调控煅烧温度,在电极/电解质界面滴加离子液体以减小接触阻抗、提高界面动力学等方面进行改性。

5. 固体硫化物电解质

硫离子半径比氧离子大且极化高,能削弱钠离子和晶体骨架间的作用力,硫化物电解质的晶界阻抗小,室温离子电导率比氧化物电解质高。按晶体结构分类可分为晶态和玻璃–陶瓷两类。

1)晶态硫代磷酸盐及其类似物

(1)晶体结构。硫代磷酸盐 Na_3PS_4 是最受关注的固体硫化物电解质之一,晶态 Na_3PS_4 有立方相和四方相两种构型:立方相属 $I4\text{-}3m$,Na^+ 分布在两个扭曲的四面体间隙位($6b$ 位点);四方相属 $P4\text{-}2_1c$ 空间群,Na^+ 分布在一个四面体位($2a$ 位点)和一个八面体位($4d$ 位点),见图 7-25。结构的差异导致立方相 Na_3PS_4 的电导率远高于四方相,立方相与四方相 Na_3PS_4 的电导率分别为 $4.6\times10^{-4}\,S/cm$(25℃)和 $4.17\times10^{-6}\,S/cm$(50℃)[204,205]。

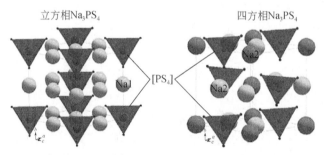

图 7-25　立方相和四方相的 Na_3PS_4 晶体结构[206]

(2)掺杂改性。空位传导是 Na^+ 在立方相和四方相 Na_3PS_4 中的主要扩散机制,通过在 S 位异价掺杂卤素离子和在 P 位同价掺杂 Si、Ge、Sn 是引入 Na 空位、提高电导率的主要方式之一。分子动力学模拟表明引入 2% 的空位就能将离子电导率提高至 $0.2S/cm$。同时,卤素掺杂 S 位 $Na_{2.88}PS_{3.88}X_{0.12}$(X = F、Cl、Br、I)可以引入 4% 的 Na 空位,其中 $Na_{2.88}PS_{3.88}Br_{0.12}$ 电导率最高[207]。有理论计算结合实验研究表明 Cl 掺杂四方相 Na_3PS_4 的室温电导率比 Na_3PS_4 要高,当掺杂量为 6.25% 时,实验上得出 $Na_{2.9375}PS_{3.9375}Cl_{0.0625}$ 电导率达到了 $1.14\times10^{-3}\,S/cm$,与理论计算得到的 $1.38\times10^{-3}\,S/cm$ 相近,有力验证了钠离子空位传导机制[208]。相反,Ong 等[209]通过分子动力学模拟认为对 P 位异价掺杂的 $Na_{3+x}M_xP_{1-x}S_4$（$M = Si$、Ge 和 Sn，$x = 0.0625$；$M = Si$，$x = 0.125$）能增加 Na^+ 浓度，从而提高电导率，且推测 $Na_{3.0625}Sn_{0.0625}P_{0.9375}S_4$ 室温电导率能达 1.07×10^{-2} S/cm。

此外，用离子半径更大且极化更强的 Se^{2-} 同价替换 S^{2-}、Sb^{5+} 和 As^{5+} 同价替换 P^{5+} 能增大晶胞参数、扩大离子传输通道、削弱骨架对钠离子的束缚作用，降低钠离子的迁移活化能，提高电导率。Na_3PSe_4、Na_3SbS_4、$Na_3P_{0.62}As_{0.38}S_4$ 室温电导率分别达到 1.16×10^{-3} S/cm，1.1×10^{-3} S/cm，1.46×10^{-3} S/cm，包含空位的四方相 Na_3SbS_4 室温电导率甚至高达 3.0×10^{-3} S/cm[210-213]。

2）硫化物玻璃和玻璃-陶瓷电解质

硫化物玻璃和玻璃-陶瓷也是一种重要的钠离子导体材料，主要有 Na_3PS_4、Na_2S-P_2S_5、Na_2S-GeS_2-SiS_2、Na_2S-GeS_2-Ga_2S_3 等体系[214-218]。与其相应的晶态或玻璃态相比，一些钠的玻璃-陶瓷材料电导率更高。经过优化电解质制备过程中热处理条件及提高反应物 Na_2S 的纯度，室温离子电导率可提升至 4.6×10^{-4} S/cm，二元玻璃-陶瓷 Na_2S-P_2S_5（$75Na_2S \cdot 25P_2S_5$）电解质室温离子电导率为 2.0×10^{-4} S/cm。然而，由于相对介电常数降低，三元玻璃-陶瓷 $0.5Na_2S + 0.5[xGeS_2 + (1-x)PS_{5/2}]$ 的电导率低于二元玻璃-陶瓷电解质[219]。

3）硫化物钠超离子导体

锂超离子导体 $Li_{10}GeP_2S_{12}$（LGPS）室温电导率高达 1.2×10^{-2} S/cm，与液态电解质相当，受到广泛关注[220]。与 LGPS 结构类似，$Na_{10}GeP_2S_{12}$ 也由 GeS_4 和 PS_4 四面体组成，见图 7-26。理论计算得出的室温电导率可达 4.7×10^{-3} S/cm，还有待实验验证[221]。Ceder 等[206]用第一性原理计算了 $Na_{10}MP_2S_{12}$（$M = Si$、Sn、Ge）的相稳定性、离子电导率和活化能，计算结果表明电导率 $Na_{10}SiP_2S_{12} > Na_{10}GeP_2S_{12} > Na_{10}SnP_2S_{12}$（$9.4 \times 10^{-4}$ S/cm），实验制备的 $Na_{10}SnP_2S_{12}$ 室温电导率为 4.0×10^{-4} S/cm，活化能 0.356 eV。Nazar 等[222]以 Na_2S、P_2S_5、SnS_2 为前驱体通过高温固相法合成出一种新的钠超离子导体 $Na_{11}Sn_2PS_{12}$，室温离子电导率为 1.4×10^{-3} S/cm，活化能为 0.25 eV。

硫化物电解质的制备方法有固相球磨法、液相溶剂挥发法，不需要很高的温度，便于大规模生产，因此可以减小晶界阻抗，在电极材料表面原位生长可以减小电极/电解质界面接触阻抗，更有望应用于室温固态钠二次电池。目前的问题在于硫化物电解质的稳定性较差，在空气中易和水蒸气反应生成有毒的 H_2S 气体，与氧化物等电极材料界面处的化学稳定性、电化学稳定性也是需要考虑的问题。

6. 固体氢化物电解质

复合氢化物材料由金属阳离子（Li^+、Na^+）和复合阴离子（中心原子和配位氢原子组成，如 $[BH_4]^-$、$[B_{10}H_{10}]^{-}$、$[NH_2]^-$）组成，是一种传统的储氢材料[224]，硼氢化锂、硼氢化钠也可作为固体电解质材料的研究对象。

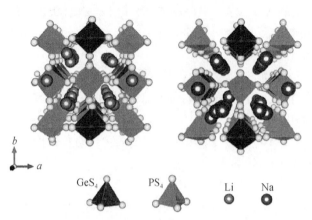

图 7-26　$Li_{10}GeP_2S_{12}$ 与 $Na_{10}GeP_2S_{12}$ 的晶体结构[220]

$Na_2B_{10}H_{10}$ 和 $Na_2B_{12}H_{12}$ 两种材料的阴离子结构类似,如图7-27 所示[225]。$[B_{10}H_{10}]^-$、$[B_{12}H_{12}]^-$ 体积较大,具有富 Na^+ 空位的亚晶格,存在有序—无序相转变温度,在相转变温度以下,阴、阳离子有序排布,相转变温度以上,阴离子的朝向高度无序化,$Na_2B_{10}H_{10}$ 为无序面心立方,$Na_2B_{12}H_{12}$ 为无序体心立方,Na^+ 可以在 $[B_{10}H_{10}]^-$、$[B_{12}H_{12}]^-$ 形成的宽敞通道中快速移动,$Na_2B_{12}H_{12}$ 在 529K 时电导率为 0.1mS/cm,$Na_2B_{10}H_{10}$ 在 383K 时电导率为 0.01mS/cm[225,226]。

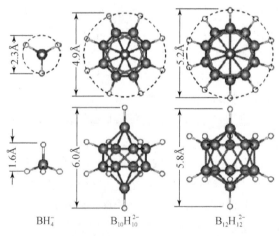

图 7-27　$[B_{10}H_{10}]^-$、$[B_{12}H_{12}]^-$ 阴离子结构[225]

将 $Na_2B_{10}H_{10}$ 和 $Na_2B_{12}H_{12}$ 按一定比例混合后经固相球磨可得 $Na_2B_{10}H_{10}$-$Na_2B_{12}H_{12}$ 准二元钠离子导体,球磨的时间和两种材料的比例决定了准二元体系中无序相的多少,即决定了离子电导率。当 $Na_2B_{10}H_{10}$:$Na_2B_{12}H_{12}$ 质量比为 1:3 时离子电导率最高,303K 时为 $1×10^{-3.5}$ S/cm,比纯的化合物高出 2~3 个数量级[226]。

硼氢化物固体电解质材料具有特殊的离子传输通道、形变性强、密度小,有望成为氧化物和硫化物电解质的竞争对手。

7.3.5　钠离子电池电解质添加剂

除了选择不同的电解质溶剂和钠盐外,一种有效且经济的替代方案是通过引入低浓度的新组分(称为添加剂)来改变电解质的目标功能。这种方法不是完全取代电解质的主要组分,而是可以最小化其对现有电解质的潜在影响。用这种方式,电解质体系的整体优点可以保留,如成本和环境问题几乎没有改变,这是因为其中的新组分可以忽略不计。此外,添加剂可以显著改变目标性质,在界面性质方面尤其明显,这是因为这些添加剂通常在主题电解质的主要组分之前优先参与界面的氧化还原过程。近年来,一些研究人员将含有添加剂的电解质命名为功能性电解质。根据目标功能的不同,电解质添加剂可以分为以下三种不同的类别:①主要用于改善主体电解质中的离子传导性能的添加剂。②用作 SEI 化学修饰的添加剂。③用于防止电池发生过充现象的添加剂。其中关注的重点主要是用于产生有益的 SEI 的添加剂。这些添加剂的 LUMO 能量应低于所用的电解质溶剂和钠盐的阴离子,以便在负极处首先发生还原反应,形成一层薄的 SEI(离子传导,电子绝缘,不溶于电解质)。

氟代碳酸乙烯酯(FEC)、亚硫酸乙烯酯(ES)、碳酸亚乙烯酯(VC)等在锂离子电池当中都是很有效的成膜添加剂,它们可以在负极表面生成一层钝化膜来阻止电解质与负极的反应。但是在钠离子电池中,仅发现添加 FEC 有较好的效果。Komaba 等[227]发现2% FEC 添加到 $NaClO_4$/PC 中可有效提高钠离子电池的可逆容量和容量保持率,原因是加入 FEC 会在负极表面形成 SEI 膜后有效进行 Na^+ 在硬碳中的嵌入,并且抑制 Na 与溶剂 PC 的副反应的发生。Oh 等[228]比较了 1mol/L $NaClO_4$ 在 PC+2% FEC 和甲基乙基砜(EMS)+2% FEC 中电解质的电导率和电化学稳定性。发现 1mol/L $NaClO_4$/EMS+2% FEC 电解质具有更高的电导率、更宽的电化学窗口,负极氧化电位达到 5.6V。将此电解质与正极材料 Na($Ni_{0.25}Fe_{0.5}Mn_{0.25}$)和负极材料碳包覆的 Fe_3O_4 匹配,首周放电容量达到 130mA·h/g,150 周后容量保持率达到 76.1%,库仑效率接近 100%。选择合适的添加剂对于优化电解质与电极的界面性质,钠离子电池的电化学性能具有重要的作用。所以优化钠离子电池中电解质的成分及添加剂以在电极表面产生有利的 SEI 将是未来研究的主要方向。

7.4　钠离子电池产业化分析

7.4.1　引言

能源是人类赖以生存与发展的根本基石。随着人类文明与社会经济的快速发展,传统的能源已无法满足发展的需求。而煤、石油、天然气等作为传统的能源支撑着过去及当今社会的发展,但是所引发的问题也是显而易见的,如温室效应、环境污染等。传统的化石能源有其自身的根本性弊端:效率低、灵活性差、可再生性差。因此,国家强调要做到可持续发展:既满足当代人的需求,又不损害后代人满足其需求的发展,这是一种注重长远经济发展的模式。而可持续发展面临的首要问题便是能源结构的调整。而对能源结构进行调整就需要在长时间的周期内对传统的能源进行一种转型,而这种转型涉及各种传统能源。一些传统能源如风能、太阳能、潮汐能等具有随机性、间歇性等缺点,不适合大规模的应用。如何将大规模的能源储存起来即储能并持续性利用,是当今各个国家的研究重点。

　　储能是指通过设备或者介质将能量储存起来,需要的时候再进行释放。在 2017 年国家发展和改革委员会、国家能源局等五部门联合印发的《关于促进储能技术与产业发展的指导意见》中明确指出,储能是智能电网、可再生能源高占比能源系统、"互联网+"智慧能源的重要组成部分和关键支撑技术。储能是提升传统电力系统灵活性、经济性和安全性的重要手段,是推动主体能源由化石能源向可再生能源更替的关键技术,是构建能源互联网、推动电力体制改革和促进能源新业态发展的核心基础[229]。而目前的储能方式主要分为以下四类:电化学储能、机械储能、相变储能、电磁储能。最具有发展前景的储能方式当属电化学储能,它具有其他储能方式不具备的很多优点,如效率高、持续性、应用灵活。电化学储能历史悠久,从最原始的 Volta 电池,到后面的铅酸蓄电池走向实用化,以及紧随其后的干电池,再到如今走向千家万户的锂离子电池。自"十三五"以来,电化学储能便已进入快速发展阶段,而储能产业也是逐渐从示范应用到商业化发展过渡。根据中关村储能产业技术联盟发布的数据来看,我国在 2000~2017 年电化学储能的累计投运规模已接近390MW,占全球投运规模的 13%,年增长率达到 45%,有望在未来引领全球产业发展[230]。现如今世界各国均已将电化学储能的布局转向锂离子电池、超级电容器、液流电池、钠硫电池。但最具有大规模应用前景的还是锂离子电池,其具有很多优点:循环寿命长、能量密度高、无记忆效应、工作温度范围广。根据中关村储能产业技术联盟发布的数据来看[230],在各类电化学储能技术中,全球的锂离子电池的累计装机占比最大超过 75%,而我国的锂离子电池的累计装机占比最大为 58%。虽然锂离子电池有着诸多优点,累计装机量的占比也超过 50%,但依然存在着电池安全、综合成本及循环寿命等问题[231]。随着我国对新能源汽车的大力推行,尤其是以锂离子电池为主要动力的电动车将来定会占据市场的主要份额,至此将会导致对锂的需求量大大增加。就全球来说,锂资源的储量还是相对丰富的,主要是以碳酸锂的形式存在,而碳酸锂又主要分布在矿石和盐湖中。从 2015 年美国地质局发布的关于锂资源的数据来看,见表 7-6,目前全球已探明的锂资源储量约为 3978 万 t,而全球可开采锂资源储量约为 1350 万 t,主要分布在南美洲、北美洲、亚洲、大洋洲及非洲;中国已探明的锂资源储量约为 540 万 t,占到全球的 13%[232]。若按照近两年的锂资源的平均开采量 3.5 万 t 来计算的话,现有储量也足够开采 385 年,就目前而言锂资源并不稀缺,也并不会影响开采量。即便如此,本着可持续发展的理念,还是要做到居安思危,尽可能地减少对锂资源的依赖,开发资源更多和成本更低的新型储能电池。

表 7-6　2014 年全球锂资源储量(单位:万 t)[232]

国家	储量	探明资源量
中国	350	540
美国	3.8	550
俄罗斯	N/a	100
巴西	4.8	18
玻利维亚	N/a	900
塞尔维亚	N/a	100
智利	750	>750
葡萄牙	6	N/a
加拿大	N/a	100
津巴布韦	2.3	N/a
阿根廷	85	650
刚果(金)	N/a	100
澳大利亚	150	170
总计(大约)	1350	3978

资料来源:U.S. Geological Survey. Mineral commodity summaries [R]. 2015:94~95.

众所周知,相比于锂资源(地壳中储量为 0.065‰),钠的储量可谓是相当丰富,约占地壳储量的 2.75%,而且分布区域广,同时提取也相对较为容易。钠和锂位于元素周期表同一主族,化学性质和物理性质较为相似,见表 7-7。同时,钠离子电池的工作原理与锂离子电池相似,充电时,钠离子从正极经电解液向负极移动,电子经外电路由正极向负极移动,达到电荷平衡;放电时正好相反,钠离子从负极脱嵌而出经电解液向正极移动[233]。在正常充放电的过程中,电极材料的化学结构并不会因为钠离子在正负极间的嵌入/脱出而发生变化。从正常充放电的可逆性来看,钠离子电池发生的化学反应是一种可逆的反应。此外,除了钠资源丰富及分布广和钠离子电池的可逆反应外,钠离子电池中的钠不会与集流体铝发生合金化反应,这样就避免了使用较贵的集流体铜,可以进一步降低电池的成本。虽然钠离子电池有着诸多优点,但缺点也是同时存在的,如金属钠的相对原子质量与离子半径均大于金属锂,这就造成了钠离子电池的能量密度和功率密度都要低于锂离子电池。实际上在大规模储能应用领域中,对电池的能量密度要求不高,主要考虑成本和寿命问题。

因此,大力发展适用于大规模储能应用的钠离子电池要比锂离子电池具有更大的优势和意义。

表 7-7　金属锂与金属钠的基本性质对比

指标	锂	钠
离子半径/Å	0.59	0.99
原子量/(g/mol)	6.9	23
比容量/(mA·h/g)	3829	1165
标准电极电势/V	-3.04	-2.71

实际上在 20 世纪末,世界上主要大国如美国、中国均已出台了一系列的电池技术发展规划,尤其是将钠离子电池技术作为中远期的发展目标。而钠离子电池技术的发展可以借鉴锂离子电池的经验,这主要还是因为钠离子电池与锂离子电池有很多相似之处,如嵌入/脱嵌机理、电极材料的晶体结构与匹配原则。世界上电池技术较为先进的国家如美国和日本早已将钠离子电池技术作为一个基础性和前沿性的研究领域,并且设立专项资金。而中国在钠离子电池技术方面相对落后,必须奋起直追及攻克相关技术与设备。2017 年国家发展和改革委员会、国家能源局等五部门联合印发的《关于促进储能技术与产业发展的指导意见》中强调了要着眼能源产业全局和长远发展需求,紧密围绕改革创新,以机制突破为重点、以技术创新为基础、以应用示范为手段,大力发展"互联网+"智慧能源,促进储能技术和产业发展。要着力推进储能技术装备研发示范、储能提升可再生能源利用水平应用示范、储能提升能源电力系统灵活性稳定性应用示范、储能提升用能智能化水平应用示范、储能多元化应用支撑能源互联网应用示范等重点任务,为构建"清洁低碳、安全高效"的现代能源产业体系,推进我国能源行业供给侧结构性改革、推动能源生产和利用方式变革做出新贡献,同时带动从材料制备到系统集成全产业链发展,为提升产业发展水平、推动经济社会发展提供新动能[234]。然而,大规模储能仍然是处于一个发展的早期阶段,众多因素影响着储能产业的发展,其中一个最重要的就是成本。相比于其他的储能技术,钠离子电池有着很多优势,如安全性高、循环寿命长,当然最主要的还是钠资源储量高。因此,大力发展适用于大规模储能应用的钠离子电池技术具有重要的战略意义。然而,实现钠离子电池在储能技术中大规模应用的关键是电极材料。接下来,将就钠离子电池电极材料包括正极和负极、电解液进行产业化分析。

7.4.2　钠离子电池产业化适应性分析

1. 钠离子电池正极材料

目前针对钠离子电池正极材料的研究主要分为过渡金属氧化物($Na_xMO_2, x \leqslant 1$,

M=过渡金属)、磷酸盐和焦磷酸盐、普鲁士蓝类配合物、硫酸盐和氟化物[235]。含钠过渡金属氧化物(Na_xMO_2, $x \leqslant 1$, M=过渡金属, Co、Mn、Ni、Fe、等)因其能量密度高达 400W · h/kg 而逐渐引起人们的研究兴趣。众所周知,含锂的过渡金属氧化物(Li_xMO_2)已经在锂离子电池中实现了商业化。前已述及,过渡金属氧化物 Na_xMO_2可以分为:层状过渡金属氧化物、隧道型、蜂窝型 Na_xMO_2。而含钠层状氧化物又可以分为:O3 型、P2 型。含钠层状氧化物因制备方法简单(主要以沉淀法为主)、能量密度高(400W · h/kg)、可逆的钠离子嵌入/脱出行为,而成为钠离子电池正极材料的首选。然而,在充放电过程中,O3 型的过渡金属氧化物 Na_xMO_2会经历一个复杂的相转变过程,这会大大降低其容量和循环寿命。此外,O3 型的过渡金属氧化物 Na_xMO_2不能长期存放在空气中,这是因为它们可以和水或者与水/二氧化碳发生反应而进入碱金属层。因此,O3 型的过渡金属氧化物 Na_xMO_2必须保存在惰性气体中,这就无形中增加了生产成本。相反,P2 型化合物可以在广泛的钠含量范围内保持 P2 结构,暗示了 P2 型的过渡金属氧化物 Na_xMO_2在充放电过程中很少经历相转化。不同于含钠层状过渡金属氧化物,隧道型含钠层状过渡金属氧化物在空气中非常稳定。然而,不管是 P2 型还是隧道型的含钠层状过渡金属氧化物,其首周充电容量都较低,使得实际可用的容量都较低。因此,从环境、经济、电化学方面考虑,O3 型的含钠过渡金属氧化物 Na_xMO_2将来很有可能应用在商业化的钠离子电池中。

众所周知,含锂的层状过渡金属氧化物在锂离子电池中已经实现了商业化,这归因于其具有良好的电化学性能。基于此,可以借鉴锂离子电池的经验,对应地去研究含钠的层状过渡金属氧化物(这里主要是指 $O3-Na_xMO_2$)。前已述及,$O3-Na_xMO_2$具有很好的电化学性能。然而,在锂离子电池中使用的这些层状化合物中大都含有相对较贵的且有毒的金属:Ni 和 Co,如果照搬照旧地应用在钠离子电池中,则相应的成本下降空间会很有限。另外,含钠的层状过渡金属氧化物在空气中也不稳定,这无疑又会增加额外的成本,如生产、运输、储存。因此,含有 Ni 和 Co 的含钠过渡金属氧化物不是钠离子电池的首选正极材料。胡勇胜团队[17]研发出了一种可以在空气中稳定存在的且不含有 Ni 和 Co 的含钠过渡金属氧化物 $O3-Na_{0.9}(Cu_{0.22}Fe_{0.30}Mn_{0.48})O_2$。其电化学性能如图 7-28 所示,从图中可以看到其实际比容量可达到100mA · h/g,初始的库仑效率达到了 90.4%,循环 100 周后可以保持初始容量的97%。$O3-Na_{0.9}(Cu_{0.22}Fe_{0.30}Mn_{0.48})O_2$是迄今第一个将 Cu 应用到含钠层状氧化物中的化合物,并提高了平均存储电压,而且避免了与水/氧气/二氧化碳发生反应。此外,还形成了一种新的表面结构和成分可以保护体相材料不与空气直接接触。因此,可以设计含 Cu 的 $O3-Na_xMO_2$,利用 Cu 或者其他非有毒金属来代替 Ni 或 Co,使得其可以在空气中稳定存在,通式可以写成 $Na_a(Cu_{1-x-y-z-d}Fe_xMn_yTi_zD_d)O_2$(D 为掺杂元素,如 Li、Mg、Al 等,$0<x<1$,$0<y<1$,$0 \leqslant z<1$,$0 \leqslant d<1$,$0.6 \leqslant a \leqslant 1$)[17]。由于这类材料不含有毒元素 Ni 和 Co,成本也得以降低,因此不管是从环保还是成本角度来说,

$Na_a(Cu_{1-x-y-z-d}Fe_xMn_yTi_zD_d)O_2$ 都是钠离子电池正极材料的理想选择,其也为将来钠离子电池的产业化奠定了良好的基础。

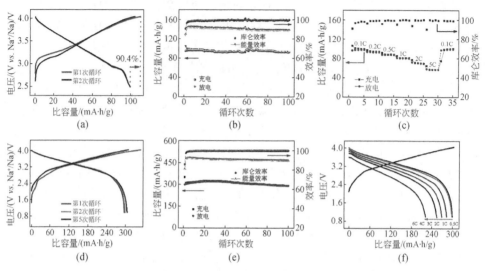

图 7-28　O3-$Na_{0.9}(Cu_{0.22}Fe_{0.30}Mn_{0.48})O_2$ 的电化学性能[17]

针对含钠层状过渡金属氧化物 Na_xMO_2,若是从合成方法来说,目前最主要的合成方法有固相法、溶胶凝胶法、共沉淀法。其中,共沉淀法是最直接的可以按照比例增加量,因为这类方法涉及一步法和均一的溶液。固相法很难混合均匀,经常导致不均匀的产品生成,而溶胶凝胶法在高温下需要一个额外的单独的成胶过程。在这方面,考虑到成本的话,共沉淀法是生产 Na_xMO_2 的最佳选择。

另一种非常具有前景的、有希望应用在商业化钠离子电池中的物质为普鲁士蓝类化合物,其因具有开放式的三维多孔框架结构、高容量、制备方法简单、环境友好、低成本等优点而成为潜在的理想钠离子电池的正极材料。普鲁士蓝类化合物的合成方法主要有两类:水热法和沉淀法,而沉淀法是最常用的,也是最容易产业化的一种方法。普鲁士蓝类化合物不但在组成上没有原料的限制,而且具有较高的比容量,成为钠离子电池产业化的一种理想正极材料的选择。

此外,磷酸盐类化合物作为钠离子电池正极材料,总体上来说,其能量密度低于含钠过渡金属氧化物(Na_xMO_2)和普鲁士蓝类化合物,普遍低于 $400W \cdot h/kg$。除了上述提到的过渡金属氧化物、普鲁士蓝类化合物、磷酸盐类化合物以外,硫酸盐、氟化物、有机化合物也可以作为钠离子电池正极材料。硫酸盐化合物在空气中不稳定,若想成为商业化钠离子电池的候选材料还有很多工作要做,如提高其整体结构稳定性。目前氟化物由于具有高的比容量、低的成本、安全性、低毒性,逐渐应用在钠离子电池正极材料中。氟化物中已经开始研究的有 FeF_3 和 $NaFeF_3$。然而,FeF_3 作为一个电荷载体是没有钠的,因此另一个氟化物 $NaFeF_3$ 被关注得越来越多。但是，NaFeF$_3$的合成涉及不同的氟源：NaF 和 NaHF$_2$，这两种氟化物均是有毒的，这就大大限制了其在商业化钠离子电池中的应用[237]。

　　尽管制造成本是钠离子电池商业化过程中需要考虑的一个因素，但是一些正极材料所体现出高的能量密度是远远超过成本的。基于此，Han 等[51]提出可根据价格对能量密度的比值 R 来判断到底是选择哪种材料：

$$R = \frac{\text{制造成本($)}}{\text{能量密度}(W \cdot h/kg)} \tag{7-4}$$

　　此外，他们列举了若干钠离子电池的正极材料的 R 值，如图 7-29 所示，以及对比了不同金属盐的价格，如表 7-8 所示。从表中可以发现，含有同一金属离子的金属盐价格不等，如 CuCl$_2$(2650 \$/t) 比 CuSO$_4$(1200 \$/t) 的价格约多出一倍，而 CuO 的价格更低(500 \$/t)，由此在选择原材料时应尽量选择价格低的，以最大可能地降低钠离子电池的成本。

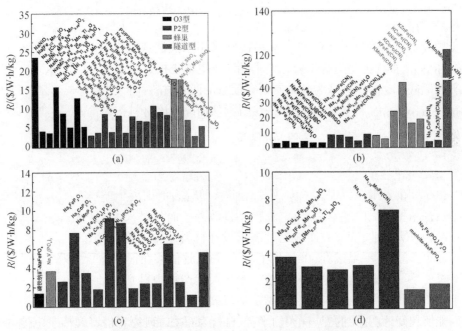

图 7-29　含钠过渡金属氧化物、普鲁士蓝类化合物、磷酸盐类化合物，以及三种材料中具有非常好的性能的 R 值对比图[51]

表 7-8　各种化学原材料的价格

化合物	价格/(\$/t)	化合物	价格/(\$/t)
Na$_2$CO$_3$	100	Li$_2$CO$_3$	5000
NaNO$_3$	120	NiO	8000

续表

化合物	价格/($/t)	化合物	价格/($/t)
MgO	160	$K_3Fe(CN)_6$	1500
Sb_2O_3	7000	$NaCN$	120000
Mn_2O_3	3800	$NaCl$	45
Fe_2O_3	4000	$CuCl_2$	2650
CuO	500	$CuSO_4$	1200
Cr_2O_3	1450	硬醋酸亚铁(Ⅱ)	3500
TiO_2	650	NaH_2PO_4	400
Co_3O_4	18000	$NaH_2PO_4 \cdot H_2O$	1450
CoO	1500	油酸钠	2500
$Co(NO_3)_2$	5000	$NH_4H_2PO_4$	675
$Mn(NO_3)_2 \cdot 4H_2O$	2000	$(NH_4)_2HPO_4$	550
$Ni(NO_3)_2 \cdot 6H_2O$	3000	V_2O_5	1500
$Mg(NO_3)_2 \cdot 6H_2O$	600	$NaHCO_3$	220
$Mn(CH_3COO)_2 \cdot 4H_2O$	900	$FeC_2O_4 \cdot 2H_2O$	100
$Mg(CH_3COO)_2 \cdot 4H_2O$	800	$CoC_2O_4 \cdot 2H_2O$	15000
$Ni(CH_3COO)_2 \cdot 4H_2O$	1300	$MnC_2O_4 \cdot 2H_2O$	1000
$Co(CH_3COO)_2$	2300	$Na_4P_2O_7$	800
$FeSO_4 \cdot 7H_2O$	30	NaF	500
$NiSO_4 \cdot 6H_2O$	2400	CH_3COONa	360
$MnSO_4 \cdot 5H_2O$	300	$MnCO_3$	500
$Zn(NO_3)_2$	250	V_2O_3	800
$Na_4Fe(CN)_6 \cdot 10H_2O$	500	VOC_2O_4	1000

2. 负极

　　众所周知,商业化的锂离子电池负极材料为石墨。研究者借鉴锂离子电池的经验,将石墨应用到钠离子电池中,遗憾的是钠离子无法在石墨层间进行可逆的嵌入与脱出,由此确定石墨并不是未来商业化钠离子电池负极材料的首选材料。研究者们曾试图将碳基材料、金属氧化物、合金材料及有机化合物用作钠离子电池负极材料,但是这些材料也暴露出很多问题,如容量低、循环性差或者在循环过程中发生体积膨胀。在除去上述已报道的钠离子电池负极外,还有一类负极材料——硬炭。实际上硬炭与石墨不同,它是一种无序性材料,并且有着很多优点:较高的可逆比容量、低的储钠电位、循环稳定性高、在电解液中稳定、原料易得且价格低廉[238]。硬炭来源有很多,如常见的酚醛树脂、纤维素、糖类、聚偏二氯乙烯等,但是这些原材料有着或多或少的问题,要么是价格高,产率低,要么是处理过程复杂,在无形中增加了成本。但是,另一种含碳的前驱体——生物质,因成本低、来源广、处理过程简单,而逐渐被人们所研究。通过对生物质进行简单的处理如热解,即可得到具有各种形貌的硬炭材料。如胡勇胜团队[239]通过简单的高温热处理玉米棒得到了适合于钠离子电池应用的负极材料硬炭。当把该材料应用于钠离子电池时,在 0.1C 下容量可高达 298mA·h/g,即使在1C下容量依然可以达到230mA·h/g,循环 100 周后容量保持率为97%。当把这种硬炭负极材料与O3-Na$_{0.9}$(Cu$_{0.22}$Fe$_{0.30}$Mn$_{0.48}$)O$_2$正极进行匹配组装成钠离子全电池时,能量密度达到了 207W·h/kg(基于正极和负极的质量计算得到),即使是在 2C 下依然高达 220mA·h/g,同时有着很好的循环稳定性,如图 7-30 所示。此外,胡勇胜团队[240]还通过简单的高温热处理正交无烟煤得到了硬炭负极材料,该原材料成本低、安全且是通过简单的一步热处理制得的,当和 Na$_{0.9}$(Cu$_{0.22}$Fe$_{0.30}$Mn$_{0.48}$)O$_2$正极材料组装成软包电池时,其能量密度高达 100W·h/kg,同时还有非常好的倍率性能和循环性能,如图 7-31 所示。这为将来实现环境友好、性能优异、成本低廉的商业化钠离子电池带来了曙光。

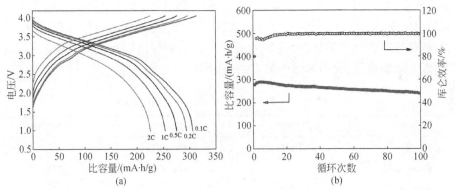

图 7-30　硬炭负极和 Na$_{0.9}$(Cu$_{0.22}$Fe$_{0.30}$Mn$_{0.48}$)O$_2$正极组装成钠离子全电池时的电化学性能[239]

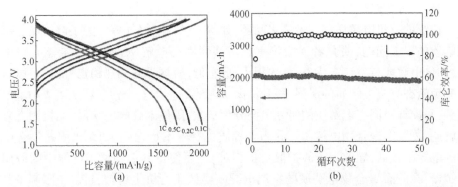

图 7-31　硬炭负极与 Na$_{0.9}$(Cu$_{0.22}$Fe$_{0.30}$Mn$_{0.48}$)O$_2$正极组装成软包电池时的电化学性能[240]

目前,还没有找到可以完全适用于商业化钠离子电池中的负极材料。虽然生物质来源广、成本低、处理过程简单,但是截止到现在也没有合适的硬炭负极材料。即使找到合适的硬炭负极材料在钠离子半电池中表现出优异的性能,但是若想匹配合适的正极材料应用在钠离子全电池中,以期完全实现商业化,这中间依然有着一段路要走。

3. 电解质

1)有机电解质

目前商业化锂离子电池采用的是有机电解质,而根据锂离子电池的研究经验,钠离子电池选用的也是有机电解质。选择合适的电解质不但对电池的整体性能有帮助,而且对电池的安全也是尤为重要的。在 7.4.2 小节已经提到,常用的有机溶剂主要为:碳酸乙烯酯、碳酸丙烯酯、碳酸二乙酯、碳酸二甲酯,常用的钠盐主要是高氯酸钠($NaClO_4$)、六氟磷酸钠($NaPF_6$)。但是有机电解质的缺点也很明显,就是具有可燃性,很容易发生爆炸;此外,有机电解液还会腐蚀钠电极,因此常会在电解液中添加成膜剂以改善这种情况。因此,从实际应用考虑,既要电解质具备高安全,以及满足电化学性能需求,同时也要价格低廉。此外,通过对比钠盐和有机溶剂的价格,发现价格有很大的差异,见表 7-9。因此,为了更好地匹配钠离子电池的商业化应用,既要考虑价格,又需考虑电解质的适配性。

表 7-9　钠离子电池常用钠盐和溶剂的价格

产品	价格(RMB/t)	产品	价格(RMB/t)
高氯酸钠	16000	碳酸二甲酯	5000
碳酸丙烯酯	8500	碳酸二乙酯	15000
碳酸乙烯酯	9000		

2)固态电解质

传统的有机电解质存在着诸多问题,如漏液、燃烧、爆炸等。为了解决液态有机电解质的以上问题,研究者逐渐将重点转移到固态电解质。相比于液态有机电解质,固体电解质有着诸多优点,如体积小、成本低、机械强度和热稳定性好,可以有效地避免液态有机电解质的泄漏,提升钠离子电池的整体安全性。在 7.4.2 小节已经说到,目前针对固态电解质的研究主要分为三类:固体聚合物电解质、无机固态复合电解质、凝胶态聚合物电解质。固态电解质也有着不足之处,如无机固态复合电解质的电导率较低,导致离子的扩散变得困难,进而使得其在钠离子电池中的应用变得缓慢,凝胶态聚合物电解质的室温电导率要低于有机电解液,进一步限制了其在钠离子电池中的应用。目前,对于钠离子固态电解质的研究相对较少,但是由于其有着比液态有机电解质更高的安全性,其依然是商业化钠离子电池的一个重要选择。就现阶段而言,固态锂离子电池还未完全商业化,其成本也是非常昂贵(1mA·h 大约为 25 美元)的,若想工业化量产大容量固态电池还是非常困难的。考虑到固态锂离子电池的艰难,再加上钠离子电池还没有实现商业化,因而对于固态钠离子电池来说,依然有着很长的一段路要走。

3) 水系电解质

相比于液态有机电解质,水作为电解质溶剂的钠离子电池则因有着诸多优点而受到广泛的关注,如成本更低、安全性更高、环境友好。有很多的钠离子电池电极材料的氧化还原电位位于水稳定电压窗口内,从安全性考虑来说,再加上钠元素的资源优势,使用水溶液作为钠离子电池电解质,水系钠离子电池可以进一步使电池的整体成本降低,可以成为未来的一种发展方向。此外,考虑到水系锂离子电池的生产工艺简单,因此水系钠离子电池的生产工艺也会简单,其次针对电池回收后的处理,在此基础上综合成本也会降低很多。但是,使用水溶液作电解质会使钠离子电池的能量密度和功率密度大打折扣,而且水系电解质目前还处于起步研究阶段,还有很多问题有待解决,如副反应的发生(包括氢气和氧气的析出),电化学窗口较窄。若想发展稳定的水系电解质,还要有与其匹配的电极材料。鉴于现阶段水系锂离子电池还没有实现完全商业化,虽然目前恩力能源科技有限公司经过 5 年的技术攻关,准备进入量产阶段,但是考虑到钠离子电池的整体技术还处于在研阶段,想要对水系钠离子电池实现弯道超车,难度还是有的。

7.4.3　钠离子电池成本分析

自进入"十三五"规划以来,储能技术,尤其是以电化学储能技术为代表的储能技术已进入快速发展期,储能产业也已经从示范应用向商业化发展过渡,其中锂离子电池引领了储能产业的发展。就现阶段而言,全球每年对锂的需求量约为 3.25 万 t,预计到 2050 年,全球对锂的需求量将达到 4 万~50 万 t,由此可以判断到了 2050 年,全球的锂资源的供应量将会变得紧张。中国是电动车的消耗大国,也是生产大国,每年消耗大量的锂资源,2016 年底中国锂电池的产能都超过了 100GW,而 1GW 大约消耗 1 万 t 锂盐,那么 100GW 就是 10 万 t 锂盐。如果以碳酸锂当量来计算,2017 年中国碳酸锂当量的使用大约为 11 万 t,2018 年预计碳酸锂当量的使用为 19.38 万 t。由此可见,未来不仅是我国,全球对于锂资源的需求也只会是逐渐增加的,这会进一步加速锂资源的消耗,这时就要考虑别的电池体系了,如钠离子电池。钠盐的储量很丰富,而且原料易得。但是在实际储能应用中,不仅要考虑资源储量及能量密度,还要考虑成本,因为这关系到储能技术能否大规模应用。在考虑钠离子电池成本时,可以借鉴锂离子电池,当两者具有同样的容量和相似的生产工艺时,其在成本方面的差异主要取决于电芯的原材料和用量。在这里,参考胡勇胜团队[236]的计算方式,其中钠离子电池正极材料为 $Na_{0.9}(Cu_{0.22}Fe_{0.30}Mn_{0.48})O_2$,负极为硬炭,见表 7-10、表 7-11 和表 7-12。从表中可以看出,以 100Ah 的电芯作为计算基准,可以看到磷酸铁锂/石墨电芯的原材料总价为 143.89 元,电芯的原材料总价为 125.58 元,而 $Na_{0.9}(Cu_{0.22}Fe_{0.30}Mn_{0.48})O_2$/硬炭电芯的原材料总价为 101.56 元。从成本上来看,钠离子电池的成本最低。如图 7-32 所示,如果从单位能量成本来看,磷酸铁锂/石墨电池的工作电压为 3.2V,则单位能量成本为 0.45 元/W·h;如图 7-33 所示,锰酸锂/石墨电池的工作电压略高,为 3.8V,而单位能量成本则为 0.33 元/W·h;如图7-34所示,$Na_{0.9}(Cu_{0.22}Fe_{0.30}Mn_{0.48})O_2$/硬碳电池的工作电压为 3.2V,而单位能量成本则是 0.32 元/W·h。相比于以上两种电池,钠离子电池成本上的优势非常明显。自 2017 年以来,磷酸铁锂的市场主流成交价格已从 10 万元/t 降到了 7.5 万元/t,虽然磷酸铁锂的价格一直在降,但是其单位能量成本仍然是高于钠离子电池的。而锰酸锂的市场主流平均成交价格已从 6 万元/t 涨到了 7 万元/t(普通容量的锰酸锂价格在 5 万元/t 左右,中高端的锰酸锂价格在 6 万 ~7 万元左右,而动力型的锰酸锂价格在 6.5 万 ~8 万元不等,受碳酸锂的市场影响,未来一段时间仍然会上涨)。从正极材料来看,磷酸铁锂和锰酸锂的成本百分比均超过了 35% ,而唯独 $Na_{0.9}(Cu_{0.22}Fe_{0.30}Mn_{0.48})O_2$ 的成本百分比低于 30% ,一方面锂盐的价格在上涨及未来锂资源的短缺问题将会凸现出来均会使得锂离子电池正极材料的成本上涨,另一方面钠盐的成本低及钠资源的丰富性均可以降低钠离子电池正极材料的成本。

表 7-10　100Ah 磷酸铁锂/石墨电芯原材料成本计算

材料	规格	单位	总用量	质量分数 /%	单价/元	总价/元	成本占比/%
磷酸铁锂(正极)		kg	0.714	35.2	75	53.55	37.21
炭黑(正极)	Super P	kg	0.031	1.53	8.23	0.255	0.18
黏结剂(正极)	PVDF	kg	0.031	1.53	8.25	0.256	0.18
铝箔(正极)	0.02mm×500mm	kg	0.129	6.34	28	3.6	2.50
隔膜(负极)		m²	5	2.46	3.5	17.5	12.16
电解质	六氟磷酸锂	kg	0.5	24.64	40	20	13.90
石墨(负极)		kg	0.333	16.43	80	26.64	18.51
炭黑(负极)	Super P	kg	0.014	0.71	8.23	0.115	0.08
黏结剂(负极)	LA132	kg	0.014	0.71	40	0.58	0.40
铜箔(负极)	0.006mm×500mm	kg	0.214	10.51	100	21.4	14.87
合计						143.896	100

表 7-11　100Ah 锰酸锂/石墨电芯原材料成本计算

材料	规格	单位	总用量	质量分数 /%	单价/元	总价/元	成本占比/%
锰酸锂(正极)		kg	0.952	45.16	50	47.6	37.84
炭黑(正极)	Super P	kg	0.041	1.96	8.23	0.34	0.27

材料	规格	单位	总用量	质量分数/%	单价/元	总价/元	成本占比/%
黏结剂（正极）	PVDF	kg	0.041	1.96	8.25	0.34	0.27
铝箔（正极）	0.02mm×500mm	kg	0.103	4.88	28	2.88	2.29
隔膜		m²	4	1.9	3.5	14	11.15
电解质	六氟磷酸锂	kg	0.4	18.97	40	16	12.74
石墨（负极）		kg	0.333	15.81	80	26.64	21.21
炭黑（负极）	Super P	kg	0.014	0.69	8.23	0.12	0.1
黏结剂（负极）	LA132	kg	0.014	0.69	40	0.56	0.45
铜箔（负极）	0.006mm×500mm	kg	0.171	8.09	100	17.1	13.62
合计						125.58	100

表 7-12　100Ah 钠离子电池电芯原材料成本计算

材料	规格	单位	总用量	质量分数/%	单价/元	总价/元	成本占比/%
Na-Cu-Fe-Mn-O（正极）		kg	1	43.87	30	30	29.54
炭黑（正极）	Super P	kg	0.043	1.07	8.23	0.35	0.34
黏结剂（正极）	PVDF	kg	0.043	1.07	8.25	0.35	0.34
铝箔（正极）	0.02mm×500mm	kg	0.108	4.65	28	3.02	2.97
隔膜		m²	4.2	1.81	3.5	14.7	14.47
电解质	六氟磷酸钠	kg	0.5	21.53	50	25	24.62
无定形碳（负极）		kg	0.44	18.95	55	24.2	23.83
炭黑（负极）	Super P	kg	0.019	0.82	8.23	0.16	0.16
黏结剂（负极）	LA132	kg	0.019	0.82	40	0.76	0.75
铝箔（负极）	0.02mm×500mm	kg	0.108	4.65	28	3.02	2.97
合计						101.56	100

　　就目前而言，锂离子电池已经进入一个快速的发展期，不管是技术还是产业化程度都已经相对成熟。当然要实现成本与性能两者之间的平衡，困难还是有的，因为不管是通过优化各种参数还是通过技术来进行成本压缩，成本能够下降的空间已经很有限了。而钠离子电池就不同了，目前只是选择了一种有可能商业化的正极材料，其成本就已经低于常规的锂离子电池，将来一定可以研发出成本更低的钠离子电池正极材料，同时还可以通过优化参数来降低成本。此外，选择合适的硬炭负极前驱体还可以进一步压缩成本。

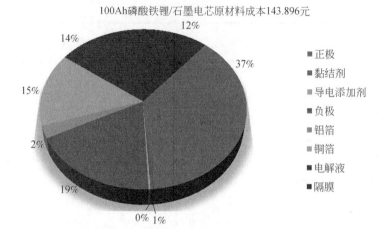

图7-32　100Ah 磷酸铁锂/石墨电芯原材料成本

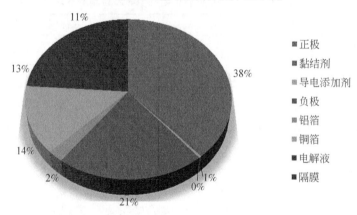

图7-33　100Ah 锰酸锂/石墨电芯原材料成本

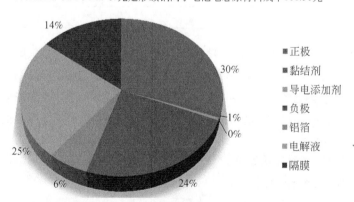

图7-34　100Ah Na-Cu-Fe-Mn-O/无定形碳钠离子电池电芯原材料成本

7.4.4　前景和展望

发展新能源是未来实现可持续发展的必然趋势,目前中国已经在全球能源领域中占据着多个第一,如中国已是全球最大的可再生能源生产和消费国及可再生能源投资国,中国的核电在建规模世界第一,中国的风电、水电、太阳能光伏发电装机规模跃居世界第一,最重要的是中国已是全球最大的新能源生产和消费国[241]。以上这些说明中国正逐渐摆脱石油、煤炭等化石能源,转而发展可再生能源。根据国家发展和改革委员会、国家能源局发布的数据显示,我国的煤炭产量在 2016 年同比下降 9.4%,原油产量也同比下降 7.3%;但是太阳能发电量及风力发电量分别同比增长 69% 和 29.4%。虽然风能、太阳能等属于可再生能源,但是其天生缺乏稳定性。若是直接把风电、水电、太阳能等可再生能源产生的电并入电网,则有很大的可能会给电网系统产生不可避免的冲击,这时便需要建立一个包括储能技术在内的智能电网。在国家发展和改革委员会、国家能源局等五部门联合印发的《关于促进储能技术与产业发展的指导意见》中明确提出了,储能是智能电网、可再生能源高占比能源系统、“互联网+”智慧能源的重要组成部分和关键支撑技术,该指导意见指出了我国未来十年的储能发展的目标和重点任务[229]。从《关于促进储能技术与产业发展的指导意见》中可以看出,储能是目前智能电网及能源互联网发展的必要技术。储能技术与能源、交通、电力等多个行业的发展息息相关。随着电动汽车的快速发展及智能电网的建设,世界各国对储能技术的研究也日益加强,同时,大规模储能技术也成为很多国家的战略方针。

根据中关村储能产业技术联盟发布的数据来看,截至 2017 年年底,全球已经投入运行的储能项目累计装机规模达到了 175.4GW,同比增长 4%[230]。其中,需要注意的是抽水蓄能的累计装机规模仍然占据着最大比例,达到了 96%。而中国已经投入运行的储能项目累计装机规模达到了 28.9GW,同比增长 19%;但是中国的抽水蓄能的累计装机规模占比达到了 99%。而在电化学储能方面,全球的累计装机规模达到了 2926.6MW,仅次于抽水蓄能;而中国的电化学累计装机规模为 389.8MW,同比增长了 45%。在各类的电化学储能技术中,锂离子电池在全球的累计装机规模占比超过了 75%;而中国的锂离子电池的累计装机占比为 58%。仅在 2017 年,全球新增的投入运行的电化学储能装机规模达到了 914.1MW,同比增长 23%;而新增规划及在建的电化学储能项目的装机规模达到了 3063.7MW。而中国在 2017 年新增的投入运行的电化学储能项目的装机量达到了 121MW,同比增长 16%;而新增规划及在建的电化学储能项目的装机规模达到了 705.3MW。预计在短期内,不管是世界其他国家还是中国,电化学储能项目的装机量将继续保持增长。

2017 年 10 月 11 日,由国家发展和改革委员会、国家能源局等五部门联合印发的《关于促进储能技术与产业发展的指导意见》中已经明确强调:要着眼能源产业全局和长远发展需求,紧密围绕改革创新,以机制突破为重点、以技术创新为基础、以应用示范为手段,大力发展"互联网+"智慧能源,促进储能技术和产业发展[229]。要着力推进储能技术装备研发示范、储能提升可再生能源利用水平应用示范、储能提升能源电力系统灵活性稳定性应用示范、储能提升用能智能化水平应用示范、储能多元化应用支撑能源互联网应用示范等重点任务,为构建"清洁低碳、安全高效"的现代能源产业体系,推进我国能源行业供给侧结构性改革、推动能源生产和利用方式变革做出新贡献,同时带动从材料制备到系统集成全产业链发展,为提升产业发展水平、推动经济社会发展提供新动能。由此可以看出我国高度重视储能研究开发与"互联网+"智慧能源,储能电池也迎来了全新的挑战和发展。

目前,中国的储能电池还是主要以锂离子电池、铅酸蓄电池及液流电池为主,其他储能技术还处于发展阶段。对于钠离子电池来说,其目前还处于研究阶段,距离商业化还有一段路要走。而钠离子电池完全可以借鉴锂离子电池的工艺生产,以实现快速发展。最重要的是钠离子电池的材料具有无毒、价低及环境友好等优点,完全具有商业化和可持续发展的优势。

2017 年 12 月 27 日,由中国电子新能源(武汉)研究院研发试制的 48V 10A·h 钠离子电池组已经成功实现在电动自行车上的示范应用,2018 年 6 月 8 日首辆钠离子电池低速电动车在中国科学院物理研究所园区内示范演示,这些成果将钠离子电池的商业化向前推进了很大一步[242,243]。尽管目前已经有了钠离子电池的示范应用,但我们还是要清楚地认识到要想实现钠离子电池的商业化还有很长一段路要走。钠离子电池的商业化不仅涉及正负极材料,还有电解质,以及要构筑稳定的电极/电解质界面。储能技术及智能电网已经上升为国家战略,我们相信随着对电极材料及电池体系的优化,钠离子电池有望和锂离子电池一样在未来的储能技术领域中占据一席之地。

参 考 文 献

[1] Larcher D, Tarascon J M. Towards greener and more sustainable batteries for electrical energy storage. Nature Chemistry, 2015,7 (1): 19-29.

[2] Hwang J Y, Myung S T, Sun Y K, et al. Sodium-ion batteries: present and future. Chemical Society Reviews, 2017,46 (12): 3529-3614.

[3] Pan H, Hu Y S, Chen L. Room-temperature stationary sodium-ion batteries for large-scale electric energy storage. Energy and Environmental Science, 2013,6(8): 2338.

[4] Delmas C, Fouassier C, Hagenmuller P. Structural classification and properties of the layered oxides. Physica B, 1980,99 (1): 81-85.

[5] Ma X, Chen H, Ceder G. Electrochemical properties of monoclinic NaMnO$_2$. Journal of the Electrochemical Society, 2011,158 (2): 1307.

[6] Yabuuchi N, Kubota K, Dahbi M, et al. Research development on sodium-ion batteries. Chemical Reviews, 2014,114 (23): 11636-11682.

[7] Shacklette L W, Jow T R, Townsend L. Rechargeable electrodes from sodium cobalt bronzes.

Journal of the Electrochemical Society, 1988,135 (11): 2669-2674.

[8] Masquelier C, Croguennec L. Polyanionic (phosphates, silicates, sulfates) frameworks as electrode materials for rechargeable Li (or Na) batteries. Chemical Reviews, 2013,113 (8): 6552-6591.

[9] Yabuuchi N, Yoshida H, Komaba S. Crystal structures and electrode performance of alpha-NaFeO$_2$ for rechargeable sodium batteries. Electrochemistry Tokyo, 2012,80 (10): 716-719.

[10] Yoshida H, Yabuuchi N, Komaba S. NaFe$_{0.5}$Co$_{0.5}$O$_2$ as high energy and power positive electrode for Na-ion batteries. Electrochemistry Communications, 2013,34 (5): 60-63.

[11] Delmas C, Braconnier J J, Fouassier C, et al. Electrochemical intercalation of sodium in Na$_x$CoO$_2$ bronzes. Solid State Ionics, 1981,3 (8): 165-169.

[12] Berthelot R, Carlier D, Delmas C. Electrochemical investigation of the P2-Na$_x$CoO$_2$ phase diagram. Nature Materials, 2011,10 (1): 74-80.

[13] Matsui M, Mizukoshi F, Imanishi N. Improved cycling performance of P2-type layered sodium cobalt oxide by calcium substitution. Journal of Power Sources, 2015,280: 205-209.

[14] Yabuuchi N, Kaiiyama M, Iwatate J, et al. P2-type Na$_x$(Fe$_{1/2}$Mn$_{1/2}$)O$_2$ made from earth-abundant elements for rechargeable Na batteries. Nature Materials, 2012,11 (6): 512-517.

[15] Niu C, Meng J, Wang X, et al. General synthesis of complex nanotubes by gradient electrospinning and controlled pyrolysis. Nature Communications, 2015,6: 7402.

[16] Li Y, Yang Z, Xu S, et al. Air-stable copper-based P2-Na$_{7/9}$Cu$_{2/9}$Fe$_{1/9}$Mn$_{2/3}$O$_2$ as a new positive e-lectrode material for sodium-ion batteries. Advanced Science, 2015,2 (6): 1500031.

[17] Mu L, Xu S, Li Y, et al. Prototype sodium-ion batteries using an air-stable and Co/Ni-Free O3-layered metal oxide cathode. Advanced Materials, 2016,27 (43): 6928-6933.

[18] Hu Y S, Li Y Qi X, et al. Advanced sodium-ion batteries using superior low cost pyrolyzed anthracite anode. Energy Storage Materials, 2016,5: 191-197.

[19] Sauvage F, Laffont L, Tarascon J M, et al. Study of the insertion/deinsertion mechanism of sodium into Na$_{0.44}$MnO$_2$. Inorganic Chemistry, 2010,46 (8): 3289-3294.

[20] Cao Y, Xiao L, Wang W, et al. ChemInform abstract: reversible sodium ion insertion in single crystalline manganese oxide nanowires with long cycle life. Advanced Materials, 2011,23 (28): 3155-3160.

[21] Wang Y, Liu J, Lee B, et al. Ti-substituted tunnel-type Na$_{0.44}$MnO$_2$ oxide as a negative electrode for aqueous sodium-ion batteries. Nature Communications, 2015,6: 6401.

[22] Xu S, Wang Y, Ben L, et al. Fe-based tunnel-type Na$_{0.61}$(Mn$_{0.27}$Fe$_{0.34}$Ti$_{0.39}$)O$_2$ designed by a new strategy as a cathode material for sodium-ion batteries. Advanced Energy Materials, 2016, 5 (22): 1501156.

[23] Tarascon J M, Armand M. Issues and challenges facing rechargeable lithium batteries. Nature, 2001, 414 (6861): 359-367.

[24] Padhi A K, Nanjundaswang K S, Goodenough J B, et al. Effect of structure on Fe^{3+}/Fe^{2+} redox couple in Iron phosphates. Journal of the Electrochemical Society, 1997,144 (5): 1609-1613.

[25] Ni Q, Bai Y, Wu F, et al. Polyanion-type electrode materials for sodium-ion batteries. Advanced Science, 2017,4(3): 1600275.

[26] Guo S P, Li J C, Xu Q T, et al. Recent achievements on polyanion-type compounds for sodium-ion batteries: syntheses, crystal chemistry and electrochemical performance. Journal of Power Sources, 2017, 361: 285-299.

[27] Barpanda P, Lander L, Nishimura S I, et al. Polyanionic insertion materials for sodium-ion batteries. Advanced Energy Materials, 2018: 1703055.

[28] Poul N L, Baudrin E, Morcrette M, et al. Development of potentiometric ion sensors based on insertion materials as sensitive element. Solid State Ionics, 2003, 159 (1): 149-158.

[29] Fang Y, Liu Q, Xiao L, et al. High-performance olivine NaFePO$_4$ microsphere cathode synthesized by aqueous electrochemical displacement method for sodium ion batteries. ACS Applied Materials and Interfaces, 2015, 7(32): 17977.

[30] Kim J, Seo D H, Kim H, et al. Unexpected discovery of low-cost maricite NaFePO$_4$ as a high-performance electrode for Na-ion batteries. Energy and Environmental Science, 2015, 8 (2): 540-545.

[31] Liu Y, Zhan N, Wang F, et al. Approaching the downsizing limit of maricite NaFePO$_4$ toward high-performance cathode for sodium-ion batteries. Advanced Functional Materials, 2018, 28(30): 1801917.

[32] Saravanan K, Mason C W, Rudola A, et al. The first report on excellent cycling stability and superior rate capability of Na$_3$V$_2$(PO$_4$)$_3$ for sodium ion batteries. Advanced Energy Materials, 2013, 3 (4): 444-450.

[33] Fang Y, Xiao L, Ai X, et al. Hierarchical carbon framework wrapped Na$_3$V$_2$(PO$_4$)$_3$ as a superior high-rate and extended lifespan cathode for sodium-ion batteries. Advanced Materials, 2015, 27 (39): 5895-5900.

[34] Li H, Tang H, Ma C, et al. Understanding the electrochemical mechanisms induced by gradient Mg^{2+} distribution of Na-rich Na$_{3+x}$V$_{2-x}$Mg$_x$(PO$_4$)$_3$/C for sodium ion batteries. Chemistry of Materials, 2018, 30 (8): 2498-2505.

[35] Kim H, Shakoor R A, Lim S Y, et al. Na$_2$FeP$_2$O$_7$ as a promising iron-based pyrophosphate cathode for sodium rechargeable batteries: a combined experimental and theoretical study. Advanced Functional Materials, 2013, 23 (9): 1147-1155.

[36] Park C S, Kim H, Shakoor R A, et al. Anomalous manganese activation of a pyrophosphate cathode in sodium ion batteries: a combined experimental and theoretical study. Journal of the American Chemical Society, 2013, 135 (7): 2787-2792.

[37] Clark J M, Barpanda P, Yamada A, et al. Sodium-ion battery cathodes Na$_2$FeP$_2$O$_7$ and Na$_2$MnP$_2$O$_7$: diffusion behaviour for high rate performance. Journal of Materials Chemistry A, 2014, 2 (30): 11807.

[38] Deng C, Zhang S, Zhao B. First exploration of ultrafine Na$_7$V$_3$(P$_2$O$_7$)$_4$ as a high-potential cathode material for sodium-ion battery. Energy Storage Materials, 2016, 4: 71-78.

[39] Tereshchenko I V, Aksyonov D A, Drozhzhin O A, et al. The role of semilabile oxygen atoms for intercalation chemistry of the metal-ion battery polyanion cathodes. Journal of the American Chemical Society, 2018, 140 (11): 3994-4003.

[40] Ko J S, Doan-Nguyen V V T, Kim H S, et al. High-rate capability of Na_2FePO_4F nanoparticles by enhancing surface carbon functionality for Na-ion batteries. Journal of Materials Chemistry A, 2017, 5 (35): 18707-18715.

[41] Xu M, Cheng C-J, Sun Q-Q, et al. A 3D porous interconnected $NaVPO_4F/C$ network: preparation and performance for Na-ion batteries. RSC Adv, 2015, 5 (50): 40065-40069.

[42] Park Y-U, Seo D W, Kim H, et al. A family of high-performance cathode materials for Na-ion batteries, $Na_3(VO_{1-x}PO_4)_2F_{1+2x}(0 \leqslant x \leqslant 1)$: combined first-principles and experimental study. Advanced Functional Materials, 2014, 24 (29): 4603-4614.

[43] Ellis B L, Makahnouk WRM Makimura Y, et al. A multifunctional 3.5V iron-based phosphate cathode for rechargeable batteries. Nature Materials, 2007, 6 (10): 749-753.

[44] Smiley D L, Goward G R. Ex situ ^{23}Na solid-state NMR reveals the local Na-ion distribution in carbon-coated Na_2FePO_4F during electrochemical cycling. Chemistry of Materials, 2016, 28 (21): 7645-7656.

[45] Park Y U, Seo D H, Kwon H S, et al. A new high-energy cathode for a Na-ion battery with ultrahigh stability. Journal of the American Chemical Society, 2013, 135 (37): 13870-13878.

[46] Li C, Shen M, Hu B, et al. High-energy nanostructured $Na_3V_2(PO_4)_2O_{1.6}F_{1.4}$ cathode for sodium-ion batteries and a new insight into its redox chemistry. Journal of Materials Chemistry A, 2018, 6(18): 8340-8348.

[47] Guo J Z, Wang P F, Wu X L, et al. High-energy/power and low-temperature cathode for sodium-ion batteries: in situ XRD study and superior full-cell performance. Advanced Materials, 2017, 29(33): 1701968.

[48] Barpanda P, Oyama G, Nishimura S I, et al. A 3.8V earth-abundant sodium battery electrode. Nature Communications, 2014, 5: 4358.

[49] Singh P, Shiva K, Celio H, et al. Eldfellite, $NaFe(SO_4)_2$: an intercalation cathode host for low-cost Na-ion batteries. Energy and Environmental Science, 2015, 8 (10): 3000-3005.

[50] Lu Y, Wang L, Cheng J, et al. Prussian blue: a new framework of electrode materials for sodium batteries. Chemical Communications, 2012, 48 (52): 6544-6546.

[51] Li W J, Han C, Wang W, et al. Commercial prospects of existing cathode materials for sodium ion storage. Advanced Energy Materials, 2017, 7(24): 1700274.

[52] You Y, Wu X L, Yin Y X, et al. High-quality Prussian blue crystals as superior cathode materials for room-temperature sodium-ion batteries. Energy and Environmental Science, 2014, 7 (5): 1643-1647.

[53] You Y, Yu X, Yin Y, et al. Sodium iron hexacyanoferrate with high Na content as a Na-rich cathode material for Na-ion batteries. Nano Research, 2014, 8 (1): 117-128.

[54] Wang L, Lu Y, Liu J, et al. A superior low-cost cathode for a Na-ion battery. Angewandte Chemie International Edition, 2013, 52 (7): 1964-1967.

[55] Song J, Wang L, Lu Y, et al. Removal of interstitial H_2O in hexacyanometallates for a superior cathode of a sodium-ion battery. Journal of the American Chemical Society, 2015, 137 (7): 2658-2664.

[56] Lee H W, Wang R Y, Pasta M, et al. Manganese hexacyanomanganate open framework as a high-

capacity positive electrode material for sodium-ion batteries. Nature Communications, 2014, 5: 5280.

[57] Zhao Q, Lu Y, Chen J. Advanced organic electrode materials for rechargeable sodium-ion batteries. Advanced Energy Materials, 2017,7(8): 1601792.

[58] Xiang X, Zhang K, Chen J. Recent advances and prospects of cathode materials for sodium-ion batteries. Advanced Materials, 2015,27 (36): 5343-5364.

[59] Lee M, Hong J, Lopei J, et al. High-performance sodium-organic battery by realizing four-sodium storage in disodium rhodizonate. Nature Energy, 2017,2(11): 861.

[60] Wang C, Fang Y, Xu Y, et al. Manipulation of disodium rhodizonate: factors for fast-charge and fast-discharge sodium-ion batteries with long-term cyclability. Advanced Functional Materials, 2016,26 (11): 1777-1786.

[61] Wang S, Wang L, Zha Z, et al. All organic sodium-ion batteries with $Na_4C_8H_2O_6$. Angewandte Chemie, 2014,53 (23): 5892-5896.

[62] Zhao R, Zhu L, Cao Y, et al. An aniline-nitroaniline copolymer as a high capacity cathode for Na-ion batteries. Electrochemistry Communications, 2012,21: 36-38.

[63] Sakaushi K, Hosono E, Nickerl G, et al. Aromatic porous-honeycomb electrodes for a sodium-organic energy storage device. Nature Communications, 2013,4: 1485.

[64] Shen Y F, Yuan D D, Ai X P, et al. Poly (diphenylaminesulfonic acid sodium) as a cation-exchanging organic cathode for sodium batteries. Electrochemistry Communications, 2014, 49(49): 5-8.

[65] Xu F, Wang H, Lin J, et al. Poly (anthraquinonyl imide) as a high capacity organic cathode material for Na-ion batteries. Journal of Materials Chemistry A, 2016,4(29): 11491-11497.

[66] Su C H, Eun G B, Heatsall, et al. Non-crystalline oligopyrene as a cathode material with a high-voltage plateau for sodium ion batteries. Journal of Power Sources, 2014,254 (15): 73-79.

[67] Zhou M, Xiong Y, Cao Y, et al. Electroactive organic anion-doped polypyrrole as a low cost and renewable cathode for sodium-ion batteries. Journal of Polymer Science Part B: Polymer Physics, 2013,51 (2): 114-118.

[68] Ge P, Fouletier M. Electrochemical intercalation of sodium in graphite. Solid State Ionics, 1988, 28: 1172-1175.

[69] Doeff M, Ma Y, Visco S J, M et al. Electrochemical insertion of sodium into carbon. Journal of the Electrochemical Society, 1993,140 (12): 169-170.

[70] Cao Y, Xiao L, Sushko M L, et al. Sodium ion insertion in hollow carbon nanowires for battery applications. Nano Letters, 2012,12 (7): 3783-3787.

[71] Wen Y, He K, Zhu Y, et al. Expanded graphite as superior anode for sodium-ion batteries. Nature Communications, 2014,5: 4033.

[72] Luo W, Jian Z, Xing Z, et al. Electrochemically expandable soft carbon as anodes for Na-ion batteries. ACS central science, 2015,1(9): 516-522.

[73] Xing Z, Qi Y, Jian Z, et al. Polynanocrystalline graphite: a new carbon anode with superior cycling performance for K-ion batteries. ACS Applied Materials and Interfaces, 2016,9 (5): 4343-4351.

[74] Nobuhara K, Nakayama H, Nose M, et al. First-principles study of alkali metal-graphite

intercalation compounds. Journal of Power Sources, 2013,243: 585-587.

[75] Okamoto Y. Density functional theory calculations of alkali metal (Li, Na and K) graphite intercalation compounds. The Journal of Physical Chemistry C, 2013,18 (1): 16-19.

[76] Liu Y, Merinov B V, Goddard W A. Origin of low sodium capacity in graphite and generally weak substrate binding of Na and Mg among alkali and alkaline earth metals. Proceedings of the National Academy of Sciences, 2016,113 (14): 3735-3739.

[77] Jache B, Adelhelm P. Use of graphite as a highly reversible electrode with superior cycle life for sodium-ion batteries by making use of co-intercalation phenomena. Angewandte Chemie, 2014, 126 (38): 10333-10337.

[78] Kim H, Hong J, Park Y, et al. sodium storage behavior in natural graphite using ether-based electrolyte systems. Advanced Functional Materials, 2015,25 (4): 534-541.

[79] Stevens D A, Dahn J R. High capacity anode materials for rechargeable sodium-ion batteries Journal of the Electrochemical Society, 2000,147 (4): 1271-1273.

[80] Bommier C, Surta T W, Dolgos M, et al. New mechanistic insights on Na-ion storage in nongraphitizable carbon. Nano Letters, 2015,15 (9): 5888-5892.

[81] Stevens D A, Dahn J R. An in situ small-angle X-ray scattering study of sodium insertion into a nanoporous carbon anode material within an operating electrochemical cell. Journal of the Electro-chemical Society, 2000,147 (12): 4428-4431.

[82] Li Z, Bommier C, Chong Z S, et al. Mechanism of Na-ion storage in hard carbon anodes revealed by heteroatom doping. Advanced Energy Materials, 2017,7(18): 1602894.

[83] Bai Y, Wang Z, Wu C, et al. Hard carbon originated from polyvinyl chloride nanofibers as high-performance anode material for Na-ion battery. ACS Applied Materials and Interfaces, 2015, 7 (9): 5598-5604.

[84] Li Y, Yuan Y, Bai Y, et al. Insights into the Na$^+$ storage mechanism of phosphorus-functionalized hard carbon as ultrahigh capacity anodes. Advanced Energy Materials, 2018,1702781 (2-7).

[85] Hong K, Qie L, Zeng R, et al. Biomass derived hard carbon used as a high performance anode material for sodium ion batteries. Journal of Materials Chemistry A, 2014,2 (32): 12733-12738.

[86] Hariharan S, Saravanan K, Balaya P. α-MoO$_3$: a high performance anode material for sodium-ion batteries. Electrochemistry Communications, 2013,31: 5-9.

[87] Xiong H, Michael D S, Mahalingam B, et al. Amorphous TiO$_2$ nanotube anode for rechargeable sodium ion batteries. The Journal of Physical Chemistry Letters, 2011,2(20): 2560-2565.

[88] Wang Y, Yu X, Xu S, et al. A zero-strain layered metal oxide as the negative electrode for long-life sodium-ion batteries. Nature Communications, 2013,4: 2365.

[89] Zhang Y, Guo L, Yang S. Three-dimensional spider-web architecture assembled from Na$_2$Ti$_3$O$_7$ nanotubes as a high performance anode for a sodium-ion battery. Chemical Communications, 2014,50(90): 14029-14032.

[90] Senguttuvan P, Rousse G, Seinec V, et al. Na$_2$Ti$_3$O$_7$: lowest voltage ever reported oxide insertion electrode for sodium ion batteries. Chemistry of Materials, 2011,23 (18): 4109-4111.

[91] Wang L, Zhang K, Hu Z, et al. Porous CuO nanowires as the anode of rechargeable Na-ion batteries. Nano Research, 2014, 7 (2): 199-208.

[92] Lu Y,Zhang N,Zhao Q, et al. Micro- nanostructured CuO/C spheres as high- performance anode materials for Na- ion batteries. Nanoscale, 2015,7(6): 2770-2776.

[93] Sun W, Rui X,Zhu J, et al. Ultrathin nickel oxide nanosheets for enhanced sodium and lithium storage. Journal of power sources, 2015, 274: 755-761.

[94] Shimizu M, Usui H, Sakaguchi H. Electrochemical Na – insertion/extraction properties of SnO thick-film electrodes prepared by gas–deposition. Journal of Power Sources, 2014, 248:378-382.

[95] Wang J,Luo C, Gao T,et al. An advanced MoS_2/Carbon anode for high- performance sodium- ion batteries. Small, 2015,11 (4): 473-481.

[96] Zhu C,Mu X, van Aken P A, et al. Single- layered ultrasmall nanoplates of MoS_2 embedded in carbon nanofibers with excellent electrochemical performance for lithium and sodium storage. Angewandte chemie, 2014,126 (8): 2184-2188.

[97] Darwiche A, Marino C, Sougrati M T, et al. Better cycling performances of bulk Sb in Na- ion batteries compared to Li- ion systems: an unexpected electrochemical mechanism. Journal of the A- merican Chemical Society, 2012,134 (51): 20805-20811.

[98] Liu Z, Yu X Y, Lou X W, et al. Sb@ C coaxial nanotubes as a superior long- life and high- rate anode for sodium ion batteries. Energy Environment Science, 2016, 9(7): 2314-2318.

[99] Wu L,Hu X,Qian J, et al. Sb-C nanofibers with long cycle life as an anode material for high- per- formance sodium-ion batteries. Energy and Environmental Science, 2014,7(1): 323-328.

[100] Wang N,Bai Z,Qian Y,et al. Double- walled Sb@ TiO_{2-x} nanotubes as a superior high- rate and ultralong- lifespan anode material for Na- ion and Li- ion batteries. Advanced Materials, 2016, 28(21): 4126-4133.

[101] Zhang C,Wang X,Liang Q, et al. Amorphous phosphorus/nitrogen-doped graphene paper for ul- trastable sodium-ion batteries. Nano Letters, 2016,16 (3): 2054-2060.

[102] Wang H,Shuang Y,Si Z, et al. Multi- ring aromatic carbonyl compounds enabling high capacity and stable performance of sodium- organic batteries. Energy and Environmental Science, 2015, 8(11): 3160-3165.

[103] Deng W, Qian J, Cao Y, et al. Graphene-wrapped $Na_2C_{12}H_6O_4$ nanoflowers as high performance anodes for sodium-ion batteries. Small, 2016, 12(5): 583-587.

[104] Park Y,Shin D S,Woo S H, et al. Sodium terephthalate as an organic anode material for sodium ion batteries. Advanced Materials, 2012,24 (26):3562-3567.

[105] Ponrouch A, Monti D, Boschin A, et al. Non- aqueous electrolytes for sodium- ion batteries. Journal of Materials Chemistry A, 2015,3: 22-26.

[106] Vignarooban K,Kushagra R,Elango A, et al. Current trends and future challenges of electrolytes for sodium-ion batteries. International Journal of Hydrogen Energy, 2016,41: 2829-2846.

[107] Avall G, Mindemark J, Brandell D, et al. Sodium- ion battery electrolytes: modeling and simulations. Advanced Energy Materials, 2018:1703036.

[108] Xu G L,Amine R,Abouimrane A, et al. Challenges in developing electrodes, electrolytes and di- agnostics tools to understand and advance sodium- ion batteries. Advanced Energy Materials, 2018:1702403.

[109] Che H Y,Chen S,Xie Y, et al. Electrolyte design strategies and research progress for room-tem-

perature sodium-ion batteries. Energy and Environmental Science, 2017,10: 1075-1101.

[110] 朱娜,吴锋,吴川,等. 钠离子电池的电解质. 储能科学与技术, 2016,5(3): 285-291.

[111] Pelzer K M, Cheng L, Curtiss L A. The effects of functional groups in redox-active organic molecules: a high-throughput screening approach. Journal of Physical Chemistry C, 2017,121: 237-245.

[112] Browning K L, Sacci R L, Veith G M. Energetics of Na$^+$ transport through the electrode/cathode interface in single solvent electrolytes. Journal of Electrochemical Society, 2017,164:580.

[113] Jang J Y,Kim H,Lee Y, et al. Cyclic carbonate based-electrolytes enhancing the electrochemical performance of Na$_4$Fe$_3$(PO$_4$)$_2$(P$_2$O$_7$) cathodes for sodium-ion batteries. Electrochemistry Communications, 2014,44: 74-77.

[114] Xia X, Obrovac M N, Dahn J R. Comparison of the reactivity of Na$_x$C$_6$ and Li$_x$C$_6$ with nonaqueous solvents and electrolytes. Electrochemical and Solid-State Letters, 2011, 14 (9): A130.

[115] Kamath G,Cutler R W,Deshmukh S A, et al. In silico based rank-order determination and experiments on nonaqueous electrolytes for sodium ion battery application. Journal of Physical Chemistry B, 2014,118 (25): 13406-13416.

[116] Kim Y, Bae H, Han J. Enhancing capacity performance by utilizing the redox chemistry of the electrolyte in a dual-electrolyte sodium-ion battery. Angewandte Chemie International Edition in English, 2018,57 (19): 5335-5339.

[117] Plewamarczewska A, Trzeciak T, Bitner A, et al. New tailored sodium salts for battery applications. Chemical of Materials, 2014,26 (17): 4908-4914.

[118] Chen S,Ishii J,Horiuchi S,et al. Difference in chemical bonding between lithium and sodium salts: influence of covalency on their solubility. Physical Chemistry Chemical Physics, 2017, 19 (26): 17366.

[119] Ponrouch A. In search of an optimized electrolyte for Na-ion batteries. Energy and Environmental Science, 2012,5(9): 8572-8583.

[120] Bhide A,Hofmann J,Oürr A K, et al. Electrochemical stability of nonaqueous electrolytes for sodium-ion batteries and their compatibility with Na$_{0.7}$CoO$_2$. Physical Chemistry Chemical Physics, 2014,16 (5): 1987-1998.

[121] Ding J J,Zhou Y N,Sun Q,et al. Electrochemical properties of P2-phase Na$_{0.74}$CoO$_2$ compounds as cathode material for rechargeable sodium-ion batteries. Electrochimica Acta, 2013, 87: 388-393.

[122] Jache B,Binder J O,Abe T, et al. A comparative study on the impact of different glymes and their derivatives as electrolyte solvents for graphite co-intercalation electrodes in lithium-ion and sodium-ion batteries. Physical Chemistry Chemical Physics, 2016,18: 14299-14316.

[123] Kim H, Hong J, Yoon G, et al. Sodium intercalation chemistry in graphite. Energy & Environmental Science,2015,8:2963.

[124] Seh Z W, Sun J, Cui Y. A highly reversible room-temperature sodium metal anode. ACS Central Science, 2015,1: 449-455.

[125] Ding C,Nohira T,Hagiwara R,et al. Na[FSA]-[C3C1pyrr][FSA] ionic liquids as electrolytes

for sodium secondary batteries: effects of Na ion concentration and operation temperature. Journal of Power Sources, 2014,269 (4): 124-128.

[126] Chen C Y,Matsumotok,Nohira T, et al. Na$_2$MnSiO$_4$ as a positive electrode material for sodium secondary batteries using an ionic liquid electrolyte. Electrochemisty Communications, 2014, 45: 63-66.

[127] Fukunaga A,Nohira T,Hagiwara R,et al. A safe and high-rate negative electrode for sodium-ion batteries: hard carbon in NaFSA-C1C3pyrFSA ionic liquid at 363 K. Journal of Power Sources, 2014,246: 387-391.

[128] Wang C H, Yang C H, Chang J K. Suitability of ionic liquid electrolytes for room-temperature sodium-ion battery applications. Chemical Communications, 2016,52 (72): 10890.

[129] Noor S A M,Howlett P C,MacFarlane D R, et al. Properties of sodium-based ionic liquid electrolytes for sodium secondary battery applications. Electrochimica Acta, 2013, 114: 766-771.

[130] Wongittharom N, Lee T C, Wang C H, et al. Electrochemical performance of Na/NaFePO$_4$ sodium-ion batteries with ionic liquid electrolyte. Journal of Materials Chemistry A, 2014, 2(16): 5655-5661.

[131] Wongittharom N, Wang C H, Wang Y C, et al. Ionic liquid electrolytes with various sodium solutes for rechargeable Na/NaFePO$_4$ batteries operated at elevated temperatures. ACS Applied Materials & Interfaces, 2014, 6 (20): 17564-17570.

[132] Wang C H,Yeh Y W,Wongittharom N,et al. Rechargeable Na/Na$_{0.44}$MnO$_2$ cells with ionic liquid electrolytes containing various sodium solutes. Jounal of Power Sources, 2015,274: 1016-1023.

[133] Hasa I, Passerini S, Hassoun J. A sodium-ion battery exploiting layered oxide cathode, graphite anode and glyme-based electrolyte. Jounal of Power Sources, 2016,303: 203-207.

[134] Monti D,Jonsson E,Palacin M R,et al. Ionic liquid based electrolytes for sodium-ion batteries: Na$^+$ solvation and ionic conductivity. Jounal of Power Sources, 2014,245: 630-636.

[135] Matsumoto K,Hosokawa T,Nohira T,et al. The Na[FSA]-[C$_2$C$_1$im][FSA] (C$_2$C$_1$im:1-ethyl-3-methylimidazolium and FSA: bis(fluorosulfonyl)amide) ionic liquid electrolytes for sodium secondary batteries. Jounal of Power Sources, 2013,265: 36-39.

[136] Wang Y, Yi J, Xia Y. Recent progress in aqueous lithium-ion batteries. Advanced Energy Materials, 2012,2 (7): 830-840.

[137] Li Z,Young D,Xiang K, et al. Towards high power high energy aqueous sodium-ion batteries: the NaTi$_2$(PO$_4$)$_3$/Na$_{0.44}$MnO$_2$ system. Advanced Energy Materials, 2013,3(3): 290-294.

[138] Vujković M, Mitri M, Mentus S, et al. High-rate intercalation capability of NaTi$_2$(PO$_4$)$_3$/C composite in aqueous lithium and sodium nitrate solutions. Journal of Power Sources, 2015, 288: 176-186.

[139] Zhang B, Liu Y, Wu X, et al. An aqueous rechargeable battery based on zinc anode and Na$_{0.95}$MnO$_2$. Chemical Communications, 2014,50 (10): 1209-1211.

[140] Guo Z,Zhao Y,Ding Y,et al. Multi-functional flexible aqueous sodium-ion batteries with high safety. Chem, 2017,3(2): 348-362.

[141] Luo J Y,Cui W J,He P,et al. Raising the cycling stability of aqueous lithium-ion batteries by

eliminating oxygen in the electrolyte. Nature chemistry, 2010,2(9): 760-765.

[142] Suo L,Borodin O,Gao T,et al. "Water-in-salt" electrolyte enables high-voltage aqueous lithium-ion chemistries. Science, 2015,350 (6263): 938-943.

[143] Yamada Y,Usui K,Sodeyama K,et al. Hydrate-melt electrolytes for high-energy-density aqueous batteries. Nature Energy, 2016,1(10): 16129.

[144] Nakamoto K,Sukamoto R,Ito M,et al. Effect of concentrated electrolyte on aqueous sodium-ion battery with sodium manganese hexacyanoferrate cathode. Electrochemistry, 2017, 85 (4): 179-185.

[145] Kuhnel R S,Reber D,Battaglia C. A high-voltage aqueous electrolyte for sodium-ion batteries. ACS Energy Letters,2017,2 (9): 2005-2006.

[146] Tomiyasu H,Shikata H,Takao K,et al. An aqueous electrolyte of the widest potential window and its superior capability for capacitors. Scientific Reports, 2017,7: 45048.

[147] Suo L,Borodin O,Wang Y,et al. "Water-in-Salt" electrolyte makes aqueous sodium-ion battery safe, green, and long-lasting. Advanced Energy Materials, 2017,7(21): 1701189.

[148] Bin D,Wang F,Suo L,et al. Progress in aqueous rechargeable sodium-ion batteries. Advanced Energy Materials, 2018,8(17): 1703008.

[149] Fenton D,Parker J,Wright P,et al. Complexes of alkali metal ions with poly (ethylene oxide). Polymer,1973,14 (11): 589.

[150] Meyer W H. Polymer electrolytes for lithium-ion batteries. Advanced Materials, 1998,10(6): 439-448.

[151] Armand M. Fast ion transport in solids. Science,1979,52: 1371-1379.

[152] Le Nest J, Defendini F, Gandini A, et al. Mechanism of ionic conduction in polyether-polyurethane networks containing lithium perchlorate. Journal of Power Sources, 1987,20(3-4): 339-344.

[153] Qi L,Lin Y,Jing X, et al. Study of the conductivity and side chain mobility of a comb-like polymer electrolyte using the dynamic mechanical method. Solid State Ionics,2001,139 (3-4): 293-301.

[154] McLachlan D. An equation for the conductivity of binary mixtures with anisotropic grain structures. Journal of Physics C: Solid State Physics, 1987,20 (7): 865-877.

[155] Kim J Y,Bae Y C. Configurational entropy effect for the conductivity of semicrystalline polymer/salt systems. Fluid phase equilibria,1999,163 (2): 291-302.

[156] Druger S D,Ratner M A,Nitzan A. Polymeric solid electrolytes: dynamic bond percolation and free volume models for diffusion. Solid State Ionics, 1983,9: 1115-1120.

[157] Druger S D,Ratner M A,Nitzan A,et al. Applications of dynamic bond percolation theory to the dielectric response of polymer electrolytes. Solid State Ionics, 1986,18: 106-111.

[158] West K, Zachau-Christiansen B,Jacobsen T,et al. Poly (ethylene oxide)-sodium perchlorate e-lectrolytes in solid-state sodium cells. Polymer International, 1988,20 (3): 243-246.

[159] Hashmi S, Chandra S. Experimental investigations on a sodium-ion-conducting polymer electrolyte based on poly (ethylene oxide) complexed with $NaPF_6$. Materials Science and Engineering: B, 1995,34 (1): 18-26.

[160] Park C W, Ryu H S, Kim K W, et al. Discharge properties of all-solid sodium-sulfur battery using poly (ethylene oxide) electrolyte. Journal of Power Sources, 2007, 165 (1): 450-454.

[161] Nimah Y L, Cheng N Y, Cheng J H, et al. Solid-state polymer nanocomposite electrolyte of TiO_2^- PEONaClO₄ for sodium ion batteries. Jounal of Power Sources, 2015, 278 (278): 375-381.

[162] Moreno J S, Armand M, Berman M B, et al. Composite PEO_n: NaTFSI polymer electrolyte: preparation, thermal and electrochemical characterization. Journal of Power Sources, 2014, 248: 695-702.

[163] Berthier C, Gorecki W, Minier M, et al. Microscopic investigation of ionic conductivity in alkali metal salts-poly (ethylene oxide) adducts. Solid State Ionics, 1983, 11 (1): 91-95.

[164] Zhang Z, Zhang Q, Ren C, et al. A ceramic/polymer composite solid electrolyte for sodium batteries. Journal of Materials Chemistry A, 2016, 4 (41): 15823-15828.

[165] Chandrasekaran R, Selladurai S. Preparation and characterization of a new polymer electrolyte (PEO: NaClO₃) for battery application. Journal of Solid State Electrochemistry, 2001, 5 (5): 355-361.

[166] Tsutsumi H, Matsuo A, Takase K, et al. Conductivity enhancement of polyacrylonitrile- based electrolytes by addition of cascade nitrile compounds. Journal of Power Sources, 2000, 90 (1): 33-38.

[167] Osman Z, Mdlsa K B, Ahmad A, et al. A comparative study of lithium and sodium salts in PAN-based ion conducting polymer electrolytes. Ionics, 2010, 16 (5): 431-435.

[168] Bhargav P B, Mohan V M, Sharma A K, et al. Investigation on electrical properties of (PVA: NaF) polymer electrolytes for electrochemical cell applications. Current Applied Physics, 2009, 9(1): 165-171.

[169] Abdullah O G, Aziz S B, Saber D R, et al. Characterization of polyvinyl alcohol film doped with sodium molybdate as solid polymer electrolytes. Journal of Materials Science: Materials in Electronics, 2017, 28 (12): 8928-8936.

[170] Ramesh S, Liew C W, Morris E, et al. Effect of PVC on ionic conductivity, crystallographic structural, morphological and thermal characterizations in PMMA-PVC blend-based polymer electrolytes. Thermochimica Acta, 2010, 511 (1-2): 140-146.

[171] Wen Z, Itoh T, Uno T, et al. Thermal, electrical, and mechanical properties of composite polymer electrolytes based on cross-linked poly (ethylene oxide-co-propylene oxide) and ceramic filler. Solid State Ionics, 2003, 160 (1-2): 141-148.

[172] Wu F, Feng T, Bai Y, et al. Preparation and characterization of solid polymer electrolytes based on PHEMO and PVDF-HFP. Solid State Ionics, 2009, 180 (9-10): 677-680.

[173] Ramesh S, Bing K N. Conductivity, mechanical and thermal studies on poly (methyl methacrylate)- based polymer electrolytes complexed with lithium tetraborate and propylene carbonate. Journal of Materials Engineering and Performance, 2012, 21 (1): 89-94.

[174] Boschin A, Johansson P. Plasticization of NaX-PEO solid polymer electrolytes by Pyr13X ionic liquids. Electrochimica Acta, 2016, 211: 1006-1015.

[175] Ganapatibhotla L V N R, Maranas J K. Interplay of surface chemistry and ion content in nanoparticle-filled solid polymer electrolytes. Macromolecules, 2014, 47 (11): 3625-3634.

[176] Zhang X, Liu T, Zhang S, et al. Synergistic coupling between $Li_{6.75}La_3Zr_{1.75}Ta_{0.25}O_{12}$ and poly (vinylidene fluoride) induces high ionic conductivity, mechanical strength, and thermal stability of solid composite electrolytes. Journal of the American Chemical Society, 2017, 139 (39): 13779-13785.

[177] Feuillade G, Perche P. Ion-conductive macromolecular gels and membranes for solid lithium cells. Journal of Applied Electrochemistry, 1975, 5 (1): 63-69.

[178] Stephan A M. Review on gel polymer electrolytes for lithium batteries. European Polymer Journal, 2006, 42 (1): 21-42.

[179] Zhang P, Yang L C, Li L L, et al. Enhanced electrochemical and mechanical properties of P(VDF-HFP)-based composite polymer electrolytes with SiO_2 nanowires. Journal of Membrane Science, 2011, 379 (1-2): 80-85.

[180] Wang Y, William D R, Shyue P O, et al. Design principles for solid-state lithium superionic conductors. Nature Materials, 2015, 14 (10): 1026.

[181] Yao Y F, Kummer J. Ion exchange properties of and rates of ionic diffusion in beta-alumina. Journal of Inorganic and Nuclear Chemistry, 1967, 29 (9): 2453-2475.

[182] Lee S T, Kim S G, Hwang S H, et al. The phase relationship of Na-beta-aluminas synthesized by a sol-gel process in the ternary system Na_2O-Al_2O_3-Li_2O. Journal of Ceramic Processing Research, 2010, 11 (1): 86-91.

[183] Yamaguchi G, Suzuki K. On the structures of alkali polyaluminates. Bulletin of the Chemical Society of Japan, 1968, 41 (1): 93-99.

[184] De Kroon A P, Schaefer G W, Aldinger F. Direct synthesis of binary K-β- and K-β''-alumina. 1. phase relations and influence of precursor chemistry. Chemistry of Materials, 1995, 7(5): 878-887.

[185] Viswanathan L, Ihuma Y, Virkar A V. Transfomation toughening of β''-alumina by incorporation of zirconia. Journal of Materials Science, 1983, 18 (1): 109-113.

[186] Lu X, Xia G, Lemmon J P, et al. Advanced materials for sodium-beta alumina batteries: status, challenges and perspectives. Journal of Power Sources, 2010, 195 (9): 2431-2442.

[187] Shan S-J, Yang L P, Liu X M, et al. Preparation and characterization of TiO_2 doped and MgO stabilized Na-β''-Al_2O_3 electrolyte via a citrate sol–gel method. Journal of Alloys and Compounds, 2013, 563: 176-179.

[188] La Rosa D, Monforte G, D'Urso C, et al. Enhanced ionic conductivity in planar sodium-β''-alumina electrolyte for electrochemical energy storage applications. ChemSusChem, 2010, 3 (12): 1390-1397.

[189] Chi C, Katsui H, Goto T. Effect of Li addition on the formation of Na-β/β''-alumina film by laser chemical vapor deposition. Ceramics International, 2017, 43 (1): 1278-1283.

[190] Xu D, Jiang H, Li Y, et al. The mechanical and electrical properties of Nb_2O_5 doped Na-β''-Al_2O_3 solid electrolyte. The European Physical Journal, Applied Physics, 2016, 74 (1): 10901.

[191] Wang Z, Li X, Feng Z, The effect of CTAB on the citrate sol-gel process for the synthesis of sodium beta-alumina nano-powders. Bulletin of the Korean Chemical Society, 2011, 32 (4): 1310-1314.

[192] Butee S P, Kambale K R, Firodiya M, et al. Electrical properties of sodium beta-alumina ceramics synthesized by citrate sol-gel route using glycerine. Processing and Application of Ceramics, 2016, 10 (2): 67-72.

[193] Wei T, Gong Y, Zhao X, et al. An all-ceramic solid-state rechargeable Na$^+$ battery operated at intermediate temperatures. Advanced Functional Materials, 2014, 24 (34): 5380-5384.

[194] Kim I, Park J Y, Kim C H, et al. A room temperature Na/S battery using a β'' alumina solid electrolyte separator, tetraethylene glycol dimethyl ether electrolyte, and a S/C composite cathode. Journal of Power Sources, 2016, 301: 332-337.

[195] Liu L, Qi X, Ma Q, et al. Toothpaste-like electrode: a novel approach to optimize the interface for solid-state sodium-ion batteries with ultralong cycle life. ACS Applied Materials and Interfaces, 2016, 8 (48): 32631-32636.

[196] Goodenough J, Hong H Y P, Kafalas J A, Fast Na$^+$-ion transport in skeleton structures. Materials Research Bulletin, 1976, 11 (2): 203-220.

[197] Zhao C, Liu L, Qi X, et al. Solid-state sodium batteries. Advanced Energy Materials, 2018, 8 (17): 1703012.

[198] Mazza D, Lucco-Borlera M, Ronchettis Powder diffraction study of arsenic-substituted nasicon structures $MeZr_2As_{(3-x)}P_xO_{12}$ ($Me= Na^+$, K^+). Powder Diffraction, 1998, 13 (4): 227-231.

[199] Anantharamulu N, Rao K K, Rambabu G, et al. A wide-ranging review on Nasicon type materials. Journal of Materials Science, 2011, 46 (9): 2821-2837.

[200] Guin M, Tietz F. Survey of the transport properties of sodium superionic conductor materials for use in sodium batteries. Jounal of Power Sources, 2015, 273: 1056-1064.

[201] Ma Q, Naqash S, Tietz F, et al. Scandium-substituted $Na_3Zr_2(SiO_4)_2(PO_4)$ prepared by a solution-assisted solid-state reaction method as sodium-ion conductors. Chemistry of Materials, 2016, 28 (13): 4821-4828.

[202] Zhang Z, Zhang Q, Shi J, et al. A self-forming composite electrolyte for solid-state sodium battery with ultralong cycle life. Advanced Energy Materials, 2017, 7 (4): 1601196.

[203] Cava R, Vogel E M, Jr D W J. Effect of homovalent framework cation substitutions on the sodium ion conductivity in $Na_3Zr_2Si_2PO_{12}$. Journal of the American Ceramic Society, 1982, 65 (9): 157-159.

[204] Jansen M, Henseler U. Synthesis, structure determination, and ionic conductivity of sodium tetrathiophosphate. Journal of Solid State Chemistry, 1992, 99 (1): 110-119.

[205] Hayashi A, Noi K, Tanibata N, et al. High sodium ion conductivity of glass – ceramic electrolytes with cubic Na_3PS_4. Journal of Power Sources, 2014, 258: 420-423.

[206] Richards W D, Tsujimura T, Miara L J, et al. Design and synthesis of the superionic conductor $Na_{10}SnP_2S_{12}$. Nature Communications, 2016, 7: 11009.

[207] De Klerk N J, Wagemaker M. Diffusion mechanism of the sodium-ion solid electrolyte Na_3PS_4 and potential improvements of halogen doping. Chemistry of Materials, 2016, 28 (9): 3122-3130.

[208] Chu L H, Kompella C S, Nguyen H, et al. Room-temperature all-solid-state rechargeable sodium-ion batteries with a Cl-doped Na_3PS_4 superionic conductor. Scientific Reports, 2016, 6: 33733-33743.

[209] Zhu Z, Chu L, Deng Z, et al. Role of Na$^+$ interstitials and dopants in enhancing the Na$^+$ conductivity of the cubic Na$_3$PS$_4$ superionic conductor. Chemistry of Materials, 2015, 27 (24): 8318-8325.

[210] Zhang L, Yang K, Mi J, et al. Solid electrolytes: Na$_3$PSe$_4$: a novel chalcogenide solid electrolyte with high ionic conductivity. Advanced Energy Materials, 2016, 5 (24): 39-41.

[211] Banerjee A, Park K H, Heo J W, et al. Na$_3$SbS$_4$: A solution processable sodium superionic conductor for all-solid-state sodium-ion batteries. Angewandte Chemie International Edition, 2016, 128 (33): 9786-9790.

[212] Yu Z, Shang S L, Seo J H, et al. Exceptionally high ionic conductivity in Na$_3$P$_{0.62}$As$_{0.38}$S$_4$ with improved moisture stability for solid-state sodium-ion batteries. Advanced Materials, 2017, 29 (16): 1605561.

[213] Zhang L, Zhang D, Yang K, et al. Vacancy-contained tetragonal Na$_3$SbS$_4$ superionic conductor. Advanced Science, 2016, 3 (10): 1600089.

[214] Hayashi A, Noi K, Sakuda A, et al. Superionic glass-ceramic electrolytes for room-temperature rechargeable sodium batteries. Nature Communications, 2012, 3 (3): 856.

[215] Berbano S S, Seo I, Bischoff C M, et al. Formation and structure of Na$_2$S+P$_2$S$_5$ amorphous materials prepared by melt-quenching and mechanical milling. Journal of non-Crystalline Solids, 2012, 358 (1): 93-98.

[216] Noi K, Hayashi A, Tatsumisago M. Structure and properties of the Na$_2$S-P$_2$S$_5$ glasses and glass-ceramics prepared by mechanical milling. Journal of Power Sources, 2014, 269 (3): 260-265.

[217] Ribes M, Barrau B, Souquet J I. Sulfide glasses: glass forming region, structure and ionic conduction of glasses in Na$_2$SXS$_2$(X=Si; Ge), Na$_2$SP$_2$S$_5$ and Li$_2$SGeS$_2$ systems. Journal of non-Crystalline Solids, 1980, 38: 271-276.

[218] Yao W, Martin S W. Ionic conductivity of glasses in the MI + M$_2$S + (0.1Ga$_2$S$_3$ + 0.9GeS$_2$) system (M = Li, Na, K and Cs). Solid State Ionics, 2008, 178 (33): 1777-1784.

[219] Martin S W, Bischoff C, Schuller K. Composition dependence of the Na(+) ion conductivity in 0.5Na$_2$S + 0.5[xGeS$_2$ + (1-x)PS$_{5/2}$] mixed glass for mer glasses: a structural interpretation of a negative mixed glass former effect. Journal of Physical Chemistry B, 2015, 119 (51): 15738.

[220] Noriaki K, kenji H, Yuichiro Y, et al. A lithium superionic conductor. Nature materials, 2011, 10 (9): 682-686.

[221] Kandagal V S, Bharadwaj M D, Waghmare U V. Theoretical prediction of a highly conducting solid electrolyte for sodium batteries: Na$_{10}$GeP$_2$S$_{12}$. Journal of Materials Chemistry A, 2015, 3 (24):12992-12999.

[222] Zhang Z, Ramos E, Lalere F, et al. Na$_{11}$Sn$_2$PS$_{12}$: a new solid state sodium superionic conductor. Energy & Environmental Science, 2018, 11 (1): 87-93.

[223] Matsuo M, Kuromotot S, Sato T, et al. Sodium ionic conduction in complex hydrides with [BH$_4$]$^-$ and [NH$_2$]$^-$ anions. Applied Physics Letters, 2012, 100 (20): 203904.

[224] Udovic T J, Matsuo M, Tang W S, et al. Exceptional superionic conductivity in disordered sodium decahydro-closo-decaborate. Advanced Materials, 2014, 26 (45): 7622-7626.

[225] Udovic T J, Matsuo M, Unemoto A, et al. Sodium superionic conduction in $Na_2B_{12}H_{12}$. Chemical Communications, 2014, 50 (28): 3750-3752.

[226] Yoshida K, Sato T, Unemoto A, et al. Fast sodium ionic conduction in $Na_2B_{10}H_{10}$-$Na_2B_{12}H_{12}$ pseudo-binary complex hydride and application to a bulk-type all-solid-state battery. Applied Physics Letters, 2017, 110 (10): 103901.

[227] Komaba S, Murata W, Ishikawa T, et al. Electrochemical Na insertion and solid electrolyte iInterphase for hard-carbon electrodes and application to Na-ion batteries. Advanced Functional Materials, 2011, 21 (20): 3859-3867.

[228] Oh S M, Myung S T, Yoon C S, et al. Advanced $Na(Ni_{0.25}Fe_{0.5}Mn_{0.25})O_2$/C-$Fe_3O_4$ sodium-ion batteries using EMS electrolyte for energy storage. Nano Letters, 2014, 14 (3): 1620-1626.

[229] 国家能源局.《关于促进储能技术与产业发展的指导意见》印发. 2017-10-11. http://www.nea.gov.cn/2017-10/11/c_136672019.htm.

[230] 中关村储能产业技术联盟. CNESA 白皮书2018. 数据分享:2017 年全球储能市场应用分布. 2018-05-25. http://www.cnesa.org/index/inform_detail? cid=5b07c286b1fd37b5648b4568.

[231] 李慧,吴川,吴锋,等. 钠离子电池:储能电池的一种新选择. 化学学报, 2014, 72 (1): 21-29.

[232] U. S. Geological Survey. Mineral Commodity Summaries, 2015: 94-95.

[233] Hwang J Y, Myung S-T, Sun Y-K. Sodium-ion batteries: present and future. Chemical Society Reviews, 2017, 46 (12): 3529-3614.

[234] 国家能源局.《关于促进储能技术与产业发展的指导意见》专项研究报告. 2017.

[235] Liu Y, Liu X, Wang T, et al. Research and application progress on key materials for sodium-ion batteries. Sustainable Energy and Fuels, 2017,1 (5): 986-106.

[236] 方铮,曹余良,胡勇胜,等. 室温钠离子电池技术经济性分析. 储能科学与技术, 2016, 5(2):149-158.

[237] Kitajou A, Komatsu H, Chihara K, et al. Novel synthesis and electrochemical properties of perovskite-type $NaFeF_3$ for a sodium-ion battery. Journal of Power Sources, 2012,198: 389-392.

[238] Fu L, Tang K, Song K, et al. Nitrogen doped porous carbon fibres as anode materials for sodium ion batteries with excellent rate performance. Nanoscale, 2014,6 (3): 1384-1389.

[239] Liu P, Li Y, Hu Y S, et al. A waste biomass derived hard carbon as a high-performance anode material for sodium-ion batteries. Journal of Materials Chemistry A, 2016, 4 (34): 13046-13052.

[240] Li Y, Hu Y S, Qi X, et al. Advanced sodium-ion batteries using superior low cost pyrolyzed anthracite anode: towards practical applications. Energy Storage Materials, 2016,5: 191-197.

[241] 刘雪. 2017-07-23. 绿色能源时代的中国担当. http://www.xinhuanet.com/fortune/2017-07/23/c_1121365856.htm.

[242] 中国长城科技集团股份有限公司. 国内首创:新能源研究院钠离子电池实现电动自行车示范应用. 2017-12-18. http://www.greatwall.cn/News/NewsDisplay2015.aspx? NewsID=763467a1-b30f-4fd1-9754-0e0b23d888e6.

[243] 中国科学院物理所. 2018-06-08. 首辆钠离子电池低速电动车问世. http://www.iop.cas.cn/xwzx/snxw/201806/t20180608_5024146.html.

第8章　超级电容器

8.1　概　　述

当今科技社会,人类对矿物燃料的依赖造成了石油成本升高,污染、全球变暖等诸多社会问题,开发新型能源与存储技术是解决这些问题的有效途径之一。全球气候变暖及有限储量的化石能源问题正在对世界经济和生态造成极大的影响。随着人们对可携带电子产品及混合动力汽车消费需求的提升,迫切需要开发环保、高效的新型能源。近年来,具有高功率、高能量密度的能量存储系统备受人们青睐。在诸多能量存储器件中,可充电电池及超级电容器脱颖而出[1-4]。可充电电池,特别是锂离子电池因其具有高的能量密度近年来引起了广泛的关注,但其循环稳定性差,相对慢的充放电速率最终会降低其功率密度。为了弥补这类电池功率密度低的缺点,超级电容器,也被称为电化学电容器,因其具有快的充放电速率,长循环寿命及高的功率密度等优点,近年来成为研究的热点。超级电容器是介于传统电容器与电池之间的一类能量存储器件,与传统电容器相比,它可以存储更多的能量;与电池相比,其具有更高的功率密度。

超级电容器因具有高功率密度、宽的工作温度范围、高循环寿命等优点可广泛应用于电动汽车、电力电子、轨道交通、航天航空、军事设备等领域。超级电容器用于电动汽车或混合动力汽车可实现短时间快速充电、有效回收利用刹车产生的能量、低温启动,真正做到节能、环保。在航天航空方面可为飞机开启门提供爆发动力,使用寿命高达25年。可满足电动工具、电动玩具等瞬间高功率、长寿命的要求。超级电容器的高比功率特性,可满足卫星通信、无线通信系统等需要较大的脉冲放电功率的要求。其还可用作激光武器的最佳电源,以及电磁炸弹、炸弹发电机的核心部件。

超级电容器的研究始于20世纪60~70年代,自1957年美国通用电气公司的Becker率先发表关于超级电容器的专利以来[5],超级电容器的开发和应用逐渐引起世界各国政府及工业界的关注。1978年,日本Matsushita公司率先将电化学电容器推向市场,从此超级电容器走出实验室,进入广阔的应用领域。在超级电容器的应用和研究方面,美国、俄罗斯、日本走在世界的前列。美国的Maxwell技术公司、EEStor公司,日本的NEC、松下公司,韩国的Nesscap公司,俄罗斯的Econd公司都相继推出了超级电容器新能源动力汽车。我国对超级电容器的研究起步较晚,近年来取得了较快的进展,上海奥威科技开发有限公司、锦州凯美能源有限公司、北京集星联合电子科技有限公司等公司已有部分超级电容器产品推出市场。目前,随着我国对新能源汽车的大力推进,超级电容器已成为使新能源电动车更具竞争力的元素,因此具有高功率、高能量密度的超级电容器并改进现有生产工艺已成为当前研发的重点。

超级电容器主要由电极、电解质和隔膜组成(图 8-1)。其中电极包括电极活性材料与集电极两部分。

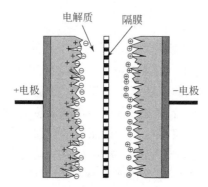

图 8-1　超级电容器的结构示意图[1]

集电极的作用是降低电极的内阻,要求其与电极接触面积大,接触电阻小,而且耐腐蚀性强,在电解质中性能稳定,不发生化学反应。通常,酸性电解质可以使用钛材料、不锈钢、石墨电极等,碱性电解质可以用镍材料,比较常用的镍材料为泡沫镍,而有机电解质等可以使用廉价的铝材料。

在超级电容器中,电解质是关键的组成部分之一。电解质一般要求具有电导率高、分解电压高、使用温度范围宽、无毒、无味、价廉等特点。超级电容器的电解质可分为液态电解质和固态电解质。其中液态电解质包括水溶液(酸性电解质、碱性电解质和中性电解质)和非水溶液[有机电解质,通常采用以 $LiClO_4$ 为典型代表的锂盐及以 ET_4NBF_4(四氟硼酸四乙基铵)为典型代表的季铵盐作为电解质]。固态电解质包括有机类和无机类,固态电解质因存在如电压窗口窄、电导率差和成本高等缺点而难以推广应用。

隔膜的作用是在防止两个电极物理接触的同时允许离子通过。对隔膜的要求是:超薄、高孔隙率和高强度。通常使用的材料有玻璃纤维和聚丙烯膜等。超级电容器主要有两种结构形式,一种是三明治叠层结构的纽扣式电容器,另一种是电极片和隔膜卷绕起来形成的卷绕式电容器。

根据能量储存机理,通常可将超级电容器分为两类:一类为双电层电容器(electrical double layer capacitor, EDLC),其电容主要源于电极/电解质界面的纯静电电荷积累,因此双电层电容的大小强烈依赖于与电解质离子接触的电极材料。另一类为法拉第电容器(pseudo-capacitor),其电容则源于电活性物质本身的快速可逆的法拉第反应。

8.2　双电层电容器

双电层理论由 Helmholtz 于 1887 年提出,后经 Gouy、Chapman 和 Stern 逐步完善[6,7]。Helmholtz 认为双电层由相距为原子尺寸距离的两个相反的电荷层组成,而这两个相对的电荷层类似于平板电容器的两个平板。他首次提出此模型,用于描述中胶体粒子表面准二维区间相反电荷分布的构想。在 Helmholtz 模型提出后一段时间内,人们逐渐认识到双电层中溶液一侧的离子并非保持静止状态,而是在热振动作用下形成紧密排列,Gouy 将这种热振动因素引入修正的双电层模型中,将与金属表面电子电荷配对的反离子设想为电解液中阴阳离子呈三维扩散分布的聚集体,而电解液的净电荷密度同准二维金属表面过量电荷或不足电荷的数值相等,但符号相反。1913 年,Chapman 对 Gouy 扩散层模型进行了详尽的数学分析,分析了溶液中某个离子周围离子的三维分布状况。1924 年,Stern 对双电层理论进一步改进,他在计算中考虑了离子分布的内层区域,在此内层区域之外还存在延伸至较远的本体溶液区域[8]。

基于双电层理论,双电层电容器是利用电极和电解质之间形成的界面的双电层来存储电荷的,其电极通常采用高比表面积的碳材料,碳材料具有成本低、比表面积大、孔隙结构可调、制备电极的工艺简单等特点,目前应用于 EDLC 的碳材料主要有活性炭、碳纳米管、炭气凝胶和石墨烯等。

双电层电容器的工作原理如图 8-2 所示[9],充电时,电子通过外电源从正极传到负极,使正极和负极分别带正电和负电,同时电解质溶液本体中的正负离子分离并移动到电极表面,与电极表面的电荷层对峙,形成双电层;放电时,电子通过负载由负极流到正极,正负离子则从电极表面释放并返回电解质溶液本体,同时双电层消失。整个 EDLC 实际为两个单电层电容的串联。

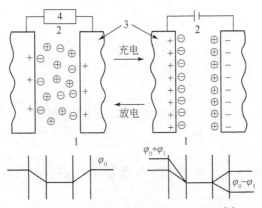

图 8-2　双电层电容器的充放电示意图[9]

8.3　法拉第电容器

基于法拉第赝电容的电容器,可作为双电层电容器的一种补充形式。赝电容是一种完全不同于双电层电容的电荷存储机制,其本质上是一个法拉第过程,因此也被称为法拉第电容。类似于电池充放电,其中会涉及电荷穿过双电层的过程,其与电荷吸附程度和电势变化有着直接关系。

法拉第赝电容也称法拉第准电容,是电化学活性物质在电极的二维或准二维空间发生快速、高度可逆的化学吸附/脱附或者电化学氧化还原反应引起的电容,它可以分为吸附赝电容和氧化还原赝电容。法拉第准电容器的工作原理如图 8-3 所示[9],法拉第准电容器能量的储存是由特定电压下电极材料的快速法拉第反应来完成的。在理想的双电层电容器中,电荷进入双电层,固体电极和电解质之间不会发生法拉第反应,此时电容量为常数且与电压无关。因为固体材料和电解质之间的法拉第反应与外加电位有关,所以法拉第准电容器的电容量与电压有关。法拉第准电容器的工作原理与电池相似,将电能转化成化学能存储。法拉第准电容不仅发生在电极表面,而且可深入电极内部,因而可获得比双电层电容更高的比容量和能量密度。在相同的电极面积的情况下,法拉第准电容器能获得的容量是双电层电容器的 10 ~ 100 倍,所以,近年来,法拉第准电容器正逐步取代双电层电容器成为国内外研发的热点。目前其电极材料主要为金属氧化物/氢氧化物[如 RuO_2、MnO_2、$Ni(OH)_2$ 等]和导电聚合物(如聚苯胺、聚吡咯、聚噻吩及其衍生物等)。

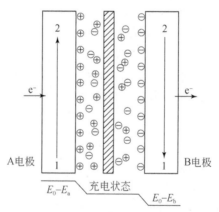

图 8-3　法拉第准电容器的工作原理图[9]

8.4　超级电容器电极材料

电极材料是影响超级电容器性能的关键因素之一,因此所选材料的好坏直接关系到电容器电容的大小和使用寿命。对应于不同类型的超级电容器,其电极材料主要分为三大类:碳材料、金属氧化物/氢氧化物、导电聚合物材料。碳材料作为目前已经商业化的超级电容器电极材料已得到广泛应用,而金属氧化物、导电聚合物材料作为法拉第赝电容的代表近年来也引起了广泛关注。

8.4.1 碳电极材料

碳材料是最早用于超级电容器且应用最为广泛的一类电极材料,碳材料为地壳中第六大富储元素,来源丰富且成本较低。绝大部分碳材料具有较高的电导率、环境友好、易于设计等优点。此外,碳作为所有有机化合物的最基础的原子,许多有机材料可作为制备碳材料的前驱体。在宽的电压和温度范围内,导电碳材料(如无定形碳和石墨)可在不同电解质溶液中保持独特的稳定性,这使其在电化学体系和器件中的应用成为可能。因此,碳材料在应用电化学领域被认为是最重要的电极材料。碳材料具有如下优点:高比表面积、丰富的孔道结构、优良的导电性、强化学耐蚀性及低廉的价格,这些性能使其成为超级电容器电极材料的首选材料。

基于不同类型的前驱体,可以制备得到不同结构的碳材料,如纤维、中空纤维、薄膜、粉末及大块体结构。碳材料用于超级电容器的两个优势为多孔结构及可控形貌。可采用活化的方式,利用氧化剂制备多孔碳材料,其表面积可控制在数百到 $2000m^2/g$。这些孔体积占据了活性炭总体积的 30% ~ 80%。根据孔径大小可将材料的孔分为三部分:直径小于 2nm 的微孔、介于 2 ~ 50nm 的介孔及大于 50nm 的大孔。孔径的调控不仅对于制备具有高比表面积的碳材料来说至关重要,其作为超级电容器电极材料还可以对充放电过程中的孔内外的离子传输起到决定性的作用。由碳化物作为前驱体制备得到的碳材料其孔径可精细调控在纳米范围内,特别是在研究离子—孔相互作用及高功率应用方面其被认为是最具前景的超级电容器电极材料[10]。

近年来,具有柔性特征的碳材料,包括一维碳纳米管和二维石墨烯作为超级电容器电极材料,特别是柔性超级电容器电极材料引起了研究者的广泛关注。碳纳米管因具有独特的形貌与相对高的比表面积,可克服传统活性碳电极材料的低电导率、机械强度差的缺点,已被广泛应用于柔性超级电容器电极材料。

1. 碳纳米管

碳纳米管作为一维碳纳米材料具有如独特的多孔结构、超高电导率、良好的机械性能等优点,例如,单根多壁碳纳米管的弹性模量可达 1TPa,拉伸强度可达 100GPa。碳纳米管可采用如化学气相沉积、催化裂解、电弧放电及激光烧蚀等方法制备得到。碳纳米管可分为单壁碳纳米管(single walled carbon nanotube, SWNT)与多壁碳纳米管(multi walled carbon nanotube, MWNT),二者在超级电容器电极材料中都得到了广泛应用。碳纳米管作为高功率超级电容器电极的首选材料,主要归因于其良好的电导率及高的比表面积。而且,其良好的力学弹性及开放的管状网络结构使其可作为活性材料的支撑体,其与活性炭相比,比表面积较低(通常小于500m²/g),因此难以获得较高的能量密度。较早关于 MWNT 的超级电容器电极材料的报道,其比表面积可达 430m²/g,在酸性电解质中比电容可达 102F/g,功率密度达 8kW/kg[11]。

为了进一步提高碳纳米管的比电容,有研究报道[12]利用化学活化(如 KOH 活化)的方法来提高其比表面积。但这种方法制备的碳纳米管要同时获得高的电容与良好的倍率特性,必须充分平衡孔隙度与电导率这两个重要因素。最近,利用在碳纳米管基体内均匀分散一种炭气凝胶,从而制备得到一种有趣的碳纳米管——炭气凝胶复合材料,这种方法不会因为炭气凝胶的引入破坏碳纳米管的整体性或降低其长径比,复合材料的比表面积高达 1059m²/g,比电容高达 524F/g,但其制备过程烦琐[13]。另一种提高碳纳米管能量密度的方法是将其与法拉第电容材料(如金属氧化物、导电聚合物)进行复合,将在后续章节中详细讨论。

碳纳米管薄膜作为柔性超级电容器电极材料有着广泛的应用前景。Niu 等[14]将 SWNT 分散于一预拉伸的聚二甲基硅氧烷基体上可制备得到自支撑的 SWNT 膜,当拉伸应力释放后可得到褶皱状的 SWNT 薄膜。其电导率在 140% 的拉伸应力下仍能保持稳定,在释放状态与 120% 拉伸应力作用下其比电容分别为 48F/g 与 53F/g,显示出良好的力学稳定性。为了进一步拓宽碳纳米管薄膜在可穿戴/携带电子产品等领域的应用,非常有必要将碳纳米管组装为大面积薄膜。Song 等[15]利用自组装技术成功制备了一种大面积碳纳米管薄膜。首先,将碳纳米管在硝酸气体中进行功能化,使其表面带有大量的含氧官能团;然后,将得到的功能化碳纳米管分散于水中并将一铜箔置于水面上方。在铜箔和含氧官能团之间发生的诱导去氧反应会使铜箔表面覆盖一层紧密的碳纳米管黑色薄膜,这种碳纳米管薄膜在铜箔被刻蚀掉后可很容易转移到其他基底上。将这种碳纳米管膜在一张纸上进行反复弯曲实验,300次循环后其电导率未见衰减,其组装为柔性对称超级电容器表现出良好的超电容特性,能量密度与功率密度分别达到 3.5W·h/kg 与 28.1kW/kg。

碳纳米管之间极易相互缠绕,其不规则的孔结构及高度缠绕结构,不利于其作为电极材料时离子的快速传输,因此制备有序排列的碳纳米管——碳纳米管阵列,可有效提高碳纳米管的超电容特性。Ijima 课题组[16]提出了一种利用液体压缩效应来制备紧密堆积碳纳米管阵列的方法,这种 SWNT 阵列组装为对称超级电容器时在有机电解质中其能量密度可达 35W·h/kg,而且其倍率特性优于活性炭材料。具有分级结构的碳纳米管阵列复合材料能获得更高的能量密度,例如,将垂直排列的碳纳米管阵列直接生长在碳纳米纤维上可获得良好的电容性能,碳纳米管与碳纳米纤维在离子液体溶液中可组装为柔性超级电容器,其能量密度可达 70W·h/kg(电流密度为 0.5A/g),循环 20 000 圈后,比电容仅下降 3%[17]。

2. 石墨烯

石墨烯是由单层碳原子紧密堆积成二维蜂窝状晶体结构的一种碳质新材料,石墨烯的结构如图 8-4 所示[18],石墨是由许多层的石墨烯组成的,是构建其他维度碳质材料(如零维富勒烯、一维碳纳米管、三维石墨)的基本单元。石墨烯具有优异的电学、热学和力学性能,有望在高性能电子器件、复合材料、场发射材料、气体传感器及能量存储等领域获得广泛应用。石墨烯具有如低生产成本,高比表面积、良好的力学性能及优越的导电性能等优点。目前,主要的石墨烯制备方法有机械剥离法、碳化硅分解法、超声协助剥离法、气相沉积法、溶液法、化学法等。其中,这些方法中最有可能实现石墨烯规模化制备、大规模应用的是化学法,即先利用化学氧化的方法制备氧化石墨烯(GO),然后对其还原制备还原氧化石墨烯(rGO)。

GO 作为石墨烯家族的另一重要成员,可直接利用石墨制备得到,其具有典型的层状结构与丰富的含氧表面官能团,其表面官能团可通过不同的制备技术得以调控。GO 的羟基、环氧基主要位于石墨烯表面,而羧基则位于石墨烯片边缘处,这些丰富含氧官能团的存在使石墨烯可稳定分散于水溶液中。GO 可通过化学还原、热还原、溶剂热还原、光催化还原等方法制备 rGO。

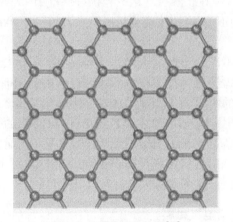

图 8-4　石墨烯的结构[18]

石墨烯优越的特性使其成为替代碳纳米管的超级电容器电极的首选材料。Ruoff 小组利用化学还原法[19](水合肼作为还原剂)制备的石墨烯材料可获得 99 ~ 135F/g 的比电容,所得低的比电容主要归因于石墨烯片的团聚,单片石墨烯的真正比电容没有得到体现。与水合肼相比,氢溴酸是一种较温和的还原剂,Chen 等[20]将氢溴酸加入 GO 溶液中将其还原,还原后在电化学体系中相对稳定的含氧官能团仍存在于 rGO 的结构中。因此 rGO 表面的含氧官能团不但能为其提供良好的润湿性,而且有利于液体电解质的渗透,同时还可引入法拉第赝电容。因此,作为超级电容器电极材料时在 1mol/L H_2SO_4 溶液中其比电容可达到 348F/g(电流密度为 0.2A/g),其比电容在

2000 圈循环后不降反升,前 1800 圈比电容保持率达到 125%,而 3000 圈后仍能达到 120%。这可能归因于 rGO 表面剩余含氧官能团的氧化还原反应。

Vivekchand 等[21]利用热还原法在 1050℃下将 GO 还原为 rGO,其比表面积高达 925m²/g,比电容可达 117F/g,高温对 GO 进行还原的过程较难控制。利用温和的溶剂热法也可制备 rGO 超级电容器电极材料,Ruoff 小组利用非常简便的微波辐照的方法[22]将 GO 在丙烯碳酸酯溶剂中剥离并使其稳定分散,rGO 纳米片的电导率高达 5230S/m,其比电容可达 120F/g。陈永胜小组开发了一种称为气体−固体还原的方法[23]制备稳定低团聚程度的石墨烯,制备的石墨烯作为超级电容器电极材料,其比容量可达 205F/g(电流密度为 0.1A/g),且具有良好的循环稳定性。

石墨烯虽作为超级电容器的首选材料,但其在制备过程中极易堆积,因此会严重影响其比表面积及电化学性能。具有分级多孔结构的石墨烯可获得较高比表面积,电解质离子在这种多孔结构中可以更为有效的扩散,其电化学性能可以相应得到提高。利用将石墨烯基的多孔碳球进行化学活化的方法制备分级多孔石墨烯,其作为超级电容器电极材料的能量密度为纯活性炭的 3 倍[24]。一种由中空碳颗粒构筑的新型胶囊结构可有效避免石墨烯颗粒的堆积,这种中空石墨烯胶囊可利用纳米浇铸的方法进行合成,这种介孔石墨烯胶囊作为超级电容器电极材料的比电容可达 240F/g(电流密度为 0.1A/g),循环 10 000 圈后其比电容仍可保持 70%。在有机电解质中,其表现为更高的比电容 140F/g(电流密度为 100A/g),循环 10 000 圈后其比电容保持率可达 93%[25]。

石墨烯可组装为不同的宏观结构,如一维石墨烯纤维、二维石墨烯薄膜及三维石墨烯水凝胶。石墨烯纤维具有体积小、柔性高、可纺织等优点,其在可穿戴/便携的电子器件中有良好的应用[26]。具有 3D 互穿网络结构的石墨烯纤维表现出高的电导率及比表面积,利用 H₂SO₄−PVA 凝胶电解质可以将石墨烯纤维制备成弹簧形状的超级电容器,其具有高的压缩及拉伸力学性能,其面积比电容可达 1.2 ~ 1.7mF/cm[27]。2D 结构的石墨烯膜可提供更高的比表面积,可利用旋涂法、层层自组装沉积法、界面自组装、真空抽滤法等制备石墨烯薄膜。

8.4.2 过渡金属氧化物电极材料

作为超级电容器电极材料,金属氧化物在电极/溶液界面反应时产生的法拉第准电容远大于碳材料的双电层电容,与导电聚合物相比有更高的电化学稳定性,因此受到人们的广泛关注。过渡金属氧化物作为超级电容器电极材料需满足以下基本要求:较高电导率,金属具有两种或两种以上氧化态,还原时质子可自由地插入氧化物晶格(氧化时则可从晶格中自由逸出),使 $O_2 \rightleftharpoons OH^-$ 反应得以顺利进行。目前,常用的过渡金属氧化物有 RuO_2、MnO_2、Co_3O_4 及 V_2O_5 等。

1. RuO_2

最初人们主要以贵金属 RuO_2 作为研究对象,这是因为 RuO_2 电极具有良好的导电性,且在 H_2SO_4 溶液中稳定,是一种性能优异的电极材料。RuO_2 具有宽的电位窗口、高度可逆的氧化–还原反应、高的质子电导率、极高的比表面积、高的热稳定性等优点。RuO_2 在酸性电解质中会发生如下氧化还原反应:

$$RuO_2 + xH + xe^- \Longleftrightarrow RuO_{2-x}(OH)_x$$

此反应发生在 RuO_2 颗粒表面,并伴随质子的电吸附,Ru 的氧化态由 Ru(Ⅱ)转变为 Ru(Ⅳ)。

而在碱性电解质中,RuO_2 的价态变化则不尽相同。充电时,RuO_2 被氧化为 RuO_4^{2-}、RuO_4^- 与 RuO_4,放电时高价态的 Ru 化合物被还原为 RuO_2。

RuO_2 作为超级电容器电极材料的超电容特性与以下几种因素直接相关。

1)比表面积

高的比表面积更有利于多重氧化还原反应的发生,从而有利于比电容的提高。可利用如将 RuO_2 薄膜沉积于高比表面积的基体材料的方法制备纳米尺寸电极,从而构筑供离子传输的足够大的微孔。例如,将 $RuO_2 \cdot xH_2O$ 薄膜利用电沉积的方法沉积到钛基体上可获得良好的电化学性能,其比电容高达 786F/g [28]。

2)结晶态

$RuO_2 \cdot xH_2O$ 材料的法拉第电容也与其结晶度密切相关。良好的结晶结构不易膨胀或收缩,因此它可以阻止质子渗入基体材料,从而导致扩散控制的产生。结果会发生快速、连续且可逆的法拉第反应,结晶性良好的 RuO_2 的比电容主要来源于表面反应。与其形成鲜明对比的是,无定形复合物的氧化还原反应不仅发生于表面,也会在粉末基体内部发生,因此与结晶结构相比,无定形复合结构往往表现为更好的性能。可利用不同的合成技术、控制合成温度等方法来调控结晶度。

3)$RuO_2 \cdot xH_2O$ 的尺寸

较小的颗粒尺寸不仅能够缩短质子扩散距离,而且有利于其在基体内部的传输,从而提高其比表面积,获得更多的活性位点。因此,颗粒尺寸越小,越容易获得更高的比电容及利用率。例如,利用超临界流体沉积方法将纳米结晶的 RuO_2 固定在碳纳米管上,其比电容高达 900F/g(接近于其理论值)[29]。

尽管 RuO_2 作为超级电容器电极材料可提供高的比电容,但其成本高、对环境有害等缺点限制了其在超级电容器中的应用。因此,研究者们开始寻找环境友好且电化学性能与其相当的氧化物材料,主要包括 MnO_2、Co_3O_4、V_2O_5 等。

2. MnO_2

MnO_2 的比电容主要来自于法拉第电容,主要归因于其与电解质间可逆的氧化还原反应,其可能的反应机理如下:

$$MnO_\alpha(OC)_\beta + \delta C^+ + \delta e^+ \Longleftrightarrow MnO_{\alpha-\beta}(OC)_{\beta+\delta}$$

其中,C^+ 主要指电解质中的质子和碱金属离子(Na^+、Li^+、K^+),而 $MnO_\alpha(OC)_\beta$ 与

$MnO_{\alpha-\beta}(OC)_{\beta+\delta}$ 则分别表示 $MnO_2 \cdot nH_2O$ 的高价与低价氧化态。由上式可见,质子与碱金属阳离子均参与氧化还原反应,而且 MnO_x 材料必须具有高的离子与电子电导率,与 RuO_2 类似,影响 MnO_2 电极材料比电容的因素主要有结晶度、结晶结构、形貌、比表面积等。因此要提高 MnO_2 的比电容,需制备具有合适的微结构、结晶度及高比表面积的 MnO_2 电极材料,包括利用热分解法、共沉淀法、溶胶-凝胶技术、电沉积法、机械球磨、水热法等。在这些制备方法中,水热法被证明是最为有效且可控的制备不同纳米结构的方法。

具有较高比表面积的一维纳米结构材料用作超级电容器电极材料可获得良好的超电容特性。例如,较小直径的纳米线可为电解质离子传输提供更大的比表面积,为电荷转移提供更多的活性位点,并为质子扩散提供短的传输/扩散距离,因此与纳米棒状结构的 MnO_2 相比,纳米线状的 MnO_2 可获得更高的比电容[30]。利用阴极沉积法制备的棒状结构的 MnO_2 薄膜的比电容可达 185F/g[31]。而花瓣状的 MnO_2 用作超级电容器电极材料时因其比表面积降低导致其比电容下降,不适合作为超级电容器电极材料。具有柱撑层状结构的 MnO_2 用作超级电容器电极材料时则表现出良好的循环稳定性,这种独特的柱撑结构使层状结构在充放电时表现出良好的结构稳定性[32]。

3. Co_3O_4

Co_3O_4 具有成本低、环境友好、超高的理论比电容(3560F/g)及良好的耐腐蚀性等优点。Co_3O_4 的法拉第电容主要来自以下反应:

$$Co_3O_4 + H_2O + OH^- \Longleftrightarrow 3CoOOH + e^-$$

有关 Co_3O_4 近年来的研究主要集中在设计特殊的形貌与微结构,如微米球、纳米片、纳米线、纳米棒、纳米管或薄膜等。例如,BET 比表面积可达 $60m^2/g$ 的 Co_3O_4 微米球[33],形貌为六边形 Co_3O_4 纳米片,其比电容于 1A/g 时达 227F/g[34],在镍泡沫网上制备得到的 Co_3O_4 纳米线阵列,最高比电容可达 746F/g(电流密度为 $5mA/cm$)[35]。利用简便有效的水热法制备的多孔 Co_3O_4 纳米棒,其在 2mol/L KOH 中比电容可达 280F/g(扫描速度 5mV/s)[36],而单晶 Co_3O_4 纳米棒最高比电容为 456F/g(电流密度为 1A/g)[37]。上述研究表明,合适的形貌及微结构的调控对于制备高性能 Co_3O_4 电极材料至关重要。

4. 金属氧化物的化学活化

过渡金属氧化物具有电导率低及离子传输迟缓等缺点,这严重限制了其在超级电容器中的应用,为提高其电导率与离子传输速率,除了与其他类型电极材料复合之外,还可采用化学活化法。

1) 引入氧空位

金属氧化物中可控的氧空位的产生可有效地提高其载流子密度,从而提高其电导率。可通过如氢处理,在缺氧环境中进行退火,以及化学或电化学方法来实现。例如,Zhou 和 Zhang[38]利用离子极化的方法在 TiO_2 上产生氧空位,这种电处理 TiO_2 的方法使其载流子密度提高了 5 个数量级,其作为超级电容器电极材料面积比电容在 5mV/s 时提高了 1 个数量级。

2）掺杂

利用引入外来杂质原子的方法可有效提高金属氧化物的电导率,与引入氧空位这种产生内部缺陷的方法相比,掺杂不仅可引入提高电导率的电质子,对某些掺杂剂来说,它还有助于提高金属氧化物内部的离子扩散。而且,掺杂剂还可引入金属离子新的价态从而提高法拉第电容。可利用如非金属掺杂（S、N、B）、金属掺杂（Au,Ti 等）来提高其电导率。掺杂可以使其带隙变窄,产生氧空位并使载流子密度提高。掺杂剂的选择要基于金属氧化物主体的化学结构。例如,要提高半导体金属氧化物的电导率,需分别采用 n 型与 p 型掺杂剂来分别提高 n 型与 p 型金属氧化物的载流子密度,而且需考虑掺杂剂的离子半径。例如,与主体金属氧化物具有类似离子半径的掺杂剂更利于形成替位掺杂,而且会使晶格变形程度降到最小,从而有利于获得更好的充放电稳定性。

3）化学剥离/插层

电导率与离子传输对超级电容器材料同样重要,尽管缺陷的引入及元素的掺杂可大幅提高过渡金属氧化物的电导率,但其对离子扩散的贡献并不大。具有 2D 结构的金属氧化物引起在离子扩散性能方面表现良好而备受关注。例如,2D Co_3O_4 纳米片因其形貌特征有利于离子与电子传输,可获得良好的电化学性能。具有多层类石墨烯结构的 Co_3O_4 纳米片电极（水热法制备）的比电容在 5mV/s 时高达 1752F/g,100mV/s 时仍保持在 651F/g[39]。对于层状的金属氧化物,化学剥离/插层被认为是扩大层间距的、有效的、利于离子扩散的方法。同时,剥离/插层后新增加的活性点/表面性能同时可提高其比电容。例如,将十二烷基胺插层于 $\alpha-MoO_3$,然后在 N_2 中于 600℃碳化,MoO_3 的层间距则由 0.69nm 增加至 3.13nm,其比电容也得以提高,1A/g 时其比电容可达 331F/g,10A/g 时仍可保持初始比电容的 70%[40]。

8.4.3　导电聚合物电极材料

自从 1977 年日本筑波大学的白川英树、美国宾西法尼亚大学的 A. G. MacDiarmid 和美国加州大学圣·巴巴拉分校的 A. J. Heeger 共同合作发现掺杂聚乙炔呈现金属特性以来,导电聚合物的研究从此揭开了序幕。此后相继开发了聚苯乙炔（PPV）、聚对亚苯（PPP）、聚苯胺（PANI）、聚吡咯（PPy）、聚噻吩（PTh）及它们的衍生物。导电聚合物具有特殊的结构和优异的物理化学性能使其在能源、光电子器件、信息、传感器、分子导线和分子器件,以及电磁屏蔽、金属防腐和隐身技术上有着广泛、诱人的应用前景。因此,导电高分子自发现之日起就成为材料科学的研究热点。

1. 导电聚合物的掺杂

"掺杂"就是在共轭结构高分子上发生电荷转移或氧化还原反应,目的是在聚合物的空轨道中加入电子,或从占有轨道中拉出电子,进而改变现有 π 电子能带的能级,出现能量居中的半充满能带,减小能带间的能量差,使电子或空穴迁移时的阻碍减小。

本征态的导电聚合物是不导电的,经过掺杂/脱掺杂(doping/dedoping),其电导率可以在绝缘体—半导体—导体之间变化。图 8-5 为导电聚合物电极电化学掺杂/脱掺杂过程示意图[41]。导电聚合物的掺杂类型可分为 n 型掺杂(n-doping)和 p 型掺杂(p-doping)。导电聚合物进行 n 型掺杂时,聚合物骨架发生还原反应,带负电荷,为了保持电荷平衡,电解质中的对阳离子(counter-cations)扩散至聚合物骨架的周围。进行 p 型掺杂时,聚合物骨架发生氧化反应,带正电荷,电解质中的对阴离子(counter-ations)移向聚合物骨架的周围。脱掺杂过程与掺杂过程正好相反。大多导电聚合物都可以进行 p 型掺杂和相应的脱掺杂过程,而且掺杂电位大多位于电解质溶液的分解电位范围之内,然而,只有少数几种导电聚合物可以发生 n 型掺杂和相应的脱掺杂过程,而且该掺杂过程在很高的阴极还原电位下发生,这要求电解质在该电位下不发生分解。

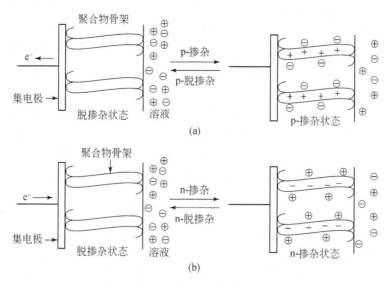

图 8-5　导电聚合物掺杂和脱掺杂过程示意图[41]

由于导电聚合物的掺杂形式及可掺杂导电聚合物的种类不同,导电聚合物在作为超级电容器电极材料使用时,可以有不同的组合方式。目前超级电容器中导电聚合物电极主要有三种组合形式:①两个电极是相同的 p 型导电聚合物。虽然这种类型的电容器存在一些缺陷,但因为大多数导电聚合物都可以进行 p 型掺杂,而且电极的组装相对简单,所以对这类电容器材料的研究至今仍在进行。②两个电极分别是两种不同的 p 型掺杂导电聚合物。这种组合的超级电容器不足之处在于区分了正极和负极,电容器无法进行反向充电,这限制了电容器的应用,对电容器的循环寿命也有影响。③电容器的一个电极是 n 型掺杂导电聚合物,另一个电极是 p 型导电聚合物。这类电容器在充放电时能充分利用溶液中的阴阳离子,具有类似于蓄电池的放电特征,因此被认为是最有发展前景的超级电容器。但由于大多数导电聚合物 n 型掺杂往往不稳定,因此,寻找一种既能得到稳定 p 型掺杂态,又能得到稳定 n 型掺杂态的导电聚合物便成为此类超级电容器研究的关键。

2. 导电聚合物电极材料

掺杂后的导电聚合物材料具有良好的电子导电性,内阻小,以导电聚合物为电极的超级电容器,其电容一部分来自电极/溶液界面的双电层,更主要的一部分是由法拉第准电容提供的。其作用机理是:通过在电极上的聚合物中发生快速可逆 n 型、p 型掺杂和脱掺杂的氧化还原反应,使聚合物达到很高的储存电荷密度,产生很高的法拉第准电容而实现储存电能。导电聚合物作为超级电容器电极材料具有比容量高、成本低、可以通过分子设计选择不同的聚合物结构等优点, 成为近年来国内外研究的热点。

目前应用于超级电容器的导电聚合物主要有 PANI、PPy 和 PTh 等。其中 PANI 由于原料易得、合成工艺简便、导电性和稳定性优良,备受人们青睐。利用化学氧化聚合法与电化学氧化聚合法制备的具有微/纳米结构的导电 PANI 因其具有良好的导电性与较高比表面积可获得较高比容量。采用氯化铁和甲基橙溶液形成的化合物为种子模板,制备所得的掺杂 PANI 纳米纤维电极材料在 $1mol/L\ H_2SO_4$ 中的比容量为 428F/g[42]。具有多层次分级结构的 PANI 组装的模拟电容器电极材料的比容量分别可达 408F/g 和 324F/g。100 次循环后,电极材料的比容量没有下降[43]。利用表面活性剂辅助稀释聚合技术制备得到的柠檬酸掺杂的 PANI 纳米纤维,其最高比电容为 298F/g[44]。

通过电化学聚合的方法可制备多孔的绒毛状纳米纤维网络结构与平滑相接的纳米纤维结构的 PANI,这些纳米结构的 PANI 具有较高的比电容[45,46]。最近有文献报道了通过电化学方法制备的一种新型的有序排列锥形纳米结构的 PPy,与 RuO_2 组成复合电极后可获较高的比电容与较好的稳定性[47]。Amarnath 等[48]利用过硫酸铵为氧化剂,亚硒酸为掺杂剂,在导电铟—氧化锡基体上制备了 PANI 纳米棒与纳米球。PANI 纳米棒电极表现出较大的比表面积与大的比电容(592F/g),而紧密堆积的 PANI 纳米球的比电容则为 214F/g。此外,将对甲苯磺酸(TSA)掺杂 PANI 沉积在不锈钢片上可制备 TSA 掺杂的 PANI 纳米管,在 3 mA/cm 的电流密度下,其比电容高达 805F/g,循环 1000 次后仍有 783F/g[49]。利用反相脉冲电压方法制备自掺杂的 PANI 纳米纤维[50]及利用电纺丝技术[51]制备的 PANI 纳米纤维均具有较高的比电容和循环稳定性。

与 PANI 相比,PPy 和 PTh 更为环境友好,近年来其作为超级电容器应用的研究越来越引起了人们的重视。以镍盐掺杂制备的 PPy 纳米纤维在 1mol/L KCl 溶液中的比容量高达 474F/g[52]。采用化学氧化法合成一种粉末状超级电容器电极用 PPy,掺杂剂对甲苯磺酸的引入,使合成的 PPy 的电导率得到有效的提高,电化学电容性能得到改善[53]。利用阳极氧化铝模板可制备得到有序排列、高比表面积的 PPy 纳米棒阵列。在纳米棒电极中电容得到极大提高,而且具有较高比电容的较长的纳米棒电极具有较大的比表面积[54]。Sharma 等[55] 利用脉冲聚合法 (pulsed polymerization)所制备的具有有序结构的 PPy 在酸性电解质中具有非常高的比电容(400F/g)及高的能量密度(250W·h/kg),循环寿命可达 10000 次。Li 等[56]利用化学氧化法,以 $FeCl_3$ 为氧化剂,对甲苯磺酸为掺杂剂制备了聚(3,4-乙撑二氧噻吩)(PEDOT),并引入超声辐射来提高 PEDOT 的产量与比电容,PEDOT 的比电容由 72F/g 增加到 100F/g。杨红柳等[57]等用化学氧化法制备聚(3-甲基噻吩)粉末制成复合电极,按复合电极中的活性物质含量计算时,其单电极比电容可达 260F/g。

微/纳米结构的导电聚合物用作超级电容器电极材料可获得较高的比电容。但导电聚合物材料用作超级电容器电极材料还存在诸多问题。例如,品种少,直接用导电聚合物作超级电容器电极材料电容器内电阻较大,难以进行有效的 n 型掺杂,化学和热稳定性较差,由其所组成的超级电容器的循环稳定性不理想。

近年来研究人员开发了复合电极材料,使不同类型材料之间的性能相互补偿以达到最佳性能。其中,将导电聚合物材料与碳材料进行复合可得到具有改进性能(稳定性、电荷转移动力学)及更高的能量储存容量的复合材料。以导电聚合物/碳材料为电极的超级电容器,既具有双电层电容,又具有法拉第准电容,即其电容的一部分来自电极/溶液界面的双电层,更主要的一部分来自电极在充放电过程中的氧化、还原反应。因此,这类材料具有比通常的碳材料高得多的比电容,比纯导电聚合物具有更好的循环稳定性。下面着重介绍导电聚合物/碳复合电极材料。

3. 导电聚合物/碳复合电极材料

碳材料以其价廉易得、工作温度范围宽、比表面积大、孔隙结构发达、酸和碱化学稳定性高、对环境友好等优点被广泛用于制备超级电容器电极材料。常用的碳材料有活性炭、活性碳纤维、炭气凝胶、炭黑、碳纳米管和石墨烯等。近年来,导电聚合物与碳材料的复合工作主要集中在导电聚合物/活性炭、导电聚合物/碳纳米管及导电聚合物/石墨烯复合电极材料。

1) 导电聚合物/活性炭复合材料

活性炭是一种主要由碳元素组成的多孔物质。根据国际纯粹与应用化学会分类标准,活性炭孔隙按孔径的大小可分为微孔(孔径<2nm)、中孔(又称过渡孔,孔径介于 2.0 ~ 50nm)和大孔(孔径>50nm)。将导电聚合物与活性炭材料复合的工作开展较早,用作超级电容器电极的导电聚合物/活性炭复合材料的制备方法较多,最常见的方法是化学氧化聚合法。毛定文和田艳红[58]采用苯胺在改性活性炭表面原位聚合方法,制备了聚苯胺/活性炭及掺锂聚苯胺/活性炭复合材料。当活性炭、苯胺、过硫酸铵的摩尔比为 7∶1∶1 时,制得电极材料的比电容值由纯活性炭的 239F/g 提高到 409F/g;掺杂锂盐后的复合电极材料的比容量有很明显的提高,由未掺杂锂时的 372F/g 提高到 466F/g。多次循环充放电后电容量的保留率也得到显著的提高。宋怀河课题组[59]利用同样的方法制备不同配比的复合材料,当活性炭含量为 20% 时,复合材料的电阻率最小。与活性炭相比,复合材料的比电容有很大提高,最高可达 400F/g。经过循环伏安测试说明电极氧化还原反应的可逆性良好。将苯胺单体吸附至活性炭上制备了 PANI 包覆介孔与微孔炭。复合材料的电化学准电容随着 PANI 在活性炭中含量的增加而增加。PANI 在介孔活性炭中所贡献的比电容要高于在微孔碳中的比电容。PANI 在介孔上的均一包覆对于 PANI 的准电容的提高起了重要作用[60]。利用中孔炭孔内外苯胺浓度的不同,在中孔炭表面生长有序晶须状的 PANI。复合材料在 0.5A/g 的充放电电流密度下得到的比电容为 900F/g,复合材料电极在 3000 次循环后,容量损失仅为 5%,且库仑效率保持在 100%,说明该复合材料有好的电化学稳定性[61]。

也有报道利用电化学方法制备导电聚合物/活性炭复合电极材料。例如,利用电化学方法制备 PANI 薄膜均一沉积在活性炭表面,形成相连的孔隙网络。复合电极比纯 PANI 电极有着更高的比电容,复合电极的比电容可达 587F/g,高于纯活性炭(140F/g),复合电极的循环稳定性较 PANI 电极也有一定程度的提高[62]。还可利用恒电位沉积法将苯胺单体沉积到分级多孔碳上。其比电容高达 2200F/g(每质量的 PANI),功率密度可达 0.47kW/kg,能量密度达 300W·h/kg。这种活性复合材料还具有较高的稳定性,且无需黏结剂,大大减低了制备成本,并且同时获得稳定性和高的电化学性能[63]。Bleda-Martinez 等[64]利用不同的电化学方法制备了活性炭/PANI 复合材料。结果表明通过恒电位聚合方法制备的复合材料可获得较高的电容,这主要归功于电子在聚合物链上的离域及由多孔碳诱导形成的 PANI 的特殊形貌。Selvakumar 等[65]用电化学方法将 PEDOT 沉积在活性炭电极上,制成复合电极的比电容在扫速为 10mV/s 时达到 158F/g,复合电极的比电容比活性炭电极的比电容有提高。

其他方法制备导电聚合物/活性炭复合电极也曾相继被报道。Fuertes[66]通过模板技术制备了具有高比表面积的介孔碳/PPy 纳米复合材料。用这种方法制备的复合材料可使大量的导电聚合物沉积于某一个孔体系中,而其他孔为空孔。这种纳米复合材料具有大的导电聚合物含量(大约达 50%),高的比表面及由介孔组成的均一的孔隙率。Choi 等[67]通过蒸气渗透法将导电聚合物层引至介孔碳表面。介孔碳/PPy 纳米复合材料仍保持孔结构,其电化学性能的提高归因于高的比表面积,有着三维相连的介孔的开放的孔体系及导电 PPy 的可逆氧化还原行为。同时为了进一步探求 PPy 层对复合材料电化学性能的影响,还研究了 PPy 的用量对电容的影响。

在导电聚合物/活性炭复合材料中,由于活性炭内部微孔所占比例较大,极易造成导电聚合物材料将微孔阻塞,致使复合材料的双电层容量下降;且其孔径分布不均,使得导电聚合物沉积量少且易团聚;再加上电导率不高,使得复合材料电化学性能不出众。

2)导电聚合物/碳纳米管复合材料

与活性炭相比,碳纳米管由于其独特的结构、良好的导电性和机械性能,近年来引起了研究者的关注。但其石墨化程度、管径大小、长度、弯曲程度及不同处理方式等都会对由它组成的超级电容器的性能产生很大的影响。未经活化的碳纳米管用作电极时,封闭的碳纳米管孔道得不到充分的利用,因此比电容较低(一般小于100F/g)。用 KOH、浓 HNO₃ 等活化剂对碳纳米管进行活化处理,可打通封闭的孔道,增加表面官能团的含量,提高内腔利用率。

通过调控微观结构(颗粒尺寸、厚度、比表面积及孔特性)来制备具有高电活性的导电聚合物电极复合材料。具有高孔隙度的纳米尺度的导电聚合物材料与液体电解质接触时可提高电极/电解质的接触面积,从而提供高电活性区域及在导电聚合物材料内低的扩散长度。特别是利用具有高导电性和力学性能的碳纳米管作为导电聚合物材料的支撑材料不但可以提高导电聚合物材料的比电容,而且可以解决因力学性能问题而导致的循环降解问题。

(1)PANI/碳纳米管复合材料。通过原位化学聚合、电化学聚合等方法可制备用作超级电容器电极的导电聚合物/碳纳米管复合材料。采用化学原位聚合的方法在碳纳米管的表面包覆 PANI,制备碳纳米管/PANI 纳米复合物。在电流密度为 10mA/cm 时,碳纳米管和碳纳米管/PANI 复合物的比容分别为 52F/g 和 201F/g。基于碳纳米管/PANI 复合物的超级电容器的能量密度达到 6.97W·h/kg,并且具有良好的功率特性[68]。Dong 等[69]通过原位化学氧化聚合方法制备了 PANI/MWNT 复合材料并用作超级电容器电极。探讨了在 NaNO₃ 电解液中的电化学性质。PANI/MWNT 复合材料有较高的比电容(328F/g)。MWNT 含量为 0.8 wt% 时制备 MWNT/PANI 复合膜的比电容值最高可达 500F/g。Sivakkumar 等[70]首先通过界面聚合制备了 PANI 纳米纤维,并且探讨了其电化学性能。在 1.0A/g 时其比电容可达 554F/g,但随着循环次数的增加比电容下降很快(循环 1000 次后下降了 74%)。为了提高其循环稳定性,通过原位聚合制备了 PANI/碳纳米管复合材料,获得较高的比电容 606F/g(循环 1000 次后为 386F/g)和较高的循环稳定性。

利用电化学方法可方便地在碳纳米管表面均匀沉积导电聚合物,利用恒电位法将 PANI 沉积在 SWNT 上构造复合电极,当 PANI 的沉积量为 73% 时,此时的单电极比电容为 463F/g,500 次循环后,容量损失约为 5%;之后的 1000 次循环,比电容趋于稳定[71]。Cao 等[72]在钽电极上通过电沉积方法在阵列碳纳米管上沉积了 PANI,这种具有超级电荷传输路径的三维多孔结构使得活性物质 PANI 得到了充分利用,因此复合材料的比电容在 5.9 A/g 时达到 1030 F/g,当电流密度为 1.8 A/g 时,其电容保持率为 95%,并且经过 5000 次连续充放电后,容量损耗仅为 5.5%。此外,为了探讨微观结构对 PANI/碳纳米管阵列的电容性能的影响,利用电沉积法将 PANI 沉积至碳纳米管阵列电极上,电沉积不同循环圈数时复合材料的形貌有着明显的变化。在最佳条件下 100 次循环时可获得最高的比电容、最好的倍率特性及最长的循环寿命,对复合材料微观结构的形成过程及其对电容性能的影响也进行了讨论[73]。

(2)PPy/碳纳米管复合材料。与其他的导电聚合物相比,PPy 因其广泛的应用、易于合成及在氧化态下的环境稳定性具有良好的应用前景。近年来,PPy/碳纳米管,特别是具有核壳结构的 PPy/碳纳米管因结合了这两类材料的协同效应引起了研究者的极大兴趣。据报道,核壳结构的 PCNs 可通过如原位氧化聚合、电化学聚合、气相聚合、层层自组装及脉冲电化学沉积法等一系列方法制备。

用电化学方法生长 PPy/碳纳米管复合物膜作为超级电容器的电极材料,显示了较好的电化学性能,其质量比容量和面积比容量分别为 192F/g 和 1.0F/cm²[74,75]。Frackowiak 等[76]用电沉积方法将 PPy 修饰在高温热裂解制得的 MWNT 碳纳米管上,形成一层均匀的 PPy 膜。由该复合材料组装的超级电容器单电极比容量达 180 F/g,同时还可以提高电容器的充放电电压,延长其循环寿命,且 PPy 层越薄越有利于超级电容器的长期循环。Wang 等[77]用电化学方法将吡咯沉积在 SWNT 上形成一层均匀的 PPy 膜。研究表明,由该复合材料组装的超级电容器单电极比电容可达 210F/g,比电容的增加可归因于电荷在 PPy/碳纳米管复合材料中的积累,表面官能团的存在也产生了一定的准电容效应。Kim 等[78]先用静电喷涂的方法将碳纳米管和二氧化硅的悬浮液喷涂在硅晶片上,然后将 PPy 用电化学方法沉积在该复合物上,最后除去二氧化硅,得到了孔径可控 PPy/碳纳米管复合物薄膜。复合物中 PPy 的质量分数为 83.4%,以 1mol/L KCl 为电解液,扫速为 5mV/s 时,单电极的比电容为 250F/g;扫速为 500mV/s 时,比电容仍有 211F/g。研究表明,该复合材料具有高的比表面积和导电性及好的离子传输能力,所以该材料有高的比电容和好的快速充放电能力。

Meng 等[79]还利用 CNT 网络作为模板制备纸状柔性的 CNT/PANI 复合材料,这种复合膜具有较高的比电容(0.2A/g 时可达 424F/g,而传统 CNT/PANI 复合材料为 371F/g)与循环稳定性(循环 1000 次后纯 PANI 衰减 30%,复合材料仅衰减 10.6%)。Oh 等[80]通过 SWCNT-PPy 的甲醇分散液的真空抽滤制得由 SWCNT 和掺杂 PPy 组成的具有高度孔隙率的薄片。研究结果显示,当这种复合材料的摩尔比为 1∶1 时,能达到最高的比电容 131F/g(在 1mol/L NaCl 电解液中)。最近,Fang 等[81]采用脉冲电化学沉积法制备了 PPy/MWNT 复合膜,这种复合膜可直接应用于超级电容器电极而无需使用任何黏结剂,比电容可高达 427F/g,此技术可用来开发高性能的电存储装置。Mi 等[82]通过微波辅助聚合快速制备了具有核壳结构的 PANI/MWNT 复合材料,PANI 层厚为 50~70nm,能量密度为 22W·h/kg 时的比电容为 322 F/g,比单纯的 MWNT 高出 12 倍。

　　利用界面聚合法制备纳米复合材料的最主要的优点在于其非常慢的反应速度,这使得复合材料的纳米结构可以利用碳纳米管诱导制备得到。作为传统的界面聚合方法的延伸,三相界面聚合法可以将氧化剂、碳纳米管及单体在不同的相中分离(图 8-6)[83]。因此,在避免碳纳米管的二次团聚的同时可进一步控制 PPy 的聚合速度。将吡咯单体与氧化剂迁移至 MWNT 分散液的中间相中,并在 MWNT 的表面聚合制备核壳结构的 CNT/PPy 纳米复合材料。PPy 壳厚度可利用调节吡咯与 MWNT 的投料比进行调控[83]。图 8-7 为 MWNT、PCNs1[MWNT:吡咯 = 50:50(质量比)]、PCNs2[MCNT:吡咯 = 20:80(质量比)],PCNs3[MCNT:吡咯 = 10:90(质量比)]及利用两相(正己烷/水)界面聚合法制备 PPy(单体溶于正己烷中,MWNT 与 1-丁基-3-甲基咪唑四氯化铁盐分散于水中)的 SEM 照片。从图 8-7(a)~图 8-7(d)可以看出,MWNT 的一维纳米结构并未因 PPy 的引入而遭到破坏。复合材料的直径得以增加而且在聚合完成后未发现团聚的 PPy 无规纳米粒子,表明吡咯可均一地包覆于 MWNT 表面。当提高吡咯的投料比时,包覆于 MWNT 表面的 PPy 层的厚度随之增加。与 MWNT 相比复合材料的直径由 20~30nm 增加至 50~110nm,而且其外表面变得较为粗糙。图 8-7(e)为利用三相聚合法制备的 PPy 的表面形貌,PPy 表现为棒状相连的形貌,棒尺寸在 1μm 左右。与利用三相体系制备的 PCNs 相比,利用两相体系制备的 PCNs 表现为 MWNT 的团聚体与 PPy 共混的表面形貌[图 8-7(f)]。因此,三相体系的利用有利于纳米结构的 PPy 在 MWNT 表面的生长。

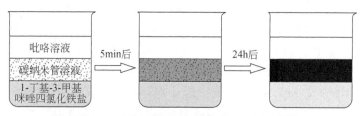

图 8-6　三相界面聚合法制备 PCNs 示意图[83]

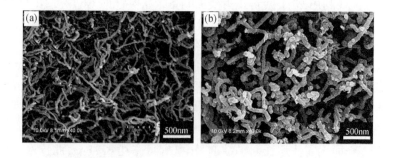

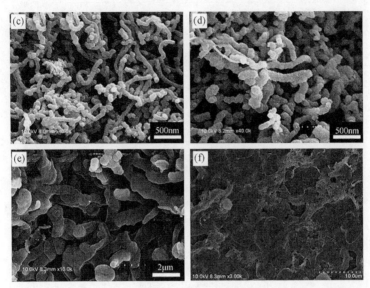

图 8-7　MWNT(a)、PCNs1(b)、PCNs2(c)、PCNs3(d)、PPy(e)和 PCNs4(f)的 SEM 图[83]

由复合材料的循环伏安、充放电及交流阻抗曲线(图 8-8)可以看出,所有复合材料中,PCNs3 可获得最优电化学性能,其比电容在电流密度为 0.5A/g 时可达 228F/g。这可能归因于 PPy 与 MWNT 的协同效应及功能化 MWNT 的掺杂效应。与纯 PPy 相比,PCNs3 有着较多的作为法拉第反应的活性点及较高的比电容。

为了更好地在碳纳米管表面沉积导电聚合物,可通过引入羧基、磺酸根等有机官能团的方式对碳纳米管进行功能化。例如,利用蒽醌 2,6-二磺酸二钠盐(AQDS)与 1,5-萘二磺酸(1,5-NDA)两种有机盐对碳纳米管进行表面修饰后制备 MWNTs/PPy 核壳纳米复合材料(图 8-9)。通过改变 AQDS 与 NDA 的摩尔比使得 PPy 壳层厚度从 10nm 变化到 50nm(图 8-10)。AQDS 与 1,5-NDA 的共修饰有利于 PPy 在 MWNT 表面的成功聚合。需要指出的是,当 AQDS/NDA 的比例小于 0.4 时,NDA 或 AQDS 分子不但位于 MWNT 的表面,而且还存在于水溶液中,结果导致 PPy 的壳层厚度降低或者没有明显提高。

如图 8-11 所示,与纯 MWNT 相比,复合材料的 CV 曲线的面积明显增大,电位窗口拓宽至-0.9～0.8V。在-0.2～0.2V 可观察到一对明显的氧化还原峰,其对应于在碳纳米管表面的蒽醌基团发生的氧化还原反应。在所有复合材料中,ANCP0.4 (AQDS:1,5-NDA=0.4:1) CV 曲线中氧化还原峰的电流密度明显高于其他比例的复合材料,表明 ANCP0.4 与 ANCP1(AQDS:1,5-NDA=1:1)具有较高的电化学活性。同时,ANCP0.4 的 CV 曲线所围面积最大,说明其具有最高的比电容(393F/g),而且交流阻抗曲线中[图 8-11(c)]ANCP0.4 的斜角最接近 90°,表明 ANCP0.4 具备理想的超电容行为。其循环 1000 圈后期比电容仍能保持 70%左右,表现出良好的循环稳定性。

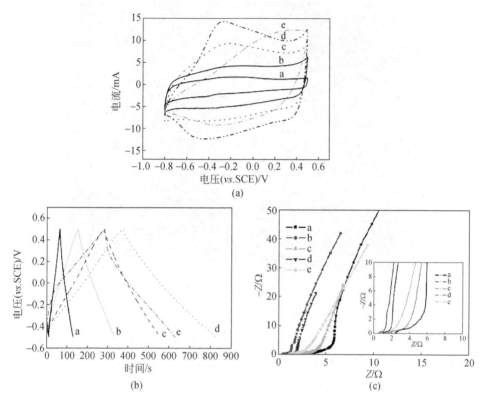

图 8-8　MWNT、PCNs1、PCNs2、PCNs3 和 PPy 的 CV 曲线(a)、充放电曲线(b)和交流阻抗图(c)[83]

a 为 MWNT;b 为 PCNs1;c 为 PCNs2;d 为 PCNs3;e 为 PPy

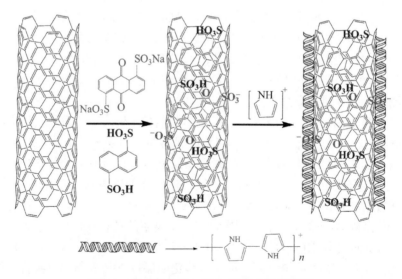

图 8-9　核壳结构的 ANCPs 的形成示意图[83]

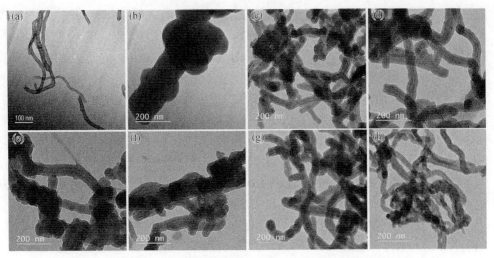

图 8-10 MWCNT(a)、NCP(b)、ANCP0.2(c)、ANCP0.4(d)、ANCP0.6(e)、
ANCP0.8(f)、ANCP1(g)和ACP(h)的 TEM 图[83]

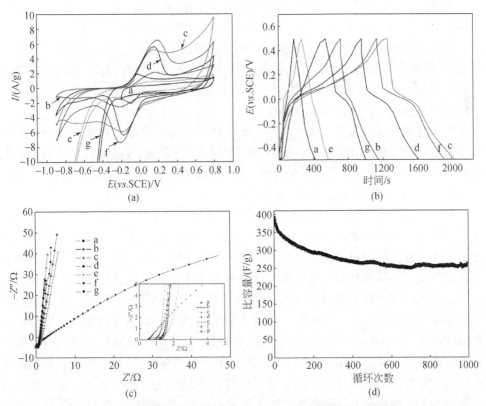

图 8-11 NCP、ANCP0.2、ANCP0.4、ANCP0.6、ANCP0.8、ANCP1 和 ACP 的 CV 曲线(a)、
恒电流充放电曲线(b)、交流阻抗曲线(c)和 ANCP0.4 的循环寿命图(电流密度 0.5A/g)(d)[83]
a 为 NCP;b 为 ANCP0.2;c 为 ANCP0.4;d 为 ANCP0.6;e 为 ANCP0.8;f 为 ANCP1;g 为 ACP

此外,还可采用原位芳基重氮化反应对碳纳米管进行苯磺酸功能化,制备 PPy/苯磺酸化碳纳米管复合材料(PPy/f-MWNT),氢键诱导使 PPy 成功地包覆在碳纳米管表面。当 PPy 与 MWNT 质量比为 1:1 时,复合材料在 1.0 A/g 的电流密度下的比容量达 266F/g,而且 PPy 利用率比未功能化 PPy/碳纳米管纯 PPy 提高了 1 倍以上[84]。还可以利用聚苯乙烯磺酸钠(PSSNa)制备对 MWCNT 进行功能化通过原位水热聚合制备了 PEDOT/功能化 CNT 纳米复合材料[85]。PEDOT/PSS/碳纳米管纳米复合材料的比电容可达 198.2F/g(电流密度为 0.5A/g),2000 次循环后下降 26.9%。PSSNa 起到了将 CNT 很好地溶解和分散到水溶液中,同时也起到了将 EDOT 与 CNT 相联系从而进一步使 PEDOT 在 CNT 表面进行很好地包覆的作用。Mi 等[86]还利用一种新型的微波水热方法制备了多刺状的有机金属功能化碳纳米管,甲基橙与三氯化铁形成的有机金属络合物作为反应种子模板,诱导吡咯在功能化碳纳米管上进行有序聚合而无需任何氧化剂。所制备的复合材料比容量可达 304F/g。最近,Zhu 等[87]利用原位化学氧化法在 HClO$_4$ 溶液中制备了 PANI/磺化 MWNT 复合电极材料,研究发现,复合电极的形貌结构及碳纳米管表面包覆 PANI 的量对其电化学性能有着很大的影响。PANI 含量为 76.4% 时,复合材料可获得最大比容量 515F/g,循环 1000 次后比容量仍保持 90% 以上,表现出良好的循环稳定性。

碳纳米管/导电聚合物复合电极,可在一定程度上改善电极的循环稳定性和导电性,但碳纳米管本身贡献的容量很小,因此要牺牲一定的能量密度;同时碳纳米管的价格昂贵,从实用化的角度考虑,并不理想。

3) 导电聚合物/石墨烯复合材料

将石墨烯与导电聚合物复合可利用石墨烯和导电聚合物共轭结构的导电协同作用来提高导电性能,同时又可实现结构的增强。石墨烯/导电聚合物复合电极材料作为双电层/准电容复合电极材料的代表,能继承二者的优势,材料为纳米尺度,比表面积高,有发达的孔结构和导电网络。

导电聚合物的主链是刚性的,且链与链间 π 电子体系相互作用较强,因此,导电聚合物通常是不溶不熔的,导电聚合物与石墨烯的复合通常通过原位化学或电化学聚合法来实现。中国科学院金属研究所成会明课题组[88]通过原位阳极氧化法制备自支撑的柔性石墨烯/PANI 复合纸。这种石墨烯基复合电极表现出较高的拉伸强度(12.6MPa)与较高的电化学电容。魏飞课题组[89]通过原位化学法制备的石墨烯/PANI 复合电极具有较高的比电容和功率密度;他们还将微量的碳纳米管加入石墨烯中制备了 PANI/石墨烯/碳纳米管复合材料,复合材料的循环稳定性有了很大程度的提高[90]。石高全课题组[91]制备的导电聚合物/石墨烯复合膜因其形成的多孔结构和导电网络可获得良好的电化学性能。通过电化学聚合利用磺酸功能化石墨烯作为 PPy 的掺杂剂,所制备的复合薄膜表现出较高的电化学稳定性与倍率特性[92]。Cong 等[93]利用电化学聚合的方法将 PANI 纳米棒沉积在石墨烯纸上制备了柔性石墨烯/PANI 复合纸。

　　Chang 等[94]利用电化学聚合方法制备了 GO/PPy 复合膜,继而利用电化学方法对其还原制备了还原 GO/PPy,所制备的复合材料可获得较高的比电容 424F/g,其高于 GO/PPy 与纯 PPy 膜。Sahoo 等[95]利用一种生物聚合物–海藻酸钠基于石墨烯与 PPy 纳米纤维制备石墨烯/PPy 纳米复合材料,复合材料表现出高的电导率(1.45S/cm)、高的比容量(466F/g)(10mV/s)以及高的能量密度(165.7W·h/kg)。Zhao 等[96]开发了一种新型的 PPy-石墨烯泡沫作为可高度压缩的超级电容器电极材料,这种组装的超级电容器表现出优越的耐压性能。Liu 等[97]利用乙二醇对 GO/PPy 还原制备石墨烯/PPy 复合电极材料,研究发现,复合材料可获得高的比电容、高的倍率特性及良好的充放电稳定性。这种优越的电化学电容特性归功于复合结构的构筑及电活性 PPy 组分的有效利用。

　　导电聚合物/石墨烯复合电极材料中石墨烯/功能化石墨烯对导电聚合物的掺杂、诱导生长及复合电极材料的微结构对于电极材料的性能有着直接的影响。GO 可掺杂、诱导导电聚合物的有序生长,所得复合电极材料可获得较高的比电容。利用 AQDS 对 GO 进行非共价修饰得到功能化石墨烯,其可诱导导电 PPy 生长为微/纳米线状结构(图 8-12),AQDS 同时起到"活性氧化剂"及掺杂剂的作用(图 8-13)[98]。

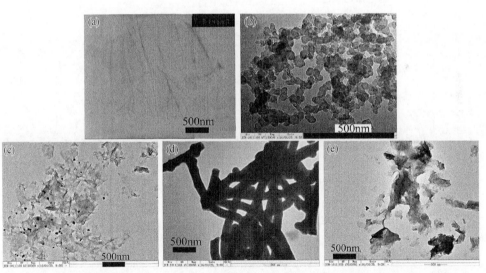

图 8-12　GO(a)、PPy(b)、GPy(c)、AQS-GPy(d)和 AQDS-GPy(e)的 TEM 图[98]

　　如图 8-14 所示,制备得到的 AQDS-GPy 超级电容器表现出较高的比电容、宽的电位窗口,EIS 曲线的尾部的斜率几乎接近 90°,表现为良好的超电容特性。如图 8-14(d)所示,AQDS-GPy 超级电容器显示出良好的循环稳定性。上述结果表明 AQDS-GPy 可作为超级电容器电极材料,并有着良好的应用前景。

　　导电聚合物水凝胶材料兼具水凝胶的特性和导电聚合物优异的电化学活性,近年来引起了人们极大的兴趣。导电聚合物水凝胶存在的一个严重的问题就是这类

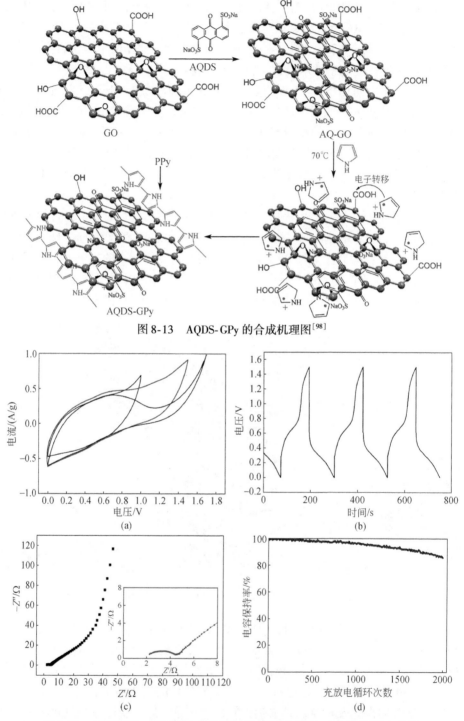

图 8-13 AQDS-GPy 的合成机理图[98]

图 8-14 AQDS-GPy 电极组装成器件的 CV 曲线(10mV/s)(a)、充放电曲线
(电流密度=1A/g)(b)、交流阻抗谱图(c)和循环寿命曲线(电流密度=1A/g)(d)[98]

材料的机械强度较低,难以满足其在柔性超级电容器中的应用。利用两种都具备离域大 π 共轭体系的材料,将石墨烯引入导电聚合物水凝胶,有助于实现材料性能的增强与拓展,通过聚合物分子链的桥连并结合石墨烯片层间的 π-π 作用构筑水凝胶的 3D 多孔结构[99],可得到兼具较高机械强度和良好电学性能的聚(3,4-乙撑二氧噻吩)/石墨烯水凝胶。利用水热还原 GO 与化学氧化吡咯的方法制备具有 3D 网络结构的石墨烯/PPy 水凝胶复合材料,PPy 包覆在石墨烯的表面[100]。通过原位自组装的方法制备石墨烯/PANI 复合水凝胶,PANI 纳米纤维在石墨烯表面/片间均一分布,形成了一种轻质的 3D 网络结构复合水凝胶[101]。上述方法制备的导电聚合物/石墨烯复合水凝胶作为超级电容器潜在电极材料可获得良好的超电容特性。

　　功能化石墨烯的用量是影响导电聚合物复合型水凝胶 3D 多孔结构的构筑的重要因素,利用磺化石墨烯与 PEDOT 进行原位聚合制备得到的复合水凝胶[102]可方便地切割成任意形状,并表现出良好的力学性能(图 8-15),当磺化石墨烯用量超过 1.2wt‰时会造成 3D 多孔结构的坍塌(图 8-16),这主要归因于石墨烯在 3D 网络结构的面面堆积破坏了导电聚合物链的有序组装,这种以大孔为主的导电聚合物复合水凝胶的柔韧性及比电容仍有待提高[图 8-17],复合水凝胶的比电容为 93F/g(电流密度为 0.5A/g)。因此,如何控制石墨烯用量以构筑兼具大孔(作为存储电解质离子的仓库)、中孔(提高离子传输速率)、微孔(具有更高的电荷储存密度)的 3D 分级多孔结构水凝胶并进一步提高其柔韧性,仍需进行深入的研究。

图 8-15　磺化石墨烯/PEDOT 复合水凝胶的数码照片[102]

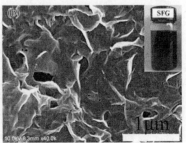

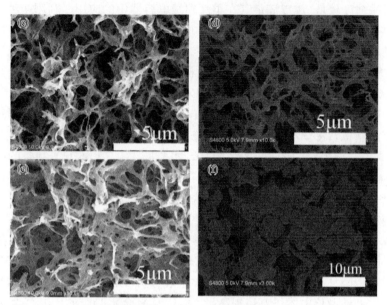

图 8-16　GO(a)、磺化石墨烯(b)、PEDOT 水凝胶(c)、复合水凝胶 1(d)、
复合水凝胶 2(e)和复合水凝胶 3(f)的 SEM 图[102]

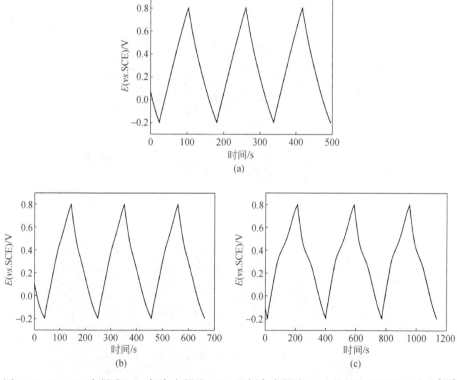

图 8-17　PEDOT 水凝胶(a)、复合水凝胶 1(b)和复合水凝胶 2(c)的恒电流充放电曲线[102]

综上所述,超级电容器电极材料的研究已具备良好的基础,为充分发挥双电层电容与法拉第电容电极材料的协同优势,构筑高功率、高能量密度、长循环寿命的超级电容器,适应电动汽车、智能手机、可穿戴电子产品的商业需求,仍需开发具有高比表面积、高电导率、合适多孔结构的柔性纳米复合电极材料。

8.5　电　解　质

电解质作为超级电容器的重要组成部分,对其性能有着十分重要的影响。对于电解质的选择要着重考虑其温度系数与离子电导率,其主要决定超级电容器的等效串联电阻。此外,作为超级电容器的电解质,还需具备宽的电压窗口、高的电化学稳定性、高的离子浓度、小的溶剂化离子半径、低黏度、低挥发性、低毒、低成本及易提纯等特点[103]。

超级电容器电解质主要分为四种类型:水溶液电解质、有机电解质、离子液体电解质、固态聚合物电解质 。

8.5.1　水溶液电解质

与有机电解质相比,水溶液电解质(如 H_2SO_4、KOH、Na_2SO_4 与 NH_4Cl 水溶液等)可提供较高的离子浓度与较低的电阻。与有机电解质相比,水溶液电解质超级电容器表现为更高的比电容与功率,这与其较高的离子浓度及较小的离子半径有关。此外,水溶液电解质的制备不拘泥于制备步骤与条件,而为得到超纯的电解质,有机电解质在制备过程中则需严格控制步骤与实验条件。但是,水溶液电解质最大的缺点就是其窄的电位窗口(一般不超过 1.2V),因此,水溶液电解质很难获得高的能量密度与功率密度。

8.5.2　有机电解质

与水溶液电解质相比,有机电解质可提供更宽的电位窗口(可达 3.5V),这是有机电解质最大的优势所在。在所有的有机电解质中,乙腈与 PC 为最常用的溶剂。与其他溶剂相比,乙腈可以溶解大部分的盐,但不环保、有毒。PC 基电解质对环境友好且可提供宽的电化学窗口,具有一系列较宽的操作温度及良好的导电性。而且,有机盐类,如四乙基胺四氟硼酸盐、四乙基磷酸四氟硼酸盐及三乙基甲基胺四氟硼酸盐($TEMABF_4$) 都可用作超级电容器电解质使用。结构对称性越小的有机电解质晶格能越小,其溶解能力会增强。但是,有机电解质在使用时要特别注意其水含量必须低于 3~5ppm,否则会导致超级电容器的电压大大下降。

8.5.3　离子液体电解质

离子液体是指在室温或接近室温下呈现液态的、完全由阴阳离子所组成的盐,也被称为低温熔融盐。离子液体作为离子化合物,其熔点较低的主要原因是其结构中某些取代基的不对称性使离子不能规则地堆积成晶体。它一般由有机阳离子和无机或有机阴离子构成,常见的阳离子有季铵盐离子、季鏻盐离子、咪唑盐离子和吡咯盐离子等,阴离子有卤素离子、四氟硼酸根离子、六氟磷酸根离子等。离子液体具有低蒸汽压、高的热稳定性与化学稳定性、难燃、宽的电位窗口(2~6V,一般在4.5V)、较高的离子电导率(10mS/cm)等特征,这使其作为超级电容器电解质有着广泛的应用前景。由于离子液体不需要溶剂,在离子液体中不存在溶剂化壳,因此其可提供明确的离子半径。

超级电容器最常用的离子液体为咪唑盐、吡咯盐,也可以是非对称的脂肪族季胺盐,其阴离子可以为四氟硼酸盐、三氟甲磺酸酯、双(三氟甲磺酰基)酰亚胺、双(氟磺酰基)酰亚胺或六氟磷酸盐。室温离子液体通常为季胺盐类(如四烷基胺盐 $[R_4N]^+$)与环状胺(如芳香吡啶、咪唑盐、饱和哌啶、吡咯盐)。也有文献报道基于硫鎓盐 $[R_3S]^+$ 或鏻盐 $[R_4P]$ 阳离子的低温熔盐作为超级电容器电解质[104]。

8.5.4　固态聚合物电解质体系

与液态聚合物电解质体系相比,固态聚合物电解质具有小巧便捷、安全无泄漏等优点,近年来引起了研究者的广泛关注。固态聚合物电解质主要以聚合物为基质,以水凝胶电解质作为典型代表。目前用作水凝胶电解质的基体聚合物主要有聚氧乙烯、聚乙烯醇、聚丙烯酰胺、聚丙烯酸钾等,其中聚乙烯醇研究得最为广泛,其既可与酸、碱、盐直接混合,又可进一步交联制备得到凝胶聚合物电解质,具有广泛的应用前景。

8.6　展　　望

超级电容器面临的最大挑战仍然是其有限的能量密度,这限制了其在能源储存领域的应用。为了解决此问题,对于超级电容器的研究未来仍主要集中于具有高比电容及宽电位窗口的新型电极材料的研究。超级电容器电极材料的设计要着重考虑以下几种性能:①高的比表面积,较多的活性位点;②合适的孔尺寸分布、孔结构及利于电解质离子传输的孔长度;③复合电极材料中利于有效电荷传输的低的电阻;④良好的电化学与力学稳定性以保证良好的循环稳定性。电极材料在制备过程中,孔结构的控制至关重要。纳米微孔有利于提供较高的比表面积,而这些微孔可保证离子的电化学稳定传输。因此,3D 多孔结构、孔的润湿性,以及适应溶剂化阴、阳离子的孔尺寸都对超级电容器电极材料非常重要。

作为超级电容器的主要电极材料:碳基材料,导电聚合物以及金属氧化物材料。基于碳材料的研究已获得较高的比表面积与合适的孔径分布,这使超级电容器的商业化成为可能,但其比电容(能量密度)仍有待提高。导电聚合物可获得较高的比电容,但其最大的缺点是充放电时高分子链的膨胀与收缩问题最终会导致其循环寿命缩短。金属氧化物材料虽表现为较高的比表面积,但以 RuO_2 为代表的金属氧化物电极材料的高成本阻碍了其在超级电容器中的应用。

　　未来超级电容器电极材料的发展趋势主要表现在三个方面:复合、纳米化及柔性器件化。

8.6.1　复合

　　通过减小颗粒尺寸、提高比表面积、降低孔隙度、防止颗粒堆积等方法将不同类型的材料进行复合,有利于促进电子与质子的传输,扩大活性位点,拓宽电位窗口,提高材料循环稳定性并获得额外的法拉第赝电容。因此,所得复合材料可克服单一材料的缺点,将两种材料进行优势互补,获得高的超电容特性。但在复合过程中,仍存在一些负面效应,因此复合过程中两者的最佳配比仍需进行合理调控。

8.6.2　纳米化

　　超级电容器电极材料的研究正朝着纳米化发展,如纳米气凝胶、纳米管/棒、纳米片、纳米球等。纳米结构材料具有高的比表面积,可提供短的离子与电子传输/扩散路径、较快的动力学、与电解质离子更有效的接触面积、法拉第能量存储更多的活性位点,从而获得在高电流密度下高的比电容。材料的纳米形貌与电极比表面积及离子的扩散密切相关,一维纳米结构材料更具发展前景,因其可获得较短的传输路径与更高的比表面积。

8.6.3　柔性器件化

　　超级电容器另一个发展方向是柔性化,柔性超级电容器在可穿戴电子、智能衣物、电子皮肤及可移植医疗器件等方面具有广泛应用。未来对柔性超级电容器的要求仍然为高功率、高能量密度及长的循环寿命,在此基础上,其自支撑、柔性基底的设计至关重要。如金属箔/线、纸、织物、聚对苯二甲酸乙二醇酯及纤维等用作超级电容器柔性基底时有望获得高的超电容特性。此外,新型凝胶电解质的设计也有利于提高柔性超级电容器的整体性能。氧化还原凝胶电解质的开发因可提供额外的法拉第赝电容而进一步提高柔性超级电容器的超电容性能。一些新型的材料,如MXenes、MOFs、POMs及金属氮化物,具有高的电导率,正逐渐被开发并应用于柔性超级电容器。

参 考 文 献

[1] Miller J R, Simon P. Electrochemical capacitors for energy management. Materials Science, 2008, 321 (5889): 651-652.

[2] Tarascon J M, Armand M. Issues and challenges facing rechargeable lithium batteries. Nature,

2001, 414 (6861): 359-367.

[3] Han Y, Dai L M. Conducting polymers for flexible supercapactions. Macromolecular Chemistry and Physics, 2019, 220(3): 1800355.

[4] Becker H I. Low voltage electrolytic capacitor. U. S. , 2800616. 1957.

[5] Winter M, Brodd R J. What are batteries, fuel cells, and supercapactiors? . Chem Rev, 2004, 104 (10):4245-4269.

[6] Sparnaay M J. The electrical double layer. Sydney: Pergamon Press Pty Ltd, 1972:4.

[7] Matsumoto M, Furusawa K. Electrical phenomena at interfaces: fundamentals, measures and application. New York: Surfactant Science Series, 1998: 87-89.

[8] Conway B E. Supercapacitor behavior resulting from pseudocapacitance associated with redox processes. Electrochemical Capacitors, Proceedings of the Symposium, Chicago, US. Pennington: Electrochemical Society, 1996: 15-49.

[9] Nishino A. Capacitor: operating principles, current market and technical trends. Journal of Power Sources, 1996, 60 (2): 137-147.

[10] Chmiola J, Yushin G, Gogotsi Y, et al. Anomalous increase in carbon capacitance at pore sizes less than 1 nanometer. Science, 2006, 313 (5794): 1760-1763.

[11] Niu C Sichel E K, Hoch R, et al. High power electrochemical capacitors based on carbon nanotube electrodes. Applied Physics Letters, 1997, 70 (11): 1480-1482.

[12] Pandolfo A G, Hollenkamp A F. Carbon properties and their role in supercapacitors. Journal of Power Sources, 2006, 157 (1): 11-27.

[13] Bordjiba T, Mohamedi M, Dao L H. New class of carbon-nanotube aerogel electrodes for electrochemical power sources. Advanced Materials, 2008, 20 (4): 815-819.

[14] Niu Z, Dong H, Zhu B, et al. Highly stretchable, integrated supercapacitors based on single-walled carbon nanotube films with continuous reticulate architecture. Advanced Materials, 2013, 25: 1058-1064.

[15] Song L, Cao X, Li L, et al. General method for large-area films of carbon nanomaterials and application of a self-assembled carbon nanotube film as a high-performance electrode material for an all-solid-state supercapacitor. Advanced Functional Materials, 2017, 27 (21): 1700474.

[16] Futaba D N, Hata K, Yamada T, et al. Shape-engineerable and highly densely packed single-walled carbon nanotubes and their application as super-capacitor electrodes. Nature Materials, 2006, 5(12): 987-994.

[17] Qiu Y, LI G, Hou Y, et al. Vertically aligned carbon nanotubes on carbon nanofibers: a hierarchical three-dimensional carbon nanostructure for high-energy flexible supercapacitors. Chemistry of Materials, 2015, 27 (4): 1194-1200.

[18] Li D, Kaner R B. Graphene-based materials. Science, 2008, 320 (5880): 1170-1171.

[19] Stoller M D, Park S, Zhu Y, et al. Graphene-based ultracapacitors. Nano Letters, 2008, 8 (10): 3498-3502.

[20] Chen Y, Zhang X, Zhang D, et al. High performance supercapacitors based on reduced graphene oxide in aqueous and ionic liquid electrolytes. Carbon, 2011, 49 (2): 573-580.

[21] Vivekchand S R C, Rout C S, Subrahmanyam K S, et al. Graphene-based electrochemical superca-

pacitors. Journal of Chemical Sciences, 2008, 120 (1): 9-13.

[22] Zhu Y, Stoller M D, Cai W, et al. Exfoliation of graphite oxide in propylene carbonate and thermal reduction of the resulting graphene oxide platelets. ACS Nano, 2010, 4 (2): 1227-1233.

[23] Wang Y, Shi Z, Huany Y, et al. Supercapacitor devices based on graphene materials. Journal of Physical Chemistry C, 2009, 113 (30): 13103-13107.

[24] Kim T Y, Jung G, Yoo S, et al. Activated graphene-based carbons as supercapacitor electrodes with macro-and mesopores. ACS Nano, 2013, 7 (8): 6899-6905.

[25] Ferrero G A, Fuertes A B, Sevilla M, N-doped porous carbon capsules with tunable porosity for high-performance supercapacitors. Journal of Materials Chemistry A, 2015, 3 (6): 2914-2923.

[26] Meng Y, Zhao Y, Hu C, et al. All-graphene core-sheath microfibers for all-solid-state, stretchable fibriform supercapacitors and wearable electronic textiles. Advanced Materials, 2013, 25 (16): 2326-2331.

[27] Kou L, Huang T, Zheng B, et al. Coaxial wet-spun yarn supercapacitors for high-energy density and safe wearable electronics. Nature Communications, 2014, 5: 3754.

[28] Zheng Y Z, Ding H Y, Zhang M L. Hydrous-ruthenium-oxide thin film electrodes prepared by cathodic electrodeposition for supercapacitors. Thin Solid Films, 2008, 516 (21): 7381-7385.

[29] Sun Z, Liu Z, Han B, et al. Microstructural and electrochemical characterization of RuO_2/CNT composites synthesized in supercritical diethyl amine. Carbon, 2006, 44 (5): 888-893.

[30] Wu M S. Electrochemical capacitance from manganese oxide nanowire structure synthesized by cyclic voltammetric electrodeposition. Applied Physics Letters, 2005, 87 (15): 153102.

[31] Babakhani B, Ivey D G. Anodic deposition of manganese oxide electrodes with rod-like structures for application as electrochemical capacitors. Journal of Power Sources, 2010, 195 (7): 2110-2117.

[32] Yuan J, Liu Z-H, Qiao S, et al. Fabrication of MnO_2-pillared layered manganese oxide through an exfoliation/reassembling and oxidation process. Journal of Power Sources, 2009, 189 (2): 1278-1283.

[33] Wang L, Liu X, Wang X, et al. Preparation and electrochemical properties of mesoporous Co_3O_4 crater-like microspheres as supercapacitor electrode materials. Current Applied Physics, 2010, 10(6): 1422-1426.

[34] Fang Z, Liang H, Qing-Bin Fu, et al. Preparation and electrochemical capacitance performance of Co_3O_4 nanosheets. Chinese Journal of Inorganic Chemistry, 2010, 26 (5): 827-831.

[35] Gao Y, Chen S, Cao O, et al. Electrochemical capacitance of Co_3O_4 nanowire arrays supported on nickel foam. Journal of Power Sources, 2010, 195 (6): 1757-1760.

[36] Wang G, Shen X, Horvat J, et al. Hydrothermal synthesis and optical, magnetic, and supercapacitance properties of nanoporous cobalt oxide nanorods. Journal of Physical Chemistry C, 2009, 113 (11): 4357-4361.

[37] Cui L, Li J, Zhang X G. Preparation and properties of Co_3O_4 nanorods as supercapacitor material. Journal of Applied Electrochemistry, 2009, 39 (10): 1871-1876.

[38] Zhou H, Zhang Y. Electrochemically self-doped TiO_2 nanotube arrays for supercapacitors. Journal of Physical Chemistry C, 2014, 118 (11): 5626-5636.

[39] Xuan L,Chen L,Yang Q,et al. Engineering 2D multi-layer graphene-like Co$_3$O$_4$ thin sheets with vertically aligned nanosheets as basic building units for advanced pseudocapacitor materials. Journal of Materials Chemistry A, 2015, 3 (34): 17525-17533.

[40] Ji H,Liu X,Liu Z,et al. In situ preparation of sandwich MoO$_3$/C hybrid nanostructures for high-rate and ultralong- life supercapacitors. Advanced Functional Materials, 2015, 25 (12): 1886-1894.

[41] 邓梅根. 电化学电容器电极材料研究. 成都:电子科技大学,2005.

[42] Mi H,Zhang X,Yang S,et al. Polyaniline nanofibers as the electrode material for supercapacitors. Materials Chemistry and Physics, 2008, 112 (1): 127-131.

[43] 杨红生,周啸,张庆武.以多层次聚苯胺颗粒为电极活性物质的超级电容器的电化学性能.物理化学学报,2005,21 (4):414-418.

[44] Subramania A, Devi S. Polyaniline nanofibers by surfactant- assisted dilute polymerization for su-percapacitor applications. Polymers for Advanced Technologies, 2008, 19 (7): 725-727.

[45] Dhawale D S,Dubal D P,Iamadade V S,et al. Fuzzy nanofibrous network of polyaniline electrode for supercapacitor application. Synthetic Metals, 2010, 160 (5-6): 519-522.

[46] Dhawale D S,Salunkhe R R,Jamadade V S,et al. Hydrophilic polyaniline nanofibrous architecture using electrosynthesis method for supercapacitor application. Current Applied Physics, 2010, 10(3): 904-909.

[47] Zang J,Bao S J,Li C M,et al. Well- aligned cone- shaped nanostructure of polypyrrole/RuO$_2$ and its electrochemical supercapacitor. The Journal of Physical Chemistry C, 2008, 112 (38): 14843-14847.

[48] Amarnath C A,Chang J H,Kim D,et al. Electrochemical supercapacitor application of electroless surface polymerization of polyaniline nanostructures. Materials Chemistry and Physics, 2009, 113(1): 14-17.

[49] Girija T C, Sangaranarayanan M V. Investigation of polyaniline-coated stainless steel electrodes for electrochemical supercapacitors. Synthetic Metals, 2006, 156 (2-4): 244 -250.

[50] Ghenaatian H R,Mousavi M F,Kazemi S H,et al. Electrochemical investigations of self- doped polyaniline nanofibers as a new electroactive material for high performance redox supercapacitor. Synthetic Metals, 2009, 159 (17-18): 1717-1722.

[51] Ismail Y A,Chang J Mane R S et al. Hydrogel- assisted polyaniline microfiber as controllable elec-trochemical actuatable supercapacitor. Journal of the Electrochemcal Society, 2009, 156 (4): A313- A317.

[52] 米红宇,张校刚,吕新美,等.种子模板法制备镍盐掺杂聚吡咯纳米纤维及其电化学电容性质.高分子材料科学与工程,2008,24 (3):155-158.

[53] 冉奋,孔令斌,罗永春,等.化学氧化法合成超级电容器电极用聚吡咯及其工艺优化. 兰州理工大学学报,2007,33(6):27-32.

[54] Lee S,Cho M S,Nam J D,et al. Fabrication of polypyrrole nanorod arrays for supercapacitor: effect of length of nanorods on capacitance. Journal of Nanoscience and Nanotechnology, 2008 , 8(10): 5036-5041.

[55] Sharma R K, Rastogi A C, Desu S B. Pulse polymerized polypyrrole electrodes for high energy

density electrochemical supercapacitor. Electrochemistry Communicutions, 2008, 10 （2）: 268-272.

[56] Li W K, Chen J, Zhao J J, et al. Application of ultrasonic irradiation in preparing conducting polymer as active materials for supercapacitor. Materials Letters, 2005, 59 （7）: 800-803.

[57] 杨红柳,周啸,姜翠玲,等. 化学合成聚(3-甲基噻吩)及其在超电容器中的应用. 电子元件与材料,2002,21(9):6-8.

[58] 毛定文,田艳红. 超级电容器用聚苯胺/活性炭复合材料. 电源技术,2007, 31 （8）: 614-616.

[59] 张钦仓,宋怀河,陈晓红,等. 聚苯胺/ 活性炭复合材料的制备及电化学性质. 电源技术, 2008,32 （2）:109-112.

[60] Tamai H, Hakoda M, Shiono T, et al. Preparation of polyaniline coated activated carbon and their electrode performance for supercapacitor. Journal of Materials Science, 2007, 42 （4）: 1293-1298.

[61] Wang Y G, Li H Q, Xia Y Y. Ordered whisker- like polyaniline grown on the surface of mesoporous carbon and its electrochemical capacitance performance. Advanced Materials, 2006, 18 （19）: 2619-2623.

[62] Wang Q, Li J-L, Gao F, et al. Activated carbon coated with polyaniline as an electrode material in supercapacitors. New Carbon Materials, 2008, 23 （3）: 275-280.

[63] Fan L Z, Hu Y S, Maier J, et al. High electroactivity of polyaniline in supercapacitors by using a hierarchically porous carbon monolith as a support. Advanced Functional Materials, 2007, 17(16): 3083-3087.

[64] Bleda- Martínez M J, Peng C, Zhang S, et al. Electrochemical methods to enhance the capacitance in activated carbon/polyaniline composites. Journal of the Electrochemical Society, 2008, 155(9): A672-A678.

[65] Selvakumar M, Bhat D K. Activated carbon- polyethylenedioxythiophene composite electrodes for symmetrical supercapacitors. Journal of Applied Polymer Science, 2008, 107 （4）: 2165-2170.

[66] Fuertes A B. Encapsulation of polypyrrole chains inside the framework of an ordered mesoporous carbon. Macromolecular Rapid Communications, 2005, 26 （13）: 1055-1059.

[67] Choi M, Lim B, Jang J. Synthesis of mesostructured conducting polymer- carbon nanocomposites and their electrochemical performance. Macromolecular Research, 2007, 42 （4）: 1293-1298.

[68] 邓梅根,杨邦朝,胡永达,等. 基于碳纳米管–聚苯胺纳米复合物的超级电容器研究. 化学学报,2005,63(12):1127-1130.

[69] Dong B, He B L, Xu C L, et al. Preparation and electrochemical characterization of polyaniline/ multi- walled carbon nanotubes composites for supercapacitor. Materials Science and Engineering, B,2007, 143: 7-13.

[70] Sivakkumar S R, Kim W J, Choi J A, et al. Electrochemical performance of polyaniline nanofibres and polyaniline/multi- walled carbon nanotube composite as an electrode material for aqueous redox supercapacitors. Journal of Power Sources, 2007, 171 （2）: 1062-1068.

[71] Gupta V, Miura N. Influence of the microstructure on the supercapacitive behavior of polyaniline/ single- wall carbon nanotube composites. Journal of Power Sources, 2006, 157 （1）: 616-620.

[72] Zhang H, Cao G, Wang Z, et al. Tube-covering-tube nanostructured polyaniline/carbon nanotube array composite electrode with high capacitance and superior rate performance as well as good cycling stability. Electrochemistry Communications, 2008, 10 (7): 1056-1059.

[73] Zhang H, Cao G, Wang W, et al. Influence of microstructure on the capacitive performance of polyaniline/carbon nanotube array composite electrodes. Electrochimica Acta, 2009, 54 (4): 1153-1159.

[74] Hughes M, Shatter M S P, Renouf A C, et al. Electrochemical capacitance of a nanoporous composite of carbon nanotubes and polypyrrole. Chemistry of Materials, 2002, 14 (4): 1610-1613.

[75] Hughes M, Shatter M S P, Renouf A C, et al. Electrochemical capacitance of nanocomposite films formed by coating aligned arrays of carbon nanotubes with polypyrrole. Advanced Materials, 2002, 14 (5): 382-385.

[76] Frackowiak E, Jurewica K, Delpeut S, et al. Nanotubular materials for supercapacitors. Journal of Power Sources, 2001, 97: 822-825.

[77] Wang J, Xu Y, Chen X, et al. Capacitance properties of single wall carbon nanotube/poypyrrole composite ficms. Composites Science Technology, 2007, 67 (14): 2981-2985.

[78] Kia J Y, Kim K H, Kim K B. Fabrication and electrochemical properties of carbon nanotube/polypyrrole composite film electrodes with controlled pore size. Journal of Power Sources, 2008, 176 (1): 396-402.

[79] Meng C, Liu C, Fan S. Flexible carbon nanotube/polyaniline paper-like films and their enhanced electrochemical properties. Electrochemistry Communications, 2009, 11 (1): 186-189.

[80] Oh J, Kozlov M E, Kim B G, et al. Prepation and electrochemical characterization of porous SWNT-PPY nanoconposite sheets for supercapacitor applications. Synthetic Metals, 2008, 158 (15): 638-641.

[81] Fang Y, Liu J, Yu D J, et al. Self-supported supercapacitor membranes: polypyrrole-coated carbon nanotube networks enables by pulsed electrodeposition. Journal of Power Sources, 2010, 195 (2): 674-679.

[82] Mi H Y, Zhang X G, An S, et al. Microwave-assisted synthesis and electrochemical capacitance of polyanline/multi-wall carbon nanotubes composites. Electrochemistry Communications, 2007, 9 (12): 2859-2862.

[83] Han Y Q, Shen M X, Lin X C, et al. Ternary phase interfacial polymerization of polypyrrole/MWCNT nanocomposites with core-shell structure. Synthetic Metals, 2012, 162 (9-10): 753-758.

[84] 傅清宾,高博,苏凌浩,等. 氢键诱导的聚吡咯/苯磺酸功能化多壁碳纳米管的制备及其电化学行为. 物理化学学报,2009,25 (11):2199-2204.

[85] Chen L, Yuan C, Dou H, et al. Synthesis and electrochemical capacitance of core-shell poly (3,4-ethylenedioxythiophene)/poly (sodium 4-styrenesulfonate)-modified multiwalled carbon nanotube nanocomposites. Electrochimica Acta, 2009, 54 (8): 2335-2341.

[86] Mi H Y, Zhang X G, Xu Y L, et al. Synthesis, characterization and electrochemical behavior of polypyrrole/carbon nanotube composites using organometallic-functionalized carbon nanotubes.

Applied Surface Science, 2010, 256 (7): 2284-2288.

[87] Zhu Z Z, Wang G C, Sun M Q, et al. Fabrication and electrochemical characterization of polyaniline nanorods modified with sulfonated carbon nanotubes for supercapacitor applications. Electrochimica Acta, 2011, 56 (3): 1366-1372.

[88] Wang D W, Li F, Zhao J, et al. Fabrication of graphene/polyaniline paper via in situ anodic electropolymerization for high-performance flexible electrode. ACS Nano, 2009, 3 (7): 1745-1752.

[89] Yan J, Wei T, Shao B, et al. Preparation of a graphene nanosheet/polyaniline composite with high specific capacitance. Carbon, 2010, 48 (2): 487-493.

[90] Yan J, Wei T, Fan Z, et al. Preparation of a graphene nanosheet/carbon nanotube/polyaniline composite as electrode material for supercapacitors. Journal of Power Sources, 2010, 195 (9): 3041-3045.

[91] Wu Q, Xu Y, Yao Z, et al. Supercapacitors based on flexible graphene/polyaniline nanofiber composite films. ACS Nano, 2010, 4 (4): 1963-1970.

[92] Liu A R, Li C, Bai H, et al. Electrochemical deposition of polypyrrole/sulfonated graphene composite films. The Journal of Physical Chemistry C, 2010, 114 (51): 22783-22789.

[93] Cong H P, Ren X C, Wang P, et al. Flexible graphene-polyaniline composite paper for high-performance supercapacitor. Energy and Environmental Science, 2013, 6 (4): 1185-1191.

[94] Chang H H, Chang C K, Tsai Y C, et al. Electrochemically synthesized graphene/polypyrrole composites and their use in supercapacitor. Carbon, 2012, 50 (6): 2331-2336.

[95] Sahoo S, Dhibar S, Hatui G, et al. Graphene/polypyrrole nanofiber nanocomposite as electrode material for electrochemical supercapacitor. Polymer, 2013, 54 (3): 1033-1042.

[96] Zhao Y, Liu J, Hu Y, et al. Highly compression-tolerant supercapacitor based on polypyrrole-mediated graphene foam electrodes. Advanced Materials, 2013, 25 (4): 591-595.

[97] Liu Y, Zhang Y, Ma G, et al. Ethylene glycol reduced graphene oxide/polypyrrole composite for supercapacitor. Eelctrochimica Acta, 2013, 88: 519-525.

[98] Han Y Q, Wang T Q, Li T X, et al, Preparation and electrochemical performances of graphene/polypyrrole nanocomposite with anthraquinone-graphene oxide as active oxidant. Carbon, 2017, 119: 111-118.

[99] Zhou H, Yao W, Li G, et al. Graphene/poly(3,4-ethylenedioxythiophene) hydrogel with excellent mechanical performance and high conductivity. Carbon, 2013, 59: 495-502.

[100] Zhang F, Xiao F, Dong Z H, et al. Synthesis of polypyrrole wrapped graphene hydrogels composites as supercapacitor electrodes. Electrochimica Acta, 2013, 114: 125-132.

[101] Tai Z X, Yan X B, Xue Q J. Three-dimensional graphene/polyaniline composite hydrogel as supercapacitor electrode. Journal of the Electrochemical Society, 2012, 159: A1702-A1709.

[102] Han Y Q, Shen M X, Wu Y, et al. Preparation and electrochemical performances of PEDOT/sulfonic acid-functionalized graphene composite hydrogel. Synthetic Metals, 2013, 172: 21-27.

[103] Wang G P, Zhang L, Zhang J J. A review of electrode materials for electrochemical supercapacitors. Chemical Society Reviews, 2012, 41 (2): 797-828.

[104] Galiński M, Lewandowski A, Stępniak I. Ionic liquids as electrolytes. Electrochimica Acta, 2006, 51 (26): 5567-5580.

第9章　电池系统设计及制造

9.1　电池系统设计

9.1.1　电池系统结构设计的基本要求[1]

电池系统是一个机械与电的集成,尤其是将电动汽车电池系统安装在汽车上,遇到地面的激励以及电池在充放电过程中产生大量的热量等一系列问题,所以在纯电动汽车机械结构设计过程中要满足以下原则:

(1)良好的绝缘性:电动汽车电池箱的输出电池一般为120V,远高于人体的安全电压,所以在设计过程中要充分考虑电池组与电池箱体、电池箱体与汽车之间的绝缘问题。

(2)减振防撞能力:汽车行驶在颠簸的路面上,这样要充分考虑电池模块在电池箱体中的固定、电池箱体在汽车上的固定要满足汽车振动、侧翻和防撞的基本要求。

(3)良好的散热能力:电池在放电过程中会产生大量的热量,电池箱体的设计不仅满足抑制电池箱体温度上升的要求,还应使电池箱内部温度差异较小。

(4)良好的防水防尘能力:电池箱体具有一定的防水防尘能力。

(5)满足整车的安装条件:电池最大外形应该满足汽车整车安装的要求。

满足上述机械设计要求之后,电池系统要充分考虑最终比能量的设计。商品化的电池单体比能量能够高达40W·h/kg,但是电池单体串并联组成电池系统后,其比能量会迅速下降,所以在设计过程中应将比能量作为电池系统参数优化的一个目标。参考特斯拉 Model S,整个电池系统的质量为450kg,比能量高达120W·h/kg,EnerDel 公司设计的某款电池组由比能量为150W·h/kg 的高能叠片袋装电池组装,最终电池组级别的比能量大约是90W·h/kg。三菱 iMiEV 将88个锂离子电池单体串联成电池组后,该电池组的比能量为82W·h/kg。综上所述,本节将电池系统的比能量目标设计为95W·h/kg。

9.1.2　电池系统基本参数的确定

1. 电源系统设计[1]

1)整车设计的基本要求

整车设计的参数通常有整车整备质量、整车满载总质量、轴距、迎风面积要求、空气阻尼系数、滚动阻尼系数、加速时间、行驶里程等,如表9-1所示。

表9-1　纯电动汽车性能要求

参数	数值	参数	数值
整车整备质量/kg	800	空气阻尼系数/($N \cdot s^2/m^4$)	0.3
整车满载总质量/kg	1100	滚动阻尼系数	0.0076
轴距/mm	2500	加速时间/s	15
迎风面积要求/m^2	1.7	行驶里程/km	200(平均车速50km/h)

2) 整车功率的需求与电机的选择

(1)轮毂电极额定功率和最大功率的确定[2]。

根据汽车理论及汽车设计,汽车功率平衡的关系应满足式(9-1)要求,即

$$P_V = \frac{1}{\eta_T}\left(\frac{mg f_r u_a}{3600} + \frac{mgi u_a}{3600} + \frac{C_D A u_a^3}{76140} + \frac{\delta m u_a}{3600}\frac{du}{dt}\right) \tag{9-1}$$

其中,P_V为车辆需求的功率,kW;η_T为传动系统效率,本节选用轮毂电机,传递效率为1;u_a为汽车车速,km/h;C_D为空气阻尼系数;f_r为汽车滚动阻尼系数;A为汽车迎风面积,m^2。

汽车最大需求功率应该满足汽车在启动加速、爬坡及在最高车速下的最大功率需求,所以进行三种情况下需求功率的计算。

最高车速u_{max}车辆功率需求:

$$P_{V1} = \frac{1}{\eta_T}\left(\frac{mg f_r u_{max}}{3600} + \frac{C_D A u_{max}^3}{76140}\right) \tag{9-2}$$

最大爬坡度$i=0.2$,车辆爬坡度$a(a=\arctan)$爬坡速度$u_a=15$km/h,电动汽车需求的功率为

$$P_{V2} = \frac{1}{\eta_T}\left(\frac{mg f_r \cos a_m u_a}{3600} + \frac{mg\sin a_m u_a}{3600} + \frac{C_D A u_a^3}{76140}\right) \tag{9-3}$$

百公里加速时,汽车在加速末时刻功率需求:

$$P_{V3} = \frac{1}{3600\eta_T}\left\{mg f_r + \frac{C_D A u_a^2}{21.15} + \frac{\delta m u_a}{0.36}\left[1 - \left(\frac{t-0.1}{t}\right)^x\right]\right\} \tag{9-4}$$

其中,δ为旋转质量换算因数,取值为1.1;x为拟合系数,一般取0.5。

通过公式计算可以得出汽车最高车速、最大爬坡度及百公里加速需求功率。

通过上面计算可知,电机在额定功率附近效率最高,所以通常根据电动汽车最高车速确定汽车的额定功率,同时应该保留一定的后备功率。所以在选择电机时,额定功率应大于P_{V1},最大功率应大于$2P_{V1}$。

(2)电机电压的选取。

为了保护电源系统,使控制总线的工作电流在一定的范围内,需要进行一定的高压设计,这样电机输出的转矩及功率也会越大,车辆动力学性能较好。但是直流

总线的最高电压不能过高,电压应在一定的范围内。国标中推荐的电压等级有120V、144V、168V、192V、216V 等。

3)电源系统基本参数的确定

(1)电源系统标称电压及电压范围。

根据电机电压,可得电极的工作电压不超过额定电压的120%并不低于额定电压的80%,电池单体应用范围为3.2~4.2V,三元标称电压为3.7V,需要串联38~56 个电池单体,选用48 个电池单体进行串联,电源系统的标称电压为172.8V,系统的电压范围为153.6V~201.6V,能够保证电机在正常电压范围内工作。

(2)电源系统最大输出功率和电流的确定。

单个轮毂电机的最大功率为19.7kW,则两个电机的功率为39.4kW。假设电机转换效率及控制器的效率分别为0.90 及0.95,则整个电源系统需求的最大功率为

$$P_b = \frac{P_{per}}{\eta_c \times \eta_m}$$ (9-5)

其中,P_b 为整个电源系统所需最大功率;P_{per} 为所有电机功率之和;η_c 为控制器效率;η_m 为电机转换效率。

考虑到电池系统在最大功率时电压下降较大,一般取标称电压的90%来计算,则在电池输出最大功率时,电池系统的最大电流为

$$I_{max} = P_{max}/0.9u$$ (9-6)

其中,u 为系统标称电压。

(3)电源系统容量的确定。

依据整车设计基本要求,电动汽车在50km/h 状态下,行驶距离不低于200km。汽车在50km/h 时由式(9-1)可计算出平均输出功率,汽车附件消耗的能源不超过电池组能量的15%,从而可计算附件耗能,由电机的标称电压可计算电源系统的容量。考虑到实际电池有效容量低于理论值,一般取有效容量系数为0.7,从而计算出实际电池容量。

4)电源系统的结构

(1)电池单体的选型。

单池单体可根据圆柱电池(如18650)、软包电池、方壳电池的各项优缺点来选择。例如,以松下的 NCR18650PF 作为最基本的动力电池单体来分析,其原因如下:

(a)NCR18650PF 电池单体最大能够承受3C 倍率放电,在一定程度上能够满足峰值功率的需求,电池容量达到2700mA·h,质量较小,具有较高的比能量;

(b)18650 电池为圆柱形电池,具有较大的比表面积,在充放电过程产生的大量热量可以快速耗散掉,降低电池单体的工作温度;

(c)18650 型号锂离子电池产量大,在电动自行车动力电池领域有一定的应用,可靠性得到验证,并且配套的电池生产企业较多,可降低电动汽车动力电池模块产

品化的成本,并且使用过程中也不存在电池单体的维护问题。

NCRl8650PF 锂离子电池单体参数如表9-2所示。

表 9-2　NCRl8650PF 锂离子电池单体参数

项目	规格	项目	规格
电池型号	NCR18650PF	持续恒流放电最大电流	10A
正极材料	镍酸锂(LiNiO$_2$,氧化镍锂)	开路内阻值	小于 35mΩ
标称电压	3.6V	质量	小于 47.5g
标称容量	2700mA·h	充电温度范围	10~45℃
放电终止电压	2.5V	放电温度范围	-20~60℃
充电电流	1.37A/0.5C	直径	18mm
充电电压	(4.20±0.03)V	高度	65mm

(2)电源系统参数匹配。

动力电池参数的匹配必须满足最大功率、电压、最大电流及行驶里程的要求,电池单体的标称电压为3.7V。假设电池系统需要 m 个电池串联,n 个电池并联,则有

$$m×3.7V≥计算的标称电压$$

$$n×2.7A·h≥额定容量$$

则有 $m≥$计算的标称电压/3.7,取整;$n≥$额定容量/2.75,取整;则整个电池系统是由电池单体 n 并 m 串构成。

整个电源系统串并联 $m×n$ 个电池单体,如果设计一个电池系统的话,则单个尺寸和质量较大,不利于整体的装配,所以需要采用多个电池系统的设计方案。例如,采用多个小的电池系统,为了加工和维修方便,小的电池系统尺寸大小规格一致,每一个电池系统串并联电池的数量相同,标称电压相同,标称容量也相同。电池系统的组成如图9-1所示[3]。

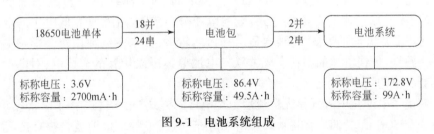

图 9-1　电池系统组成

2. 电池系统框架设计[1]

大容量的电池单体工艺复杂,制造成本及安全性都有很大问题,所以电源系统尤其是汽车的电池系统需要通过小容量的电芯并联或者串联组合,满足电动汽车的

需求。

1）电池串并联方式的选择

电池单体的连接方式影响电池的一致性、可靠性和使用寿命。

图9-2、图9-3是常用的串联、并联模型。假设图中模型的单体的故障概率是相同的以及单体之间相互独立，则可以建立以下的数学模型：

$$R_s(t) = 1 - \left[1 - \prod_{i=1}^{n} R_i(t) \right]^m \qquad (9\text{-}7)$$

$$R_s(t) = \prod_{i=1}^{n} \left\{ 1 - \left[1 - R_i(t) \right]^m \right\} \qquad (9\text{-}8)$$

其中，$R_s(t)$为系统的可靠度；$R_i = (1,2,\cdots,n)$为第i个单元的可靠度；m为并联的电池数；n为串联的电池数。

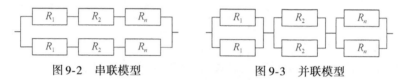

图9-2　串联模型　　　　　　图9-3　并联模型

完成电池系统的设计，需要$m \times n$个电池单体。假设电池单体的可靠度为0.90（实际应大于0.90），则采用不同方式的可靠度计算结果如下。

采用先并联后串联，系统的可靠度：

$$R_s = \left[1 - (1 - 0.90)^{18} \right]^{24} = 0.999 \qquad (9\text{-}9)$$

采用先串后并的方式，系统的可靠度：

$$R_s = 1 - (1 - 0.9^{24})^{18} = 0.776 \qquad (9\text{-}10)$$

通过上面的计算，可以得到先并联后串联的方式要好于先串联后并联的连接方式。并联电池模块单个电池损坏不会影响其他电池单元的工作，电池模块的容量会下降。只要合理的设计，并联的电池模块还会提高电池组的可靠性。

如将两种串并联方式运行500km静置10h后，对电池组电压进行一致性检测发现，采用先并联后串联的连接方式，电池电压分布较为集中，没有低电压的电池出现。先串联后并联的方式，电池电压分布区间较大，如果继续使用将会影响电池电压的一致性，加快电池的损耗。先并联的电池单体可以相互的充放电，对电池的电压具有一定的均衡作用。

锂离子电池充电方式是先恒流后恒定电压的方式，充电过程中每一个电压值会对应一个SOC值。锂离子电池只要出现过充和过放现象，电池就会损坏或完全失效，所以BMS必须监测每一个电池单体的电压。从这个角度考虑，电池系统采用先并联后串联的方式时，电池系统的BMS只需检测每一个电池模块的电压值，从而降低了BMS的设计要求。

2）电池系统的框架设计

通过对比两种不同的串并联方式，先并联后串联电池组的可靠性、电池电压的一致性及 BMS 计算成本都有较大优势,所以在本节进行串并联设计时,采用先并联后串联的方式。电池系统的基本框架如图9-4所示。

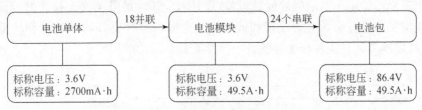

图 9-4 电池系统基本框架图

电池系统采用分层模式,每 n 电池单体并联成一个电池模块,再根据电池系统电压的需求,串联 m 个电池模块。计算电池模块的基本参数。

3. 电池模块设计[1]

电池模块是电池系统的基本组成单位,包括 n 个 NCRl8650PF 电池、集流片、电池保持架、导电铜极柱及温度传感器等装置。在设计电池模块的过程中,要充分考虑其绝缘性和固定。

1)电池单体布置方式的选择

电池模块的尺寸与电池单元的排布关系较大,对于圆柱形锂离子电池,电池排布包括并行排列和错位排列。图 9-5 表示两种排列的电池模块面积。错位排列电池模块所占体积较小,但是其固定较为困难,且在研究不同排列方式对电池温度均匀性的影响发现,错位排列的电池模块的温度均匀性较差。基于固定和散热的考虑,电池单体采用并行排列的方式。

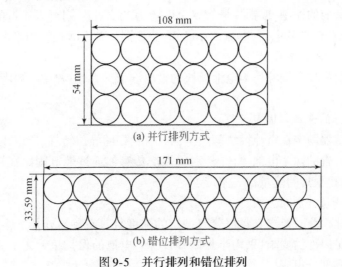

(a) 并行排列方式

(b) 错位排列方式

图 9-5 并行排列和错位排列

2）集流片及导电铜极柱的设计

（1）集流片的设计。

集流片主要用于电池模块的载流量，设计时应该满足以49.5A持续的导流。目前比较常见的导流金属是镀镍钢和镀镍铜。金属铜具有良好的导电性和较低的电阻率，所以本节选择铜片作为集流片。图9-6是集流片的尺寸图。

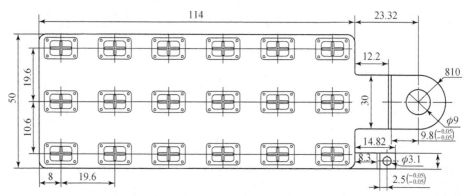

图9-6　集流片的尺寸图

电焊机焊接极柱与同材质的铜片焊接时，容易发生黏滞现象，造成焊接极柱的损耗，所以在集流片与电池点焊处设置0.2mm厚度镍，这样不仅保证集流片的载流量的要求且具有较好的焊接工艺。铜片上端为9mm的安装孔，主要和导电极柱安装在一起。

铜片还应设计电压检测点。在点焊的位置设置工艺槽，保证在焊接过程中消除热胀冷缩造成的焊接应力，集流片铜片的厚度为0.3mm，宽度为50mm。

集流片截面的面积，取铜片最大安全电流为7A/mm²，则可以通过的最大电流。电池模块以1C倍率放电时，电流大小已知，验证铜片是否满足使用要求。

（2）导电铜极柱的设计。

电池模块的导电铜柱作为电池模块的输出端子，设计过程中主要考虑铜柱的载流量。

3）传感器的选择与固定

温度传感器固定在电池模块侧边。铜具有良好的导热特性，所以用铜箔包裹电池模块中间位置的两个电池单体，然后将温度传感器通过螺钉固定在铜箔上，并置于背风面，防止聚集的热量被气流带走。

4）电池模块外围单元设计

设计电池模块时要求其各部分有一定的强度且具有绝缘作用。本节设计的电池模块要满足风冷的要求，采用半封闭式设计。电池的保护单元由上基座、侧面端盖及下基座等部分组成。

电池的上基座和下基座分别通过梯形销与电池保持架相连，侧面端盖一侧设计为梯形槽,通过与保持架的梯形销固定在电池的侧面。为了保证电池模块防水、防尘及绝缘,在各部件装配前涂上一层 ABS 胶水。在上基座设计有凸台,用于安放导电铜柱,在凸台下方,镶嵌螺帽。

在充放电过程中会产生大量的热量,这样要求电池模块上下及侧面的端盖具有良好的阻燃性。由于 ABS 具有良好的机械性能、很好的热力学性能,有一定的阻燃性,所以选择 ABS 作为保护单元的材料。

5)电池模块比能量计算

比能量是电池系统的一个重要参数,根据设计的需求,电池系统的比能量应大于 120W·h/kg。在设计电池单元时,电池单元不仅满足一定强度的要求,还需要满足一定比能量的要求。

电池模块的总质量:

$$M_{单元} = \sum_{i=1}^{n} M_i \tag{9-11}$$

其中,$M_{单元}$ 为电池模块的总质量;M_i 为电池模块各部分的质量。

电池模块是有 m 个电池单体并联而成,则电池模块的总能量为

$$Q_{单元} = m \cdot V \cdot C \tag{9-12}$$

其中,$Q_{单元}$ 为电池模块中的能量;m 为并联的电池单体的数量;V 和 C 分别为电池单体的电压和容量。电池模块的比能量为

$$E_M = \frac{Q_{单元}}{M_{单元}} \tag{9-13}$$

其中,E_M 为电池模块的比能量。

9.2　动力电池 Pack 工艺生产技术[4]

9.2.1　概述

在进行动力电池系统(简称 Pack)制造工艺设计时,不仅要满足 Pack 产品的安全和性能要求,还需要满足生产中的安全和成本等制造要求。为了便于生产过程的管控,一般厂家把 Pack 的生产分成六部分:模组组装、线束生产、结构件生产、BMS 生产、高压控制盒组装、电池箱组装。在实际生产过程中,Pack 在下线或出厂前会进行 EOL 测试,以确保 Pack 在客户端的安全和性能,这样就构成了 Pack 完整的生产环节,如图 9-7 所示。

在动力锂电池行业中,根据公司规模和工艺路线,每家公司的生产环节设置不同,有的只做其中的一部分生产环节,有的只做另一部分生产环节,即使同一部分,生产过程也是不同的。从长远规划和成本的角度来看,所有的生产都自己做不利于资源的合理利用和产品成本的降低。本章重点针对电动汽车行业中的模组组装、

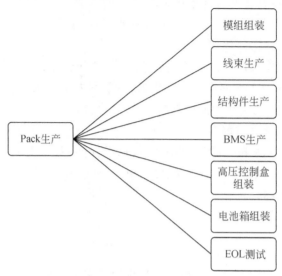

图 9-7　Pack 生产环节构成图

Pack 组装、关键工艺和 EOL 测试来展开,进而分析模组及 Pack 生产中的安全、工艺等制造技术。

9.2.2　模组结构和工艺介绍

模组一般指把单体电芯通过串并联的方式,经过模组结构件绝缘隔离并固定,再配上电池单元保护控制板(BMU)而形成的电芯组合体。电芯厂家一般按形状把电芯分为圆柱、方形、软包和异形电芯,在模组和 Pack 设计中一般不采用异形电芯。对应电芯的模组通俗叫法分别是圆柱、方形和软包模组。

虽然国家和行业在大力推行标准化,目前电芯规格仍然比较多,即使是圆柱电芯也有多种规格,导致模组设计、结构、工艺方面的差异非常大,下面主要以三种模组的典型结构和工艺流程来分别进行说明。

1. 圆柱电芯模组结构和工艺介绍

1)圆柱电芯模组结构简介

在圆柱电芯模组设计中,模组结构是多种多样的,主要根据客户和车型的需求来确定,最终导致模组的制造工艺也不一样。模组一般由电芯、上下支架、汇流片(有的也称连接片)、采样线束、绝缘板等主要部件组成,图 9-8 是较为典型的一种圆柱电芯模组结构,下面以图 9-9 所示的模组常用工艺流程来进行介绍。

2)圆柱电芯模组装配工艺流程介绍

(1)电芯分选。

模组工艺设计时,需要考虑模组电性能的一致性,确保 Pack 整体性能达到或满

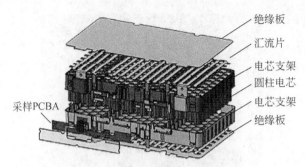

图 9-8　圆柱电芯模组结构示意图

图 9-9　典型圆柱电芯模组工艺流程图

足整车的要求。为了保证模组电性能的一致性,需要对电芯来料进行严格的要求。电芯厂家一般在电芯出货前会按电芯的电压、内阻和容量规格进行分组,但是电芯厂家与 Pack 厂家的最终需求是不同的,考虑到制造工艺、成本、电芯性能等因素,Pack 厂家一般会按自己的标准重新对电芯进行分选。

电芯分选需要考虑分选标准的问题,标准制定得合理,会减少剩余闲置的电芯、提高生产效率、降低生产成本。在实际生产过程中,还需要对电芯的外观进行检查,如检查电芯有无绝缘膜破损、绝缘膜起翘、电芯漏液、正负极端面污渍等不良品。

(2)电芯入下支架。

电芯入下支架是指把电芯插入下支架的电芯定位孔中。难点在于电芯与下支架孔之间的配合公差,假如孔太大,方便电芯插入,但是电芯固定不好,影响焊接效果;假如孔太小,电芯插入下支架定位孔比较困难,严重的可能导致电芯插不进去,影响生产效率。为了便于电芯插入,又能固定好电芯,可以把下支架孔前端开成喇叭口(图 9-10)。装配时需要防止电芯极性装反,若是手动装配,需要对电芯极性进行快速检查,以免不良品流入后工序。

(3)电芯极性判断。

电芯极性判断是指检查电芯的极性是否符合文件要求,属于安全检查。假如没有极性检查,而电芯极性又装反了,在装入第二面的汇流片时模组就会产生短路,导

图 9-10　下支架开喇叭口示意图

致产品毁坏,严重的可能导致人员受伤。注意,在每班开班前都需要检测设备处于良好的工作状态,否则需要停机维修。

(4)盖上支架。

盖上支架是指把上支架盖到电芯上,并把电芯固定在支架内。一般情况下,盖上支架比电芯入下支架困难,一是与圆柱电芯的生产工艺有关,工艺中有个滚槽的工序,假如控制不好,会导致电芯尺寸的一致性差,影响盖上支架,严重的会盖不上去;二是电芯与下支架固定不好导致电芯有一定的歪斜,进而导致上支架不好盖或者盖不上。

(5)模组间距检测。

模组间距检测是指电芯极柱端面与支架表面的间距检测,目的是检查电芯极柱端面与支架的配合程度,用于判断电芯是否固定到位,为是否满足焊接条件进行提前预判。

(6)清洗。

等离子清洗是一种干法清洗,主要是依靠等离子中活性离子的"活化作用"达到去除物体表面污溃的目的。这种方式可以有效地去除电芯极柱端面的污物、粉尘等,为电阻焊接提前做准备,以减少焊接的不良品。

(7)汇流片安装。

汇流片安装是指把汇流片安装固定到模组上,以便电阻点焊。设计时需要考虑汇流片与电芯的位置精度,特别是定位基准的问题,目的是使汇流片位置处于电芯极柱面的中心,便于焊接。在进行上下支架设计时,要考虑对汇流片的隔离;假如不好做隔离设计,在工序设计时需要考虑增加防短路工装的使用,可以避免在异常情况下发生短路。

(8)电阻焊接。

电阻焊接是指通过电阻焊的方式把汇流排与电芯极柱面熔接在一起,目前国内一般采用电阻点焊。在进行电阻点焊工艺设计时,需要考虑以下四点:

①汇流排的材质、结构和厚度;

②电极(也称焊针)的材质、形状、前端直径和修磨频次;

③工艺参数优化,如焊接电流、焊接电压、焊接时间、施加压力等;

④焊接面的清洁度和平整度。

在实际生产中,失效因素非常多,需要技术人员根据实际情况来分析处理。

(9)焊接检查。

在电阻焊接过程中,设备一般对焊接的参数都有监控,假如监测到参数异常设备都会自动报警。由于影响焊接质量的因素很多,只通过参数监测来判断焊接失效,目前结果还不是特别理想。在实际的生产控制中,一般还会通过人工检查外观和人工挑选汇流片的方式,再次检查和确认焊接效果。

(10)打胶。

胶水在模组应用上一般有两种用途:一种用途是固定电芯,主要强调胶水的黏结力、抗剪强度、耐老化、寿命等性能指标;另一种用途是把电芯和模组的热量通过导热胶传递出去,主要强调胶水的导热系数、耐老化、电气绝缘性、阻燃性等性能指标。由于胶水的用途不同,胶水的性能和配方也不同,实现打胶工艺的方法和设备就不同。在胶水选择和打胶工艺方面,需要考虑以下三点:

①胶水的安全环保性能:尽量选择无毒无异味的胶水,不仅可以保护操作者,也可以保护使用者,还能更好地保护环境,是新能源发展的目标。

②胶水的表干时间:为了提高生产效率,一般希望胶水的表干时间越短越好。在实际生产过程中,假如胶水表干时间过短,待料、设备异常等因素会导致胶水的大量浪费;也可能是操作员处理不及时,因胶水表干时间短而导致设备堵塞。根据经验,尽量把表干时间控制到 15~30min 比较合理。

③胶水的用量:胶水用量主要由产品和工艺来确定,目的是满足产品的要求。目前常用打胶工艺有点胶、涂胶、喷胶和灌胶,每种工艺所需要的设备也是不同的。在打胶时需要注意胶量的控制,避免产生溢胶而影响其他工序。

(11)盖绝缘板。

盖绝缘板是指把模组的汇流片进行绝缘保护起来。在工艺设计时,需要注意绝缘板不能高出支架的上边缘,同时绝缘板与支架边框之间的间隙最好小于1mm。

(12)模组 EOL 测试。

EOL(end of line)测试(一般也称下线测试)是生产过程中质量控制的关键环节,主要针对模组的特殊特性进行测试,主要测试项目有:

①绝缘耐压测试;

②内阻测试;

③电压采样测试;

④尺寸检测;

⑤外观检查。

测试项目一般根据客户和产品的要求来增减,其中安全检测项目是必不可少的。

(13)转入 Pack 组装或入库。

经 EOL 测试合格的模组按规定转入 Pack 组装工序或入库,转运过程中需要对模组进行绝缘保护和防止模组跌落。

通过圆柱电芯模组生产工艺流程的介绍,针对不同的客户和产品,工艺流程的设计是不同的,目的都是快速地响应客户和市场的需求。在进行模组工艺流程设计时,一般需要考虑以下几点:

①安全性:产品安全和安全生产;

②电性能:容量、电压、内阻、性能的一致性;

③生产节拍:节拍越高,表示产能越大;

④尺寸:外形尺寸和固定尺寸;

⑤工艺路线:指关键工艺的选择和确定;

⑥成本:产品设计和工艺设计时都需要考虑的要素。

通过上面的分析,仅仅把模组工艺流程设计好是不够的,还需要有完善的生产体系来支撑,才能制造出让客户满意的产品。

2. 方形电芯模组结构和工艺介绍

1) 方形电芯模组结构简介

方形电芯模组一般由电芯、端板、侧板、底板、铝片(通常也称 Busbar)、线束隔离板、上盖、端板绝缘罩等主要部件组成。图 9-11 是较为典型的一种方形电芯模组结构,下面以图 9-12 所示的模组常用工艺流程来进行介绍。

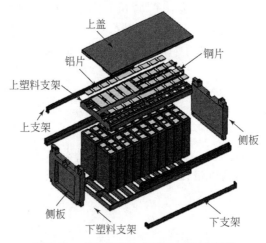

图 9-11 典型方形电芯模组结构示意图

2)方形电芯模组工艺流程介绍

通过前面对圆柱电芯模组的介绍,对比这两种模组的差异还是比较大的,电芯

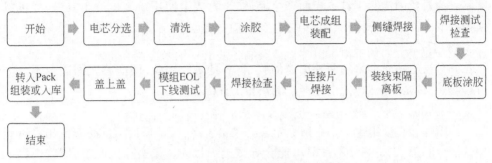

图 9-12　典型方形电芯模组工艺流程图

外形的不同导致模组的结构和工艺流程也不同。下面就重点介绍方形电芯模组与圆柱电芯模组工艺不同的地方,主要从以下几方面进行分析。

(1)模组的绝缘性。

早期方形电芯模组一般采用胶框来固定电芯,这一点与目前的圆柱电芯模组相似,模组的绝缘性相对比较好。但是方形电芯用胶框来固定,可能会产生三个问题:一是因电芯与胶框的尺寸配合不好而导致电芯不能有效固定;二是电芯尺寸控制不好导致模组不好装配;三是胶框结构强度偏弱可能会因电芯膨胀而导致胶框断裂。随着技术的发展,目前采用金属外框的方式来固定电芯,可以有效避免用胶框固定电芯的弊端。

由于采用金属外框来固定电芯,如果绝缘保护没有做好,绝缘就失效了,一般在焊接前和焊接后都需要增加绝缘测试。焊接前做测试时发现绝缘不良,一般返工处理就可以解决;若是焊接后做测试时发现绝缘不良,一般不好处理,严重的可能会导致模组报废。做绝缘处理时,一般在端板、侧板内侧增加绝缘垫或绝缘板隔离;电芯之间也需要做绝缘处理,一般通过涂胶或喷胶的方式来隔离。

(2)模组尺寸控制。

如果模组的关键尺寸偏差过大,会导致模组无法安装,严重的直接导致模组报废。要控制好模组的关键尺寸,需要从以下三个方面来考虑:

①电芯尺寸配组:配组时对电芯厚度尺寸要严格把关,从源头上解决来料尺寸不良的问题。假如是全自动生产线,不解决好这个问题将直接导致生产线停产。

②工装夹具设计:假如夹具设计不合理,会导致装配效率低下,也可能导致关键尺寸控制不精准。为了解决因夹具而引起的问题,在夹具设计时就需要考虑以下三个方面的问题:一是基准问题,夹具与模组的定位基准要保持一致,避免因基准不同而导致公差累积;二是精度问题,夹具的精度需要高于产品的精度避免引起新的偏差增加;三是耐用性问题,夹具的活动或摩擦部件需要考虑耐用耐磨,避免因夹具松动或磨损导致尺寸超差。

③检测方式:工作中会遇到因检测工具使用不当而产生测量不准、效率低下等

问题。为避免因检测工具不当而产生问题,推荐大家使用定制检测工具,这样可以使检测变得简单易于操作,效率又高,客户接受度也高。

(3)打胶。

方形模组一般会采用两种用途的胶水:一种是结构胶,使电芯之间固定不产生滑移;另一种是导热胶,把电芯产生的热量传递出去。

(4)焊接。

模组焊接在模组生产中一般会定义为关键工序,一是焊接不良品若流出去可能导致安全隐患,二是焊接不良品可能会导致模组报废。在实际生产中,侧缝焊接一般采用 CMT 和激光焊接工艺,而连接片与电芯极柱焊接一般采用激光穿透焊。因为电芯极柱结构的不同,可以分为穿透焊、缝焊、对边焊等。

3. 软包电芯模组结构和工艺介绍

1)软包电芯模组结构简介

软包电芯模组一般由电芯、铝排、铜排、内支架、外框架、铝板、导热垫、采样线束等主要部件组成。图 9-13 是较为典型的一种软包电芯模组结构,下面以图 9-14 所示的模组常用工艺流程来进行介绍。

图 9-13　软包电芯模组结构示意图[5]

图 9-14　软包电芯模组常用工艺流程图

2)软包电芯模组工艺流程介绍

相对于圆柱和方形电芯模组来说,要做好软包电芯模组需要从以下方面来考虑。

(1)漏液。

软包电芯相对于圆柱和方形电芯来说,容易产生漏液,如果发生了漏液的情况,整个模组都会报废,严重的甚至可能引起短路燃烧。为什么软包电芯容易产生漏液呢? 这主要是由电芯的封装工艺确定的,从铝塑膜结构示意图(图 9-15)可以看出,铝塑膜非常薄,一般不超过 200μm,而最内层热熔胶层就更薄了。软包电芯在模组中产生漏液的情况:一是电芯封装不良引起的;二是模组设计时电芯膨胀空间预留不合理导致的。

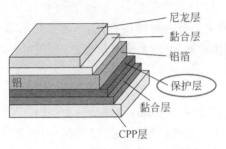

图 9-15　铝塑膜结构示意图[6]

①电芯在制造过程中导致的漏液问题。

从软包电芯封装区域示意图(图 9-16)来看,软包电芯有顶封和二次顶封区域(简称二封区),一般这两个区域是封装不良的重灾区,产生漏液的情况大部分也会集中在这两个区域。

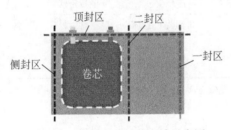

图 9-16　软包电芯封装区域示意图

a. 从电芯封装原理上看,顶封难点是极耳从这个封装边引出来,极耳上还有密封胶带需要热熔,极耳部分需要的热量比其他区域多,这样才能有效热熔极耳部分的密封胶,同时极耳还会把热量传导到其他地方,可能产生封装能力不足,导致封装不良。过封装可能导致热熔胶层与铝层分离,降低封装强度。在实际生产中,设备异常、封头损耗、封装溢胶等因素也会导致顶封不良,从而导致电芯漏液。

b. 二次封装产生封装不良的原因:在封装时会先进行抽真空,把多余的电芯未吸收的电解液吸出去,但是在电芯转角的地方电解液不易抽吸干净,假如二封区有电解液的话,一般会造成不良封装。假如抽出的电解液把封头污染腐蚀了,没有及时处理,也会造成不良封装。

②模组设计不合理导致的漏液问题。

假如模组结构设计不合理,电芯在使用过程中会产生膨胀,电芯膨胀需要空间,如果膨胀时电芯没有足够的预留空间,电芯就会受到挤压,当电芯内的压力大于封装薄弱地方的压力时,电芯就会冲开密封从而导致电芯漏液。在进行模组设计时,模组人员一般需要跟电芯设计人员进行沟通,明确电芯的预留空间,避免因空间不够而导致电芯挤压漏液。

(2)焊接。

软包电芯模组目前主要有两种焊接方式:一种是极耳顶封焊接;另一种是极耳顶焊接方式,这种方式比较复杂,需要夹具折弯。这两种方式各有优点,关键是如何进行设计来满足产品的需求。

(3)散热性。

软包电芯因为外包装材料的原因,散热是一个问题。温度对电芯寿命的影响很大,目前一般采用在电芯之间加薄铝板,通过薄铝板把电芯的热量传导出来,再通过其他方式把薄铝板的热量导走,从而保持电芯温度的均匀性,延长电芯的寿命。

通过上面的分析来看,圆柱电芯、方形电芯和软包电芯模组各有优缺点,表 9-3 对它们进行了简单的比较。

表 9-3　各类模组对比表

类别	模组				
	自动化程度	电连接核心工艺	能量密度	安全性	制造成本
圆柱类	高	电阻焊+铝丝焊	低	一般	低
软包类	低	激光焊接	高	低	一般
方形类	一般	激光焊接	一般	高	高

注:表中的高、一般、低只是针对这三种电芯的相对比较而言。

9.2.3　关键工艺介绍

1. 电芯分选

1)电芯分选概述[7]

电芯分选是模组或 Pack 生产中的关键工序,目的是通过分选把电性能一致性好的电芯选出来配成一组,以保证模组或 Pack 电性能的一致性,延长 Pack 的使用寿命。

模组一般由多个电芯通过串并联组合而成,如果单体电芯一致性不好,模组寿命就会变短,模组性能最后由最差的单体电芯决定。虽然电芯制造自动化程度越来越高,但是其制造工艺复杂,原料、零部件、环境每个环节都有可能造成单体电芯之间的不一致,并且这种不一致在使用过程中会逐渐累积扩大。因此电芯生产厂家不仅需要对电芯生产的每个环节进行严格把控,确保电池生产的一致性;Pack 厂家也需通过合适的分选方法来降低电池组中单体电芯之间的初始差异,提高电池组性能和寿命。

2)电芯分选方式

目前动力电芯的分选方法主要有单参数分选法、多参数分选法、动态特性曲线分选法及电化学阻抗谱分选法。

(1)单参数分选法。

利用电芯外在特性参数(电压、内阻、容量)进行单独分选。开路电压法,操作简单,但准确度差;内阻法测量会导致电池极化产生极化内阻;容量法分选,有一定效果,但是不能反映电池组在不同工况下的工作特性。

(2)多参数分选法。

选取多个参数进行分选,参数可选择容量、电压、内阻、自放电率等。根据配组要求设定综合容量差异、内阻差异、电压差异、自放电速率差异多方面条件,从而提高分选的准确性。

(3)动态特性曲线分选法。

充放电曲线是容量、内阻、充放电电压平台和极化程度的集中表现。对电池进行特定的充放电实验,根据充放电曲线之间相似性进行电池分选。

(4)电化学阻抗谱分选法。

该法是施加一个频率不同的小振幅的交流信号,测量交流信号电压与电流的比值(阻抗)随正弦波频率变化关系的方法。

2. 焊接工艺

1)电阻焊接

(1)电阻焊接的定义。

电阻焊接是将被焊工件压紧于两电极之间,并通以电流,利用电流流经工件接触面及邻近区域产生电阻热将其加热到熔化状态,使之形成金属结合的一种焊接方法。常见的电阻焊接方式主要有四种,即点焊、缝焊、凸焊、对焊。在模组焊接中,一般采用电阻点焊和凸焊,相对来说,电阻点焊占比更多,在实际应用中,又以点焊中的平行焊接居多,下面主要以电阻点焊来分析。

(2)电阻点焊。

①点焊原理。

在实际生产中,圆柱电芯模组采用电阻点焊的比例最大。点焊原理是利用电阻热原理来焊接的,因此,它符合焦耳定律:

$$Q = I^2RT \tag{9-14}$$

其中,Q 为产生的热量,J;I 为焊接电流,A;R 为电极间电阻,Ω;T 为焊接时间,s。从式中可以看出,电流对焊接效果的影响最大。在焊接设备的模式选择上,一般有定电流、定电压和综合模式。为了获得稳定的焊接效果,推荐采用定电流模式,当然,也需要根据自身产品和工艺设计的实际情况来确定。

②点焊的基本特点。

为了获得稳定的焊接效果,也便于进行焊接的工艺设计,通过焊接原理来分析实现焊接的一些基本特点:

a. 接头形式是搭接,即电极与被焊接产品要接触;

b. 焊接过程中始终需要保持压紧力,通过压紧力保持工件的良好接触,利于焊接;

c. 电阻点焊的能量是通过热熔的方式焊接在一起的,也就是电阻热的方式;

d. 焊接时热熔温度要高于焊接材料的熔点,否则焊接时会产生虚焊,产生焊接失效;

e. 焊接工艺设计时,尽量把焊核热熔区间设置在焊接物的中间。

③点焊焊接循环过程分析。

点焊焊接过程一般分成四个基本阶段:预压阶段,焊接阶段,维持阶段和休止阶段。若按是否施加电流来分,可以分成三个阶段:预压阶段,通电加热阶段和冷却结晶阶段。在分析焊接过程时,一般采用四阶段方法。

④影响焊接的因素。

从焦耳定律和实际生产来看,影响焊接效果主要有六大因素(图9-17),要想获得好的焊接效果,在产品和工艺设计时就必须要考虑这些因素。在实际生产中,焊接电流和焊接时间基本可以通过焊接设备来保证,而其中最大的变数就是由电极和工件引起的。要获得良好的焊接效果,需要优化条件。

图9-17　焊接效果影响因素

电极是电阻点焊中非常重要的一环,同时电极也是耗材,在整个生产过程中都需要严格管理。在选择电极材质时,需要注意以下四点:

a. 导电率高:通大电流也不易发热;

b. 热传导高:即使发热也能马上冷却;

　　c. 机械性强度好:即使在高温状态也能保持硬度,在受到加压冲击或者在焊接过程中发热也能不变形;

　　d. 不易与被焊接物(工件)形成合金:电极与工件不易黏上。

　　焊接工序是圆柱电芯模组中的关键工序,如果控制不好会导致产品存在严重的缺陷。为了管控好焊接工序,从产品的设计、工艺到生产管控,都需提前做风险分析,尽量把不可控因素降低到最小。

　　2)键合焊接

　　(1)键合焊接原理。

　　键合焊接也称超声波铝丝焊接,原理是利用超声波发生器产生能量,通过磁致伸缩换能器,在高频磁场感应下迅速伸缩产生弹性振动,使劈刀相应振动同时在劈刀上施加一定的压力,劈刀在这两种力的共同作用下,带动铝丝在被焊区的金属氧化层(如铝膜)表面迅速摩擦,使铝丝和铝膜表面产生塑性形变,这种形变也破坏了铝层界面的氧化层,使两个纯净的金属表面紧密接触达到原子间的键合,从而形成焊接。焊接时通过焊头把超声能量传递到焊区,由于焊区即两个焊接的交界面处声阻大,因此会产生局部高温,又由于工件导热性差,热量瞬间不能及时散发,聚集在焊区,使两个工件接触面的分子之间迅速相互渗透和扩散,使其融合成一体。当超声波停止作用后,继续保持一定的压力使其凝固成型形成一个坚固的分子链,达到焊接的目的,焊接强度能接近于原材料本体的强度。

　　目前锂离子电池键合焊接主要应用在镍、铝等材质上,通常电芯的每个极性(正极或负极)焊接一根铝丝或铝带,每根铝丝或铝带有两个焊点(图9-18)。

图9-18　键合焊接外观[8]

　　(2)键合焊接分类。

　　根据铝丝形状,键合焊接可分为铝丝焊接和铝带焊接。

　　①铝丝焊接。

　　a. 在锂离子电池铝丝焊接中通常使用的铝丝直径为$200\sim500\mu m$;

b. 铝丝焊接压力调整范围为 50 ~ 1500g;

c. 铝丝焊接的换能器:ORTHODYNE 超声波发生器,工作频率 60kHz;

d. 铝丝焊接的超声波发生器功率:60W。

以上参数仅供参考,可以根据实际应用场合进行相应的调整。

②铝带焊接。

a. 在锂离子电池铝带焊接中通常使用的铝带直径为 20×4 ~ 80×12mil;

b. 铝带焊接压力调整范围为 100 ~ 5000g;

c. 铝带焊接的换能器:ORTHODYNE 超声波发生器,工作频率 60kHz;

d. 铝带焊接的超声波发生器功率:150W。

以上参数仅供参考,可以根据实际应用场合进行相应的调整。

(3)铝丝焊接规则。

铝丝焊接不仅是用于连接,还起到另一个重要的作用——过流保护,即保险丝效应。不同规格的铝丝存在不同的过流值,见表9-4。

表 9-4　不同铝线线径的焊点大小及各铝线最大承受电流

线径/(mil/μm)	焊点长度:153/175/μm	焊点宽度/μm	最大承受电流/A
5/125	490/400	170	4.5
6/150	555/465	200	6.0
8/200	750/605	260	9.0
10/250	920/780	330	12.5
12/300	1140/900	390	16.5
15/380	1360/1190	500	22.5

(4)焊点强度判断方法。

①拉力判断法。

键合设备有自动拉力检测装置,且拉力测试在焊接过程中完成,也称为在线检测法。此检测方式为非破坏性拉力测试,在每个焊点焊接完成后,设备自动根据设定值进行拉力检测并判断。根据不同规格的铝丝尺寸,设定的在线式拉力标准值见表9-5。

表 9-5　不同铝丝在线拉力标准值

金属丝大小/mil	建议拉力/gf	金属丝大小/mil	建议拉力/gf
5	40	10	100
6	45	12	120
7	50	15	150
8	60	20	200

注:以上参数仅供参考,具体情况可根据实际产品焊接工艺要求相应调整。

②焊点强度标准。

不同尺寸的铝丝会有不同的拉力强度标准(表9-6)。

表 9-6　不同铝丝焊接强度标准值

线径	拉力要求	线径	拉力要求
125μm(5mil)	≥65gf	250μm(5mil)	≥200gf
150μm(5mil)	≥85gf	300μm(5mil)	≥250gf
175μm(5mil)	≥120gf	375μm(5mil)	≥400gf
200μm(5mil)	≥150gf	500μm(5mil)	≥700gf

注:以上参数仅供参考,具体情况可根据实际产品焊接工艺要求相应调整。

(5)键合焊接过程注意事项。

在键合焊接过程中需要注意以下几个方面:

①被焊接物(电芯、汇流片)必须保证固定牢靠,防止在键合焊接过程中因晃动而出现焊接不稳和焊接后因振动而铝丝或铝带断裂,建议电芯端采用 UV 固定,汇流片固定螺丝锁紧;

②被焊接物整体固定必须稳固牢靠,防止焊接过程中因晃动而导致焊接异常;

③必须保证被焊接物(汇流片、锂电池组)焊接表面清洁,建议采用激光清洗措施清洁;

④同一锂离子电池组内不可同时存在铝丝和铝带焊接方式;

⑤每个锂离子电池焊接表面与汇流片焊接高度一致;

⑥为了产品质量,建议开启拉力检测功能,但此功能启动后会降低生产率,根据实际应用计算:键合焊接+拉力检测总工时为 1.2 ~ 1.5s 一个焊点。

注:以上参数仅供参考。

⑦遵循键合最大线弧距:40mm;

⑧遵循键合最小线距检测:2mm;

⑨必须遵循设备保养周期、方法对设备进行维护保养。

3)激光焊接

(1)激光焊接概述。

电芯与电芯之间的连接一般采用连接片焊接的方式,在模组制造过程中,一般软包电芯和方形电芯模组采用激光焊接,具体情况可能每家公司都有一些差异,下面就以业界对软包电芯和方形电芯采用的激光焊接工艺进行介绍。

激光产生的三要素:激励源、介质、谐振腔。介质受到激发至高能量状态,由于受激吸收跃迁光在两端镜间来回反射,将光波放大,并获得足够能量而开始发射出激光。激光鲜明的四个特性:单色性、相干性、方向性、高亮度,因而高度集中的激光可以提供焊接、切割及热处理等功能。

激光焊接属于熔融焊接,以激光束为能源,冲击在焊件接头上。激光束可由平面光学元件(如镜子)导引,随后再以反射聚焦元件或镜片将光束投射在焊缝上。激光焊接属非接触式焊接,作业过程不需加压,但需使用惰性气体以防熔池氧化。

(2)激光焊接参数。

在实际的生产使用中,激光焊接要实现稳定可靠的焊接效果,必须要有优化的工艺参数,主要考虑的参数有:

①激光功率。增加激光输出功率,可提高焊接速度,增加焊缝宽度和熔深。

②焊接速度。焊接速度对熔深影响较大,提高速度会使熔深变浅,但速度过慢又会导致材料过度熔化、工件焊穿。

③透镜焦距。聚焦光斑大小与焦距成正比,焦距越短,光斑越小。

④离焦量。离焦量直接关系到激光作用在工件上的功率密度,焦平面位于工件上方的为正离焦,反之则为负离焦。

⑤光束焦斑。光斑的大小一定程度上决定能量密度的大小。

⑥保护气体。激光焊接过程常使用惰性气体来保护熔池,作用有:保护熔池免受氧化;保护聚焦透镜免受金属蒸气污染和液体熔滴的溅射;对驱散高功率激光焊接产生的等离子屏蔽很有效。

⑦材料吸收值。材料的吸收率与其本身特性有关,吸收率低,焊接效果差。

(3)激光焊接方式。

激光焊接要获得稳定可靠的焊接效果,不仅要考虑工艺参数,还需要焊接工装来保证焊接面的良好接触,也要考虑焊接材质的选型。一般对焊接面要进行清洁以去除氧化层,如果有一点控制不好,焊接效果就不可控。

(4)激光焊接注意事项。

要获得可靠、稳定的焊接效果,需要把控好生产的各个环节,从物料、工艺参数、工装夹具、员工培训等方面去细化和落实,只有把细节做好,才能把控好。下面重点介绍需要关注的一些事项:

①焊接参数。焊接参数的重要性就不用多讲了,要优化参数,只有通过实验的方式,最好采用 DOE 方法,找到最佳的焊接参数。

②焊接夹具。激光焊接时,需要被焊接工件之间的接触面紧密结合在一起,不能有间隙,这样才能确保焊接效果。同时也需要注意对焊渣的防范,不能让焊渣飞溅到模组中,否则后患无穷。

③焊接材质。工艺验证好的材料型号,甚至批号能确定下来,就不要轻易改变。假如一定要改变,建议改变前先进行验证,验证通过后再改变。另外,因铝材质在空气中容易被氧化,若是铝材质物料,建议提前做钝化处理,以防铝材质被氧化而影响激光焊接。

④清洁。在模组焊接前,一般会先进行焊接面的清洁,以去除表面的污渍;另外对铝极柱进行激光清洁时,还需要去除焊接面氧化层,以提升焊接效果和优率。

3. 打胶工艺

模组生产一般会用到两种性能的胶水：一种是以导热性为主的导热胶；另一种是防止电芯之间相互滑移的结构胶。在实际生产中，目前一般采用双组分A、B胶。下面主要以双组分胶来介绍打胶工艺。

1）打胶原理和方式

在业界一般A胶是主性能胶，B胶是助A胶固化的，简单来说，A、B胶不混合在一起，胶水的固化时间很长，因此需要设备把A、B胶先混合在一起，然后再涂到指定的工件上。打胶设备的原理是：把A、B胶储存搅拌，再各自经过泵体，两泵体以设定的转速打胶至混胶头混合，涂胶头经工作台带动涂胶。

根据产品设计要求的不同，打胶方式有四种：点胶、涂胶、喷胶和灌胶。点胶一般在线束与连接片的焊接中比较常用，主要用来固定线束和防止焊接氧化；涂胶就是把胶按一定的行走轨迹进行涂抹，是一种比较常见于电芯之间的涂胶方式；喷胶就是在高压下通过喷头把胶喷洒在电芯表面上的一种形式；灌胶主要是将称量好的胶倒入电箱底部，填充并凝固电芯，业界俗称的无模组方案上会使用到该种方式。

2）导热胶参数与注意事项

导热胶顾名思义是以导热为主要性能来定义的，除了导热性要求外，还要考虑固化时间、黏结强度、阻燃等级、耐老化性等方面的性能。例如，一款产品需要在铝板上涂导热胶，胶的涂层越薄越好，因为一般金属的导热性都比胶的性能好。另一个少涂胶的原因是可以减小模组的质量，适当地提高模组的能量密度。但是如果胶的涂层太薄，如涂层厚度<0.5mm又会减小胶与铝板的黏结力，所以厚度必须在一个合理范围内，按经验，一般厚度控制在0.7~1.2mm比较合适。

胶的老化性能也是非常关键的参数，随着客户的要求越来越高，产品的行驶里程和年限也越来越高，对产品的性能要求就更严格。假如一款产品的寿命是8年，如果胶到5年的时候就老化使黏结力急剧降低，导致导热胶与铝板脱落，铝板与胶之间由空气填充，从之前的接触传热变成空气传热，使导热的作用和效果变差，从而导致模组和Pack寿命大大缩短，甚至有可能发生热失控的风险。

胶的固化时间（也称表干时间）对生产的影响非常大，例如，一款胶的表干时间是10min，另一款胶的表干时间是30min，假如胶要表干之后才能正常流拉，相信读者已经看出两款胶水对生产的影响了。如果选择的胶是通过放热反应来固化的，一般胶都是从内往外固化，有时会出现内部硬化外部还会黏手现象。加热可以使胶水从内外同时开始凝固，可以缩短固化时间，提高生产效率。

3）结构胶参数与注意事项

结构胶是以黏结强度为主要指标，同时也要考虑固化时间、使用寿命、阻燃等级、耐老化性等方面的性能。结构胶主要是把电芯、隔板和端板黏结在一起，根据产品的不同，可能胶的型号也不相同。

4. Pack 总装紧固

在 Pack 组装中模组紧固一般指用螺栓把模组固定到箱体中,模组不但占比空间大,质量占比也大,模组紧固的好坏直接决定整个 Pack 的性能和安全。Pack 装配中不只是模组采用螺栓紧固方式,还有箱体结构件、充放电接插件、安全阀、MSD 开关、BMS、高压电缆等也需要采用螺栓紧固的方法。Pack 装配中主要以螺栓紧固为主,采用螺栓紧固有以下四个优点:装配方便;拆卸方便;效率高;成本低。

在螺栓拧紧过程中,一般通过扭矩值来控制,拧紧方法有:扭矩控制法、转角控制法、扭矩斜率法。实际选择时需要结合工件的紧固等级、夹紧力精度要求、成本效率、可操作性、可维护性等因素。

1)螺栓紧固控制方法[9]

在国内 Pack 行业里,采用扭矩控制法的比较多,不管如何选择,目的都是要得到可靠稳定的拧紧质量,下面主要以扭矩控制法来说明如何拧紧螺栓。扭矩就是为了拧紧螺丝或螺母必须施加外力,扭矩 $T = F \times L$,单位 N·m。通过外加扭矩旋转螺栓或螺母使螺杆受力伸长,通过螺纹相互咬合产生的夹紧力使工件紧固,外加扭矩转化而来的夹紧力才是拧紧需要的必然要素。通常来讲,90% 的扭矩能量被摩擦力消耗,只有 10% 能量转化为夹紧力。

2)螺栓紧固实现方式

(1)拧紧工具的选择。

①满足拧紧过程中需要监控参数功能的要求,如拧紧过程不仅有扭矩的要求,还有角度要求、时间要求等。

②满足精度和过程能力的要求,需要达到产品和客户的要求。

③满足其他要求,如产能和成本的要求。

(2)拧紧操作方式与要求。

①手动/半自动拧紧方式。在拧紧过程中需要在人工的协助下才能完成拧紧的要求,操作时需要注意:操作时应握紧拧紧工具,避免大幅度摆动或歪斜;应对螺丝批头施加一定的压力,避免旋转过程中批头与螺帽松脱。

②自动拧紧方式。在拧紧过程中由拧紧设备自动完成,不需要人工的协助就能完成,选择设备和工艺时需要注意:要根据产品特点,灵活选择单轴或多轴拧紧方式;优先考虑螺丝自动送料;螺丝批头要在螺丝出现偏斜时能够自动导正;拧紧转速设置要合理。

(3)拧紧工具的检查。

①内部点检。主要适合无反馈类型的拧紧工具,在使用工具前调好目标值然后定期用点检仪器确认,点检仪器需要定期内部校验或外部校验。

②外部计量。主要适用内部无法检查和评估的拧紧工具,如带扭矩、角度实时监控的工具。

常见的拧紧不良:在实际生产中,经常会遇到各种各样的螺栓拧紧不良,如常见的拧紧不良中的漏拧紧或忘记拧紧、工件错位导致螺栓倾斜拧下去、螺丝滑牙等。

为了降低拧紧不良,一般在拧紧后需经品检员工抽检,合格后再画上一条骑缝线,以防止拧紧不良的产品流到客户端。

5. 线束装配

Pack 中的线束一般分低压线束和高压线束。低压线束指电压采样线、温度采样线、通信线和控制线等线束;高压线束主要指过大电流的主回路线束,如铜排、连接电缆等。线束连接一般有两种方式,一种是插接的方式,另一种是螺栓紧固的方式,实际中如何选择需要根据客户和产品的需求来定。

低压线束在安装之前必须要全检线束的正确性,不然跳错线或插错线会导致短路,引起严重的后果。一般厂家都会做测试工装来检测,这样操作方便、效率又高,还不会出差错。

高压线束连接前需要核对文件,并把连接顺序熟记于心。在条件允许的情况下,最好做防呆工装,避免员工误操作导致电箱短路,轻则导致产品毁坏,严重的导致人员伤亡。

在线束连接中一定不能有试错的想法,因为电芯都是带电的,需要 100% 的确定后才能连接上去;假如连接错误,可能会引发严重的后果,只要时刻把安全放心上,时刻保持危机感,危险事件就不会轻易发生。

6. 气密性检测

气密性检测是一项安全测试,一般要求达到 IP67 的等级。目前业界测试气密性的方法有三种:正压测试、负压测试和流量测试。实际中如何选择,根据自身情况综合评估,以不低于客户标准和国家标准为原则。下面主要从装配的角度来介绍需要注意的事项。

(1)箱体连接件的安装。

一般 Pack 系统都会有安全阀、MSD 保护开关、低压线束连接器和充放电连接器等器件,在安装这些器件时需要注意与箱体的配合密封,如果配合密封不好,会导致箱体的密封失效,IP67 测试就不合格。

(2)箱盖与箱体的安装。

箱体与箱盖的密封一般要借助密封条或密封胶来完成,同时也要看箱体与箱盖的形状和复杂程度。在安装时,注意不要损坏密封条,若是密封胶,需要等胶固化后才能安装。箱体与箱盖的紧固,一般通过拧紧螺丝来压紧密封条,使密封条产生合理的压缩变形,以达到良好的密封效果。

(3)气密性测试。

测试箱体气密性一般需要通过专门的测试仪器来进行,同时也需要考虑与被测试箱体的密封连接。若是采用正压测试,检测过程分为充气、保压、检测和排气四个阶段,假如被测试箱体密封性差,可能还达不到保压压力值,需要检查漏点,修复后再重新测试。

在实际测试时,需要注意检查易漏点,如连接器的密封、安全阀的密封等;同时充气时压力不要太高,最好不要超过0.3MPa。如果测试时发现有泄漏,又不便于查找到泄漏点,建议使用涂抹肥皂水的方法,把认为是易漏点的地方先涂抹上肥皂水,直至找到泄漏点。泄漏点检查处理后重复测试,若没有通过继续查找,直到通过为止。

9.2.4　下线测试

动力电池系统作为电动汽车动力核心部件,在生产线上有严格的质量管理,但是产品从组装线下线之后、交付客户之前,除外观尺寸要求外还应经历产品综合测试、安全测试,以模拟最坏情况下产品的应对能力。只有通过所有下线测试的产品,才能放心安装在整车上。

1. 下线测试的作用

动力电池系统出厂之前,要对整个系统的电器部件、开关、线束及 BMS 进行检测,避免故障产品到客户端,同时某些特殊的功能需要进行一些特殊方式才能触发验证。因此,下线测试是在产线终端对产品出厂前的测试,它包括机构组装、电气安规性能、BMS 通信、内部电器部件逻辑是否正常、电池之间电压和温度是否正常等功能测试。

2. 下线测试检测功能需求分析

下线检测主要检测有无错漏装以及有无电器不良品,因此下线测试具有两大功能:发现问题、解决问题;对产品质量给出客观评价。

根据产品的设计、电器网络拓扑结构及产品的实际应用需求,下线测试系统应具备回路电流与电压测试、安规测试、性能测试、模块 CAN 诊断等功能测试。

(1)模组下线检测。

为保证 Pack 满足安规和性能要求,在模组级别就必须满足安规、性能和尺寸要求,避免因模组来料问题导致的返工,同时在模组级别安规测试参数要高于 Pack 级别测试参数,其目的是将潜在风险诱发失效。

(2)Pack 下线检测。

Pack 级别的下线检测项目除安规性能测试外,更多涉及功能方面的测试,包括但不限于单体电压、单体温度、总电压、总电流、故障报警等。

9.2.5　模组及 Pack 信息/自动化

对于动力电池模组 Pack 产线的智能化要求,国内很多模组 Pack 厂家意识到了智能化生产的重要性,并且提出了一系列的相关解决方案。作为模组及 Pack 产成商,在自动化产线的基础上,结合制造执行系统(manufacture executive system,MES)技术、产线视觉控制技术、智能工业机器人,PROFINET I 现场总线等当前先进设备和技术,打造"整线设备+机器人+软件控制"的智能化解决方案,旨在实现从动力电池到模组 Pack 的智能制造。

参 考 文 献

[1] 刘元强. 纯电动汽车电池包结构设计及特性研究. 南京:东南大学,2016.

[2] 余志生. 汽车理论. 第 5 版. 北京:机械工业出版社,2009.

[3] 理相哲,苏芳. 电动汽车动力电源系统. 北京:化学工业出版社,2011.

[4] 王芳,夏军. 电动汽车动力电池系统设计与制造技术. 北京:科学出版社,2017.

[5] http://news.bitauto.com/hao/wenzhang/30075620.

[6] http://www.ibaogao.com/baogao/032323493R018.html.

[7] 陈燕虹,吴伟静,刘宏伟,等. 电动汽车锂离子动力电池分选研究. 湖南大学学报(自然科学版),2016,10:23-31.

[8] https://libattery.ofweek.com/2016-12/ART-36001-11000-30084289_2.html.

[9] 王延军,金柱发,李银生. 浅谈螺纹连接的扭力控制. 机电产品开发与创新,2013,5:70-71.